Untersuchungsmethoden der Erdölindustrie

(Erdöl, Benzin, Paraffin, Schmieröl, Asphalt usw.)

Von

Dr. Hugo Burstin

Mit 86 Textabbildungen

Berlin

Verlag von Julius Springer

1930

ISBN-13: 978-3-642-98753-3 e-ISBN-13: 978-3-642-99568-2
DOI: 10.1007/978-3-642-99568-2
Softcover reprint of the hardcover 1st edition 1930

Vorwort.

Die Frage, ob bei dem heutigen Stande der Mineralöl-Literatur das Erscheinen eines neuen Laboratoriumsbuches für die Untersuchung des Erdöls und seiner Erzeugnisse als notwendig zu betrachten ist, kann nicht ohne weiteres im bejahenden oder verneinenden Sinne beantwortet werden. Das Vorliegen eines mustergültigen, ausführlichen Handbuches in D. Holdes „Kohlenwasserstofföle und Fette" scheint offenbar die Bedürfnisse der in der Mineralölindustrie arbeitenden Laboratoriumschemiker vollauf zu befriedigen und somit auch jene Frage eindeutig zu beantworten. Dem darüber hinausgehenden Wunsche nach einer gedrängteren und übersichtlicheren Darstellung der täglichen Arbeiten des Mineralöllaboratoriums mag das eine oder andere bekannte Büchlein genügen, so daß tatsächlich kein Bedarf an neuen Arbeiten ähnlichen Inhaltes vorhanden zu sein scheint. Langjährige Erfahrung hat indessen den Verfasser erkennen lassen, daß neben der für ein eingehendes Studium des Gesamtgebietes der Kohlenwasserstoffe unentbehrlichen Holdeschen Technologie und den sozusagen aphoristisch gehaltenen kurzen Laboratoriumsbüchern noch Raum für ein ausschließlich der Untersuchung des Erdöls und seiner Produkte gewidmetes Buch sei, welches trotz geringeren Umfanges die notwendigen Apparate und das Handwerkliche ihres Gebrauches eingehend beschriebe. Dieses Buch hätte die Aufgabe, Anfänger rasch, jedoch ausreichend in das Arbeitsgebiet einzuführen und den Laboratoriumsleiter weitgehend mündlicher Unterweisung zu entheben. Es ist eine bekannte Tatsache, daß Anfänger, insbesondere wissenschaftlich ungeschulte, selten imstande sind, sich in umfangreicheren Handbüchern des neuen Arbeitsgebietes zurechtzufinden, das für sie Nötige von dem Unnötigen zu unterscheiden und selbst die Auswahl unter verschiedenen angegebenen Untersuchungsmethoden zu treffen.

Den Verfasser leitete ferner die Absicht, die bestehenden, allgemein gebräuchlichen Untersuchungsmethoden im Lichte jener

Erfahrungen und Beobachtungen darzustellen, die sich — innerhalb des Rahmens der gültigen Vorschriften — bei der praktischen Arbeit im Fabrikslaboratorium ergeben und deren Beschreibung manchem Fachgenossen seine Arbeit erleichtern dürfte.

Bekanntlich entstammt der größte Teil des zur Zeit geförderten Erdöls amerikanischem Boden. Daselbst erfolgt auch die Verarbeitung dieser riesigen Rohstoffmengen. Ein sorgfältig ausgearbeitetes System von staatlichen Vorschriften regelt in den Vereinigten Staaten Produktion, Verarbeitung und Untersuchung des Erdöls und seiner Erzeugnisse. Die Regierung fördert in Erkenntnis des Wertes dieses unschätzbaren Nationalschatzes nicht nur private Forschungs- und Untersuchungslaboratorien, sondern läßt auch in staatlichen Forschungsanstalten groß angelegte Untersuchungen anstellen. Sie hat auch eine Sammlung von Lieferungsbedingungen und Prüfungsvorschriften herausgegeben, die als mustergültig bezeichnet werden muß. Auch in den europäischen Staaten machen sich in den letzten Jahren Normungsbestrebungen geltend, in Deutschland sind sie zum Teil bereits in die Wirklichkeit umgesetzt. Auf jeden Fall wird auch die europäische Erdölindustrie die Wege gehen, die in Amerika beschritten wurden. Der Verfasser hat es deshalb für notwendig erachtet, die amtlichen amerikanischen Vorschriften in stärkerem Maße zu berücksichtigen als dies bisher in der deutschen Literatur geschehen ist.

Auch in den nicht amtlichen amerikanischen Erdöl-Handbüchern findet man eine Fülle von wichtigem Material zur Untersuchung der Erdölprodukte, allerdings oft mit einem gewissen Mangel an System und Kritik zusammengetragen. Im Gegensatz zu den Vereinigten Staaten werden in England von der Regierung selbst keine Untersuchungsvorschriften herausgegeben, doch genießen die nach amerikanischem Muster angelegten, genauen Standardmethoden der „Institution of petroleum technologists" offiziellen Charakter.

Sowohl die amerikanischen als auch die englischen Untersuchungsvorschriften zeichnen sich durch eine ins kleinste gehende Normierung der Apparate und Methoden aus, von der wir noch sehr weit entfernt sind. Der Verfasser empfand diesen Mangel seit jeher besonders hinsichtlich der bei den einzelnen Untersuchungen verwendeten Thermometer. Nur wenige von diesen sind durch genaue Vorschriften normiert, und dieser Mangel beeinflußt die Genauigkeit mancher Untersuchungsergebnisse in ungünstiger Weise. In diesem Buch ist daher der Versuch unternommen worden, die Maße der von einigen bewährten Spezialfirmen hergestellten und in Deutschland größtenteils ohnehin verwendeten Mineralöl-Untersuchungsthermometer festzulegen und ihre Standardisierung in die Wege zu leiten.

Auch die Aufstellung offizieller Vorschriften für die Lieferung der einzelnen Erdölprodukte im Sinne einer Beschränkung der zahllosen verlangten und hergestellten Typen macht nach amerikanischem Beispiel überall Fortschritte. In Deutschland hat sich die Herausgabe von „Richtlinien für den Einkauf und die Prüfung von Schmiermitteln" durch den Verein deutscher Eisenhüttenleute, Gemeinschaftsstelle Schmiermittel und den Deutschen Verband für die Materialprüfungen der Technik (Ausschuß IX) als sehr fruchtbar erwiesen. Die Herausgabe ähnlicher Normen auch für die anderen Erzeugnisse der Mineralölindustrie, wie Benzin, Petroleum, Gasöl, Treiböle usw., wäre von großem volkswirtschaftlichem Nutzen. Der Verfasser hat es für nützlich gehalten, als Vorbereitung für künftige weitere Normenbildung einige wichtigere ausländische Lieferungsvorschriften anzuführen.

Die Untersuchung der Erdöle selbst, der Gang der in Hinsicht auf die Verarbeitung im Großen durchzuführenden Laboratoriumsdestillationen ist bisher weder in der europäischen noch in der amerikanischen Literatur eingehender beschrieben worden. In diesem Buche findet sich eine genaue, in unzähligen Untersuchungen erprobte Anleitung hierfür, und es darf wohl die Hoffnung ausgesprochen werden, daß dieser wichtige Abschnitt manchem Fachgenossen gute Dienste leisten wird, wenn es auch infolge der Vielfalt der geförderten Erdöle unmöglich war, eine für alle möglichen Fälle gültige Vorschrift zu geben.

Eine weitere Neuerung bedeutet die vom Verfasser mitgeteilte Anleitung für die Versuchsraffination von Schmierölen, Paraffin und anderen Destillaten. Wenn mündliche Unterweisung und Anschauungsunterricht auch weiterhin auf diesem Spezialgebiet wichtig sein werden, so dürfte doch gezeigt worden sein, daß auch solche bisher rein erfahrungsgemäß durchgeführte Operationen einer didaktischen Schilderung zugänglich sind.

In seinem Bestreben, diesem Buch ein gutes Bildermaterial beizufügen, ist der Verfasser von einigen bewährten Apparatebaufirmen auf das wirksamste unterstützt worden. Dank gehört in dieser Hinsicht vor allem der Firma Sommer & Runge, Werkstätten für Präzisionsmechanik und Glastechnik in Berlin-Friedenau, der Firma Franz Schmidt & Haensch, Optisch-Mechanische Werkstätten, Berlin, und der Thermometer- und glastechnischen Werkstätte von Franz Möller, Berlin N, welche die Maße und Photographien der Thermometer zur Verfügung gestellt hat.

Der Verfasser übergibt hiermit dieses den im Laboratorium arbeitenden Erdölchemikern gewidmete Büchlein der Öffentlichkeit und spricht zum Schluß den Wunsch aus, daß seine Absichten verstanden werden mögen. Das Urteil der Fachgenossen über die vorliegende Arbeit dürfte dann trotz der ihr sicherlich anhaftenden Mängel nicht ungünstig ausfallen.

Im November 1929.

Der Verfasser.

Inhaltsverzeichnis.

Seite

Zweiter Teil.

Besondere Untersuchungen.

Druckfehlerberichtigungen.

Seite 48, Zeile 9 von oben, lies „gefüllt“ statt „eingefüllt“.

Seite 72, Tabelle, lies 0° bis —4° C
—7° bis —9° C
—9° bis —12° C

Seite 80, Abb. 41, lies „Engler“ statt „Enler“.

Seite 121, Zeile 6 von oben, lies (F_1) statt (F).

Seite 146, Zeile 17 von oben, lies „Destillatfraktionen“ statt „Destillatfraktion“.

Seite 161, Zeile 2 von oben, lies „Kohlenwasserstoffen“ statt „Kohlenwasserstoff“.

Seite 161, Zeile 5 von unten, lies „Kohlenwasserstoffen“ statt „Kohlenwasserstoff“.

Seite 174, Zeile 15 von unten, lies „Zehntel-cm^3“ statt „Zehntelgrade“.

Seite 176, Anmerkung 1, lies „Nachträge S. 280“ statt „Anhang“.

Seite 229, Zeile 7 von oben, lies „Emulgierungsfähigkeit“ statt „Schlammgehalt“.

Seite 236, Zeile 3 von oben, lies „Schneiden“ statt „Schmieren“.

Seite 250, Zeile 7 und 6 von unten, lies „einen Siedepunkt von mindestens 350°“ statt „einen Schmelzpunkt von mindestens 35°“.

Seite 251, Zeile 12 von oben, lies „Harzpech“ statt „Hartpech“.

Seite 254, Zeile 17/18 von oben, lies „Erweichungspunkten“ statt „Erwärmungspunkten“.

Seite 255, Zeile 19 von oben, lies „geklärt[5]“ statt „geklärt[4]“.

Seite 256, Zeile 20 von oben, lies „0,6 mm“ statt „6 mm“.

Seite 258, Zeile 15 von unten, lies „abgekühlt“ statt „erniedrigt“.

Probenahme.

Jede technische Untersuchung verfolgt den Zweck, die Eigenschaften eines Produktes zu untersuchen, das in größerer Menge vorrätig ist. Die erste Aufgabe des Untersuchenden besteht also darin, diesem Vorrat ein Muster zu entnehmen, das genau dieselbe Zusammensetzung hat wie die ganze Menge. Da die genaueste Untersuchung keinen Wert besitzt, wenn das untersuchte Muster nicht dem Durchschnitt der zu prüfenden Ware entspricht, ist auf die Probenahme größte Sorgfalt zu verwenden.

Zur Untersuchung können Stoffe folgender Art gelangen:

1. Flüssigkeiten (Erdöl, Benzin, Schmieröle usw.),
2. feste und halbfeste Massen (Paraffin, Vaselin, Asphalt usw.),
3. kohleartige Stoffe (Petroleumkoks).

Nach der Aufbewahrungsform der zu untersuchenden Stoffe sind zu unterscheiden:

a) Fässer,
b) Zisternenwagen,
c) Reservoire,
d) Schiffstanks,
e) Trommeln,
f) Säcke,
g) lose Form.

P r o b e n a h m e v o n F l ü s s i g k e i t e n. Ist ein Durchschnittsmuster aus einem Kesselwagen oder einem Faß zu entnehmen, so bedient man sich eines entsprechend langen, dickwandigen, ungefähr 15 mm weiten, unten etwas verjüngten Glasrohres, dessen Ränder rund geschmolzen sind. Das Rohr wird langsam in den Behälter eingeführt, bis es auf den Boden aufstößt. Dann verschließt man die obere Öffnung mit dem Daumen und zieht das Rohr langsam aus dem Behälter. Durch Lüften des Daumens wird die entnommene Flüssigkeit in eine ganz reine und trockene Flasche entleert und die Probeentnahme so oft wiederholt, bis die Menge des Durchschnittsmusters ungefähr 1 Liter beträgt.

Wenn die Tiefe des Behälters, dem die Probe entnommen werden soll, größer ist als $1^1/_2$ m, so bedient man sich vorteilhaft der Blechflasche Abb. 1. Dieselbe hat einen Bleiboden und zwei angelötete Ringe, an denen ein Drahtbügel befestigt ist. Als Verschluß dient ein dicht passender, jedoch leicht herausziehbarer Stopfen, an dem eine starke Schnur befestigt ist. Letztere ist durch eine in der Mitte des Drahtbügels angebrachte Öse gezogen und besitzt genügende Länge, um die Flasche bis auf den Boden des betreffenden Reservoirs hinablassen zu können. Wenn die Flasche in der gewünschten Tiefe angelangt ist, wird sie durch ruckartiges Anziehen der Schnur entkorkt und nach Füllung aus dem Öl gezogen. Wenn das Reservoir ein stehender Zylinder ist, so entnimmt man, um ein Durchschnittsmuster zu erhalten, je eine Probe in $^1/_{10}$ und $^9/_{10}$ der Füllhöhe und drei Proben aus der Mitte. Zusammengemischt bilden die 5 Proben ein richtiges Durchschnittsmuster des Reservoirinhaltes. Aus Reservoiren von horizontal-zylindrischer Form nimmt man je ein oberes und unteres und acht Muster aus der Mitte, die alle zu einer einzigen Probe vereinigt werden.

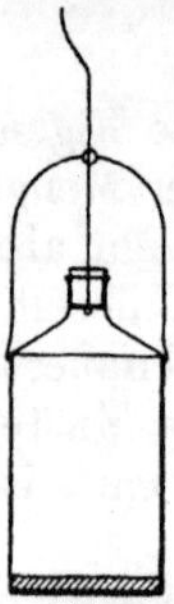

Abb. 1. Probeentnahmeflasche.

Voraussetzung der Probenahme ist, daß der Flüssigkeitsgrad des Reservoirinhaltes an allen Stellen desselben gleichförmig sei. Ist dies nicht der Fall, der Inhalt z. B. durch Paraffinausscheidungen teilweise flüssig, teilweise fest, so muß durch Erwärmen und Durchrühren gleichmäßige Verteilung des Paraffins bewirkt werden.

Kaltes Öl in eine wärmere Umgebung gebracht, kondensiert bekanntlich Feuchtigkeit an seiner Oberfläche. Deshalb sollte man mit der Probenahme immer warten, bis das Öl ungefähr Atmosphärentemperatur angenommen hat. Daß man eine Verunreinigung des Öls bei der Probenahme durch Regen, Schnee, Staub usw. zu vermeiden hat, ist selbstverständlich. Bei leichtflüchtigen Ölen ist überdies auf Vermeidung von Verdampfungsverlusten bei der Entnahme und Überführung der Probe in das Laboratorium zu achten.

Wenn in Trommeln, Fässern oder Säcken verpackte feste oder halbfeste Stoffe, wie Paraffin, Vaselin, Asphalt usw. zu untersuchen sind, so wird mittels des Bohrers Abb. 2 je ein Muster aus der Mitte, ferner links und rechts davon herausgeschnitten, worauf man die Proben zu einem gemeinsamen Muster vereinigt.

Abb. 2. Probenbohrer.

Feste, stückige Waren, wie Petrolkoks, werden zu einem Durchschnittsmuster geformt, indem man beim Umschaufeln jede 20. Schaufel beiseite gibt. Aus dem so entstandenen Haufen wird eine quadratische, überall gleich hohe Schicht geformt, nachdem man die einzelnen Brocken durch Zerkleinern der größeren Stücke einander ungefähr angeglichen hat. Das Quadrat wird durch zwei Diagonalen in vier gleiche

Dreiecke geteilt, von denen man zwei gegenüberliegende zusammenmischt, zerkleinert und wieder zu einem Quadrat schichtet. So entstehen allmählich immer kleinere Durchschnittsmuster. Die zuletzt erhaltene, etwa 10 kg schwere Probe wird zu Pulver zerrieben, gut gemischt und ein $^1/_2$-kg-Muster zur Untersuchung dem Laboratorium übergeben.

Vorbehandlung der Proben. Alle Mineralöle, die einer der im folgenden beschriebenen Prüfungsmethoden[1] unterzogen werden sollen, müssen wasserfrei sein. Meist verrät sich ein geringer Wassergehalt durch eine Trübung des Öls, ferner durch Spratzen oder gar Schäumen beim Erhitzen über 100°. Behufs Entwässerung werden leichtflüssige Öle durch ein trockenes Papierfilter oder Watte filtriert. Viscose Öle muß man, soweit sie sich nicht durch Abstehen in der Wärme reinigen lassen, nach einer der bei der Entwässerung des Erdöls beschriebenen Methoden (S. 124) vom Wasser befreien.

Feuchter Petrolkoks soll im Trockenschrank bei 105° entwässert werden.

[1] Mit Ausnahme der Bestimmung des Wassergehaltes.

Erster Teil.

Allgemeine Untersuchungen.

I. Physikalische Prüfmethoden.

A. Farbe.

Obwohl die Farbe von Mineralölerzeugnissen kein direkter Gradmesser ihrer Güte ist und von Fachleuten immer wieder darauf hingewiesen wird, daß ihr keine übertriebene Bedeutung beigelegt werden darf, werden doch viele Öle in erster Reihe nach ihrer Farbe als der sofort erkennbaren Eigenschaft beurteilt und bewertet. Es ist deshalb nötig, daß sich der Analytiker das zu untersuchende Produkt vor allem genau ansehe, seine Beobachtungen bezüglich der Farbe notiere und, wenn dies verlangt wird, letztere mit einem der beschriebenen Apparate messe.

Die flüssigen Mineralölprodukte sehen zumeist verschieden aus, je nachdem man sie in auffallendem oder durchscheinendem Lichte betrachtet.

Auffallendes Licht. Man füllt das Öl am besten in eine flache Flasche von farblosem Glas und betrachtet es vor einem Nordfenster, diesem den Rücken zukehrend. Die Wahrnehmungen werden z. B. bei einem Schmieröl in folgender Weise notiert: Im auffallenden Licht olivgrün mit blauer Fluorescenz, im durchscheinenden Licht orange. Sollen die Farben zweier Öle im auffallenden Lichte verglichen werden, so kann man auch je einen Tropfen der beiden Öle nebeneinander auf schwarzem Glanzpapier betrachten.

Die Bestimmung der Farbe von Mineralölen sollte vom Tageslichte unabhängig gestaltet werden, da nicht jedes Laboratorium über Nordlicht verfügt; im Winter sind auch nur wenige Stunden zur Farbenbeurteilung geeignet. Lediglich ein gleichmäßiges, künstliches Licht liefert immer dieselben Beleuchtungsverhältnisse. Gilt dies schon für das Beurteilen der Farben mit freiem Auge, so noch vielmehr für die Farbenmessung mittels eines Colorimeters. Hier sollte nur in ganz verdunkeltem Raume bei künstlicher Beleuchtung — am besten eignen sich hierzu die sogenannten Tageslichtglühlampen — gearbeitet werden.

Durchscheinendes Licht. Die eigentliche Beurteilung des Farbtones von Mineralölen geschieht in erster Linie im durchscheinenden Lichte, insbesondere wo es sich um fast farblose Öle handelt. Hierbei hängt der Farbton natürlich von der Dicke der Schichte ab, durch die man hindurchblickt. Deshalb sind Bezeichnungen wie citronengelb, orangerot usw. sehr unbestimmt. Immerhin soll, wo nicht Farbenmessung mittels eines Colorimeters erfolgt, die Farbe einer ungefähr 30 mm dicken Schicht angegeben werden.

Zur genaueren Feststellung der Farbe von Mineralölen dienen Farbenmeßapparate, sogenannte Colorimeter.

Farbenmessung. Die zahlenmäßige Bestimmung des Farbwertes der Mineralöle ist in Europa nicht so verbreitet wie in Amerika, wo mehrere verschiedene Colorimeter zur Farbenmessung von Benzin, Petroleum, Schmierölen usw. verwendet werden. In Deutschland wird meist nur das Stammersche Colorimeter zur Bestimmung der Farbe von Petroleum verwendet (s. Abb. 3). In Tabelle 1 sind nach Day[1] die mittels der verschiedenen gebräuchlichen Apparate festgestellten Farbwerte vergleichsweise zusammengestellt.

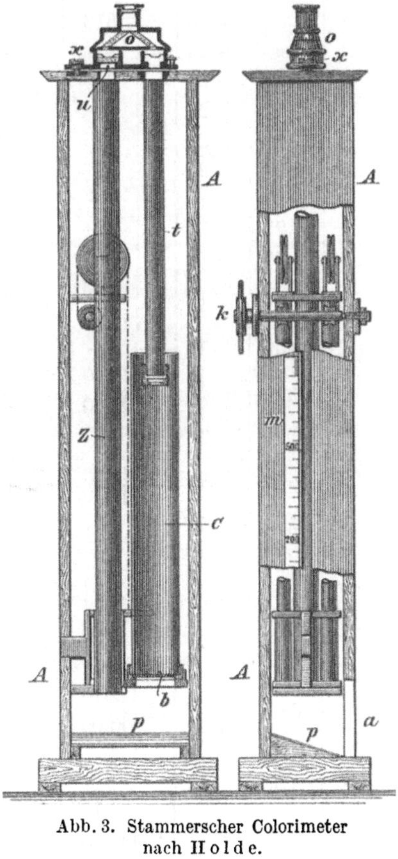

Abb. 3. Stammerscher Colorimeter nach Holde.

Colorimeter von Stammer. Es wird diejenige Schichthöhe des zu prüfenden Öles bestimmt, bei welcher letzteres dieselbe Farbe wie eine Normal-Uranglasplatte aufweist. Der Apparat besteht aus der feststehenden Röhre *Z*, über welcher sich die Uranglasplatte *u* befindet, dem verschiebbaren Zylinder *C*, der zur Aufnahme des Öles bestimmt ist und dem schmaleren, leeren, unten mit

[1] Day, I, S. 663.

Tabelle 1. Farbenvergleichswerte.

Saybolt Chromometer			Lovibond Tintometer			Union Colorimeter		Kaliumbichromat, mg per Liter einer $1^0/_0$-igen H_2SO_4-Lsg.	Beschreibung
Plattenzahl	Höhe der Ölschicht in Zoll	Farbenbezeichnung	Zellenlänge Zoll	Serie	Wert	U.P.Co Bez.	N.P.A. No		
1	20	+ 25	12	510	0,32	—	—	2,0	—
1	18	+ 24	—	—	—	—	—	2,9	—
1	16	+ 23	—	—	—	—	—	3,8	—
1	14	+ 22	—	—	—	—	—	4,7	—
1	12	+ 21	12	510	2,00	—	—	5,6	Wasserhell
1	10,75	+ 20	—	—	—	—	—	6,5	—
1	9,50	+ 19	—	—	—	—	—	7,5	—
1	8,25	+ 18	—	—	—	—	—	8,5	—
1	7,25	+ 17	—	—	—	—	—	9,5	—
1	6,25	+ 16	12	510 200	4,0 1,02	— —	— —	10,5	Primaweiß
2	10,50	+ 15	—	—	—	—	—	12,5	—
2	9,75	+ 14	12	510 200	4,0 1,1	— —	— —	13,5	—
2	9,00	+ 13	—	—	—	—	—	14,5	—
1	8,25	+ 12	12	510 200	5,0 1,1	— —	— —	16,5	—
2	7,75	+ 11	—	—	—	—	—	17,5	—
2	7,25	+ 10	—	—	—	—	—	18,6	—
2	6,75	+ 9	—	—	—	—	—	19,7	—
2	6,50	+ 8	12	510 200	6,0 1,1	— —	— —	20,8	— —
2	6,25	+ 7	—	—	—	—	—	21,9	—
1	6,00	+ 6	12	510 200	7,0 1,00	— —	— —	23,0	— —
2	5,75	+ 5	—	—	—	—	—	24,1	—
2	5,50	+ 4	—	—	—	—	—	—	—
2	5,25	+ 3	12	510 200	9,0 1,2	— —	— —	25,3	— —
2	5,0	+ 2	—	—	—	—	—	26,6	—
2	4,75	+ 1	—	—	—	—	—	28,0	Standardwß.
2	4,50	0	—	—	—	—	—	—	—
2	4,25	— 1	—	—	—	—	—	—	—
2	4,00	— 2	12	510 200	14,0 1,1	— —	— —	— —	— —
2	3,75	— 3	—	—	—	—	—	—	—
2	3,75	— 3	—	—	—	—	—	—	—

Saybolt Chromometer			Lovibond Tintometer			Union Colorimeter		Kaliumbichromat, mg per Liter einer 1%-igen H_2SO_4-Lsg.	Beschreibung
Plattenzahl	Höhe der Ölschicht in Zoll	Farbenbezeichnung	Zellenlänge Zoll	Serie	Wert	U.P.Co Bez.	N.P.A. No		
2	3,625	— 4	12	510	15,0	—	—	—	—
				200	1,1	—	—	—	—
2	3,50	— 5	—	—	—	—	—	—	—
2	3,375	— 6	—	—	—	—	—	—	—
2	3,25	— 7	—	—	—	—	—	—	—
2	3,125	— 8	—	—	—	—	—	—	—
2	3,00	— 9	—	—	—	—	—	—	—
2	2,875	— 10	—	—	—	—	—	—	—
2	2,75	— 11	1	500	1,4—1,9	G	1	—	Lilienweiß
2	2,625	— 12	—	—	—	—	—	—	—
2	2,500	— 13	—	—	—	—	—	—	—
2	2,375	— 14	—	—	—	—	—	—	—
2	2,250	— 15	—	—	—	—	—	—	—
2	2,125	— 16	12	510	27,0	—	—	—	—
				200	1,1	—	—	—	—
2	1,875	— 18	—	—	—	—	—	—	—
2	1,625	— 20	—	—	—	—	—	—	—
2	1,375	— 22	—	—	—	—	—	—	—
2	1,125	— 24	1	500	4—7	H	$1^1/_2$	—	Rahmweiß
2	0,875	— 26	—	—	—	—	—	—	—
2	0,625	— 28	12	510	27,0	—	—	—	—
				200	25,5	—	—	—	—
2	0,375	— 30	—	—	—	—	—	—	—
2	0,125	— 32	1	500	20—23	I J	2	—	—
—	—	—	1	500	50—63	K L	3	—	Citronengelb
—	—	—	1	500	110—125	M N	4	—	Orangegelb
—	—	—	1	500	220—250	O	5	—	Lichtrot
—	—	—	1	500	300—340	P	6	—	Dunkelrot
—	—	—	—	—	—	Q	—	—	Weinrot

einer farblosen Glasplatte verschlossenen Rohr *t*. Das Licht gelangt von dem Spiegel *p* einerseits durch das Petroleum und *t*, andererseits durch *Z* und die Uranglasplatte, durch die Prismen gebrochen, in das Okular *O*. Der mit dem Öl gefüllte Zylinder *C* wird solange verschoben, bis Farbengleichheit in beiden Hälften des Gesichtsfeldes eintritt und dann die Höhe der Flüssigkeitssäule an einer Zentimetereinteilung abgelesen. Zur Farbenmessung von Schmierölen kann der lange Zylinder *C* durch einen kurzen ersetzt werden.

Chromometer von Saybolt. Dieses, dem Stammerschen ähnliche Colorimeter ist in U. S. A. und England zur Prüfung von Benzin, Petroleum usw. vorgeschrieben. Die Höhe der Flüssigkeitsschicht wird durch Ablassen einer entsprechenden Menge aus dem einen Rohr mittels eines Hahnes reguliert. Die andere Röhre enthält eine oder zwei Standard-Uranglasplatten, mit deren Farbe das Öl verglichen wird. Aus der Höhe der gefundenen Ölschicht wird mittels einer Tabelle die Farbe in Einheiten von — 32 bis + 25 gefunden.

Union-Colorimeter. Dasselbe ist von der National Petroleum Association angenommen (daher auch N. P. A.-Color. genannt) und wird vorschriftsmäßig in U. S. A. zur Prüfung der Farbe von Schmierölen verwendet. Es besteht aus einer innen geschwärzten Röhre, an deren einem Ende sich das Okular befindet. Das andere Ende enthält zwei Fächer zur Aufnahme des Ölmusters und des Farbenstandards. Das Öl befindet sich in einer reinweißen 4-Unzen-Glasflasche. In das andere Fach wird eine gleiche, mit reinem Wasser gefüllte Glasflasche und dahinter das passende Farbglas gestellt. Als Farbenmaßstab verwendet man eine geeignete Zusammenstellung von Lovibond-Farbgläsern.

Lovibond-Tintometer. Dieser in England zur Prüfung des Leuchtpetroleums vorgeschriebene, in vielen Ländern aber auch zur Farbenmessung von Schmierölen benutzte Apparat ist in seiner Konstruktion dem Union-Colorimeter sehr ähnlich. Zur Aufnahme des Öles dienen Metallzellen, die an den zwei gegenüberliegenden Enden Glaswände haben. Ihre Länge wird nach der Farbtiefe des Öles gewählt und beträgt $^1/_4$—6 Zoll für Öle, 12 und 18 Zoll für Leuchtpetroleum. Die Farbgläser sind in 4 Serien geteilt, und zwar

Serie Nr. 510 . . . . Gelb,
Serie Nr. 500 . . . . Orange,
Serie Nr. 200 . . . . Rot,
Serie Nr. 1180 . . . . Blau.

Zu jeder dieser Serien gehören numerierte Glasplättchen verschiedener Dicke, die sich mit denen der anderen Serien zu allen in Betracht kommenden Farbtönen zusammensetzen lassen. Es sollen hierzu jedoch so wenig Einheiten als möglich verwendet werden. Als Ergebnis notiert man die Summe der Nummern jeder einzelnen Serie.

Beispiel: Die Farbe eines Maschinenöls wurde in einer 2″-Zelle gefunden zu:

Serie Nr. 500 50,5,
Serie Nr. 200 60,0,
Serie Nr. 1180 . . . . 0,5.

Die Farbenmessungen von Mineralölen mit Hilfe von Farbgläsern haben nur einen beschränkten Wert, da es sehr schwer fällt, sowohl Farbton als auch Farbtiefe eines Öles zu treffen. Gilt dies schon für die Farbenmessung im durchscheinenden Lichte, so läßt sich die eigentümliche Färbung und Fluorescenz von Mineralölen bei auffallendem Lichte künstlich überhaupt nicht nachahmen. Ähnliches gilt bezüglich der Farbenmessung mit gefärbten Salzlösungen. Letztere bieten jedoch den Vorteil der leichten Herstellbarkeit und Definierbarkeit.

Farbenmessung mit Bichromatlösungen. Wenn keines der genannten Colorimeter zur Verfügung steht, kann die Bestimmung und Bezeichnung der Farbe von Mineralölen auch mit Hilfe von verdünnten Kaliumbichromatlösungen erfolgen. Tabelle 1 dient nach Day zum Vergleich der mit dem Saybolt-, Lovibond- und Union-Colorimeter, ferner mit Bichromatlösungen festgestellten Farbwerte. Die Zahlen der vorletzten Rubrik bezeichnen die Anzahl Milligramm chemisch reinen Kaliumbichromats, gelöst in 1 Liter einer 1proz. Schwefelsäure.

Farbenmessung mit Jodlösungen. Diese Methode eignet sich einigermaßen zur Festlegung und Bezeichnung der Farbwerte von Schmierölen. In 1 Liter destillierten Wassers werden 20 g chemisch reines Kaliumjodid und 10 g resublimiertes Jod aufgelöst. Diese Lösung wird in einer mit Glasstopfen versehenen dunklen Flasche aufbewahrt. Zur Bestimmung der Farbe eines Öles bringt man dieses z. B. in einen 250 cm^3-Meßzylinder und stellt daneben einen gleichen, aber leeren Zylinder. In letzteren bringt man z. B. 10 cm^3 der erwähnten Jodlösung und verdünnt nun mit destilliertem Wasser, bis Farbengleichheit hergestellt ist. Wenn man einen Standardzylinder benutzt, so kann die Farbe eines beliebigen Öles in $^0/_{00}$ reinen Jods ausgedrückt werden. So wurde z. B. gefunden, daß eine 0,011$^0/_{00}$-Jodlösung mit einem raffinierten Spindelöl, eine 0,11$^0/_{00}$-Jodlösung mit einem schweren Maschinenölraffinat farbengleich war.

B. Geruch.

Die meisten Mineralölprodukte, insbesondere die niedrig siedenden Fraktionen Benzin, Petroleum, Gasöl, haben einen charakteristischen Geruch. Raffinierte Öle riechen milder und angenehmer als unraffinierte Öle. Obzwar der Geruch aller Benzine oder

Petroleumsorten gemeinsame charakteristische Merkmale aufweist, findet man doch auch hierin Unterschiede je nach Herkunft des Rohöls. Ganz eigenartig riechen auch die an Verbreitung immer mehr zunehmenden Krackbenzine. In unraffiniertem Zustand haben sie einen unangenehmen, meist an faule Eier (Schwefelwasserstoff) erinnernden Geruch. Auch raffinierte Krackbenzine riechen eigenartig. Es ist bisher nicht gelungen, diesen Geruch ganz zu beseitigen. Auch Petroleum läßt sich nicht ganz geruchfrei machen, weshalb Haarpetrole parfümiert werden. Die Schmieröle sind zumeist ganz oder doch nahezu geruchfrei. Man prüft den Geruch von Benzin, Petroleum u. dgl., indem man ein wenig davon in eine flache Schale oder ein Uhrglas gießt. Statt dessen kann man auch ein paar Tropfen auf den Handteller geben und sie mit der anderen Hand verreiben. Wenn man eine Flasche halbvoll mit dem zu prüfenden Öl füllt, verkorkt und heftig schüttelt, wodurch sich der Luftraum mit den Dämpfen sättigt, wird der Geruch des Öles nach dem Öffnen der Flasche deutlich zu verspüren sein. Paraffin ist im Allgemeinen geruchschwach, doch ist auch das bestraffinierte ölfreie Produkt nur selten ganz geruchlos. Man spürt den Geruch am besten an ganz frischen Bruchflächen.

C. Temperaturmessung.

Die meisten Untersuchungsmethoden des Mineralöllaboratoriums erfordern direkt oder indirekt Temperaturmessungen. Deshalb ist das Thermometer, und zwar das Quecksilberthermometer, das in dem Mineralöllaboratorium am häufigsten gebrauchte Instrument. Die Glasindustrie stellt verschiedene Thermometertypen her und mangels entsprechender genauer Vorschriften ist es dem Laboratoriumschemiker oft überlassen, zu entscheiden, welche Typen er für die verschiedenen Untersuchungsmethoden verwenden will. Dementsprechend kann man auch verschiedene Thermometertypen in Mineralöllaboratorien im Gebrauch finden. Dies ist um so bedauerlicher, als die Untersuchungsapparate selbst genau normiert sind. Für die dazugehörigen Thermometer jedoch bestehen in Deutschland zumeist keine ganz genauen und bindenden Vorschriften, so wie dies in U. S. A. der Fall ist; und wo solche Vorschriften bestehen, finden sie vielfach in den Laboratoriumsbüchern keine Erwähnung und bleiben daher dem Verbraucher unbekannt.

In den amtlichen amerikanischen Vorschriften zur Prüfung von Mineralölen[1] finden sich bei jeder einzelnen Prüfungsmethode

[1] U. S. Gov. specifications for lubricants and liquid fuels and methods for testing, Washington 1927.

neben den genauen Bestimmungen für den zu verwendenden Apparat auch genaue Vorschriften über Art und Maße des Thermometers. In Tabelle 2 sind die in Deutschland bei der Untersuchung der Erdölprodukte allgemein gebräuchlichen Thermometer in einer den amerikanischen Normen ähnlichen Weise beschrieben[1]. Diese Zusammenstellung und die bildliche Darstellung der Thermometer (Abb. 4a und 4b) sollen die endgültige Normierung aller verwendeten Thermometertypen anregen und damit eine Quelle mancher Fehluntersuchungen verschütten. Aber auch ohne bindende Form zu besitzen, dürften die mitgeteilten Daten die Auswahl der für das Mineralöllaboratorium anzuschaffenden Thermometer erleichtern.

Von einem Thermometer muß in erster Linie verlangt werden, daß seine Angaben richtig seien. Am verläßlichsten sind die amtlich geprüften Thermometer. Man begnüge sich nicht mit der Angabe, daß ein Thermometer amtlich geprüft ist, sondern verlange von dem Händler auch den Prüfungsschein. Derselbe ist mit der Nummer des Thermometers versehen und gibt für mehrere Punkte der Skala die gefundenen Abweichungen an. Nachstehend das Beispiel eines von der Physikalisch-Technischen Reichsanstalt für ein Thermometer ausgestellten Prüfungsscheines:

Prüfungsschein
für das Thermometer P.T.R.-Nr. .....

Das in ganze Grade C geteilte Thermometer ist als Laboratoriumsthermometer geprüft worden; seine Angaben sind zur Zeit bei:

100 Grad ohne wesentlichen Fehler
170 „ „ „ „
240 „ „ „ „

Die vorstehend auf halbe Grade abgerundeten Prüfungsergebnisse gelten unter der Voraussetzung, daß sich das Instrument 6 cm tief auf der zu messenden Temperatur befindet und der herausragende Quecksilberfaden die mittlere Temperatur 35 Grad besitzt.

Das Thermometer ist durch Aufätzen des Reichsadlers und der Jahreszahl beglaubigt worden.

Strichmarken befinden sich bei 100 und 240 Grad.

Charlottenburg, den ..... Physikalisch-Technische Reichsanstalt
Abteilung III.
Unterschrift:

[1] Die Angaben über die Thermometermaße und die Abbildungen verdankt Verf. der Firma Franz Möller, Thermometer- und glastechnische Werkstätte, Berlin N 65, Transvaalstr. 6.

Liegt auch kein Prüfschein vor, so ist man bei geeichten Thermometern doch sicher, daß die Fehler gering sind. Die größten Abweichungen betragen, je nachdem die Thermometer in ganze Grade oder Bruchteile von Graden geteilt sind, bis 100° höchstens

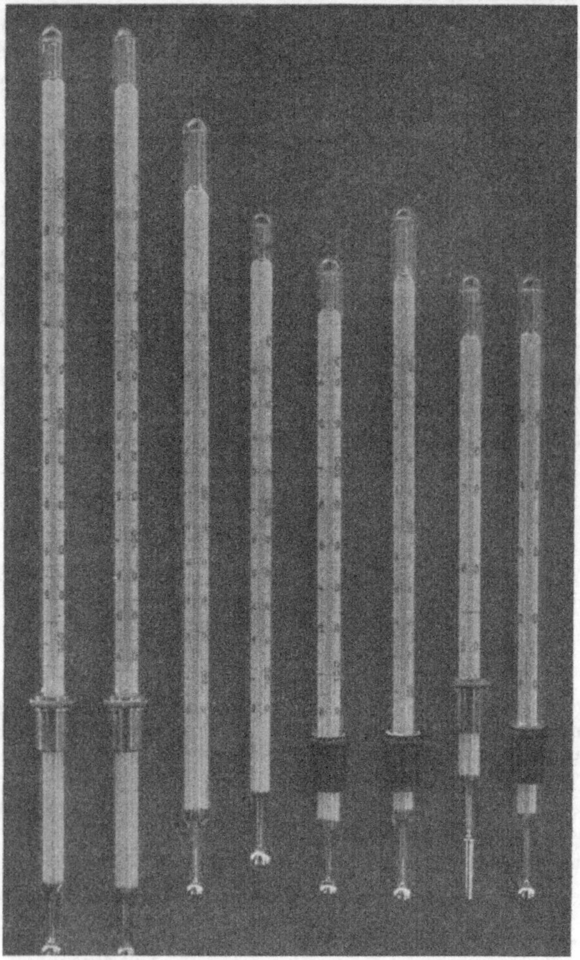

Abb. 4a. Thermometer für Mineralöluntersuchungen.

Von links nach rechts, Nr 1 und 2: Flammpunkt-Therm. nach Schlüter, Nr. 3 und 4: Flammpunkt-Therm. nach Marcusson, Nr. 5 und 6: Flammpunkt-Therm. nach Pensky — Martens, Nr. 7 und 8: Thermometer z. Abel-Petroleumprober (äuß. u. inneres Gefäß).

0,5—1°, zwischen 200 und 300° höchstens 2—3°. Da sich die Thermometer nach ihrer Herstellung noch einige Zeit hindurch bei Gebrauch ändern, soll man nur künstlich gealterte Thermometer kaufen.

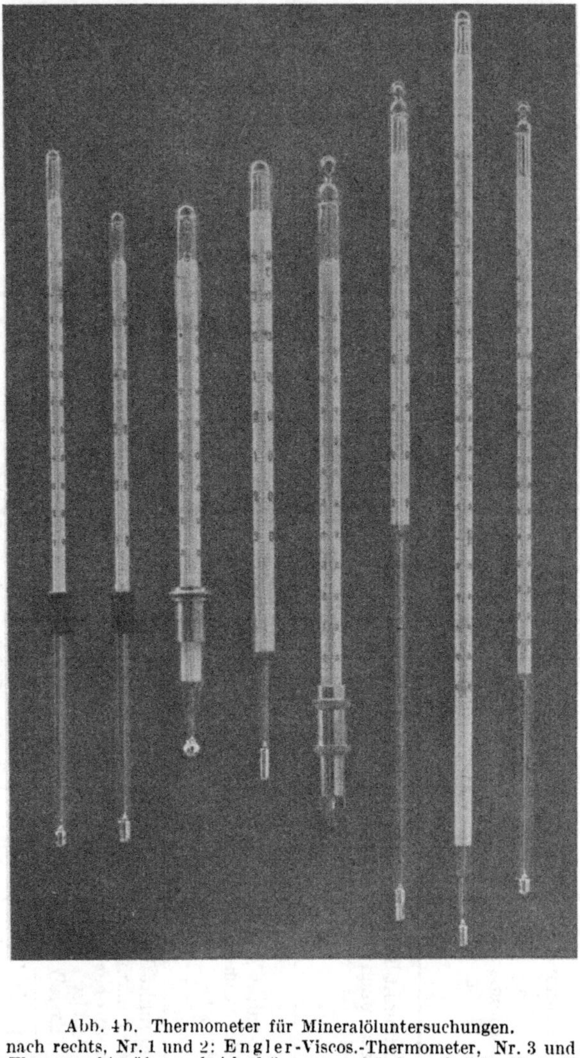

Abb. 4b. Thermometer für Mineralöluntersuchungen.
Von links nach rechts, Nr. 1 und 2: Engler-Viscos.-Thermometer, Nr. 3 und 4: Therm. für Benzin-Flammpunktprüfer nach Abel (inneres und äußeres Gefäß), Nr. 5: Tropfpunkt-Therm. nach Ubbelohde, Nr. 6: Stengel-Stockpunkt-Thermometer, Nr. 7: Engler-Destill.-Thermometer, Nr. 8: Therm. für Erweichungspunkt nach Kramer-Sarnow

Tabelle 2. Dimensionen der gebräuchlichen Thermometer.

Benennung des Thermometers	Art	Skalenbereich °C	Unterteilung °C	Länge der Skala mm	Gesamtlänge des Thermometers mm	Beginn der Gradeinteilung vom unteren Ende des Quecksilbergefäßes mm	Länge des Quecksilbergefäßes mm	Durchmesser des Thermometers mm	Durchmesser des Hg-Gefäßes mm	Eintauchtiefe mm	Mittlere Fadentemperatur °C
Flammpunkt-Thermometer nach Marcusson	Einschluß-Thermometer	40 bis 200 80 „ 280 180 „ 400 80 „ 400	1/1 1/1 1/1 1/1	115 ± 10 115 ± 10 140 ± 10 155 ± 10	235 ± 5 235 ± 5 275 ± 5 255 ± 5	etwa 70		9.5 ± 0.5	9.0 ± 0.5	30	30 40 45 50
Flammpunkt-Thermometer nach Pensky-Martens	Einschluß-Thermometer	40 bis 160 100 „ 200 150 „ 250 80 „ 250 200 „ 400	1/1 1/1 1/1 1/1 1/1	120 ± 10 120 ± 10 120 ± 10 120 ± 10 120 ± 10	235 ± 5	etwa 70		9.5 ± 0.5	9.0 ± 0.5	55	30 30 40 35 50
Flammpunkt-Thermometer zum Petroleumprober nach Abel-Pensky (Tiegel)	Einschluß-Thermometer	10 bis 50 10 „ 75 50 „ 160	1/2 1/2 1/2	95 ± 10 95 ± 10 95 ± 10	215 ± 5	etwa 70		9.5 ± 0.5	9.0 ± 0.5	53 von der Mitte der Hg-Kugel	25 25 30 (Nur für Reserve-Thermometer anzugeben)
Flammpunkt-Thermometer zum Petroleumprober nach Abel-Pensky (äußeres Gefäß)	Einschluß-Thermometer	50 bis 75 40 „ 100 70 „ 250	1/1 1/1 1/1	85 ± 10 85 ± 10 85 ± 10	215 ± 5 215 ± 5 215 ± 5	etwa 90 etwa 90 etwa 90	20 ± 1	9.5 ± 0.5	5.8 ± 2	65 von der Mitte des Hg-Gefäßes	25 25 (Nur für Reserve-Thermometer anzugeben)

Flammpunkt-Thermometer z. Benzinflammpunktprüfer (Tiegel)	Einschluß-Thermometer	—30 bis 40 —30 „ 100	1/2 1/2	85 ± 8 115 ± 10	205 ± 5 240 ± 5	etwa 70		9.5 ± 0.5 9.5 ± 0.5	9.0 ± 0.5 9.0 ± 0.5	55 55	15 20
Viscosimeter-Thermometer nach Engler	Einschluß-Thermometer	10 bis 50 10 „ 110 10 „ 150 10 „ 200 100 „ 300 10 „ 300	1/1 1/1 1/1 1/1 1/1 1/1	80 ± 10 110 ± 10 110 ± 10 130 ± 10 150 ± 10 175 ± 10	230 ± 5 260 ± 5 260 ± 5 280 ± 5 280 ± 5 330 ± 5	etwa 100	8 ± 1	6.2 ± 0.2	6.0 ± 0.1	90	25 25 30 30 35 35
Siedethermometer nach Engler	Einschluß-Thermometer	—10 bis 360	1/1	200 ± 10. Der Abstand 0^0 bis 100^0 soll 55-58 mm betragen	340 ± 2	Entfernung des ob. Endes des Hg-Gefäßes bis zum O-Punkt der Skala 80 mm	8 ± 2	8.0 ± 0.1	5.0 ± 0.1	Für Zollgebrauch: ganz eintauchend, unkorrigiert	
Stengel-Stockpunkt-Thermometer	Einschluß-Thermometer	—30 bis 30^0	1/2	100 ± 10	300 ± 5	etwa 140	17 ± 2	8.0 ± 0.5	6.0 ± 0.5	140	15
Thermometer für Erweichungspunkt nach Krämer-Sarnow	Einschluß-Thermometer	0 bis 100 0 „ 200	1/2 1/1	140 ± 10 140 ± 10	270 ± 5	etwa 90	8 ± 2	6.5 ± 2	6.2 ± 0.2	80	23 30

Wenn an dem Thermometer nichts anderes vermerkt ist, so gelten seine Angaben für ganz eintauchenden Quecksilberfaden, d. h. für den Fall, daß das Thermometer bis zu seinem jeweiligen Stand in die Flüssigkeit eintaucht. Da dies bei den meisten technischen Untersuchungen undurchführbar ist, der Quecksilberfaden also ein Stück aus der Flüssigkeit, deren Temperatur gemessen werden soll, herausragt, muß für diesen herausragenden, auf niedrigerer Temperatur befindlichen Teil des Quecksilberfadens eine Korrektur angebracht werden. Zu diesem Zwecke mißt man die mittlere Temperatur des herausragenden Quecksilberfadens, indem man ein Hilfsthermometer so befestigt, daß dessen Quecksilbergefäß sich in der mittleren Höhe des herausragenden Quecksilberfadens befindet.

Wenn z. B. der Unterschied zwischen der Temperatur des Hauptthermometers und der Temperatur des Hilfsthermometers 100° C beträgt, so kann man für je 1° des herausragenden Fadens rund 0,01° zu der abgelesenen Temperatur hinzuzählen, bei einem Unterschied von 200° rund 0,02° usw. Genauer berechnet man die Fadenkorrektur nach der Formel: $K = \alpha n\ (t - t')$, worin n die Anzahl der Grade des herausragenden Fadens, t und t' die Temperaturen von Haupt- und Hilfsthermometer, und α der Ausdehnungskoeffizient des Thermometerglases ist. α beträgt für:

1. Stab- und Einschlußthermometer aus Jenaer Glas 16''' von 30—100° = 0,000156,

2. Stabthermometer aus Jenaer Glas 59''' von 0—400° = 0,000168,

3. Einschlußthermometer aus Jenaer Glas 59''' von 0—400° = 0,000157.

Mittels der angegebenen Formel kann die Fadenkorrektur jederzeit berechnet werden.

Eichung der Thermometer. Für jedes in Benutzung genommene, nicht geeichte Thermometer sollte mindestens der Eispunkt und der Siedepunkt des Wassers bestimmt werden. Der Eispunkt wird folgendermaßen bestimmt: Reines Eis[1] wird in einem reinen Mörser feingestampft, dann mit auf 0° gebrachtem destilliertem Wasser abgespült und zu einem dicken Brei angerührt. Den Eisbrei gibt man in ein Becherglas von ungefähr $^1/_4$ Liter Inhalt, welches selbst von Eisstückchen umgeben in einem größeren Becherglase steht. Das Thermometer hängt man so auf, daß es über seinen Nullpunkt hinaus im Eise steckt. Nach etwa einer Minute

[1] Aus destilliertem Wasser hergestellt.

wird unter leichtem Klopfen mit dem Finger an das Thermometer abgelesen. Beim Ablesen zieht man das Thermometer etwas über den Eispunkt aus dem Eisbrei heraus. Dann wird das Thermometer wieder in das Eis gesteckt und die Ablesung mehrmals in derselben Weise wiederholt.

Um das Thermometer beim Siedepunkt des Wassers zu eichen, kann man sich des einfachen, in Abb. 5 wiedergegebenen Apparates nach Ostwald-Luther bedienen. Derselbe besteht aus einem Erlenmeyerkolben, in dem mittels Korkstopfens ein unten verjüngtes Glasrohr befestigt ist. Letzteres ist von einem isolierenden Mantel umgeben, welcher aus einem mittels Korkringes auf der inneren Röhre aufgesetzten weiteren, isolierten Glasrohr besteht. In der den Apparat nach oben abschließenden Korkplatte ist das Thermometer befestigt. Im unteren Teil der inneren Röhre befinden sich Glasperlen als Schutz gegen Überspritzen des Wassers. Das in dem Kolben befindliche Wasser entwickelt den Dampf, welcher, in der inneren Röhre emporsteigend das Thermometer umspült, sodann in dem Mantelraum nach abwärts gelangt und mit dem Kondenswasser zusammen durch das unten angebrachte Glasröhrchen ausströmt.

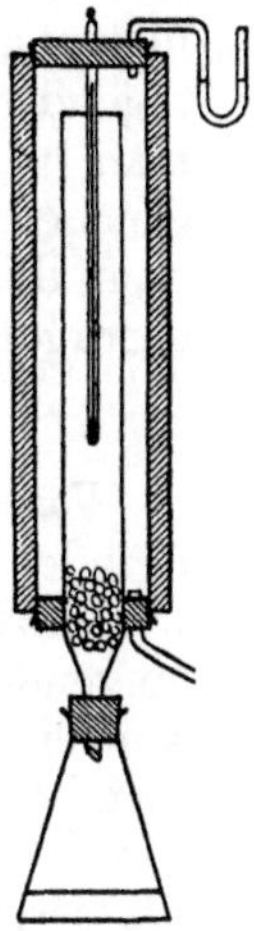

Abb. 5. Thermometer-Eichapparat.

Der Siedepunkt des Wassers ist bekanntlich von dem Luftdruck abhängig, und deshalb muß bei jeder Siedepunktbestimmung das Barometer abgelesen werden. Die dem jeweiligen Barometerstande entsprechende Siedetemperatur des Wassers ist der Tabelle 2 Seite 279 zu entnehmen.

Da in Mineralöllaboratorien vielfach Thermometer über 300° benutzt werden, ist es nötig, nichtgeeichte Thermometer auch bei höheren Temperaturen als 100° auf ihre Genauigkeit zu prüfen.

Dies geschieht am einfachsten in der Weise, daß man das zu prüfende Thermometer mit einem amtlich geeichten Thermometer von gleicher Größe, Eintauchung und gleichem Glase vergleicht. Man streift über beide Thermometer einen oder zwei Gummiringe derart, daß ihre Quecksilbergefäße sich berühren. So miteinander vereinigt hängt man beide Instrumente in ein größeres Gefäß, das mit einer Flüssigkeit gefüllt ist; bis etwa 200° verwendet man Paraffinöl, bis 300° Heißdampfzylinderöl. Für noch höhere Temperaturen wird eine Mischung von geschmolzenem Kali- und Natronsalpeter benutzt. Die Flüssigkeit wird während der ganzen Meßperiode gut gerührt, und die Temperatur nicht rascher als 1° pro Minute erhöht. Zum Ablesen kann man sich einer Lupe bedienen. Auch hier wird vor dem jedesmaligen Ablesen mit der Fingerkuppe an das Thermometer geklopft. Man liest etwa alle 5 Grade ab, und zwar ebenso beim Ansteigen der Temperatur wie beim Abkühlen. Durch gute Isolation des Flüssigkeitsbades sorgt man dafür, daß die Temperatur nicht rascher falle, als sie vorher anstieg.

Aus dem Mittel der Ablesungen beim Ansteigen und Fallen der Temperatur lassen sich die Fehler des zu prüfenden Thermometers genügend genau feststellen. Die Korrektur für den herausragenden Quecksilberfaden kann vernachlässigt werden, wenn man beim Prüfen zum Vergleich ein geeichtes Thermometer von gleicher Größe, Einteilung und aus demselben Glase verwendet, da in diesem Falle bei beiden Thermometern gleichviel Grade herausragen.

D. Wassergehalt.

Wasser findet sich oft in Mineralölen als zufällig beigemengter fremder Bestandteil. Schon die Erdöle werden zumeist etwas wasserhältig gefördert, und auch andere zur Untersuchung gelangende Mineralöle enthalten mitunter etwas Wasser, das durch atmosphärische Niederschläge, Kondensation der Luftfeuchtigkeit bei Temperaturwechsel, Abfüllen in feuchte Gefäße usw. in das Öl gelangt sein kann. In hellen Ölen verrät sich geringer Wassergehalt schon durch eine Trübung und auch bei dunklen Ölen ist dieselbe zu bemerken, wenn man einige Tropfen Öl an einer Glasplatte herabfließen läßt. Ein untrügliches Kennzeichen für die Anwesenheit von Wasser ist die sogenannte Spratzprobe. Ein trockenes Reagenzglas wird ungefähr zu $^1/_3$ mit dem Öl gefüllt und dasselbe bis auf etwa 150° erhitzt. Schon bei Anwesenheit von Wasserspuren hört man ein knisterndes Geräusch, bei Vorhandensein von mehr Wasser tritt Stoßen und Schäumen auf.

Die quantitative Bestimmung des Wassergehaltes von Mineralölen erfolgt nach der von Marcusson angegebenen und von Aufhäuser vereinfachten Methode. Bei einem Wassergehalt von weniger als 10% werden 100 g Öl in einem 500 cm³-Rundkolben aus gut gekühltem Glas mit kurzem Hals und umgelegtem Rand eingewogen und mit 100 cm³ Xylol gemischt, welches zuvor durch Schütteln mit Wasser gesättigt wurde. Enthält das Öl mehr als 10% Wasser, so verwendet man nur so viel Öl, daß knapp 10 cm³ Wasser resultieren.

Zur Verhütung von Siedeverzug werden einige Stückchen Bimstein oder einige Tonscherben in den Kolben gegeben und hierauf der Siedeaufsatz (s. Abb. 6) mittels dicht schließenden Stopfens angeschlossen. Derselbe besteht aus einem gebogenen Glasrohr, an welches ein graduiertes Meßrohr angeschmolzen ist. Letzteres wird mittels guten Stopfens mit einem Rückflußkühler verbunden. Erhitzt man nun vorsichtig zum Sieden, so destilliert mit dem Xylol das ganze Wasser über und sammelt sich in dem Meßgefäß. Destillationsgeschwindigkeit: 2—4 Tropfen in der Sekunde. Man destilliert solange, bis das Destillat klar abläuft und keine Spuren von kondensiertem Wasser mehr an dem Kolbenhals und Kühlerende zu bemerken sind. Bleibt an dem unteren Ende des Kühlers ein Ring von kondensiertem Wasser hartnäckig haften, so kann man ihn durch kurzes Beschleunigen der Destillationsgeschwindigkeit beseitigen. Das Meßgefäß wird abgelesen, sobald es Zimmertemperatur angenommen hat. Mittlerweile hat sich das Wasser scharf von dem Xylol abgesetzt.

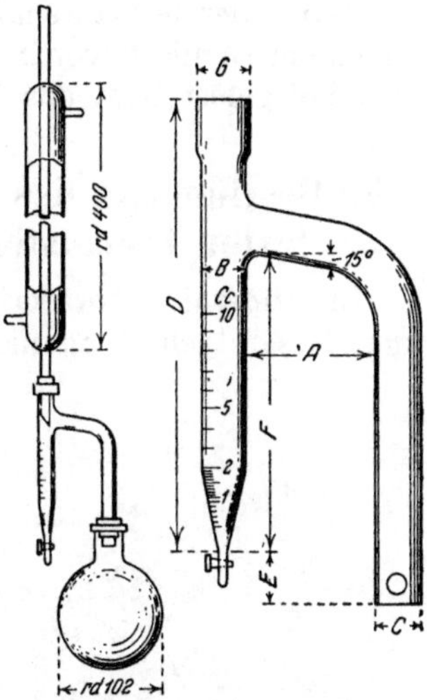

Abb. 6.
Apparat zur Wasserbestimmung nach Marcusson-Aufhäuser.

E. Feste Fremdstoffe.

Mineralöle sind oft in geringerem oder größerem Grade mit festen Fremdstoffen verunreinigt. Hierzu gehören Bohrschlamm in Erdölen, Rost und Faßleim von unreinen Behältern, anorganische Salze usw. Ausscheidungen von Paraffin und asphaltartigen Substanzen sind nicht als Fremdkörper anzusehen. Man bestimmt die Menge der festen Fremdstoffe durch Abwägen von 5—10 g Öl (je nach Gehalt) und Auflösen in 50—100 cm^3 Benzol. Die Lösung muß unter öfterem Umschütteln mehrere Stunden stehen gelassen oder die Auflösung durch kurzes Kochen am Rückflußkühler beschleunigt werden. Dann wird durch ein Filter (Schleicher und Schüll Nr. 589, Weißband) filtriert, welches zuvor eine halbe Stunde bei 105° getrocknet worden war. Man wäscht mit warmem Benzol nach, bis das Filtrat ganz ölfrei ist, was man daran erkennt, daß ein wenig davon, auf Papier getropft, keinen Fettfleck hinterläßt. Dann trocknet man eine halbe Stunde bei 105° und wägt nach vollständigem Erkalten. Die Differenz beider Wägungen gibt das Gewicht an festen Fremdstoffen und evtl. vorhandenen benzolunlöslichen Salzen. Wäscht man das

Filter mit destilliertem Wasser aus, so erhält man nach abermaligem Trocknen und Wägen aus der nunmehrigen Gewichtsdifferenz den Gehalt an wasserlöslichen Salzen.

Fett- oder fettsäurehaltige Öle werden statt in reinem Benzol in einem Gemisch von 80 Teilen Benzol und 20 Teilen 95%igem Alkohol gelöst bzw. das Filter damit nachgewaschen.

F. Bestimmung des Gesamtgehaltes an Wasser und festen Fremdstoffen mittels Zentrifugierens.

In Mineralöllaboratorien kommt es gewöhnlich darauf an, den Gesamtgehalt an nicht zum Öl gehörigen Fremdstoffen zu bestimmen ohne Rücksicht darauf, wieviel davon auf Wasser und wieviel auf mechanisch beigemengte Verunreinigungen entfällt.

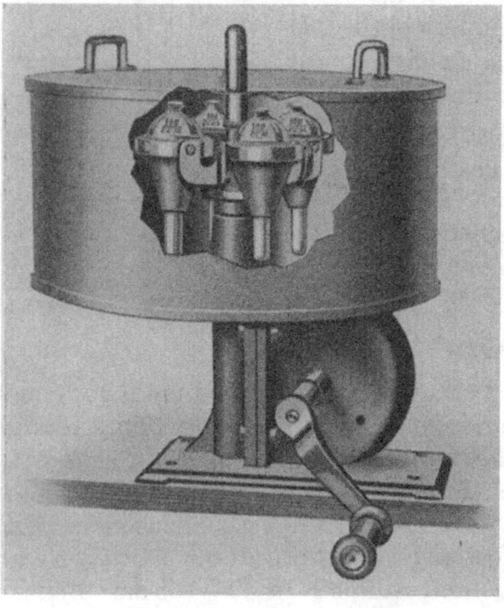

Abb. 7. Ölzentrifuge (Sommer und Runge).

Hierbei bedient man sich zumeist des Zentrifugierens. Durch die Fliehkraft werden alle Stoffe, die schwerer sind als Öl, also neben Wasser auch die meisten festen Verunreinigungen (Erde, Rost, Schmutz aus Fässern usw.) ausgeschleudert und zusammen als Gesamtmenge der Verunreinigungen bestimmt.

Auf diese Weise bestimmt man auch den Schmutzgehalt von in Reservoiren lagernden Erdölen. Hierbei muß die Bestimmung sehr genau ausgeführt werden, da ein Unterschied von wenigen Zehntelprozenten sich im Verlust oder Gewinn von großen Werten ausdrückt. Es muß sorgfältig darauf geachtet werden, daß die zur Untersuchung gelangende Ölprobe ein richtiges Durchschnittsmuster sei. Hier sei auf die Schwierigkeit, einem großen Vorratsbehälter ein gutes Durchschnittsmuster zu entnehmen, hingewiesen (s. S. 1).

Die Zentrifuge (Abb. 7) muß imstande sein, mit zwei je 100 cm³ fassenden, wassergefüllten Proberöhren mindestens 1500 Umdrehungen in der Minute zu machen, wobei die Entfernung zwischen den Böden der schwingenden Zentrifugenröhren ungefähr 40 cm betragen soll. Ist der Durchmesser der Umdrehungen kleiner oder größer, so soll die Umdrehungsgeschwindigkeit so geändert werden, daß dieselbe Fliehkraft gewährleistet ist. Die Berechnung erfolgt nach der Formel $U = 1500\sqrt{\frac{40}{d}}$, wobei U die Anzahl der Umdrehungen in der Minute und d der Schwingungsdurchmesser ist.

Die aus Metallblech hergestellten Träger für die Zentrifugenröhren sollen so groß sein, daß man letztere mit einer weichen Schutzhülle (Papier, Watte usw.) umwickeln kann. Auch auf den Boden der Träger gibt man einen kleinen Wattebausch. Die Zentrifugenröhren selbst sollen aus gutem Glas hergestellt und sorgfältig kalibriert sein. Sie haben einen Fassungsraum von 125 cm³ und sind am offenen Ende so verengt, daß sie mit einem Stopfen verschlossen werden können. Abb. 8 und 9 zeigen zwei passende Formen von Zentrifugenröhren. Statt der großen, mit 100 cm³ Öl zu füllenden Röhren findet man auch kleinere Röhren für 25 cm³ Öl im Gebrauch.

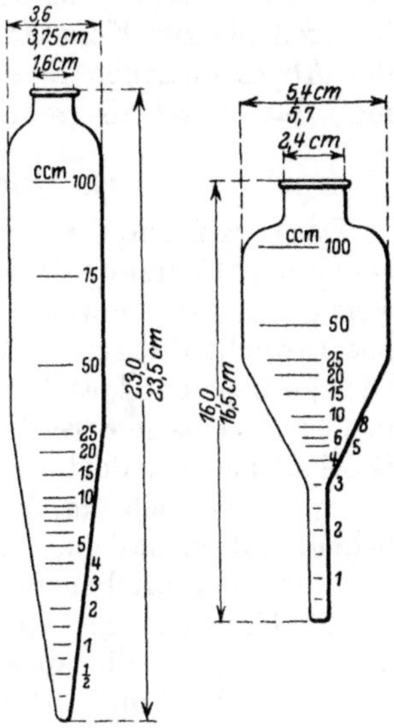

Abb. 8 und 9. Zentrifugenröhren.

Die Kalibrierung der großen Zentrifugenröhren ist folgende[1]:

Von... bis ..	Teilung je	Fehlergrenze	Bezeichnung
0— 3 cm³	0,1 cm³	0,05 cm³	1, 2, 3
3— 5 cm³	0,5 cm³	0,2 cm³	4, 5
5— 10 cm³	1,0 cm³	0,5 cm³	6, 8, 10
10— 25 cm³	5,0 cm³	1,0 cm³	15, 20, 25
25—100 cm³	25,0 cm³	1,0 cm³	50, 75, 100

Ausführung. In jede der beiden Röhren werden genau 50 cm³ Benzol (90 proz.) und 50 cm³ des zu prüfenden Öles eingefüllt. Dann werden die Röhren mit einem gut passenden Gummistopfen

[1] Nach „specifications“.

verschlossen und, nachdem der Inhalt durch kräftiges Schütteln gut gemischt worden ist, für 10 Minuten in ein Wasserbad von ungefähr 40° gestellt. Nun wird 10 Minuten zentrifugiert, die abgeschiedene Menge von Wasser und Schmutz abgelesen und wieder 10 Minuten zentrifugiert. Hat sich die Menge des abgesetzten Wassers und Schmutzes vergrößert, so muß das Zentrifugieren bis zur Konstanz wiederholt werden. Wenn die Menge des Abgeschiedenen in den beiden Röhren differiert, so nimmt man das Mittel als richtig an.

G. Spezifisches Gewicht.

Das spezifische Gewicht eines Öles, auch Volumgewicht, Dichte genannt (Abkürzung *d*), gibt das Gewicht seiner Volumeinheit im Verhältnis zum Gewicht der Volumeinheit von Wasser an, wobei das Gewicht des reinen Wassers von 4° C gleich 1 gesetzt wird. Die spezifischen Gewichte aller Körper sollten auf die Temperatur von 20° C bezogen werden (d_{20}). Bei Mineralölen wird das spez. Gewicht bisher jedoch allgemein auf 15° bezogen. Wird also z. B. das spez. Gewicht (d_{15}) eines Benzins mit 0,710 angegeben, so bedeutet dies, daß bei 15° C 1 Liter dieses Benzins 710 g wiegt. Für die Qualitätsbeurteilung von Mineralölen ist innerhalb gewisser Grenzen ihr spez. Gewicht von untergeordneter Bedeutung, zumal die spez. Gewichte von gleichwertigen Ölen je nach ihrer Herkunft oft sehr verschieden sind. Trotzdem gehört die Bestimmung des spez. Gewichtes zu den häufigsten Arbeiten im Mineralöllaboratorium. Das hat seinen Grund darin, daß bei Ölen derselben Provenienz dies die rascheste Methode der Qualitätsvergleichung ist. Hat man z. B. aus demselben Erdöl stammende Benzine zu untersuchen, so wird ihr spez. Gewicht Aufschluß über die mittleren Siedetemperaturen geben, sofern es sich nicht um besondere Mischungen handelt. Bei Schmierölen desselben Ursprunges kann man aus dem spez. Gewicht auf die ungefähre Viscosität schließen usw.

Auch für die Berechnung des nötigen Gefäßraumes (Fässern, Tankwagen, Reservoiren) ist die Kenntnis der spez. Gewichte unbedingt nötig. Ein Blick auf die Preistafel der Mineralölmärkte zeigt, daß die Benzinsorten heute noch immer nach spez. Gewichten gehandelt werden, obzwar auf diese Weise Benzine von ganz verschiedenen Siedegrenzen in dieselbe Kategorie kommen.

Wir sehen also, daß die Bestimmung des spez. Gewichtes von Mineralölen sehr wichtig ist und mit Sorgfalt ausgeführt werden muß. Es ist nicht gleichgültig, bei welcher Temperatur das spez. Gewicht bestimmt wird. In der Wärme dehnen sich die Körper aus, beim Abkühlen ziehen sie sich zusammen. Daher sind alle Körper bei höherer Temperatur leichter. Im folgenden wird als Normaltemperatur für die Bestimmung des spez. Gewichtes + 15° C angenommen. Es wäre nun viel zu zeitraubend und umständlich, jedes zu prüfende Öl samt dem Prüfungsinstrument auf genau 15° zu bringen. Die Bestimmung kann vielmehr bei jeder beliebigen Temperatur vorgenommen werden, es muß nur für die Differenz zwischen Bestimmungstemperatur und 15° eine Korrektur angebracht werden, welche hinzuzufügen ist, wenn das spez. Gewicht über 15°, und abzuziehen ist, wenn das spez. Gewicht unter 15° abgelesen wurde.

Tabelle 3[1]. Temperaturkoeffizienten für russische und pennsylvanische Erdöle.

Für die spezifischen Gewichte	Temper.-Koeff. für je 1°	
	Russ. Erdöl	Pennsylv. Erdöl
0,620—0,640	—	0,00100
0,640—0,660	—	0,00097
0,660—0,680	0,00086	0,00094
0,680—0,700	0,00084	0,00091
0,700—0,720	0,00082	0,00086
0,720—0,740	0,00081	0,00082
0,740—0,760	0,00080	0,00077
0,760—0,780	0,00079	0,00072
0,780—0,800	0,00078	0,00068
0,800—0,820	0,00076	0,00064
0,820—0,840	0,00074	0,00060
0,840—0,860	0,00071	0,00057
0,860—0,880	0,00068	0,00054
0,880—0,900	0,00065	0,00052
0,900—0,910	0,00062	0,00050
0,910—0,920	0,00060	—

Tabelle 4. Temperaturkoeffizienten für polnische Erdöle.

Aus polnischen Erdölen hergestellt	Temper.-Koeff. für je 1°
Benzine bis 0,760	0,00080
„ „ 0,800	0,00078
Petroleum	0,00075
Gasöl	0,00070
leichte Schmieröle	0,00068
mittlere „	0,00068
schwere „	0,00065
Zylinderöl	0,00060

[1] Nach Kißling, Labor.-Buch f. d. Erdölindustrie.

Die Temperaturkorrektur erhält man, indem man Temperaturdifferenz mit Temperaturkoeffizient multipliziert. Der Temperaturkoeffizient k besagt, wieviel Einheiten zu dem gefundenen spez. Gewicht für je 1° Temperaturdifferenz hinzuzuaddieren, bzw. von ihm zu subtrahieren sind. (Der Temperaturkoeffizient ist das Produkt aus Ausdehnungskoeffizient und spez. Gewicht, $k = \alpha \cdot d$.) Es wurde z. B. bei 22° das spez. Gewicht eines Petroleums (mit einem Temperaturkoeffizienten von 0,00075) gleich 0,8125 gefunden:

Bei 22° abgelesenes spez. Gewicht	0,8125
Temperaturkorrektur = 7 × 0,00075	+ 0,0053
Spez. Gewicht bei 15° (d_{15})	0,8178

Die Temperaturkorrektur ist nicht für alle Mineralöle gleich. Öle verschiedener Herkunft haben entsprechend ihrer ungleichmäßigen chemischen Zusammensetzung verschiedene Ausdehnung, daher auch verschiedene Temperaturkoeffizienten. Letztere sind nur für wenige Öle genau bestimmt worden. Die Unterschiede sind aber gering und deshalb genügen, solange nicht genaue Zahlen vorliegen, für technische Messungen, bei denen die vierte Dezimalstelle ohnehin nicht mehr genau ist, die in den Tabellen angegebenen Zahlen. Indessen ist es angezeigt, die Bestimmungen des spez. Gewichtes womöglich bei Temperaturen auszuführen, die nicht weit unter oder über 15° liegen, um den durch ungenauen Temperaturkoeffizienten hervorgerufenen Fehler nicht allzusehr zu vergrößern. Die Tabellen 3—5 geben die Temperaturkoeffizienten für Erdöle nach Ländern geordnet an, weil andere Daten zur Zeit nicht verfügbar sind. Die Zahlen sind nicht als in allen Fällen genau anzusehen, da jedes der genannten Länder über eine Anzahl chemisch verschieden zusammengesetzter Öle verfügt.

Tabelle 5[1].

Temperaturkoeffizienten für rumän. Erdöl (Campina).

Aus rumänischem Erdöl (Campina) hergestellt	Temper.-Koeff. für je 1°
Leichtes Benzin spez. Gew. 0,716	0,000 89
Schweres „ „ „ 0,751	0,000 86
Kerosin „ „ 0,814	0,000 78
Solaröl „ „ 0,873	0,000 71

Aus den Tabellen ist ersichtlich, daß der Temperaturkoeffizient beim Übergang von leichteren zu schweren Destillaten fällt.

[1] Nach Singer, Chem. Rev. **3**, 265. (Aus den Ausdehnungskoeffizienten berechnet.)

Obwohl die genaue experimentelle Bestimmung des Temperaturkoeffizienten nicht einfach ist, ist es doch jedermann möglich, denselben rasch angenähert festzustellen, indem man das spez. Gewicht des zu untersuchenden Öles bei zwei verschiedenen Temperaturen genau mißt.

Beispiel: Bei 10° wurde ein spez. Gewicht von 0,8100, bei 30° ein solches von 0,7996 abgelesen.

$$\text{Temperaturkoeffizient} = \frac{0{,}8100 - 0{,}7996}{30 - 10} = 0{,}00072.$$

Die spez. Gewichte der Erdöle bewegen sich innerhalb der Grenzen von etwa 0,730 bis über 1,000. Ihre einzelnen Fraktionen hingegen gehen noch darüber hinaus. Bei der Destillation eines Erdöles steigen mit den Temperaturen im allgemeinen auch die spez. Gewichte. Von gewissen Unregelmäßigkeiten bei paraffinhaltigen Ölen abgesehen, ist das spez. Gewicht von Mineralölen als eine additive Eigenschaft zu betrachten. Man kann daher das spez. Gewicht einer Ölmischung für praktische Zwecke ausreichend genau aus den spez. Gewichten der Bestandteile berechnen.

Aräometer. Die Bestimmung des spez. Gewichtes der Mineralöle wird gewöhnlich mittels Aräometers ausgeführt. Dieselben sind zumeist mit einem Thermometer versehen, um gleichzeitige Bestimmung der Öltemperatur zu gestatten. Steht eine genügende Ölmenge (mindestens 400 cm³) zur Verfügung, so verwendet man das normale Thermoaräometer Abb. 10.

Man kaufe, wenn möglich, nur geeichte Aräometer und verlange beim Händler den Prüfschein. Derselbe soll sowohl die Fehler des Aräometers als auch die des Thermometers für mehrere Punkte angeben. Umstehend das Beispiel eines Eichscheines für ein Thermo-Aräometer.

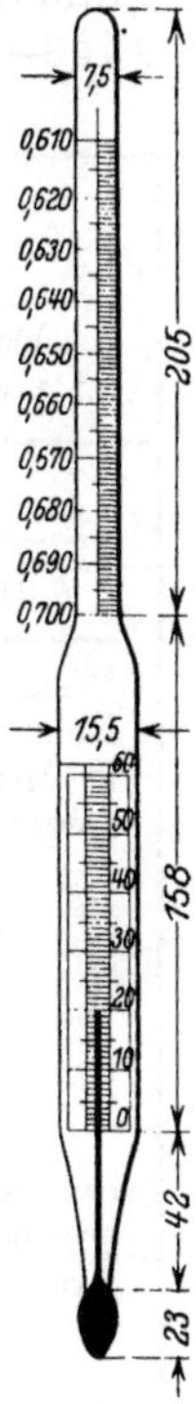

Abb. 10. Normal-Thermoaräometer.

Die Mineralöl-Aräometer werden meist in folgendem Satz fabriziert:

1	Aräometer	mit	dem	Meßbereich	0,610—0,700
1	,,	,,	,,	,,	0,680—0,770
1	,,	,,	,,		0,750—0,840
1	,,	,,	,,	,,	0,820—0,910
1	,,	,,	,,	,,	0,890—0,990

Die Thermometer der für Benzin, Petroleum und leichtere Öle bestimmten Aräometer haben eine von 0—60° reichende Skala. Für schwere Öle (etwa von 0,901 an) ist ein bis mindestens 80° reichendes Thermometer zu empfehlen, da solche Öle oft wegen ihrer großen Viscosität bei höherer Temperatur untersucht werden müssen.

Zur raschen annähernden Bestimmung des spez. Gewichtes von kleineren Ölmengen (etwa 60 cm³) eignet sich ein Satz kleiner Aräometer, der etwa folgendermaßen eingeteilt ist: 0,700—0,750, 0,750—0,800, 0,800—0,850, 0,850—0,900, 0,900—0,950.

Eichschein

für das Aräometer Nr. ....

Das von 0,820—0,910 in 0,001 der Dichte eingeteilte Instrument ist von dem unterzeichneten Eichamte geeicht worden.

Die Prüfergebnisse sind folgende:

Für die Aräometerskala:		Für das Thermometer	
Wenn ein fehlerfreies Instrument in Mineralöl anzeigt:	so zeigt das Instrument Nr... in der gleichen Flüssigkeit an:	Wenn ein fehlerfreies Thermometer nach Celsius anzeigt:	so zeigt das Thermometer des Instrumentes an:
0,820	0,8205	0	0,0
0,840	0,8400	10	10,0
0,860	0,8605	20	20,0
0,880	0,8800	30	30,0
0,905	0,9050	50	49,8

Dem Instrument sind obenstehende Nummer, der Reichsadler, der Eichstempel, die Jahreszahl, sein Gewicht in Milligramm, abgerundet auf 5 mg, und je ein Strich am oberen und unteren Ende der Aräometerskala aufgeätzt worden.

Eichamt..........

Zur Bestimmung des spez. Gewichtes eines Öles gießt man dasselbe in einen ungefähr 5 cm weiten Glaszylinder, wobei Entstehung von Luftblasen tunlichst vermieden werden muß. Der Glaszylinder soll auf einer ganz waagerechten Ebene stehen, am besten auf einer mit drei Stellschrauben versehenen Metallplatte. Man wartet nun einige Zeit, bis das Öl die Temperatur des Glaszylinders und Versuchsraumes angenommen hat. Nun faßt man das Thermo-Aräometer mit Zeigefinger und Daumen der rechten Hand an seinem oberen Ende und mischt die Flüssigkeit durch mehrmaliges Auf- und Abbewegen des Instrumentes. ierauf wird die Temperatur abgelesen und nochmals einige Sekunden gerührt. Durch erneutes Ablesen der Temperatur überzeugt man sich jetzt, ob das Aräometer schon die Flüssigkeitstemperatur angenommen hat. Ist dies der Fall, so wird mit einem reinen Tuch oder Filtrierpapier die an dem Stengel haftende Flüssigkeit abgewischt und das Aräometer ganz langsam einsinken gelassen, bis es zur Ruhe gekommen ist. Das Aräometer muß frei in der Mitte des Zylinders schwimmen. Sollte seine Lage nicht ganz senkrecht sein, so muß dies durch Richtigstellen der Stellschrauben erreicht werden. Nun wird das Aräometer abgelesen. Abb. 11 zeigt, wie sich der Flüssigkeitsspiegel einstellt.

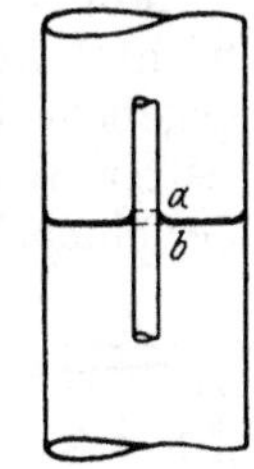

Abb. 11. Ablesung des Aräometers.

Man bemerkt, daß sich das Öl wulstartig an dem Stengel hinaufzieht. In Abb. 13 ist der Wulst übertrieben gezeichnet. Die Aräometer sind so geeicht, daß ihre Ablesungen für den unteren Rand des Wulstes (*b*) gelten[1], also für die Schnittlinie des Flüssigkeitsspiegels und des Stengels. Bei lichten Ölen findet man diese Linie am besten, wenn man das Auge zuerst unterhalb des Flüssigkeitsspiegels hält (s. Abb. 12). Man erblickt dann den letzteren als Ellipse. Hebt man nun langsam den Kopf, so wird die Ellipse immer schmaler, bis aus ihr eine gerade Linie geworden ist. Man liest nun jenen Skalengrad oder jenen Punkt zwischen zwei Skalengraden ab, welcher mit dieser Linie zusammenfällt (Abb. 11, Linie *b*). Bei dunklen Ölen sieht man diese Schnittlinie nicht und liest deshalb am oberen Wulstrande ab (Linie *a* in Abb. 11). Um diesen Fehler zu kompensieren, muß man bei den Normalspindeln zu dem abgelesenen spez. Gewicht 0,00012 hinzuaddieren. Hierzu kommt noch das Produkt aus Temperaturdifferenz gegen 15°C und Korrektur für 1° C, welches addiert bzw. subtrahiert wird.

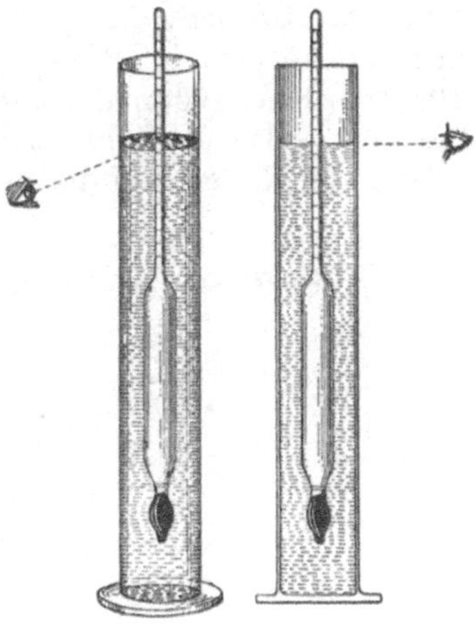
Abb. 12 und 13. Ablesung des Aräometers (nach Day).

Beispiel 1.

(Ablesung am unteren Wulstrande)

Bei 22° wurden abgelesen	..0,7100
Temp. Korr. = 7 × 0,0008	.. + 0,0056
Spez. Gew. bei 15°	0,7156

Beispiel 2.

(Ablesung am oberen Wulstrande)

Bei 11° wurden abgelesen	...0,9150
Korr. f. Niveaudifferenz	. + 0,0012
„ f. Temp. = 4 × 0,0006	— 0,0024
Spez. Gew. bei 15°	0,9138

[1] In Österreich vielfach für den oberen Rand.

Bei einiger Übung gelingt es, mit den beschriebenen Aräometern das spezifische Gewicht auf 0,0002 genau abzulesen.

Mohr-Westphalsche Waage. Zur Bestimmung des spez. Gewichtes kleiner Flüssigkeitsmengen ist auch die von Mohr angegebene hydrostatische Waage sehr geeignet. Ein dezimal geteilter Wagebalken trägt im Gleichgewichtszustande am Ende der einen Hälfte an einem dünnen Platindraht einen mit Thermometer versehenen Glaskörper, auf der anderen Seite ein Gegengewicht. Wird der Glaskörper in eine Flüssigkeit gesenkt, so muß man zur Herstellung des Gleichgewichtes dieselbe Seite des Waagebalkens mit einem Gewicht belasten, das dem Gewicht der verdrängten Wassermenge gleich ist. Zu der Waage gehört ein Satz von Reitergewichten. Das Gewicht des größten Reiters ist gleich dem Auftrieb des Senkkörpers in Wasser; die anderen Reitergewichte sind 10-, 100- bzw. 1000mal leichter. Taucht man den Senkkörper in die zu untersuchende Flüssigkeit, so muß der Auftrieb durch Aufsetzen von Reitern auf die entsprechenden Teilstriche des Waagebalkens kompensiert werden. Das spez. Gewicht der Flüssigkeit kann dann ohneweiters abgelesen werden. Abb. 14[1] zeigt die Anordnung der Gewichte, wenn das spez. Gewicht der Flüssigkeit 1,373 ist. Bei Mineralölen, deren Gewicht ja meist unter 1 liegt, läßt man natürlich den größten Reiter weg.

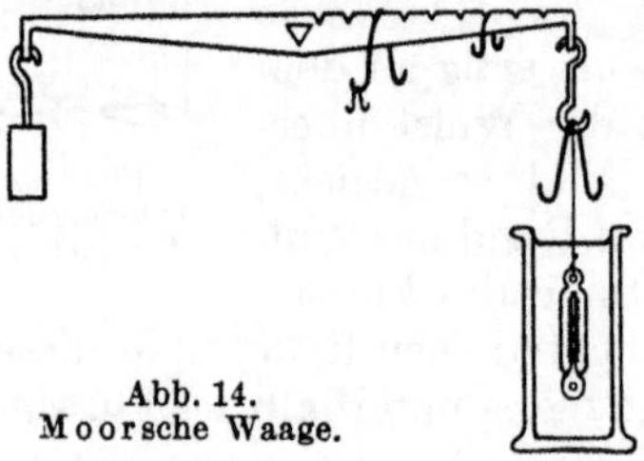

Abb. 14. Moorsche Waage.

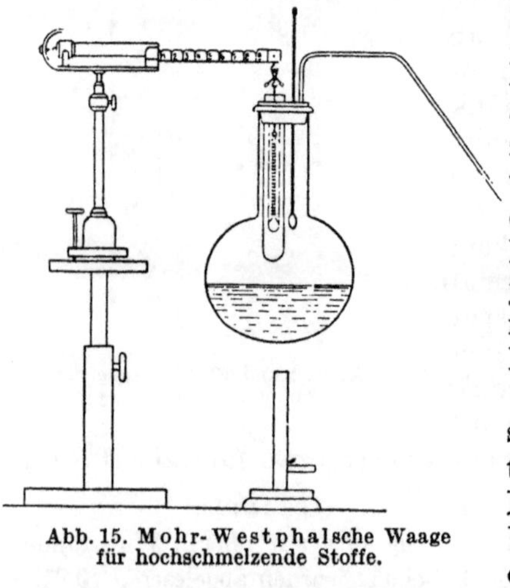

Abb. 15. Mohr-Westphalsche Waage für hochschmelzende Stoffe.

Westphal hat der hydrostatischen Waage eine praktische Konstruktion gegeben. Die Mohr-Westphalsche Waage ist ungleichmäßig lang; der kurze Arm trägt das Gegengewicht und läuft in eine Spitze aus, die bei Gleichgewicht auf eine feste Spitze einspielt.

[1] Nach Kohlrausch, Lehrb. d. prakt. Physik.

Abb. 15[1] zeigt, wie bei Benutzung der Mohr-Westphalschen Waage das spez. Gewicht von hochschmelzenden Stoffen bestimmt wird. Das zu untersuchende Produkt befindet sich in einem Reagenzglas, welches durch ein kochendes Wasserbad erwärmt wird. Für solche Untersuchungen muß natürlich ein Senkkörper mit über 100° hinaus reichendem Thermometer verwendet werden.

Pyknometer. Die genaueste Methode, um das spez. Gewicht von Flüssigkeiten zu bestimmen, beruht darauf, daß man ein genau bestimmtes Volumen einer Flüssigkeit wägt. Dies geschieht mittels kleiner Gefäße, der Pyknometer, nach dem Grundsatz: Spez. Gewicht $= \frac{\text{Gewicht}}{\text{Volumen}}$.

Das Fassungsvermögen des Pyknometers wird gefunden, indem man von dem Gewicht des mit ausgekochtem destilliertem Wasser von Zimmertemperatur gefüllten Pyknometers das Leergewicht desselben, vermindert um das Gewicht der im leeren Pyknometer enthaltenen Luft (0,012 g für 10 cm³), subtrahiert. Da die Dichte des Wassers nur bei 4° C gleich 1 ist, muß dieselbe für Wasser von Zimmertemperatur der Tabelle 1 S. 278 entnommen werden.

Beispiel: Leergewicht des Pyknometers 20,4420 g, Gewicht des mit Wasser von 20° gefüllten Pyknometers 42,2163 g, Gewicht des mit Öl von 20° gefüllten Pyknometers 39,1955 g, Luftgewicht (2,18 × 0,012) = 0,0261 g Dichte des Wassers bei 20° (s. Anhang, (Tabelle 1) = 0,99823.

$$S_{\frac{20}{4}} = \frac{(39{,}1955 - 20{,}4159) \times 0{,}9982}{42{,}2163 - 20{,}4159} = 0{,}8599.$$

Das auf diese Weise für 20° bestimmte spez. Gewicht kann unter Berücksichtigung des Temperaturkoeffizienten in üblicher Weise für die Temperatur von 15° umgerechnet werden.

Für nicht sehr genaue Bestimmungen verwendet man, insbesondere, wenn nur sehr kleine Ölmengen zur Verfügung stehen, das in Abb. 16a wiedergegebene Pyknometer. Wenn dasselbe einen Inhalt von z. B. genau 5 oder 10 cm³ bei 20° C hat, entfällt die Wägung mit Wasser. Das Pyknometer hat einen eingeschliffenen Glasstopfen mit anschließender Capillare und wird für Messungen bei Zimmertemperatur verwendet. Das

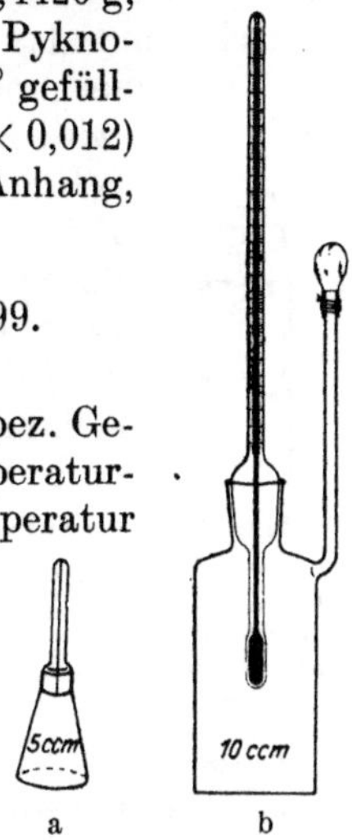

Abb. 16. Pyknometer.

[1] Nach Holde, K.W. S. 7.

genauere Pyknometer Abb. 16b besitzt ein eingeschliffenes Thermometer und ein capillares Steigrohr. Man füllt das Pyknometer mit Öl von Zimmertemperatur und setzt den Thermometerstopfen fest auf, wobei der Überschuß des Öles durch die Capillare austritt. Auf vollständige Füllung der letzteren ist zu achten. Nun wird die Capillare mit dem Glashütchen verschlossen, das Pyknometer vorsichtig mit einem nicht fasernden Tuch abgetrocknet und gewogen. Bei allen Manipulationen ist das Pyknometer nur mit zwei Fingern am Halse zu halten.

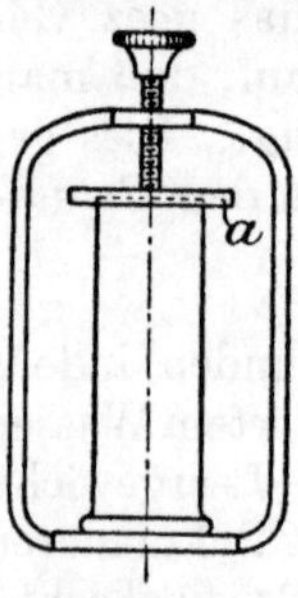

Abb. 17. Pyknometer nach Gintl.

Bei Ölen und Fetten, die sich beim Erwärmen (Schmelzen) in verschiedene Schichten zerlegen können, wie die (wasserhaltigen) konsistenten Fette usw., kann mit Vorteil das Pyknometer von Gintl (Abb. 17) verwendet werden. Dasselbe besteht aus einem kleinen Glaszylinder mit aufgeschliffenem Deckel. Man füllt das Fett unter Vermeidung von Luftblasen so ein, daß das Gläschen gehäuft voll ist. Dann legt man den Deckel darauf und preßt mit der Schraube Deckel und Zylinder zusammen. Der hierbei herausgepreßte Fettüberschuß wird sorgfältig weggewischt und das Pyknometer dann gewogen.

Praktischer sind die Pyknometer nach Abb. 18. Der zu prüfende Stoff wird im Überschuß luftblasenfrei in das Pyknometer gebracht, wo man ihn Lufttemperatur annehmen läßt. Beim Aufsetzen des Stopfens tritt der Überschuß durch die 1,5 mm weite Bohrung aus. Nach sorgfältiger Reinigung mit einem reinen, trockenen Tuch wird das Pyknometer bei 20° gewogen (c). Wenn die ebenfalls bei 20° festgestellten Gewichte des leeren und des mit destilliertem Wasser gefüllten Pyknometers a und b sind, so berechnet sich das spez. Gewicht des Stoffes[1] folgendermaßen:

Abb. 18. Pyknometer für hochschmelzende Stoffe.

$$d_{\frac{20}{20}} = \frac{c - a}{b - a}.$$

Falls das spez. Gewicht eines asphaltartigen Produktes gemessen werden soll, so wird das letztere vorsichtig aufgeschmolzen und das Pyknometer ungefähr zur Hälfte damit gefüllt. Letzteres wird nach Abkühlung auf Zimmertemperatur samt dem Stopfen gewogen (c). Hierauf füllt man mit destilliertem Wasser bis zum Rande, setzt den Stopfen fest auf und stellt das Pyknometer für

[1] Bezogen auf Wasser von 20°.

einige Zeit in ein mit destilliertem Wasser von 20° gefülltes Becherglas. Nach dem Herausnehmen wird das Pyknometer sorgfältig abgewischt und gewogen (d).

$$\text{Spez. Gewicht}^1 = \frac{c - a}{(b - a) - (d - c)}$$

Das Gewicht der mit dem leeren Pyknometer gewogenen Luft und das spez. Gewicht des Wassers bei der Wägetemperatur müssen in beiden Fällen so wie in Beispiel 1 berücksichtigt werden.

Auch nach der Schwebemethode kann das spez. Gewicht von allen wasserunlöslichen Ölen, Fetten und homogenen festen Stoffen bestimmt werden. Ist die zu untersuchende Substanz leichter als Wasser, so wird verdünnter Alkohol, wenn schwerer als Wasser, eine Salzlösung verwendet. Man bringt einen Tropfen Öl oder ein Kügelchen der festen (mit etwas verdünntem Alkohol befeuchteten) Substanz in die wässerige Flüssigkeit und bringt diese durch vorsichtiges Zugießen des leichteren bzw. schwereren Bestandteiles auf so eine Dichte, daß der Tropfen, bzw. das Kügelchen schwebt, d. h. weder aufsteigt noch untertaucht. Hierbei rührt man mit einem Thermometer und achtet darauf, daß keine Luftbläschen an dem zu prüfenden Stoff hängen bleiben. Ist Gleichgewicht eingetreten, so besitzt die wässerige Flüssigkeit dasselbe spez. Gewicht wie der Tropfen, bzw. das Kügelchen, und ihre Dichte kann nach einer der beschriebenen Methoden bestimmt werden.

H. Viscosität.

Schmieröle werden verwendet, um die Reibung gegeneinander bewegter Metallflächen zu verringern und an Stelle der großen Reibung der metallischen Flächen die kleinere Reibung von Ölschichten zu setzen. Bei der Schmierung bildet sich nämlich zwischen den Metallflächen eine Ölschicht, die wir uns in mehrere parallele Schichten zerlegt denken können. Bewegen sich nun die beiden Metallflächen in verschiedener Richtung oder bewegt sich auch nur eine von ihnen (was auf dasselbe herauskommt), so findet auch eine Bewegung zweier Ölschichten in verschiedener Richtung statt. Dieser Gegeneinanderbewegung der Ölschichten wirkt die innere Reibung (Zähigkeit) des Öles entgegen, und es muß eine gewisse Kraft aufgewendet werden, um diesen Widerstand zu überwinden. Die absolute innere Reibung (Zähigkeit) [η] nennt man jene Kraft (in *dyn* ausgedrückt), welche nötig ist, um eine Flüssigkeitsschicht von 1 cm² Oberfläche über eine

---

[1] Bezogen auf Wasser von 20°.

gleich große, 1 cm entfernte Schicht mit der Geschwindigkeit von 1 cm in der Sekunde zu verschieben. Man kann also diese Kraft im Zentimeter-Gramm-Sekunden-(CGS)System ausdrücken und hätte somit ein geeignetes Maß für die Zähigkeit von Ölen. Dasselbe ist jedoch theoretisch abgeleitet und gibt keinen sinnfälligen Anhaltspunkt. Außerdem bekommt man auf diese Weise sehr kleine Werte (für Wasser von 0° z. B. 0,01797, von 20° 0,01004 usw.). Da nun schon viele physikalische Eigenschaften sich des Wassers als Bezugseinheit bedienen, so lag es nahe, auch hier die absolute Zähigkeit von Wasser bei 0° C als Bezugseinheit zu wählen. Auf diese Weise erhält man die spezifische Zähigkeit. Da die absolute Zähigkeit von Wasser bei 20,2° gleich 0,0100 ist, hat man diese Größe als Einheit gewählt und 1 centipoise (d.h. $^1/_{100}$ Poise) genannt.

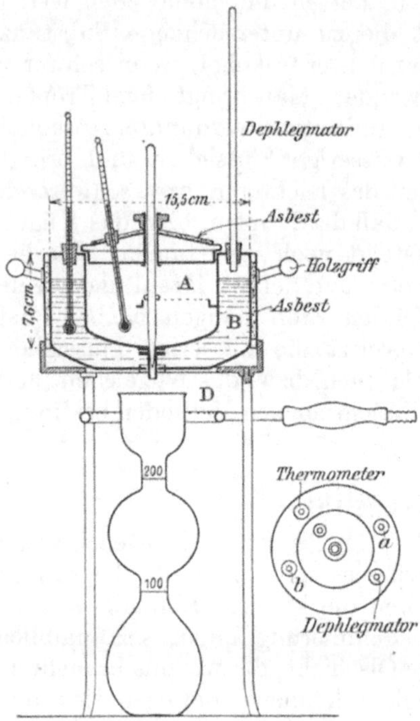

Abb. 19. Viscosimeter nach Engler-Holde (nach Holde, K. W.).

Es wäre wissenschaftlich richtig, diese Einheit als alleingültiges Maß für die Zähigkeit aller flüssigen Körper einzuführen. In England ist dies schon teilweise geschehen. Würde diese Maßeinheit überall eingeführt, so könnte damit dem auf dem Gebiete der Viscositätsmessungen mittels verschiedener Apparate herrschenden Chaos ein Ende bereitet werden. Die absolute bzw. spezifische Zähigkeit ist auch das einzige die wirkliche Zähigkeit eines Öles richtig kennzeichnende Maß. (Besonders für sehr dünnflüssige Öle ist der Englergrad ein schlechter Gradmesser der wirklichen Zähigkeit.)

Zur Zeit jedoch werden in der Praxis zur Messung der Zähflüssigkeit oder Viscosität von Mineralölen Apparate verwendet, welche die Viscosität in anderen Einheiten messen. Diese technischen Einheiten lassen sich auf die absolute Zähigkeit umrechnen. In der Mineralölindustrie werden eine ganze Anzahl von Viscosi metern verwendet. In Deutschland und dem sonstigen Mitteleuropa wird fast ausschließlich das Viscosimeter nach Engler-Holde benutzt und die Viscosität eines Öles in Englergraden[1] ausgedrückt. Die Anzahl der für ein Öl gefundenen Englergrade gibt das Verhältnis zwischen der Ausflußzeit von 200 cm³ Öl und 200 cm³ destillierten Wassers bei 20° C an. Wenn ein Öl z. B. 5,3° E bei 20° hat, so heißt das, daß bei 20° 200 cm³ dieses Öles 5,3mal länger ausfließen als 200 cm³ Wasser.

Das Englersche Viscosimeter (s. Abb. 19) besteht aus einem zur Aufnahme des Öles bestimmten inneren Gefäß *A*, das von dem Wasserbad *B* umgeben ist. *A* wird mit dem Öl bis zu den Markenspitzen gefüllt. Das Nickelausflußröhrchen[2] wird durch einen hölzernen Stift oder einen Kugelstift verschlossen. Das Wasserbad *B* (das für höhere Temperaturen mit Xylol, Glycerin, Anilin oder auch Mineralöl gefüllt wird) ist elektrisch oder durch den Kranzbrenner *D* beheizt. Mittels Stoppuhr wird die Ausflußzeit von 200 cm³ Öl gemessen. Letzteres wird in einem auf Einguß geeichten, etwa 250 cm³ fassenden Meßkolben, welcher je eine Marke bei 100, 200

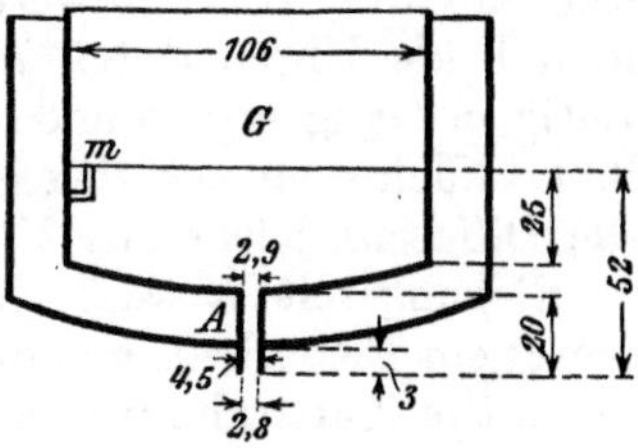

Abb. 20. Viscosimetergefäß (nach Holde).

Maße des Viscosimetergefäßes und Grenzen der zulässigen Fehler (s. Abb. 20).

	mm	Fehlergrenzen mm.
Gefäß G.		
Innerer Durchmesser	106	± 1,0
Höhe d. zylindr. Teiles b. z. d. Markenspitzen	25	± 1,0
„ d. Markenspitzen über d. unteren Rohrmündung	52	± 0,5
Ausflußröhrchen A.		
Länge	20	± 0,1
Innerer Durchmesser, oben	2,9	± 0,02
„ „ unten	2,8	± 0,02
Aus dem äußeren Gefäß unten hervorragender Teil des Röhrchens: Höhe	3,0	± 0,3
Breite	4,5	± 0,2

[1] Umrechnung auf absolute Zähigkeit, s. Holde, K. W. 18, 25, und Ubbelohde, Tabellen z. Engler-Viscosimeter.

[2] Bei besseren Apparaten ist das innere Gefäß vergoldet und das Ausflußröhrchen mit Platin oder Palladium belegt.

und 240 cm³ besitzt, aufgefangen. Die Meßtemperatur wird mittels zweier geeichter Thermometer, von denen eines die Temperatur der Badflüssigkeit und das andere die Temperatur des zu prüfenden Öles mißt, festgestellt.

Das Viscosimeter soll auf einer mit drei Stellschrauben versehenen Platte stehen. Auf diese Weise kann man den Apparat jederzeit so aufstellen, daß der Ölspiegel die drei Markenspitzen gleichmäßig benetzt. Besitzen die Füße des Viscosimeters Stellschrauben, so erübrigt sich die erwähnte Platte.

Stoppuhr. Dieselbe soll amtlich geeicht sein. Ist eine Uhr längere Zeit im Gebrauch gewesen, so muß sie mit einer neuen, geeichten Uhr verglichen werden. Dies geschieht in der Weise, daß man beide Uhren durch Aufeinanderdrücken der Köpfe gleichzeitig in Gang bringt und sie mindestens 10 Minuten lang gehen läßt. Nach dem auf gleiche Art bewerkstelligten Abstoppen soll die Differenz höchstens 2 Sekunden betragen.

Eichung mit Wasser. Gewöhnlich liegt jedem neuen Viscosimeter ein Eichschein von der PTR. oder der Badischen Versuchsanstalt in Karlsruhe bei, doch muß der Eichwert von Zeit zu Zeit nachgeprüft werden.

Die Eichung eines Viscosimeters soll in einem Raum stattfinden, der gegen Zug und Erschütterung geschützt ist, gutes Licht und womöglich eine Temperatur von ungefähr 20° C hat.

Die erste Aufgabe besteht darin, das Auslaufgefäß und Ausflußröhrchen ganz fettfrei zu machen. Es ist daher nötig, den Apparat einige Male mit Petroläther oder Äthyläther und hierauf öfters mit Alkohol auszuspülen. Zum Schluß wird noch gründlich mit destilliertem Wasser ausgewaschen. Nun wird die Öffnung mit einem ungebrauchten fettfreien Holzstift oder einem ebenso wie der Apparat gereinigten Kugelstift verschlossen, und das innere Gefäß mit destilliertem Wasser bis zu den Marken gefüllt. Durch öfteres Lüften des Verschlußstiftes wird das Ausflußröhrchen mit Wasser so weit gefüllt, daß ein die ganze untere Fläche des Röhrchens benetzender Wassertropfen hängen bleibt. Nun füllt man noch einmal Wasser bis zu den Markenspitzen auf und bringt die Temperatur des Wassers auf genau 20°. Das Thermometer soll geeicht sein und ein etwa vorhandener Fehler berücksichtigt werden. Ein reiner, trockener, gründlich entfetteter, auf Einguß geeichter Meßkolben wird nun genau unter die Mündung des Ausflußröhrchens gestellt und der Verschlußstift ohne Erschütterung des Apparates herausgezogen. Mittels geeichter, $^1/_5$ Sekunde anzeigender Stoppuhr wird nun die Ausflußzeit gemessen und der Versuch so oft wiederholt, bis drei Ergebnisse vorliegen, die um nicht mehr als

0,5 Sekunden differieren. Hierauf reinigt man den ganzen Apparat ebenso wie zu Anfang und wiederholt die Versuche so oft, bis konstante Ausflußzeiten erhalten werden. Das arithmetische Mitte der sechs letzten Werte wird auf 0,2 Sekunden abgerundet und als Eichwert angenommen. Derselbe soll zwischen 50 und 52 Sekunden liegen. Da bei der verhältnismäßig kurzen Ausflußzeit von Wasser Fehler von wenigen Zehntelsekunden einen großen Einfluß auf den Eichwert und somit auf alle mit dem betreffenden Apparat ausgeführten Bestimmungen haben, ist es von großem Vorteil, die Apparate mit einem Öl zu eichen, dessen genaue Englerviscosität von der PTR. bestimmt wurde. Hat dieses Öl z. B. eine Viscosität von 10,0° C bei 20°, so beträgt die Ausflußzeit ungefähr 500 Sekunden. Ein Fehler von $^1/_2$ Sekunde z. B. beträgt hier also nur $1^0/_{00}$, bei Benützung von Wasser aber $10^0/_{00}$.

Bestimmung der Viscosität eines Öles. Leichtflüssige Öle werden bei 20°, viscosere Öle bei 50° und Zylinderöle bei 100° [1] geprüft. Das innere Gefäß muß vollständig rein und trocken sein. Das Ausflußröhrchen wird am besten mit einem Röllchen nichtfasernden Filtrierpapieres gereinigt, bis es beim Hindurchschauen von oben ganz blank aussieht. Öle, deren Reinheit nicht ganz sicher feststeht, müssen von der Prüfung durch ein engmaschiges Sieb gegossen werden, um sie von eventuell anwesenden festen Fremdkörpern, welche das Ausflußröhrchen verstopfen könnten, zu befreien. Insbesondere gilt dies für dunkle Mineralöle. Es sei beispielsweise die Viscosität eines Öles bei 20° C zu bestimmen. Das äußere Gefäß wird mit Wasser gefüllt, dessen Temperatur man auf 20° bringt. Ist die Temperatur des Versuchsraumes niedriger, so kann man das Bad 0,2 bis 0,3° wärmer halten. An heißen Tagen hingegen ist es angezeigt, die Badtemperatur ebensoviel unter 20° zu halten. Das zu prüfende Öl wird in einen reinen, ungefähr 300 cm³ fassenden Metallbecher gegossen und die Temperatur unter Rühren mit dem Viscositätsthermometer auf 20° gebracht. Hierauf füllt man das innere Viscosimetergefäß etwas über die Markenspitzen mit dem Öl und läßt den Überschuß durch das Ausflußröhrchen so weit ablaufen, daß die Spitzen der Markenkegel eben sichtbar werden. Sollte eine Markenspitze mehr (oder weniger) eintauchen als die übrigen, so muß durch Regulieren der Stellschrauben völlig ebene Einstellung bewirkt werden. Nun wird der Deckel aufgelegt und das Thermometer hineingesteckt. Man überzeugt sich noch einmal, ob das innere Thermometer genau

[1] Oder bei noch höherer Temperatur.

20° zeigt. Sollte dies nicht der Fall sein, so muß die erforderliche Temperatur durch geringes Anwärmen oder Abkühlen des Bades, Drehen des Deckels samt Thermometer und Bewegen des Rührers hergestellt werden. Wenn das innere Thermometer mindestens zwei Minuten lang 20° anzeigt, wird unter gleichzeitigem Ingangsetzen der Stoppuhr der Verschlußstift gelüftet. Das Öl soll in dünnem Strahl direkt auf den Boden des reinen, trockenen Meßkolbens fließen. Man liest zur Kontrolle die Uhr ab, sobald das Ölniveau die 100 cm^3-Marke passiert und stoppt ab, wenn die Grenzlinie zwischen weißer Schaumkrone und dunklerem Öl die 200 cm^3-Marke erreicht hat. Den Englergrad findet man durch Division der Auslaufzeit des Öles bei der Versuchstemperatur durch die Auslaufzeit von Wasser in demselben Viscosimeter bei 20° (Eichwert). Beispiel:

Auslaufzeit des Öles bei 20° . . . . 11 Min. 2 Sek.
Eichwert des Viscosimeters . . . . 51,6 Sek.

$$\text{Viscosität des Öles bei } 20° = \frac{662 \text{ Sek.}}{51{,}6 \text{ Sek.}} = 12{,}8 \text{ Englergrade.}$$

Ubbelohde hat in seinen Tabellen zum Englerschen Viscosimeter die Englergrade für alle in Betracht kommenden Ausflußzeiten berechnet, und zwar bei Ausfluß von 50, 100 und 200 cm^3, und Eichwerten von 50,0, 50,5, 51,0, 51,5 und 52,0. Die Tabellen gestatten auch die rasche Berechnung der absoluten und spezifischen Zähigkeiten.

Öle von größerer Viscosität (etwa von 15° E bei 20° an) werden bei 50° und 100° geprüft. Die Versuchstemperatur muß so gewählt werden, daß das Öl fast bis zum Schluß in einem Strahl abfließt. Fließt es nur tropfenweise aus, so ist die Bestimmung unsicher, und es muß eine höhere Meßtemperatur gewählt werden. Wegen des großen Einflusses, den selbst geringe Schwankungen der Öltemperatur auf die gefundene Viscosität ausüben, muß insbesondere bei Viscositätsmessungen bei 50° auf genaueste Temperaturkonstanz geachtet werden. Da infolge der Konstruktion des Apparates das Hg-gefäß des Thermometers gegen Schluß der Bestimmung nicht mehr vom Öl bedeckt ist, fällt anscheinend die Öltemperatur. Dies ist jedoch in Wirklichkeit nicht der Fall, solange die Temperatur des Heizbades konstant bleibt. Letztere wird während der ganzen Ausflußzeit auf 50,2° gehalten, was bei länger ausströmenden Ölen durch wiederholtes vorsichtiges Anwärmen unter gleichzeitigem Rühren der Badflüssigkeit, wobei aber der Apparat nicht erschüttert werden darf, erreicht wird.

Ein Öl, dessen Viscosität bei 50° gemessen werden soll, ist schon vor dem Einfüllen in das Viscosimeter auf etwa 51° anzuwärmen. Mineralöle, welche bei Zimmertemperatur Paraffinausscheidungen zeigen, dürfen nur bei mindestens 50° geprüft werden, da sonst große Viscositätsunterschiede gefunden werden, je nachdem das Öl vorher erhitzt oder abgekühlt worden war. Bei 50° kann man das Paraffin als bereits gelöst annehmen. Für andere nicht einheitliche Öle, z. B. emulsionierte Öle, ist die Viscositätsbestimmung überhaupt unzuverlässig.

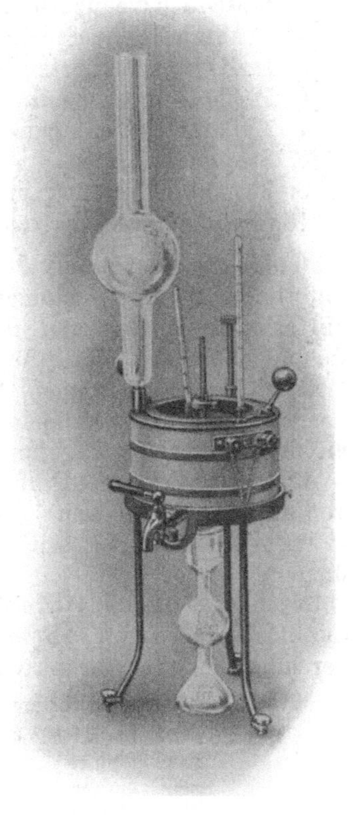

Abb. 21. Viscosimeter für hohe Temperaturen.

Werden Viscositätsbestimmungen bei 100° ausgeführt, so muß das Öl vor dem Einfüllen auf ca. 105° vorgewärmt und das Heizbad während des ganzen Versuches auf 101° gehalten werden. Da Dampfzylinderöle infolge Überhitzung des Dampfes im Zylinder Temperaturen von 250 bis 300° ausgesetzt sind, sind manchmal Zähigkeitsmessungen bei noch höheren Temperaturen erforderlich. Für diesen Zweck werden hartgelötete Viscosimeter mit verschlossenem Badgefäß und Dephlegmator[1] (Abb. 21) hergestellt. Als Badflüssigkeit verwendet man für Temperaturen über 90° Glycerin oder Mineralöle.

Alle Engler-Viscosimeter werden für Spiritus-, Gas- oder elektrische Innenheizung hergestellt. Letztere ist sauber und praktisch. In größeren Laboratorien empfiehlt sich die Aufstellung von drei Viscosimetern zur Prüfung von Ölen bei 20°, 50° und 100°. Sind die Apparate mit elektrischer Heizung ausgerüstet, so ist es angezeigt, sie tagsüber immer auf der Prüftemperatur zu halten.

[1] Hersteller: Sommer & Runge, Berlin-Friedenau.

Kleine Schwankungen werden mit dem jedem Instrument beigegebenen Regulierwiderstand ausgeglichen.

Fehlerquellen bei Viscositätsmessungen.

1. Falscher Eichwert,
2. Ungenaue Temperatureinstellung (falsch anzeigendes Thermometer),
3. Falsche Niveaueinstellung,
4. Ausflußröhrchen nicht blank,
5. Im Öl suspendierte Fremdkörper,
6. Meßkolben ungenau,
7. Meßkolben nicht ganz rein und trocken,
8. Stoppuhr falsch,
9. Stoppuhr unrichtig in Gang gesetzt oder abgestoppt,
10. Falsche Ablesung der Stoppuhr oder falsche Berechnung.

Genauigkeit der Viscositätsbestimmungen. Nach Holde[1] treten unterhalb 50° Abweichungen der einzelnen Bestimmungen vom Mittel im Ausmaße von ± 0,5%, bei 50° bis zu ± 0,5%, für zähflüssige Öle bis zu 1,6%, für Zylinderöle bis zu 3,5% auf.

Nach den Erfahrungen des Verfassers sind die Unterschiede der von einer und derselben Person bei gewissenhaftem Arbeiten an dem gleichen Öl gefundenen Viscositäten nicht größer als ± 1%. Verschiedene Prüfer finden Resultate, die bis ± 1,5% von einander abweichen. Die auf verschiedenen geeichten Apparaten gemessenen Viscositäten stimmen auf ± 2% miteinander überein[2].

Nach den „Richtlinien“[3] betragen die Toleranzen, d. h. die höchstzulässigen Abweichungen der festgestellten von der vereinbarten oder garantierten Viscosität:

Bei einer Prüftemperatur von

20° C bis zu 10° E	±1° E
20° C über 10° E	±10%
50° C bis zu 10° E	±0,5° E
50° C über 10° E	±5%
100° C	±10%.

Die Prozentzahlen beziehen sich auf den gefundenen Wert.

Die Viscosität von Mineralölen nimmt mit steigender Temperatur stark ab, und der Grad dieses Viscositätsabfalles ist insofern für die Beurteilung von Schmierölen sehr wichtig, als ein Schmieröl um so besser ist, je „flacher“ seine Viscositätskurve ist, d. h. je langsamer seine Zähigkeit mit wachsender Temperatur fällt.

[1] Holde, K. W., S. 22.
[2] Prüffehler nach „Richtlinien“: ± 1%.
[3] Seite 73.

Deshalb sollte für ein Schmieröl, das gründlich begutachtet werden soll, durch Bestimmung der Viscosität bei mehreren Temperaturgraden eine Viscositätskurve angelegt werden. Dieselbe gibt graphisch den Viscositätsabfall wieder. Näheres hierüber bei den Schmierölen (S. 215).

Will man eine Reihe von Viscositätsmessungen an demselben Öl vornehmen, so macht sich, insbesondere bei viscosen Ölen, die Versuchsdauer störend bemerkbar. Eine Abkürzung der Versuche unter Benutzung des Englerschen Viscosimeters ist möglich, indem man statt 240 cm³ eine kleinere Ölmenge einfüllt und entsprechend weniger Öl ausfließen läßt. Durch Vergleichsversuche lassen sich die Umrechnungsfaktoren finden, mit denen das Resultat zu multiplizieren ist, um die Ausflußzeit für 200 cm³ zu finden.

Nachstehend die Umrechnungsfaktoren für verschiedene Füllungen[1]:

Tabelle 6.

	cm³					
Bei einer Anfangsfüllung von und einer Ausflußmenge von	25 10	45 20	45 25	50 40	60 50	120 100
Umrechnungsfaktor	13	7,25	5,55	3,62	2,79	1,65

Es ist verständlich, daß die Genauigkeit der Bestimmung um so geringer wird, je kleiner die eingefüllte Ölmenge ist.

Auch das im nachfolgenden beschriebene Engler-Viscosimeter mit Zehntelgefäß nach Ubbelohde[2] gestattet Viscositätsmessungen mit kleinen Ölmengen (s. Abb. 22).

Der Apparat besteht aus einem Engler-Viscosimeter, in dessen innerem Ölgefäß A mittels Gewindes das kleinere Ölgefäß A_1 eingeschraubt werden kann. Der Querschnitt von A_1 ist gleich $^1/_{10}$ des Querschnittes von A, der Durchmesser von A_1 ist gleich 33,8 mm. In A_1 bezeichnet eine einzige Marke das Füllniveau. Das Einführen des Thermometers bewirkt das Überschreiten der Füllmarke bis zum richtigen Stand. Die Höhe der Markenspitze über dem unteren Ende des Ausflußröhrchens beträgt 52,5 mm. Dem Apparat wird ein Eichschein der PTR. mitgegeben, welcher die Ausflußzeit von 20 cm³ Wasser bei 20° C angibt. Man erhält sowohl bei Benutzung des großen Ölgefäßes (selbstverständlich muß dabei das Zehntelgefäß herausgeschraubt sein) und Ausfließenlassen von 200 cm³, als auch bei Benutzung des Zehntelgefäßes und Ausfließenlassens von 20 cm³ direkt die Englerviscosität. Den Verschluß des Röhrchens besorgt in beiden Fällen der Kugelstift b.

---

[1] Siehe Holde, K. W. S. 24. [2] Erzeuger: Sommer & Runge, Berlin.

In Laboratorien, wo oft mehrere Viscositätsbestimmungen gleichzeitig durchzuführen sind, bewähren sich die Mehrfach-Viscosimeter (von Sommer & Runge, Berlin, hergestellt). Dieselben enthalten zwei, drei bzw. vier Ölgefäße in einem gemeinsamen Badgefäß.

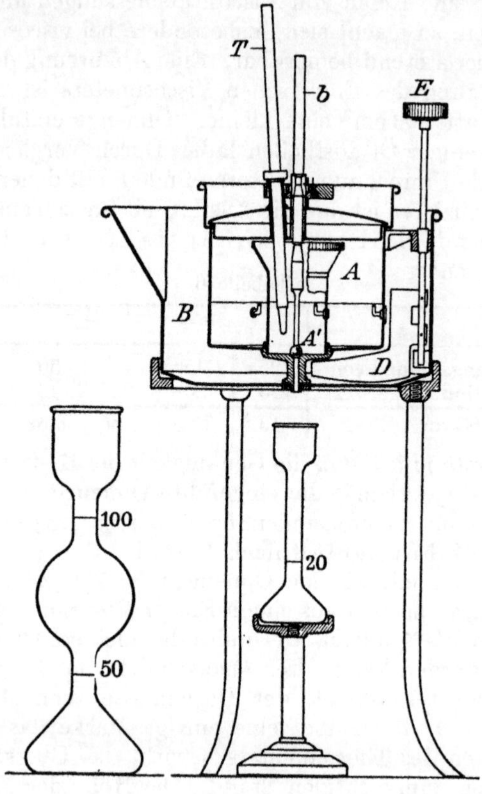

Abb. 22. Viscosimeter mit Zehntelgefäß nach Engler-Ubbelohde (nach Holde).

Das Metallviscosimeter von Holde[1] zeigt gegenüber dem Englerschen Apparat den Vorteil einer geringeren Einfüllung (120 cm³), leichterer Niveaueinstellung und rascherer Erwärmung. Im übrigen beruht es auf demselben Prinzip. Die Englergrade können auch aus den Ausflußzeiten von 20, 25 und 50 cm³ unter Benutzung von Umrechnungsfaktoren bestimmt werden. Dies

[1] Siehe Holde, K. W., S. 30, und Petr. 1928, S. 1412, ferner Bleyberg, Petr. 1928, S. 1416.

bedeutet insbesondere bei sehr zähflüssigen Ölen, eine große Zeitersparnis.

Vogel-Ossag-Viscosimeter[1]. In neuerer Zeit gewinnt die Verwendung dieses kleinen und handlichen Viscosimeters (s. Abb. 23) rasch an Umfang. Dasselbe ist durch viele Vorzüge vor dem Englerschen Viscosimeter ausgezeichnet. Die geringe Menge von 15 cm³ Öl genügt zur Bestimmung der Viscosität eines Öles bei verschiedenen Temperaturen. Zwischen den einzelnen Bestimmungen braucht der Apparat nicht gereinigt zu werden. Ein großer Vorteil ist ferner, daß das Vogel-Ossag-Viscosimeter die Viscosität in dem w i s s e n s c h a f t l i c h allein richtigen Maß der a b s o l u t e n Zähigkeit angibt. Da nämlich der Apparat die k i n e m a t i s c h e Viscosität, also den Quotienten aus der a b s o l u t e n Zähigkeit (d y n a m i s c h e V i s c o s i t ä t) und dem spezifischen Gewichte mißt, läßt sich die absolute Zähigkeit ohneweiters berechnen. Die kinematische Viscosität kann auch leicht in alle gebräuchlichen Viscositätsgrade umgerechnet werden.

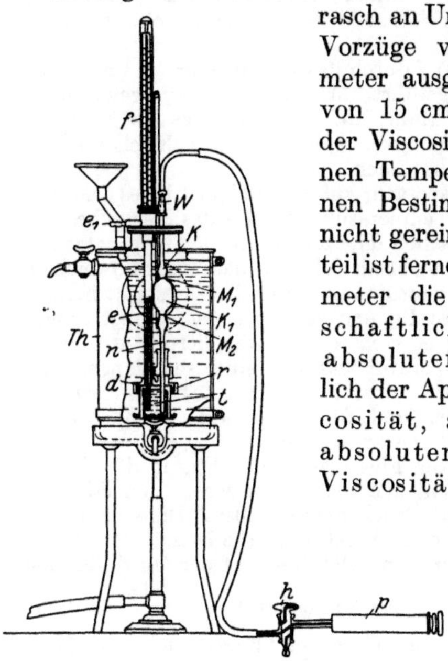

Abb. 23. Vogel-Ossag-Viscosimeter.

Das Prinzip des Apparates besteht darin, daß das mit der Pumpe p aus dem Vorratsgefäß t durch die Kapillare n in die Kugel K_1 gesaugte Öl durch sein eigenes Gewicht ausfließen gelassen wird. Man mißt die Zeit des Durchflusses zwischen den Marken M_1 und M_2. Es können Viscositätsbestimmungen zwischen Zimmertemperatur und 150° C ausgeführt werden.

Nachstehend die dem Apparat beigegebene Gebrauchsanweisung[2]:

Zur Messung wird der Deckel r abgeschraubt und das Aufnahmegefäß t bei Zimmertemperatur mit der zu messenden Flüssigkeit gefüllt, bis sie überzufließen droht. Dann setzt man den Deckel r mit Capillare n, aber ohne Thermometer f auf das Gefäß, setzt das gebogene Schlauchstück w auf und saugt vorsichtig mit der Pumpe p etwas Flüssigkeit in die Kugel K_1.

[1] DRP. 373779. Erzeuger: Sommer & Runge, Berlin. Siehe auch Vogel, Z. angew. Chem. **1922**, S. 561.
[2] Verfasser: Dr. Vogel, Hamburg.

Dann schließt man den Hahn h an der Pumpe p, damit die Flüssigkeit nicht ausfließen kann und schraubt nun den Deckel, ohne das Gefäß zu schütteln, so fest auf, daß der Dichtungsring d gut abdichtet. Dazu bedient man sich des beigegebenen Schlüsselpaares. Der eine der beiden Schlüssel ist zu diesem Zweck auf den Tisch oder dergleichen aufzuschrauben, und ist in diesen Schlüssel der Boden des Aufnahmegefäßes einzusetzen. Dann setzt man das Viscosimeter unter Vermeidung größerer Schwankungen in den Thermostaten Th hinein.

Erst jetzt wird das Thermometer f durch das Luftauslaßrohr e hindurch direkt in das Aufnahmegefäß t eingeführt. Man stellt nun die gewünschte Temperatur ein, öffnet dann den Hahn und läßt die Flüssigkeit in das Aufnahmegefäß auslaufen. Der Flüssigkeitsspiegel stellt sich jetzt selbsttätig ein, und die Messung kann beginnen.

Bei dem großen Einfluß der Temperatur auf die Zähigkeit ist es erforderlich, daß bei allen Messungen die Temperatur während des Versuches unverändert bleibt und die an den beiden Thermometern des Apparates abgelesenen Temperaturen um nicht mehr als 0,1° C voneinander abweichen. Die Thermometer müssen amtlich geprüft sein. Der Thermostat wird mit elektrischer oder Gasheizung hergestellt, und es ist bei dem großen Inhalt des Thermostates verhältnismäßig einfach, durch Regulierung des Heizstromes oder der Flamme die Temperatur während einer sehr langen Zeit konstant zu halten. Für gute Durchrührung der Thermostatenflüssigkeit (für Temperatur bis 100° C Wasser und für die höheren Temperaturen ein durchsichtiges Öl) ist größte Sorge zu tragen.

Zur Messung selbst saugt man die Flüssigkeit vorsichtig in die Kugeln K_1 und K, nimmt das gebogene Schlauchstück bei w heraus und läßt nun die Flüssigkeit unter ihrem eigenen Druck herausfließen. Die Ausflußzeit zwischen den Marken M_1 und M_2 wird abgestoppt. Sie ist mit der auf K_1 eingeätzten Kennzahl k zu multiplizieren. Das Resultat der Multiplikation ergibt das Hundertfache der kinematischen Viscosität $V_K = \frac{100\,\eta}{s} = 100\,\nu$, wo η die absolute Zähigkeit, s das spez. Gew. der Flüssigkeit bei der Meßtemperatur ist. Aus der Tabelle 1[1] kann man dann die Engler (E)-, Redwood (R)- oder Saybolt (S)-Viscosität bei der Meßtemperatur entnehmen.

Man kann auch den Wert von $100\,\eta$ von Flüssigkeiten, deren spez. Gew. zwischen 0,8 und 1,0 liegt, direkt bestimmen, wenn eine Vorrichtung zur Erzeugung eines konstanten Überdruckes, z. B. nach DRP. 411979, zur Verfügung steht. Zu diesem Zweck wird die Druckvorrichtung mit dem Rohrstück e_1 verbunden. Nachdem man dafür gesorgt hat, daß sich alles Öl in dem Aufnahmegefäß t befindet, und nachdem die Temperatur richtig eingestellt ist, gibt man Druck und bringt durch denselben das Öl von der Marke M_2 bis zur Marke M_1 zum Aufsteigen. Die Zeit des Aufstieges wird gleichfalls abgestoppt. Durch Multiplikation der Ausflußzeit mit der auf K_1 eingeätzten Zahl c erhält man direkt den Wert von $100\,\eta$ in Centipoisen.

Jedem Viscosimeter sind 3 Capillaren beigegeben; für sehr zähe Flüssigkeiten mit einer großen Kennzahl k von 1—2, für mittlere zähe Öle mit der Kennzahl k von etwa 0,2 und für dünne Öle mit kleinster Kennzahl k von etwa 0,01. Für Flüssigkeiten, die weniger zäh sind als Wasser sowie für abnorm zähe Öle werden auf Wunsch besondere Capillaren geliefert. Für die Wahl der Capillaren ist die Ausflußzeit maßgebend. Diese soll nicht kleiner als 25 Sekunden und nicht größer als 20 Minuten sein. Bei

[1] der Originalvorschrift.

Meßzeiten von weniger als 25 Sekunden tritt Turbulenz ein, die die Zähigkeit scheinbar vergrößert und ein falsches Resultat gibt. Bei Meßzeiten, die größer sind als 20 Minuten, ergeben sich leicht dadurch Fehler, daß es schwierig ist, die Temperatur während der Messung konstant zu halten. Für Öle von 6,5—7 E bei 50° C wird man in der Regel für die ganze Temperaturkurve zwischen 20° und 100° mit der mittleren Capillare von $k = 0{,}2$ auskommen.

Jede Messung kann durch einfaches Ansaugen wiederholt werden, jedoch nur dann, wenn man von niedrigeren zu höheren Temperaturen übergeht, nicht aber, wenn man von höheren zu tieferen Temperaturen übergeht, da dann schon Öl durch die Ausdehnung in das Überlaufgefäß abgeflossen ist.

Folgendes Beispiel erläutert den Gebrauch der Tabellen aus einer vollständig durchgeführten Messung zur Bestimmung von V_k und Ermittlung von $100\,\eta$:

Öl: Pensylvanisches Raffinat $S_{20} = 0{,}925$, Capillare $k = 0{,}263$.

t ° C	Ausflußzeit sek.	$V_k = \frac{100\,\eta}{s}$ Zeit × 0,263	S (aus Tabelle II[1])	$100\,\eta = V_k \cdot s$ (Centipoisen)	Engler ° nach (Tabelle I[1])
20	1509	397	(0,925)	367	52,3
30	668	176	0,918	161,5	23,2
50	180	47,4	0,904	42,8	6,30
70	73,4	19,3	0,890	17,2	2,79
100	27,6	7,25	0,869	6,3	1,59

Folgendes Beispiel ergibt die direkte Bestimmung von $100\,\eta$ unter Anwendung eines Überdruckes von 60 cm Wassersäule:

Das gleiche Öl und die gleiche Capillare $c = 1{,}52$

t ° C	Ausflußzeit bei 60 cm Überdruck	100 (Centipoisen)
20	238 Sekunden	362
30	107 „	162,3
50	28 „	42,6

Ergeben sich zwischen den mit dem Vogel-Ossag-Viscosimeter und den mit dem Engler-Viscosimeter gefundenen Werten erhebliche Unterschiede, so hat man das Bedürfnis, den Eichwert der Capillare zu prüfen. Zu diesem Zwecke kann man von der Firma Sommer & Runge, Berlin-Friedenau, ein Eichöl beziehen, dessen Viskositätskurve sowohl von V_k als auch von $100\,\eta$ von der Physikalisch-Technischen Reichsanstalt bestimmt worden ist. Man füllt das Viscosimeter mit dem Eichöl und bestimmt die Ausflußzeit zwischen den Marken M_1 und M_2. Bezeichnet man diese Zeit mit t_k und beträgt der zur Meßtemperatur aus der Zähigkeit des Eichöles ermittelte Wert $\frac{100\eta}{S} = 100\,\nu$, so ist die Konstante $k = \frac{100\,\nu}{t_k}$. Steht eine Vorrichtung zur Erzeugung eines konstanten Überdruckes von 60 cm Wassersäule zur Verfügung, so kann man auch den Eichwert c bestimmen, indem man bei einer konstanten Temperatur die Durchgangszeit des Öles von der Marke

[1] der Originalvorschrift.

M_2 bis M_1 bestimmt. Beträgt nun diese Zeit t_c Sekunden, so ermittelt man aus der Kurve für die Meßtemperatur den Wert $100\,\eta$, dann ist $c = \frac{100\eta}{t_c}$. Steht ein von der Physikalisch-Technischen Reichsanstalt geeichtes Öl nicht zur Verfügung, so kann man auch den Eichwert der Capillare noch auf folgende Art prüfen:

Man bestimmt mit dem Englerviscosimeter unter Anwendung eines geeichten Thermometers aus dem Mittel von 3—5 Messungen unter Anwendung aller Viskositätsmaßregeln den genauen Englerwert eines Öles bei einer bestimmten Temperatur. Dann sucht man in der Tabelle den zu dem betreffenden Englerwert gehörigen Wert von V_k. Nun mißt man unter Anwendung derselben Vorsichtsmaßregeln die Auslaufzeit desselben Öles bei derselben Temperatur im Vogel-Ossag-Viscosimeter. Beträgt die Auslaufzeit t_k Sekunden, so ist die Eichkonstante der Kapillare $k = \frac{v_k}{t_k}$.

Bedingung für die Richtigkeit der Eichung ist, daß eine genügend lange Auslaufzeit dafür bürgt, daß man sich außerhalb des Turbulenzgebietes befindet.

Ergibt sich nun, daß die Konstante k von der eingeätzten Zahl wesentlich (über 3%) abweicht, so sende man die Capillare zur Nachprüfung zurück.

Trägt man die Werte von $100\,\eta$ auf logarithmisches Koordinatenpapier in Abhängigkeit von der Temperatur auf, so erhält man eine schwach gekrümmte, gleichseitige Hyperbel, aus der man mit großer Genauigkeit jeden Wert der einzelnen absoluten Zähigkeit zwischen 20 und 100° C ermitteln kann. Will man weitere Werte von $100\,\eta$ haben, so kann man sie aus dem Temperaturabhängigkeitsgesetz der Viscosität $\eta_t = \eta\,\infty \frac{t - t_1}{t - t\infty}$ berechnen, indem man die Konstanten $\eta\,\infty$, t_1, 1, $t\,\infty$ aus den Beobachtungen bei 20, 50 und 100° C ermittelt[1].

Der vorstehend abgedruckten Gebrauchsanweisung liegen im Original Tabellen bei, mittels deren man aus den für die kinematische Viscosität gefundenen Werten unmittelbar die Engler-, Redwood- und Sayboltgrade ablesen kann.

Zur Bestimmung der Viscosität von Mineralölen ist in England das Redwood-Viscosimeter mit einer Ausflußmenge von 50 cm³ eingeführt. In Amerika wird allgemein das Saybolt-Viscosimeter benutzt, und zwar das Saybolt-Universal-Viscosimeter und das Saybolt-Furol-Viscosimeter. Letzteres unterscheidet sich von dem ersten nur durch das weitere Ausflußröhrchen. Die Ausflußzeit von Mineralölen ist auf dem Universalapparat ungefähr zehnmal so groß als auf dem Furol-Apparat. Bei allen diesen Viscosimetern wird die Viscosität in Sekunden Ausflußzeit angegeben.

In Frankreich wird für Viscositäts-(Fluiditäts-)Bestimmungen das Ixometer von Barbey benutzt. Die damit gemessenen Viscositäten (die sog. Fluidität) des Öles sind der Anzahl der cm³

[1] Näheres hierüber Z. angew. Chem. **1922**, Nr. 82.

des Öles, die in einer Stunde bei der Versuchstemperatur ausfließen, gleich.

Die Viscositätsbestimmungen werden auf den genannten Apparaten bei nachstehenden Temperaturen ausgeführt:

Redwood 70, 100, 140 und 212° F,
Saybolt-Universal 100, 130 und 210° F,
Saybolt-Furol 70, 100 und 122° F,
Barbey-Ixometer 35° C.

Die mit dem Englerapparat bestimmte Viscosität eines Öles kann mittels bestimmter Faktoren, die sich aber mit der Höhe der Englerviscosität ändern, auf Redwood-, Saybolt- usw.-Viscosität umgerechnet werden.

Abb. 24. Die gebräuchlichsten Viscosimeter (nach Day).

Die Tabelle 7 auf Seite 46 gibt die ungefähren Vergleichzahlen an. Sie gelten natürlich nur für Viscositätsbestimmungen bei derselben Temperatur. Auf Abb. 24 sind folgende Viscosimeter zu sehen:

1. Saybolt Universal, elektrische Heizung,
2. Saybolt Universal, Dampfheizung,
3. Saybolt Furol,
4. Redwood,
5. Redwood Admiralty,
6. Engler,
7. Barbey-Ixometer.

Tabelle 7[1]. Viscositäts-Vergleichszahlen.

Barbey Grade, cm³ per Stunde	Saybolt Universal, Zeit in Sek.	Saybolt Furol, Zeit in Sek.	Redwood, Zeit in Sek.	Englergrade, Eichwert 51,3	Kinemat. Viscosität, poise	Faktoren z. Umrechnung von Saybolt Universal Sek. in		
						Saybolt-Furol, Sek.	Redwood, Sek.	Englergrade
5320	32	—	—	1,05	0,0100	—	—	0,0328
3060	34	—	—	1,11	0,0174	—	—	0,0325
2170	36	—	31	1,16	0,0245	—	0,856	0,0322
1700	38	—	32	1,21	0,0313	—	0,853	0,0318
1405	40	—	34	1,22	0,0378	—	0,850	0,0316
1000	45	—	38	1,40	0,0531	—	0,840	0,0310
788	50	—	42	1,53	0,0675	—	0,834	0,0306
656	55	—	46	1,66	0,0811	—	0,829	0,0301
564	60	—	50	1,79	0,0942	—	0,825	0,0298
498	65	—	53	1,92	0,1068	—	0,822	0,0295
446	70	—	57	2,05	0,1192	—	0,819	0,0293
371	80	—	65	2,32	0,1431	—	0,815	0,0289
319	90	—	73	2,58	0,1663	—	0,811	0,0287
282	100	—	81	2,85	0,1890	—	0,808	0,0285
228	120	—	97	3,38	0,2334	—	0,805	0,0282
192	140	—	112	3,92	0,2770	—	0,803	0,0280
166	160	—	128	4,46	0,3200	—	0,801	0,0279
146	180	—	144	5,00	0,3626	—	0,800	0,0278
131	200	—	160	5,55	0,4050	—	0,800	0,0277
116	225	—	180	6,22	0,4577	—	0,799	0,0277
104	250	28	200	6,91	0,5103	0,111	0,798	0,0276
94	275	30	219	7,59	0,5628	0,110	0,798	0,0276
86	300	33	239	8,27	0,6150	0,108	0,798	0,0276
80	325	35	259	8,96	0,6672	0,108	0,798	0,0276
74	350	38	279	9,64	0,7194	0,107	0,797	0,0275
69	375	40	299	10,32	0,7714	0,107	0,797	0,0275
64	400	43	319	11,01	0,8235	0,106	0,797	0,0275
57	450	47	359	12,38	0,9275	0,105	0,797	0,0275
52	500	52	398	13,75	1,0314	0,104	0,797	0,0275
47	550	57	438	15,11	1,1352	0,104	0,797	0,0275
43	600	62	478	16,49	1,2390	0,103	0,797	0,0275
36	700	72	558	19,23	1,4464	0,103	0,796	0,0275
32	800	82	637	21,97	1,6538	0,103	0,796	0,0275
28	900	92	717	24,71	1,8610	0,102	0,796	0,0275
25	1000	102	796	27,46	2,0682	0,102	0,796	0,0275

I. Stockpunkt und Schmelzpunkt.

Der Stockpunkt, auch Erstarrungspunkt, Kältepunkt genannt, bezeichnet die Temperatur, bei der ein Öl so fest wird, daß es unter

[1]) Nach Day I, S. 642.

dem Einfluß der Schwerkraft nicht mehr fließt. Mineralöle haben als kompliziert zusammengesetzte Stoffe keinen genauen Schmelzpunkt wie chemisch einheitliche Stoffe, z. B. Wasser, sondern werden beim Abkühlen immer dickflüssiger, bis Festwerden eintritt. Beim Erwärmen hinwiederum werden die erstarrten Mineralöle, als die man auch Paraffin, Asphalt usw. auffassen kann, immer weicher, bis sie ganz geschmolzen sind. Es ist klar, daß bei so einem allmählichen Fest- bzw. Flüssigwerden der Endpunkt nicht scharf ist und in erster Linie von der Prüfungsweise abhängt. Je nach der Art des Öles, Fettes und dgl. sind verschiedene Prüfungsmethoden in Gebrauch.

Der Zweck der Bestimmung des Stockpunktes von Mineralölen ist ohneweiters klar. Erstarrte Öle können nicht gepumpt oder umgefüllt werden. Bei tiefer Temperatur arbeitende Maschinen dürfen nur mit Ölen geschmiert werden, welche bei der betreffenden Temperatur noch flüssig sind. Bei festen Stoffen, wie Paraffin, Asphalt und dgl. gilt der Schmelzpunkt als Mittel zur Beurteilung der Härte und Qualität.

1. Stockpunkt von flüssigen Ölen.

Bei jeder Bestimmung des Stockpunktes, ob er nun nach der einen oder anderen Methode erfolgt, muß darauf geachtet werden, daß das Öl ganz trocken und rein sei. Falls nötig, ist es durch Filtration oder Schütteln mit Calciumchlorid in der Wärme und nachheriges Filtrieren zu entwässern.

Ferner muß beachtet werden, daß viele Öle durch rasche Temperaturänderungen, insbesondere Erhitzen und nachfolgende rasche Abkühlung in einen Zustand versetzt werden, in dem sie sich auf tiefere Temperatur abkühlen lassen als normal ohne zu erstarren. So wird man bei einem Öl, das z. B. einen Stockpunkt von — 2° hat, durch Erhitzen auf etwa 100° und nachfolgendes rasches Abkühlen unmittelbar darauf einen um vieles niedrigeren Stockpunkt feststellen, als das Öl wirklich besitzt. Deshalb sollen Öle, die zur Untersuchung gelangen, vorher möglichst nicht erwärmt werden. Ist eine vorherige Erwärmung nötig, so bestimmt man den Stockpunkt an zwei Proben, von denen die eine nicht erhitzt, die zweite aber 10 Minuten im Wasserbad auf 50° C erwärmt und hierauf eine halbe Stunde im Wasserbad bei 20° abgekühlt worden ist. Als wahrer Stockpunkt wird der Mittelwert aus beiden Bestimmungen angegeben.

Die Methoden zur Bestimmung des Stockpunktes von Ölen können nach zwei Gesichtspunkten geordnet werden. Zu der einen Kategorie gehören jene Prüfungsmethoden, die feststellen sollen, bei welcher Temperatur ein Öl bei langsamer Abkühlung zu fließen aufhört. Die zweite Kategorie beurteilt die Öle daraufhin, ob sie nach einstündiger Abkühlung auf eine bestimmte, vorgeschriebene Temperatur flüssig sind.

Zur ersten Kategorie gehört die „Richtlinien"-Methode[1]. Der Prüfapparat besteht aus einem 18 cm langen Reagenzrohr von 40 mm lichter Weite, das mit einer Pipette bis zur Strichmarke (40—45 mm hoch) eingefüllt wird, wobei man darauf zu achten hat, daß kein Öl die Innenwand hinunterlaufe. Mittels eines Korkstopfens wird ein etwa von — 30° C bis + 30° C reichendes Stockpunktthermometer in dem Reagenzglas zentrisch derart befestigt, daß sich das untere Ende des Quecksilbergefäßes etwa 1,7 cm über dem Boden des Reagenzglases befindet. Das Quecksilbergefäß ist auf diese Weise überall gleich weit von der Wand des Reagenzglases entfernt.

Das Reagenzglas mit dem zu prüfenden Öl wird in einen etwa 12 cm hohen und ebenso weiten emaillierten, eisernen Topf derart gehängt, daß sein unteres Ende etwa 2—3 cm vom Boden des Topfes entfernt ist. Dies läßt sich in der Weise erreichen, daß man den Topf mit einer runden Platte aus verzinktem Eisenblech bedeckt, welche in der Mitte so ausgeschnitten ist, daß das Reagenzglas gerade hineinpaßt. Befestigt man an letzterem einen Korkring, der eine die Thermometerskala freilassende Lücke hat, so läßt sich das Reagenzglas in jeder gewünschten Höhe befestigen.

Tabelle 8[2]. Gefrierlösungen.

Bestandteile	Gew.-Teile in 100 Teilen Wasser	Gefrierpunkt
Kaliumnitrat . . .	13	— 5° C
Kochsalz . . .	3,3	
Chlorammonium .	25	—15° C

Der Topf wird bei Stockpunkten über 0° mit Wasser, bei niedrigeren Stockpunkten je nach Bedarf mit Salzlösungen von tieferem Gefrierpunkt (s. Tabelle 8) so weit gefüllt, daß die Salzlösung etwa 1 cm höher steht als das Ölniveau. Zur Abkühlung unter 0° stellt man den Topf in einen Brei, der aus zwei Teilen zerkleinertem Eis und einem Teil Kochsalz besteht. Die Salzlösungen beginnen zwar zu frieren, sobald sie auf ihren Gefrierpunkt abgekühlt sind, behalten jedoch, von Zeit zu Zeit gerührt, die Tem-

[1] Richtlinien, S. 65.
[2] S. Richtlinien, S. 66. Nach Rüdorff-Hofmeister.

peratur des Gefrierpunktes so lange bei, als noch flüssige Phase vorhanden ist. Will man unter — 15° kühlen, so wird das Reagenzglas direkt in die Eiskochsalzmischung, welche eine Temperatur von ungefähr — 21° C besitzt, gesteckt. Noch tiefere Temperaturen erhält man mit fester Kohlensäure oder durch Mischen von fester Kohlensäure mit Alkohol (Äther).

Beim langsamen Abkühlen des Öles erkennt man das Herannahen des Stockpunktes an dem Dickerwerden des Öles. Von da an wird das Reagenzglas nach je 1° Temperaturabnahme herausgenommen (wobei das Thermometer nicht bewegt werden darf), in einem Winkel von etwa 45° geneigt und 10 Sekunden in dieser Lage gehalten. Sobald sich beim Neigen unmittelbar am Thermometer kein Wulst mehr bildet, ist der Stockpunkt erreicht. Besser ist es, nach dem Vorschlag von Holde das Reagenzglas in der Salzlösung $^1/_2$ Minute geneigt zu halten, dann herauszunehmen und nachzusehen, ob sich der Ölspiegel geneigt hat. Der Versuchsfehler beträgt bei Wiederholungen ± 2°.

In manchen Mineralöllaboratorien werden für die Stockpunktbestimmungen Reagenzgläser von geringerem Durchmesser (20 mm, bisweilen sogar 15 mm) verwendet[1]. Folgende Art der Stockpunktbestimmung ist sehr verbreitet: Das mit Öl gefüllte Reagenzglas ist mittels Korkstopfens in einem als Luftbad dienenden 40 mm weiten Reagenzglas befestigt. Das Ganze wird zuerst in Eis und, falls notwendig, später in einer Eis-Kochsalzmischung abgekühlt. Bei sehr tiefstockenden Ölen muß das innere Rohr direkt in der Kältemischung abgekühlt werden.

Die Stockpunkttemperaturen sind von der Weite des Reagenzglases stark abhängig. Doch läßt sich ein bestimmtes Verhältnis nicht feststellen. Die Differenz der mit Reagenzgläsern verschiedener Weite gefundenen Stockpunkte hängt besonders von der Viscosität und dem Paraffingehalt des Öles ab. Tabelle 9 zeigt einige Beispiele:

Tabelle 9. Vergleich von Stockpunkten.

	Viscosität bei 50° °E	Stockpunkt, bestimmt im Reagenzglas		
		40 mm	25 mm	15 mm
Kerosin, spez. Gewicht 0,840	—	— 11°	— 10°	— 8°
Maschinenöl a. paraffinhältigem Erdöl .	2,8	— 3°	— 1°	+ 1°
„ „ paraffinfreiem „ .	3,0	— 2°	+ 1°	+ 2°
Autoöl aus paraffinfreiem Erdöl . .	7,5	— 3°	— 1°	0°
„ „ „ „ . .	11,5	— 8°	— 4°	— 4°
„ „ „ „ . .	18,5	— 6°	— 2°	— 2°

[1] So schreiben die österreich. Normen ein 20 mm weites Reagenzglas vor.

Für Laboratorien, denen die Beschaffung von Eis schwierig ist, kann ein neuer, von der Firma Carl Stelling, Hamburg 11, hergestellter Apparat (DRGM. 92905 und 1054105) empfohlen werden (s. Abb. 25). Derselbe besteht aus einem durchsichtigen Dewar-Gefäß (dreiwandigen Vakuumgefäß), in dessen Verschlußstopfen das Reagenzglas, zwei Glasröhren für Luft und ein Thermometer befestigt sind. Das Dewar-Gefäß wird zur Hälfte mit Äther gefüllt. Beim Durchsaugen von Luft durch den Äther entsteht durch die Verdunstung desselben die nötige Kälte. Man kann auf diese Weise Temperaturen von — 40° C erreichen. Statt des Äthers können natürlich auch andere niedrig siedende Flüssigkeiten, z.B. Petroläther, verwendet werden.

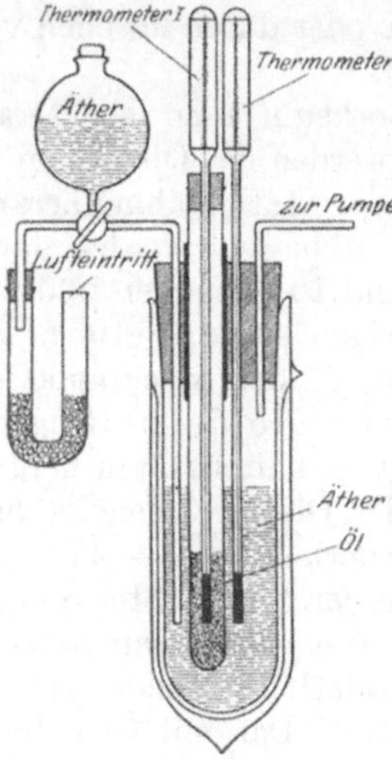

Abb. 25.
Stockpunktbestimmungsapparat.

Die bisher beschriebenen Methoden bestimmten als Stockpunkt jene Temperatur, bei der ein sich langsam abkühlendes Öl fest wurde. Nach manchen Lieferungsvorschriften soll aber festgestellt werden, ob ein Öl bei einer bestimmten Temperatur noch flüssig ist.

Ist z. B. für ein Spindelschmieröl ein Stockpunkt von nicht über — 5° C vorgeschrieben, so muß es wenigstens eine Stunde lang auf diese Temperatur abgekühlt werden. Erst wenn das Öl nach einstündiger Abkühlung auf — 5° noch flüssig ist, kann es als entsprechend angesehen werden.

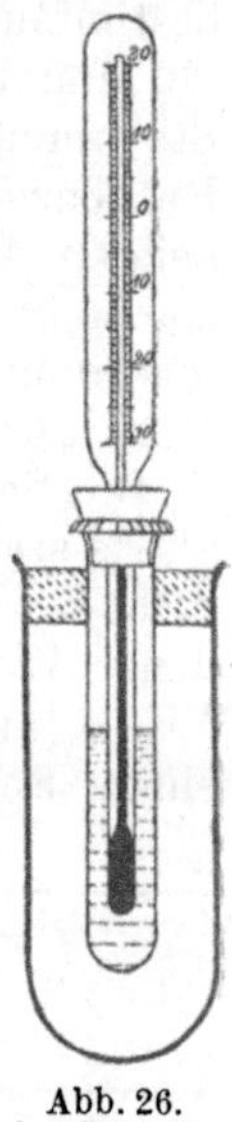

Abb. 26.
Stockpunktbestimmung.

Bei dem Reagenzglasverfahren wird in einem Vorversuche der ungefähre Stockpunkt des Öles festgestellt. Ein gewöhnliches Reagenzglas wird zu $^1/_3$ mit dem Öl gefüllt, mittels Korkstopfens ein Stockpunktthermometer hineingesteckt und zur Isolation das Ganze in einem 3—4 cm weiten Reagenzglas befestigt (Abb. 26[1]). Nun ermittelt man durch Abkühlen in einer Eis-Kochsalzmischung den ungefähren Stockpunkt und wählt dementsprechend die zum Abkühlen beim Hauptversuch

[1] Nach Holde, K. W., S. 40.

dienende Salzlösung (Tabelle 10). Beim Hauptversuch wird das Öl 3 cm hoch in die 15 mm weite Reagenzgläser eingefüllt und darin eine Stunde auf die betreffende Temperatur abgekühlt. Abb. 27[1] erläutert einen hierzu geeigneten, mehrere Gläser fassenden Apparat.

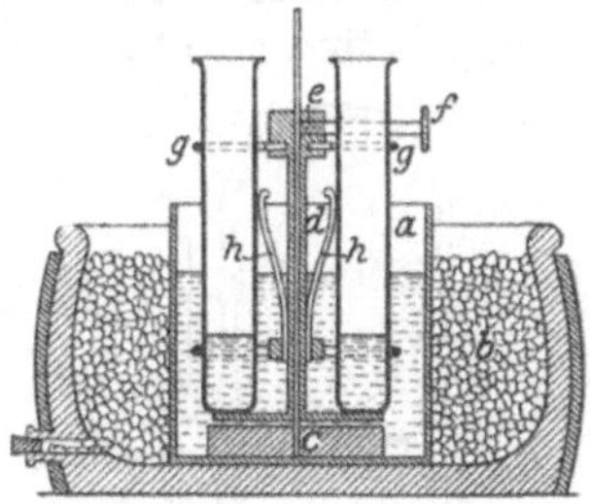

Abb. 27. Apparat zur Kälteprüfung.

Durch Neigen der Gläser wird festgestellt, ob das Öl bei der Versuchstemperatur noch flüssig ist. Wenn ein gleichzeitig mit dem Öl in einem zweiten Reagenzglas abgekühlter Glasstab in die Höhe gehoben das Glas mitnimmt, wird das Öl als dicksalbig, sonst als dünnsalbig oder fließend bezeichnet.

Tabelle 10. Gefrierpunkte von Salzlösungen[2].

Gefrierpunkt °C	—3	—4	—5	—8,7	—10	—14	—15
In 100 Tl. Wasser Teile Salz	13 Kalisalpeter	13 Kalisalpeter, 2 Kochsalz	13 Kalisalpeter, 3,3 Kochsalz	35,8 Chlorbarium	22,5 Chlorkalium	20 Chlorammonium	25 Chlorammonium

Auch das sogenannte U-Rohr-Verfahren der Preußischen Bahnverwaltung prüft das Fließvermögen von Ölen nach einstündiger Abkühlung auf eine bestimmte Temperatur. Das Öl muß, falls es nicht ganz rein ist, durch ein Sieb von $^1/_3$ mm Maschenweite gegossen werden. Einerseits werden zwei Proben des nicht erwärmten Öles und andererseits zwei Ölproben, welche 10 Minuten im Wasserbade auf 50° erwärmt und dann eine halbe Stunde im Wasserbad von 20° abgekühlt wurden, untersucht.

Das Öl wird in die genau 6 mm weiten U-Röhren durch den längeren Schenkel bis zur 0-Marke gefüllt (s. Abb. 28). In dem langen Schenkel entsteht ein Überdruck, wenn der durch ein Gewicht beschwerte Trichter *b* auf das Wasser im Gefäß *a* gesetzt wird, da der Trichter durch den Quetschhahn *f* und das Wassermanometer nach oben hin abgeschlossen ist. Durch Zugießen von Wasser oder Lüften des Hahnes *f*, wobei Quetschhahn *e* geöffnet ist, reguliert man den Druck so, daß das Manometer 50 mm Wassersäule anzeigt.

[1] Nach Holde, K. W., S. 40.
[2] Nach Holde, K. W. S. 39.

Nachdem die mit dem Öl gefüllten U-Röhren eine Stunde lang auf die geforderte Temperatur abgekühlt worden sind, wobei sich die Öloberfläche mindestens 1 cm unter dem Niveau der Salzlösung befinden soll, werden sie folgendermaßen dem Druck ausgesetzt, welcher über dem Wasser im Trichter herrscht: Quetschhahn *e* wird abgenommen, der Schlauch *d* mit dem längeren Schenkel der U-Röhren verbunden und dann *e* wieder angebracht. Nun öffnet man Quetschhahn *f* für genau eine Minute, wodurch das Öl in den U-Röhren unter den Druck von 50 mm Wassersäule gesetzt wird. Am Schlusse der Minute wird Quetschhahn *e* rasch entfernt, und so der normale Luftdruck wieder hergestellt. An der Skala des kürzeren Schenkels kann die Höhe des Ölaufstieges beobachtet werden. Sie ist ein Maß für das Fließvermögen des Öles bei der betreffenden Temperatur.

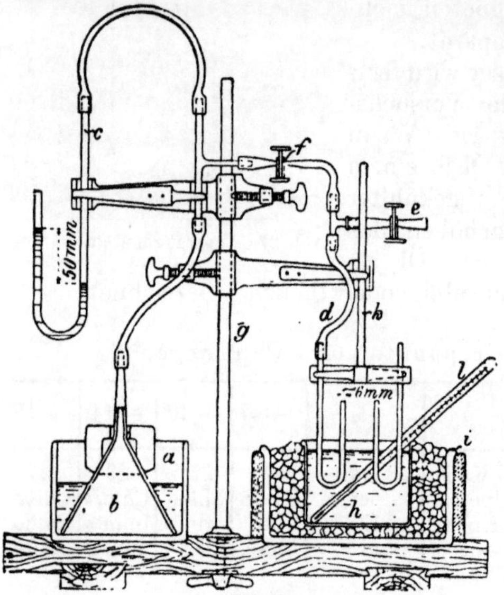

Abb. 28.
Apparat zur Kälteprüfung im U-Rohre (nach Holde).

2. Erstarrungspunkt von festen oder halbfesten Stoffen.

Hierher gehören die Methoden zur Bestimmung des Erstarrungspunktes von Paraffin, welche im Kapitel „Paraffin“ besprochen werden.

3. Schmelzpunkt von festen und halbfesten Stoffen.

Die meist verwendeten Prüfungsmethoden sind:

1. Die Methode zur Bestimmung des Erweichungspunktes von Asphalten, Pechen und dgl. nach Krämer-Sarnow. Dieselbe wird im Abschnitt „Asphalte“ besprochen.

2. Die Methode zur Prüfung des Tropfpunktes nach Ubbelohde für halbfeste Fette und dgl.

Tropfpunkt nach Ubbelohde. Es wird diejenige Temperatur bestimmt, bei welcher sich durch Erweichen des in einem kleinen Glasbecher am Quecksilbergefäß eines Thermometers befindlichen Fettes eine Kuppe bildet und jene Temperatur, bei der der erste Tropfen abfällt. Diese Prüfmethode wird bei Vaselin, verseiften (konsistenten) Fetten und anderen halbfesten, selten bei festen Produkten angewendet.

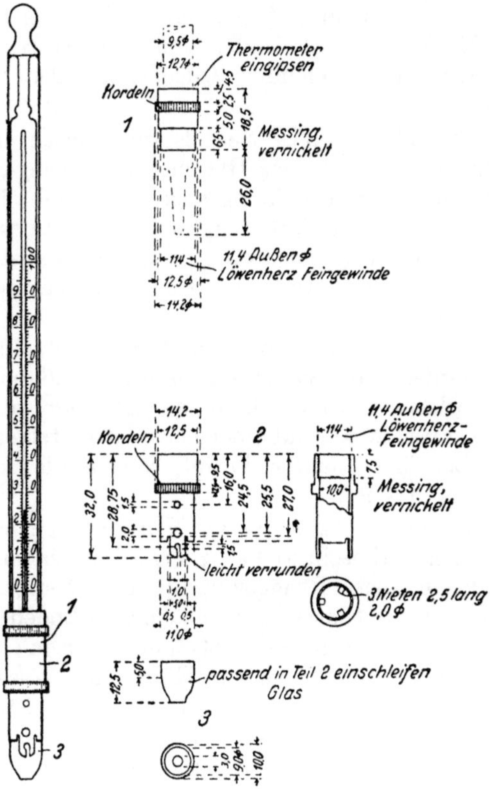

Abb. 29. Apparat zur Bestimmung des Tropfpunktes nach Ubbelohde (nach „Richtlinien").

Der Ubbelohdesche Tropfpunktapparat besteht aus einem Einschlußthermometer (Abb. 29), an dessen unterem Ende eine Metallhülse aufgekittet ist. Auf diese Hülse läßt sich mittels Gewindes eine zweite Metallhülse aufschrauben, welche in ihrem mittleren Teil eine kleine Öffnung zum Druckausgleich und unten drei nach innen ragende Häkchen hat. In die untere Metallhülse paßt ein nach unten zu auf 3 mm verengter Glasbecher von

12,5 mm Länge. Die untere Öffnung desselben ist rund geschmolzen, da bei glatt geschliffenem Rand der Tropfpunkt durch unerwünschte Oberflächenspannung beeinflußt würde. Nach Naumann ist es sehr schwierig, diese Glasbecher vorschriftsmäßig herzustellen. Deshalb werden Messingnippel empfohlen[1]. Für Schiedsanalysen sollen amtlich geeichte Thermometer ohne Temperaturkorrektur mit Aufschrift „Thermometer für den Tropfpunktapparat nach Ubbelohde" verwendet werden. Dieselben sollen bei 1 mm Gradlänge folgenden Skalenbereich haben: von 0 bis 110° C, 50 bis 160° C oder von 100 bis 210° C. Korrekturen für den herausragenden Quecksilberfaden werden nicht angebracht.

Mittels eines Messers oder Spatels wird die zu untersuchende Substanz luftblasenfrei in das Gläschen so hineingestrichen, daß sie zur unteren kleineren Öffnung austritt. Dann wird der Überschuß auf beiden Seiten glatt weggestrichen und das Gläschen in die Hülse hineingesteckt, bis es an die Häkchen anstößt. Hierbei wird von dem Thermometer etwas Substanz herausgedrückt, die man wegschneidet.

Soll eine härtere Substanz, wie Ceresin, Asphalt und dgl. untersucht werden, die man in erstarrtem Zustand durch Streichen nicht in das Gläschen bringen kann, so gießt man sie geschmolzen und luftblasenfrei in das auf einer Glasplatte stehende Gläschen und steckt das Thermometer darauf, solange die Substanz noch nicht ganz erstarrt ist.

Das Thermometer wird nun mit Hilfe eines Korkringes, der an der Seite einen Einschnitt hat, zentrisch in einem 4 cm weiten und 20 bis 25 cm langen Reagenzglas derart befestigt, daß das mit der Substanz gefüllte Gläschen etwa 2 cm vom Boden des Reagenzglases entfernt ist. Das Reagenzglas hängt man in ein Becherglas von etwa 2 Liter Inhalt, das zur Hälfte mit Wasser, bei über 90° schmelzenden Substanzen mit Mineralöl oder Glycerin gefüllt ist. Bei Ausführung des Versuches erhitzt man das Wasserbad anfangs rasch, von etwa 15° unterhalb des vermutlichen Fließpunktes aber nur so stark, daß die von dem Thermometer angezeigte Temperatur nur um 1° in der Minute steigt. Jene Temperatur, bei der das Auftreten einer deutlichen halbkugeligen Kuppe an der unteren Öffnung des Gläschens bemerkt wird, ist der Fließpunkt. Beim Herunterfallen des ersten Tropfens ist der Tropfpunkt erreicht. Bei Wiederholungsversuchen sollen die gefundenen Werte nicht mehr als um $\pm$ 2° C differieren.

---

[1] S. Chem. Fabrik, **1929**, S. 137. Fabrikant: P. Altmann, Berlin NW 6.

J. Flammpunkt und Brennpunkt.

Die Mineralöle, insbesondere ihre leichteren Vertreter Benzin und Petroleum sind seit jeher als brennbar und explosiv bekannt. Zu Beginn ihrer industriellen Verwertung wurden sie vorwiegend zu Beleuchtungszwecken verwendet. Da jedoch zu jener Zeit die Bedingungen, unter denen Leuchtöle gefahrlos benutzt werden können, noch nicht bekannt waren, gab es allerorten Brände und Explosionen. Erst als die Eigenschaften der Entflammung näher untersucht worden waren und die Behörden den Verkauf von Leuchtölen von gewissen Flammpunkteigenschaften desselben abhängig machten, waren die Gefahren gebannt.

Die technisch-wissenschaftliche Literatur versteht unter dem Flammpunkt eines Öles die niedrigste Temperatur, bei der sich unter bestimmten Bedingungen aus dem Öl soviel Dämpfe entwickeln, daß sie mit der unmittelbar darüber befindlichen Luft ein explosibles Gemisch bilden. Dies erkennt man daran, daß durch Annäherung einer Flamme dieses Öldampf-Luftgemisch zur Entflammung gebracht wird. Brennpunkt nennt man jene über dem Flammpunkt liegende Temperatur, bei welcher bereits soviel Dämpfe entwickelt werden, daß beim Nähern der Zündflamme die Dämpfe nicht nur einmalig entzündet werden, sondern an der Öloberfläche weiter fortbrennen.

Die Höhe des Flamm- und Brennpunktes hängt bis zu einem gewissen Grade von den Prüfungsbedingungen, somit in erster Reihe von dem Prüfapparat ab. Die meist verwendeten Geräte sind:

Für Benzin und Petroleum:
der Abel-Pensky-Apparat,

Für Öle:
der Apparat von Pensky-Martens und der Apparat von Marcusson (offener Tiegel).

Der Abel-Pensky-Petroleumprober. Der Abelsche Petroleumprober (Abb. 30) gehört zu den Apparaten mit geschlossenem Ölgefäß. Das absolut trockene Messinggefäß G wird mit dem Petroleum bis zur Marke h_1 gefüllt und der in allen Teilen saubere und trockene Verschlußdeckel aufgesetzt. Letzterer trägt die Zündvorrichtung e, welche von dem Triebwerk T betätigt wird. Das Petroleumgefäß G hängt frei in einem größeren Messinggefäß, das in das Wasserbad W eingelötet ist. Schraube b dient zum Aufziehen der das Triebwerk betätigenden Feder. Durch Drücken auf den Hebel h wird die Feder entspannt. Der Schieber S dreht sich zur Seite, so daß seine Durchbrechungen die Öffnungen des Deckels freigeben. Hierbei senkt sich die Zündvorrichtung derart, daß das vom Docht *d* gespeiste Zündflämmchen durch die größte Öffnung hindurch genau zwei Sekunden lang in den Dampfraum von *G* hineinragt.

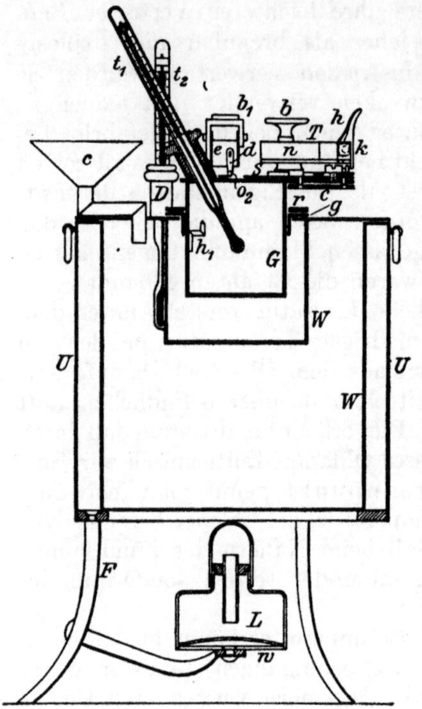

Abb. 30. Petroleumprober von Abel-Pensky (nach Holde).

Bei wachsendem Luftdruck steigen die Flammpunkte aller Öle; deshalb wird mit dem Proben bei den aus Tabelle 11 ersichtlichen, dem jeweiligen Luftdruck entsprechenden Temperaturen begonnen, nachdem zuvor *G* samt dem mittels Pipette vorsichtig eingefüllten Petroleum um 2° tiefer abgekühlt wurde. Ist das Petroleum abgekühlt, so wird *G* in das auf 55° erwärmte Wasserbad gehängt, wobei man achtgeben muß, daß nicht durch schaukelnde Bewegung die Wände von *G* oberhalb des Flüssigkeitsniveaus benetzt werden.

Die Zündflamme wird vermittels eines Dochtes mit Petroleum gespeist oder durch Gaszufuhr erzeugt. Sie wird durch Betätigung des Triebwerkes von $^1/_2$ zu $^1/_2$° in *G* eingetaucht. Ist der Flammpunkt nahe, so vergrößert sich das Flämmchen im Dampfraum und sieht wie von einem Lichtsaum umgeben aus. Der Flammpunkt zeigt sich durch ein Aufflammen im Dampfraum, das gewöhnlich mit einem Verlöschen des Zündflämmchens verbunden ist, an.

Bei über 35° liegenden Flammpunkten wird das Wasser im Wasserbad fast auf Siedetemperatur erhitzt. Bei Flammpunkten über 60° erleichtert man die Wärmeübertragung durch Einfüllen von etwas Wasser in den zwischen *G* und *W* befindlichen freien Raum.

Nach Beendigung des ersten Versuches wird der Petroleumbehälter entleert und ebenso wie das Thermometer und alle Teile des Deckels mit Filtrierpapier sorgfältig gereinigt und getrocknet.

Tabelle 11[1].
Beginn des Probens bei verschiedenem Barometerstand.

Bei einem Barometerstande	erfolgt der Beginn des Probens bei:
Von 685 bis einschließlich 695 mm	+ 14,0° C
„ 696 „ „ 705 „	14,5
„ 705 „ „ 715 „	15,0
„ 715 „ „ 725 „	15,5
„ 725 „ „ 735 „	16,0
„ 735 „ „ 745 „	16,0
„ 745 „ „ 755 „	16,5
„ 755 „ „ 765 „	17,0
„ 765 „ „ 775 „	17,0
„ 775 „ „ 785 „	17,5

Sodann wird frisches Petroleum eingefüllt und ebenso vorgegangen wie beim ersten Versuch. Die Flammpunkte sollen in der Regel um nicht mehr als $^1/_2$° voneinander abweichen. Ist die Differenz größer als 1°, so ist ein dritter Versuch anzustellen. Wenn dann der Unterschied zwischen den drei Ergebnissen nicht größer als $1^1/_2$° ist, so ist nach Holde der Durchschnittswert aus allen drei Bestimmungen als scheinbarer Flammpunkt anzunehmen. Der auf den Normaldruck von 760 mm bezogene wahre Flammpunkt wird nach Tabelle 12 berechnet.

Beispiel. Drei Bestimmungen des Flammpunktes ergaben bei einem Barometerstand von 733 mm 21,0°, 22,5° und 22,0°. Das Mittel ist 21,8°. Statt 733 mm wird der am meisten angenäherte Druck von 735 angenommen[2]. In der darunter stehenden Rubrik ist die Zahl 21,6 dem berechneten Mittelwert 21,8 mm am nächsten. Nun verfolgen wir die waagerechte Spalte rechts von 21,6 bis zu dem dem Normaldruck 760 mm entsprechenden wahren Flammpunkt 22,5°.

Apparat von Pensky-Martens. Derselbe gehört zu den Apparaten, welche den Flammpunkt im geschlossenen Tiegel bestimmen. Da bei diesen Apparaten die gebildeten Dämpfe nicht entweichen können wie beim offenen Tiegel und überdies auch Luftströmungen im Arbeitszimmer von der Öloberfläche ferngehalten werden, ist es verständlich, daß die im Pensky-Martens-Apparat gefundenen Flammpunkte niedriger sind als die mit dem offenen Tiegel ermittelten Flammpunkte. Die Konstruktion des Apparates bringt es auch mit sich, daß selbst Spuren von niedrigsiedenden Anteilen in einem Öl, die den Flammpunkt im offenen

[1] Nach Holde, K. W., S. 144.
[2] S. Tabelle 12.

Tabelle 12[1]. Umrechnung der Entflammungs

650	655	660	665	670	675	680	685	690	695	700	705	710	715
Entflammungspunkt nach Graden													
15,5	15,6	15,7	15,8	15,9	16,1	16,2	16,4	16,6	16,7	16,9	17,1	17,3	17,4
16,0	16,1	16,2	16,3	16,4	16,6	16,7	16,9	17,1	17,2	17,4	17,6	17,8	17,9
16,5	16,6	16,7	16,8	16,9	17,1	17,2	17,4	17,6	17,7	17,9	18,1	18,3	18,4
17,0	17,1	17,2	17,3	17,4	17,6	17,7	17,9	18,1	18,2	18,4	18,6	18,8	18,9
17,5	17,6	17,7	17,8	17,9	18,1	18,2	18,4	18,6	18,7	18,9	19,1	19,3	19,4
18,0	18,1	18,2	18,3	18,4	18,6	18,7	18,9	19,1	19,2	19,4	19,6	19,8	19,9
18,5	18,6	18,7	18,8	18,9	19,1	19,2	19,4	19,6	19,7	19,9	20,1	20,3	20,4
19,0	19,1	19,2	19,3	19,4	19,6	19,7	19,9	20,1	20,2	20,4	20,6	20,8	20,9
19,5	19,6	19,7	19,8	19,9	20,1	20,2	20,4	20,6	20,7	20,9	21,1	21,3	21,4
20,0	20,1	20,2	20,3	20,4	20,6	20,7	20,9	21,1	21,2	21,4	21,6	21,8	21,9
20,5	20,6	20,7	20,8	20,9	21,1	21,2	21,4	21,6	21,7	21,9	22,1	22,3	22,4
21,0	21,1	21,2	21,3	21,4	21,6	21,7	21,9	22,1	22,2	22,4	22,6	22,8	22,9
21,5	21,6	21,7	21,8	21,9	22,1	22,2	22,4	22,6	22,7	22,9	23,1	23,3	23,4

Tiegel nicht beeinflussen, das Ergebnis beim Apparat nach Pensky-Martens stark herabdrücken.

Der Apparat (Abb. 31) besteht aus dem zur Aufnahme des Öles bestimmten Messinggefäß, welches mittels einer Flansche in dem zur Übertragung der Wärme dienenden eisernen Heizgefäß *H* hängt. Zwischen diesem und dem Messing-Schutzmantel *L* befindet sich ein isolierender Luftraum, der *H* gegen starke Wärmeausstrahlung schützt. Der genau auf das Ölprüfgefäß *E* passende Deckel trägt in der Mitte einen Rührer. Derselbe wird durch eine biegsame Welle betätigt und mischt Öl und Öldampf mittels zweier Propeller. Ferner trägt der Deckel noch ein in eine Hülse genau passendes Thermometer, dessen Quecksilbergefäß sich ungefähr in der Mitte des Öles befindet. Das Thermometer wird für diese Eintauchung geeicht, seine Angaben werden daher nicht korrigiert. Außerdem ist der Deckel von mehreren Öffnungen durchbrochen, die von einem auf ihm befestigten drehbaren Schieber verdeckt sind. Dreht man letzteren mittels des Handgriffes *G* beiseite, so gelangt eine im Schieber befindliche Öffnung über die größte Öffnung des Deckels und gibt letztere frei. Während der Drehung wird die kleine Zündflamme *Z* durch die Deckelöffnung in den Dampfraum eingeführt. Das Hilfsflämmchen *S* dient zum Wiederanzünden von *Z* im Falle des Verlöschens. Das Gefäß *E* selbst wird mit einem gut regulierbaren Gasbrenner oder elektrisch

[1] Nach Holde, K. W., S. 146.

punkte auf normalen Barometerstand.

720	725	730	735	740	745	750	755	760	765	770	775	780	785
des hundertteiligen Thermometers													
17,6	17,8	18,0	18,1	18,3	18,5	18,7	18,8	19,0	19,2	19,4	19,5	19,7	19,9
18,1	18,3	18,5	18,6	18,8	19,0	19,2	19,3	19,5	19,7	19,9	20,0	20,2	20,4
18,6	18,8	19,0	19,1	19,3	19,5	19,7	19,8	20,0	20,2	20,4	20,5	20,7	20,9
19,1	19,3	19,5	19,6	19,8	20,0	20,2	20,3	20,5	20,7	20,9	21,0	21,2	21,4
19,6	19,8	20,0	20,1	20,3	20,5	20,7	20,8	21,0	21,2	21,4	21,5	21,7	21,9
20,1	20,3	20,5	20,6	20,8	21,0	21,2	21,3	21,5	21,7	21,9	22,0	22,2	22,4
20,6	20,8	21,0	21,1	21,3	21,5	21,7	21,8	22,0	22,2	22,4	22,5	22,7	22,9
21,1	21,3	21,5	21,6	21,8	22,0	22,2	22,3	22,5	22,7	22,9	23,0	23,2	23,4
21,6	21,8	22,0	22,1	22,3	22,5	22,7	22,8	23,0	23,2	23,4	23,5	23,7	23,9
22,1	22,3	22,5	22,6	22,8	23,0	23,2	23,3	23,5	23,7	23,9	24,0	24,2	24,4
22,6	22,8	23,0	23,1	23,3	23,5	23,7	23,8	24,0	24,2	24,4	24,5	24,7	24,9
23,1	23,3	23,5	23,6	23,8	24,0	24,2	24,3	24,5	24,7	24,9	25,0	25,2	25,4
23,6	23,8	24,0	24,1	24,3	24,5	24,7	24,8	25,0	25,2	25,4	25,5	25,7	25,9

beheizt. Auch die Flämmchen *S* und *Z* können entweder mit Gas gespeist oder durch eine elektrische Zündvorrichtung ersetzt sein.

Jede Flammpunktuntersuchung, gleichgültig nach welcher Methode sie ausgeführt wird, soll an einem zugfreien Ort erfolgen. Schwache Beleuchtung des Zimmers ist auch hier vorteilhaft, da man so das erste Aufflammen der Öldämpfe besser sieht.

Bestimmung des Flammpunktes. Vor dem Versuch soll man sich zuerst überzeugen, ob Ölgefäß, Deckel usw. absolut rein und trocken sind. Da gewöhnlich Leichtbenzin beim Reinigen dieser Teile verwendet wird, ist diesbezüglich besondere Vorsicht vonnöten. Das zu untersuchende Öl wird bis zur Marke in das Gefäß *E* eingefüllt, der Deckel aufgesteckt und das Ganze in die Heizvorrichtung eingesetzt. Hierauf werden Hilfs- und Zündflamme entzündet. Letztere soll etwa 4 mm lang sein. Nun wird mit der Erhitzung des Apparates begonnen. Anfangs darf der Temperaturanstieg etwa 6° in der Minute betragen. Während des Erhitzens wird der Rührer ungefähr einmal in der Sekunde gedreht. Etwa 30° unter dem vermutlichen Flammpunkt wird die Wärmezufuhr so verkleinert, daß die Temperatur nur noch ungefähr 4° in der Minute ansteigt. Von 2 zu 2° wird nun durch Drehen des Knopfes *G* der Schieber beiseite gedreht, wobei sich die Zündflamme in das Innere des Gefäßes *E* senkt. Man läßt sie ein bis zwei Sekunden eingetaucht und unterläßt indessen das Rühren.

Wenn der Flammpunkt nahe ist, so erscheint die eintauchende Flamme durch einen blauen Saum vergrößert. Ist er erreicht, so tritt Entflammung der Öldämpfe auf, wobei gewöhnlich die Zündflamme erlischt.

Der zur Zeit der Versuchsausführung herrschende Luftdruck wird am Barometer abgelesen und notiert. Eine Korrektur wird

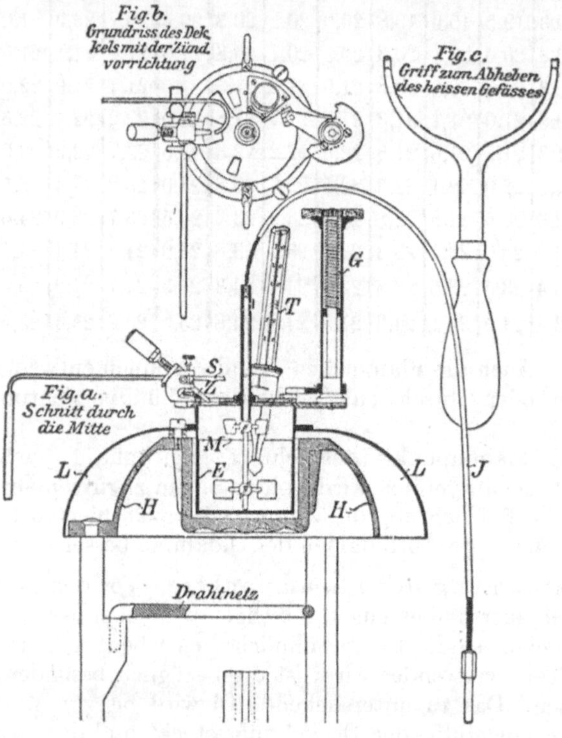

Abb. 31. Pensky-Martens-Apparat (nach Holde).

zwar im allgemeinen nicht vorgenommen, doch ist bei außergewöhnlich hohem oder niedrigem Luftdruck oder im Falle von Differenzen zu berücksichtigen, daß, wenn der Luftdruck 30 mm unter 760 mm Quecksilber liegt, der Flammpunkt um 1° C zu niedrig gefunden wird. Diese Differenz dürfte aber kaum ausschlaggebend sein, da schon bei Wiederholungen der Bestimmung Differenzen bis zu 3° auftreten. Bei Anwesenheit von fettem Öl können sie noch größer sein.

Der Flammpunkt ist keine additive Eigenschaft Gemische

von zwei Mineralölen entflammen gewöhnlich tiefer, als durch die Mischungsregel berechnet wird.

Apparat von Marcusson. Bei den Flammpunktapparaten von Marcusson befindet sich das Öl während der Prüfung in einem offenen Tiegel, so daß die Dämpfe ungehindert entweichen können. Daher liegen die Flammpunkte nach Marcusson höher als die Flammpunkte nach Pensky-Martens.

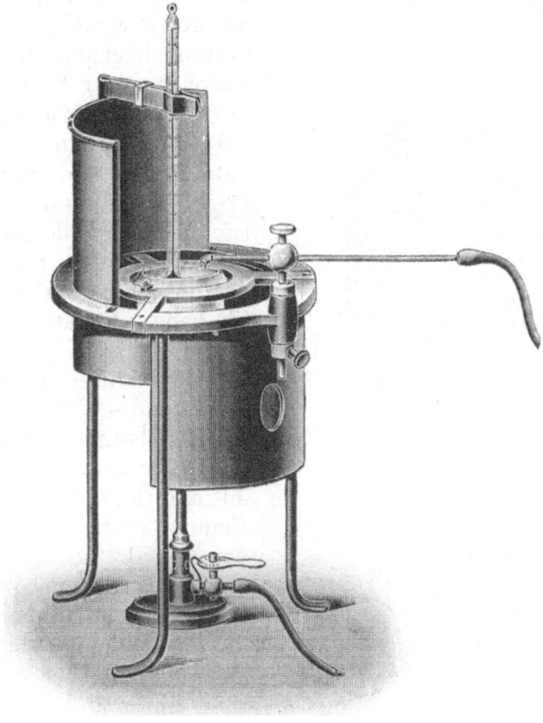

Abb. 32. Marcusson-Apparat (nach Holde).

Der Apparat (Abb. 32) besteht aus einer mit Sand gefüllten Blechschale, in welche mittels eines Einsatzes ein 40 mm hoher und ebenso weiter Porzellantiegel so eingehängt wird, daß sich sein Boden 2 mm über dem Boden der Sandbadschale befindet. Der Porzellantiegel hat je eine 10 mm und 15 mm vom Tiegelrande entfernte Marke. Hochflammige Öle (Zylinderöle usw.) werden bis zur unteren, andere Mineralöle bis zur oberen Marke eingefüllt. An dem Rand der Sandbadschale ist ein Lötrohr mit

Gaszuführung so befestigt, daß die 10 mm lange Zündflamme in der Ebene des Tiegelrandes bewegt werden kann.

Bestimmung des Flammpunktes. Das Öl wird bis zur betreffenden Marke in den absolut sauberen und trockenen Porzellantiegel eingefüllt. Letzterer wird so in die Schale gehängt daß sein Boden 2 mm vom Boden der Eisenschale entfernt ist. Der Tiegel soll bis zur Höhe des Ölspiegels im Sand gebettet sein. Hierauf wird das, wenn nicht amtlich geeichte, so doch mindestens nachgeprüfte Thermometer in seiner Klammer so befestigt, daß die Wand der Quecksilberkugel 2 mm ($\pm$ 0,2 mm) vom Boden und von der hinteren Tiegelwandung entfernt ist. Nun wird die Zündflamme entzündet und so reguliert, daß das in waagerechter Lage befindliche Flämmchen genau 10 mm lang sei und sich sein unterer Rand in der Ebene des Tiegelrandes befinde. Jetzt wird die Heizflamme entzündet und die Temperatur des Öles bis etwa 20° unterhalb des vermutlichen Flammpunktes um 5—7° und von da ab um 3° ($\pm$ $^1/_2$°) je Minute gesteigert. Von diesem Zeitpunkte an führt man auch die Zündflamme von Grad zu Grad einmal über dem Tiegelrand hin und her, so daß sie sich im ganzen vier Sekunden über dem Tiegel befindet. Der Flammpunkt zeigt sich ebenso wie beim Pensky-Martens-Apparat durch einmaliges Aufflammen, der Brennpunkt durch mindestens fünf Sekunden währendes Weiterfortbrennen der Öloberfläche an. Da schon für die betreffende Eintauchtiefe korrigierte Thermometer verwendet werden, entfällt die Korrektur für den herausragenden Quecksilberfaden bei den Flammpunktbestimmungen nach allen Systemen. Bei Wiederholung können die Bestimmungen bis 3° voneinander differieren. Auch die „Richtlinien“ nehmen einen Prüffehler von $\pm$ 3° an.

Abb. 33. Flammpunkt-Apparat mit senkrechter Flammenführung (Sommer & Runge).

Nach den Lieferungsbedingungen der deutschen Staatsbahnen wird zur Prüfung von Eisenbahnwagenölen ein Apparat mit senkrechter Flammenführung verwendet (s. Abb. 33).

Der Tiegel steht in einer halbkugeligen Blechschale von 18 cm Durchmesser auf einer 1,5 cm hohen Sandschicht. An einer horizontalen, am Rande der Sandbadschale befestigten Achse ist ein

Abb. 34a. Abb. 34b.

Universal-Flammpunktapparat von Sommer & Runge.

Zündrohr so befestigt, daß es sich in einer senkrechten Ebene drehen kann, wobei sich die Mündung bis auf 2 mm dem Tiegelrande nähert. Wenn das Öl eine Temperatur von ungefähr 150° erreicht hat, ist die Öloberfläche, die ursprünglich 10 mm vom Tiegelrande entfernt war, nunmehr 6 mm davon entfernt. Da die Zündflamme von den heißen Öldämpfen seitlich abgebogen wird, ist sie jetzt beim Senken des Zündrohres 2—3 mm von der Öloberfläche entfernt.

Von der Firma Sommer & Runge, Berlin, wird ein Flamm- und Brennpunktprüfer (Abb. 34a und b) hergestellt, der wegen der Veränderlichkeit der Tiegelstellung und Auswechselbarkeit der Zünddüsen sowohl senkrechte als auch waagerechte Führung des Zündrohres gestattet und der daher sowohl zur normalen Prüfung von Maschinen- und Zylinderölen als auch zur Prüfung von Eisenbahnwagenölen nach den Vorschriften der deutschen Staatsbahnen benutzt werden kann.

In neuester Zeit hat Schlüter[1] auf Grund seiner Versuche, welche zeigten, daß die Öltemperatur an verschiedenen Stellen des Flammpunkttiegels verschieden hoch sei, einen neuen Flammpunktapparat (Abb. 35) konstruiert, bei dem das Thermometer so fixiert ist, daß die Quecksilberkugel 5 mm vom Boden und der Wand des Tiegels entfernt sein muß. Die Zündung der Öldämpfe erfolgt oberhalb der Mitte der Öloberfläche. Das Zündrohr ist um eine horizontale Achse drehbar. Wird das Handrad gedreht, so neigt sich die Zündrohrmündung zur Öloberfläche herab, bis das Zündrohr einen Anschlag berührt. Hierdurch wird bewirkt, daß das Zündflämmchen in waagerechter Lage über dem Ölspiegel brennt. Seine Entfernung von letzterem kann reguliert werden.

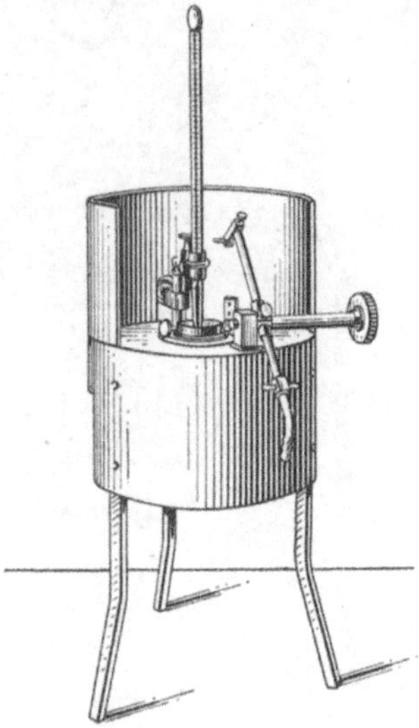

Abb. 35. Flammpunktapparat nach Schlüter (Chem. Ztg.).

Nach den „Richtlinien 1928" soll dieser Apparat zur Vornahme genauer Prüfungen zunächst versuchsweise benutzt werden. Über seine endgültige Einführung für Schiedsanalysen soll der Ausschuß IX im deutschen Verband für die Materialprüfungen der Technik entscheiden. Die „Richtlinien" enthalten folgende Anforderungen an den genannten Flammpunktprüfer[2]:

„1. Der Tiegel soll aus nichtrostendem Metall bestehen und eine Wandstärke von 1 (± 0,2) mm besitzen. Seine Innenmaße sind folgende: Durchmesser 40 (± 0,2) mm, Höhe 40 (± 0,2) mm. In dem Tiegel sind zwei Marken angebracht, und zwar 10 (± 0,2) mm

[1] Schlüter, Chem. Ztg **1928**, Nr 26; s. auch Meyerheim u. Frank, Petroleum, **1928**, S. 1235.

[2] S. Richtlinien, S. 64.

und 15 ($\pm$ 0,2) mm vom oberen Rand entfernt. Außen an dem Tiegel ist 10 ($\pm$ 0,5) mm vom oberen Rand entfernt ein Flansch angebracht, dessen äußerer Durchmesser nicht größer als 60 mm ist und dessen Wandstärke der Wandstärke des Tiegels entspricht.

2. Für Schiedsanalysen sollen beglaubigte Thermometer benutzt werden, die die Aufschrift „Thermometer für Flammpunktprüfer mit offenem Tiegel" tragen und folgenden Bedingungen genügen: Die Skala soll den Temperaturbereich von 40 bis 260° C oder von 190 bis 410° C umfassen. Das Quecksilbergefäß ist kugelförmig mit einem Durchmesser von 9 ($\pm$ 0,5) mm. Das zylindrische Thermometerrohr hat einen Durchmesser von 10 ($\pm$ 0,5) mm. Die Capillare soll kalibrisch bis 30 ($\pm$ 5) mm vom unteren Ende der Kugel an gerechnet über die bis dahin reichende Skalenplatte durchgeführt sein. Die Teilung soll bei höchstens 100 ($\pm$ 5) mm beginnen und so bemessen sein, daß die Gradlänge $^3/_4$ mm beträgt, so daß also in diesem Falle das obere Ende der Teilung bei 265 ($\pm$ 10) mm liegt. Die Thermometer werden für 30 mm Eintauchtiefe unter Berücksichtigung der vorher besonders bestimmten Korrektur für den herausragenden Faden geprüft. Bei den so beglaubigten Thermometern sind keine Korrekturen für den herausragenden Faden anzubringen.

3. Das Thermometer steht senkrecht so in dem Tiegel, daß die Außenwandung der Kugel 5 ($\pm$ 0,2) mm vom Boden und von der Tiegelwandung entfernt ist. Ist das Thermometer am Gestell des Flammpunktprüfers befestigt, so darf durch die Bewegung des Tiegels gegen das Gestell diese Toleranz nicht überschritten werden.

4. Die Zündflamme ist 10 mm lang mit einer Toleranz von 1 mm und liegt waagerecht, so daß die Flammenmitte über der Tiegelmitte liegt, wobei der untere helle Saum der Zündflamme in der Ebene des Tiegelrandes liegt. Die Flamme wird von oben nach unten ohne seitliche Bewegung geführt.

5. Der Tiegel liegt bis zu seinem Flansch in einem Luftbade, das durch einen Metallkörper gebildet wird. Der Tiegel soll von dem Boden und den Wandungen des Luftbades 2 ($\pm$ 0,2) mm entfernt sein. P r ü f v e r f a h r e n: Der Apparat soll in einem zugfreien Raume möglichst bei gedämpfter Beleuchtung aufgestellt sein. Der Tiegel wird bei Zylinderölen bis zur unteren, bei allen anderen Ölen bis zur oberen Strichmarke gefüllt.

Durch einen Regulierbrenner erhitzt man so, daß der Temperaturanstieg bei Maschinenölen von 120° C ab, bei Zylinderölen von 220° C ab 3 bis 5° C in der Minute beträgt, und schwenkt nach jedem Grad Temperaturerhöhung die Zündflamme auf die

Öloberfläche und wieder zurück. Dabei soll die Zündflamme jedesmal nicht länger als zwei Sekunden über dem Öl verweilen, damit nicht durch örtliche Überhitzung zu niedrige Werte gefunden werden. Diejenige Temperatur, bei welcher die Öldämpfe erstmalig an der Zündflamme entflammen, ist der Flammpunkt.

Berichtigungen: Es sind für die Thermometer nur die Eichkorrekturen (nicht Fadenkorrekturen) zu berücksichtigen."

Der von Schlüter vorgeschlagene und von den „Richtlinien" empfohlene Apparat hat in der Fachwelt nicht ungeteilte Anerkennung gefunden[1], so daß die endgültige Beschlußfassung über die Einführung des Apparates abgewartet werden muß.

Der Technische Unterausschuß des Ausschusses 9 (Schmiermittel) des deutschen Verbandes für die Materialprüfungen der Technik hat daher in seiner Sitzung am 31. Januar 1929 beschlossen, daß bis zur endgültigen Klärung des Verfahrens für Flammpunktprüfung im offenen Tiegel bei Schiedsanalysen die Prüfung im Marcusson-Apparat auszuführen ist, wobei die untere Begrenzung der Quecksilberkugel 2 mm (gemessen mit dem Maßstab am Thermometerhalter) vom Boden des Tiegels einzustellen ist. Der Temperaturanstieg muß 3° C ($\pm$ $^1/_2$° C) in der Minute betragen[2].

In Frankreich wird der Flammpunkt nach Luchaire bestimmt. In Amerika herrscht große Mannigfaltigkeit an im Gebrauch stehenden Apparaten zur Bestimmung des Flammpunktes (s. Abb. 36). Für niedrig flammende Öle wird der Abelapparat, ferner die Apparate mit geschlossenem Gefäß: Tag geschlos-

Tabelle 13. Vergleichstabelle für Flammpunkte.

	Abel	Tag closed	Elliott	Pensky-Martens	Cleveland opencup	Luchaire (franz.)	Brennpunkt
Petroleum	30	33	33	35	38	38	43
Petroleum	34	39	37	41	46	50	54
Kerosin	53	54	53	57	60	59	71
Petrolit	61	59	60	66	68	68	79
Gasöl	—	—	—	91	93	92	104
300-Öl	—	—	—	124	129	130	152
Leichtes Schmieröl	—	—	—	157	163	161	196
Eismaschinenöl . .	—	—	—	204	—	206	238
Schweres Schmieröl	—	—	—	221	227	221	268
Zylinderöl . . .	—	—	—	262	274	264	321
Schweres Zylinderöl	—	—	—	266	293	265	235

[1] Friedebach, Petroleum, **1929**, S. 93; Koettschau, Tägl. Ber. **1928**, Nr 300, 301.

[2] Siehe Petroleum, **1929**, Nr 19.

sener Tiegel[1] und Elliott verwendet. Höherflammende Öle prüft man im Pensky-Martens-Apparat[1] oder in den mit offenem Gefäß ausgestatteten Apparaten von Cleveland[1] und

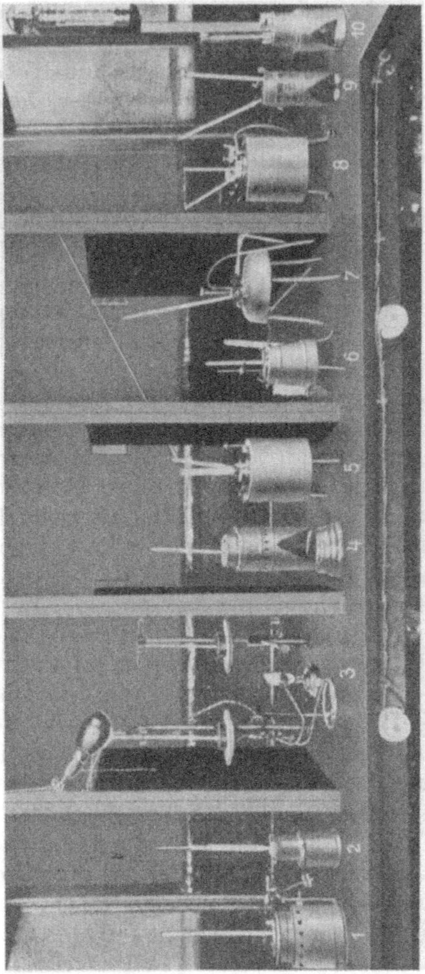

Abb. 36. Die gebräuchlichsten Flammpunkt-Apparate (nach Day).

1. Luchaire
2. Tagliabue, offener Tiegel
3. Cleveland, offener Tiegel
4. Elliott
5. Abel
6. Saybolt
7. Pensky-Martens
8. Abel-Pensky
9. Tagliabue, geschlossen
10. Tagliabue, Pyrometer

Tagliabue offener Tiegel. Tabelle 13 gibt nach Day[2] ungefähre Vergleichszahlen in Celsiusgraden für mit verschiedenen Apparaten gefundene Flammpunkte.

[1] Offizieller Apparat.

[2] Day, I, S. 624.

K. Zündpunkt.

Wir sahen im vorangehenden Abschnitt, daß alle Mineralöle einen Flammpunkt und Brennpunkt haben. Es sind dies die tiefsten Temperaturen, bei denen ein Öl soviel Dämpfe entwickelt, daß sie, mit Luft gemischt, durch eine angenäherte Flamme entzündet werden bzw. nach dem Anzünden weiterbrennen. Flammpunkt und Brennpunkt sind wohl zu unterscheiden vom Zündpunkt, der tiefsten Temperatur, bei der das Mineralöl (oder sonst ein brennbarer Körper) bei Anwesenheit von Sauerstoff ohne Zündung von außen sich selbst entzündet. Diese Selbstentzündung wird durch die beim Zerfall der Moleküles freiwerdende Wärme hervorgerufen. Die Selbstentzündungstemperatur hängt von der chemischen Zusammensetzung des Stoffes einerseits, der Menge des zugeführten Sauerstoffes andererseits ab. Die Zündpunkte von Mineralölen stehen zu ihren Flammpunkten in gar keinem Verhältnis. Es können z. B. Benzine einen höheren Zündpunkt haben als höhersiedende Fraktionen, wenn sie bei Erhitzung chemisch stabiler sind. So gestattet uns die Kenntnis des Zündpunktes von Ölen wichtige Schlüsse auf ihren chemischen Bau. Die Brauchbarkeit eines Brennstoffes für Dieselmotoren läßt sich auf Grund des Zündpunktes besser beurteilen als auf Gund anderer Eigenschaften. Wird doch beim Dieselmotor der Brennstoff in die durch den Kolben komprimierte Luft eingespritzt, in der sich der Brennstoff von selbst entzündet. Von der Höhe des Zündpunktes des letzteren hängt der Kompressions-Enddruck ab.

Bei Explosionsmotoren wird im Vergaser ein Gemisch von Brennstoff und Luft erzeugt, vom Kolben komprimiert und durch einen elektrischen Funken entzündet. Manche Brennstoffe besitzen die Eigenschaft des Klopfens, d. h. es tritt, teils durch Kompressionswärme, teils durch Erhitzung an der Zylinderwand oder andere Ursachen, von selbst Vorzündung ein. Dies hat eine schlechte Energieausnützung und den Verschleiß der Maschine zur Folge. Es ist klar, daß Selbstentzündung des Brennstoffes um so eher eintritt, je tiefer der Zündpunkt des Brennstoffes liegt. Treibmittel für Explosionsmotoren sollen also einen möglichst hohen, Dieselmotorenöle einen möglichst niedrigen Zündpunkt haben. Da sowohl beim Dieselmotor als auch beim Explosionsmotor der Betriebsstoff unter Druck steht, ist der Einfluß des Druckes auf den Zündpunkt von großer Wichtigkeit. Die Zündpunkte verschiedener Stoffe ändern sich in verschiedener Weise bei steigendem Druck. Meist werden sie hierbei erniedrigt, in gewissen Fällen aber auch erhöht. Bei den ersten zur Bestimmung des Zündpunktes konstruierten Apparaten (Holm, Constam und Schläpfer, Moore) wurde der „Selbstentzündungspunkt" in Sauerstoff- oder Luftatmosphäre bei normalem Luftdruck gemessen; Vorrichtungen zur Dosierung des Sauerstoffstromes waren nicht vorgesehen. Die Prüfung erfolgte zumeist in der Weise, daß der flüssige Brennstoff bei steigender Temperatur tropfenweise in einen offenen Platintiegel bzw. eisernen Zündblock eingebracht wurde. Die Temperatur, bei der Verpuffung eintrat, wurde als Zündpunkt bezeichnet. Tausz und Schulte[1] nahmen zuerst Zündpunktbestimmungen unter Druck vor. Es zeigte sich hierbei, daß die Höhe des Zündpunktes von dem Druck abhängt. Der Einfluß von Verdichtungsänderungen ist sogar größer als der Einfluß der Temperaturänderungen. In neuerer Zeit wies nun H. Jentzsch[2] darauf hin, daß die Temperatur der Selbstentzündung in erster Reihe von der Menge des zugeführten Sauerstoffes abhängt. Für jeden brennbaren Stoff besteht eine Mindesttemperatur, unterhalb derer Selbstentzündung keinesfalls eintreten kann. Zu dieser Mindesttemperatur gehört eine Mindestmenge an Sauerstoff, die bei der gewählten Versuchsanordnung dem Stoff zugeführt werden muß. Im Falle geringerer O_2-Zufuhr erfolgt Selbstentzündung erst bei höherer Temperatur. Zu jedem Wärmegrad oberhalb der Mindesttemperatur gehört eine zugehörige Sauerstoffmenge. Man erhält daher statt eines Zündpunktes eine Reihe von Zündpunkten, eine Zündpunktkurve. Dieselbe ist der von Tausz und Schulte aufgestellten Temperatur-Druckkurve sehr ähnlich.

Statt durch Bestimmung einer Reihe von Zündpunkten die Zündpunktkurve festzustellen, genügt es nach Jentzsch, den unteren Zündwert zu bestimmen, d. i. den Quotient aus der niedrigsten, zur Selbstentzündung nötigen Temperatur und der geringsten hierbei nötigen Anzahl von Sauerstoffblasen in der Minute. Die Anzahl der O_2-Blasen wird mittels des sog. „Blasenzählers", einer mit Wasser gefüllten Waschflasche gemessen, wobei 60 Blasen einer Menge von 5 cm² O_2 entsprechen.

Beispiel: Der Selbstentzündungspunkt eines Benzins wurde zu 300° C, die geringste Blasenzahl zu 30 gefunden. Der untere Zündwert ist also $= \frac{300}{30} = 10$.

Als oberen Zündwert bezeichnet Jentzsch die Temperatur, bei der die Selbstentzündung ohne Sauerstoffzufuhr von außen

[1] Z. V. d. I. **1924**, S. 574.
[2] Jentzsch, S. H., Flüssige Brennstoffe, VDI.-Verlag, Berlin 1926.

eintritt. Für die Kontrolle von Heiz-, Treib- und Schmierölen genügt jedoch die Bestimmung des unteren Zündwertes.

Hierzu ist zu bemerken, daß sich die Bestimmung des Zündpunktes bis auf einige Speziallaboratorien noch nicht eingebürgert hat. Der Verfasser hat es trotzdem für angebracht gehalten, diese Untersuchung mit einigen Worten zu streifen, da die Prüfung des Zündpunktes in Zukunft zweifellos allgemeiner werden wird. Der Jentzschsche Zündwertprüfer (DRP. 408457[1]) (s. Abb. 37)

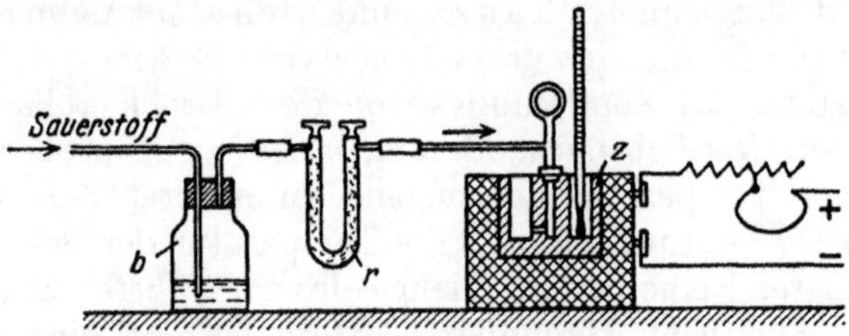

Abb. 37. Zündwertprüfer von Jentzch (nach Jentzsch, flüssige Brennstoffe).

dürfte zur Zeit der einzige fabrikmäßig hergestellte und im Handel erhältliche Apparat für solche Zwecke sein. Er besteht aus einem elektrisch geheizten eisernen Block, der 4 Bohrungen enthält. Drei davon dienen als Zündkammern und sind durch Kanäle mit der mittleren Sauerstoffzufuhr verbunden, die vierte Bohrung dient zur Aufnahme eines Wärmemessers. Die zu prüfende Substanz wird auf einen der sog. Vergasungsteller, die sich in den Bohrungen befinden, gegeben. Nach jeder Stoffzugabe wird der Teller gewechselt und die benachbarte Zündkammer benutzt. Wenn die Selbstentzündungstemperatur erreicht ist, tritt nach Zugabe des zu prüfenden Stoffes eine kleine Explosion ein. Der Sauerstoff wird während des ganzen Versuches aus einer Stahlflasche durch

Tabelle 14. Zündwerte.

	Flammp. P. M. °C.	Selbstentzündungstemp. °C.	Sauerstoffblasen in der Min.	Zündwert
Motorenschmieröl	166	260	40	6,5
Motorenschmieröl	174	256	146	1,76
Treiböl	60	260	60	4,35
Heizöl, amerikanisch	—	242	30	8,05
Motorenbenzol	15	578	120	4,8
Motorenbenzin	22	290	36	8,0
Monopolin	18	395	180	2,2
Alkohol abs.	—	360	280	1,36

[1] Hersteller Julius Peters, Berlin NW 21.

ein Druckreduzierventil, ein Feinstellventil, den Blasenzähler (eine mit Wasser gefüllte Waschflasche) und den Sauerstofftrockner in den Zündraum eingeleitet.

Um ein Bild von der Höhe der Zündwerte verschiedener Brennstoffe zu geben, werden aus dem großen Zahlenmaterial dieses Autors in Tabelle 14 einige Daten mitgeteilt[1].

L. Dampfdruck.

In neuerer Zeit, wo viel Benzin aus Erdgasen und durch Kracken schwerer Öle gewonnen wird, kommt es vor, daß Motorenbenzine bei normaler Temperatur gasförmige Kohlenwasserstoffe wie Propan, Butan usw. gelöst enthalten. Daher ist es oft wichtig festzustellen, wie weit „stabil" ein Benzin ist. Die gasförmigen Anteile bilden nämlich eine fragliche Bereicherung des Benzins, da sie sich einerseits zum Teil leicht verflüchtigen, andererseits beim Betriebe von Explosionsmotoren unliebsam bemerkbar machen können. Der Motor saugt in diesem Fall statt Benzin nur Gas an und erhält infolgedessen zu wenig Betriebsstoff. Das benzinarme Gemisch verursacht Zurückschlagen der Flamme in den Vergaser und u. U. einen Vergaserbrand. Bei Flugbenzin ist diese Gefahr noch größer, da das verhältnismäßig noch warme Benzin in höheren Luftschichten bei Anwesenheit von sehr leichten Anteilen zu sieden beginnen kann.

In gewissem Grade zeigt schon die Siedeanalyse eines Benzins einen Gasgehalt an, wenn der Siedepunkt sehr tief liegt, und bei normaler Kühlung die Destillationsverluste mehr als 2—3% betragen. Besser läßt sich die Anwesenheit von Gasen durch Messung des Dampfdruckes des Benzins feststellen. Derselbe kann mittels einer einfachen Vorrichtung gemessen werden[2]. Ein dickwandiges, etwa 10 mm weites und 1 m langes, an einer Seite zugeschmolzenes Glasrohr füllt man bis 1 cm unterhalb des offenen Endes mit filtriertem Quecksilber. Nun verschließt man mit dem Daumen das offene Ende und läßt durch mehrmaliges Kippen die aufsteigende große Luftblase alle kleineren Blasen mitnehmen. Noch besser ist es, durch Auskochen des im Rohr befindlichen Quecksilbers dasselbe luftfrei zu machen. Wenn man das Rohr nun ganz mit Quecksilber anfüllt, mit dem Daumen verschließt, und in einer Wanne unter Quecksilber aufrichtet, so sinkt dasselbe nach dem Lüften des Daumens auf die dem Barometerstande entsprechende Höhe und oben entsteht ein Vakuum. Nun

[1] loc. cit. S. 98.
[2] Kohlrausch, Prakt. Physik, S. 182.

neigt man das Rohr, bis es wieder mit Quecksilber gefüllt ist und läßt mit einer am Ende umgebogenen Pipette einige Kubikzentimeter Benzin aufsteigen. Das Benzin verdampft teilweise im Vakuum, und das Quecksilberniveau sinkt von der vorher abgelesenen Höhe H auf H' herab. $H - H'$ ist die Dampfspannung des Benzins. Zu H' muß man noch $\frac{h\,s}{13\cdot 6}$ addieren, worin h die Höhe und s das spez. Gewicht des nicht verdampften Benzins ist. Hierzu kommt noch bei höheren Temperaturen der Dampfdruck des Quecksilbers.

Vor kurzem wurde von der Natural Gasoline Association of America versuchsweise als Standardmethode die Dampfdruckmessung nach Walter Raid[1] eingeführt (s. Abb. 38).

Der Apparat besteht aus einer mit Zeigermanometer versehenen zweiteiligen Bombe. Dieselbe enthält einen kurzen, zur Aufnahme des Benzins dienenden Teil und den längeren Luftbehälter. Beide Teile werden aneinander geschraubt und ein Manometer mit einer bis etwa 3 Atmosphären reichenden Skala daran befestigt. Alle Verbindungen werden mit Schellack oder Bleiglättekitt gut abgedichtet. Vor dem Versuch werden beide Teile mit heißem Wasser ausgespült und letzteres eine Stunde lang ablaufen gelassen. Hierauf füllt man das zur Aufnahme des Benzins dienende Gefäß mit dem zu prüfenden Benzin, am besten durch Eintauchen in das betreffende Reservoir, gießt das Benzin aus und füllt noch einmal bis zum Rande. Wichtig ist es, bei dem folgenden Überführen der Bombe in das Laboratorium Gasverluste zu vermeiden. Deshalb muß das mit Benzin gefüllte Gefäß gekühlt werden, und zwar ist:

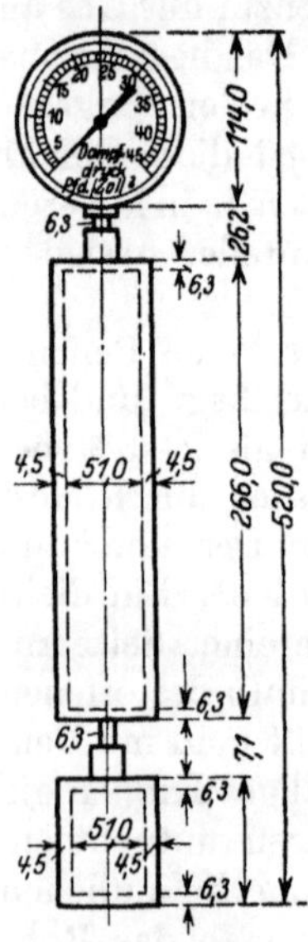

Abb. 38. Dampfdruckmesser nach W. Raid.

bei einem bei 32° C gemessenen Dampfdruck	zu kühlen auf:
bis 9 Pfund/Zoll²	0 bis 4° C,
9—12 Pfund/Zoll²	7 „ 9° C,
12—16 Pfund/Zoll²	9 „ 12° C.

Nachdem auch die Temperatur im Luftbehälter gemessen worden ist, verschraubt man den Apparat, dichtet die Verbindungen und dreht das Ganze mehrmals derart um, daß sich in beiden Teilen Benzin befindet. Hierauf stellt man die Bombe

[1] National Petr. News, XX, 1928, Nr 34.

für 5 Minuten in ein Wasserbad von 90° F (32,2° C), schüttelt sie wieder heftig und stellt die Bombe noch einmal in das Wasserbad, wo sie solange bleibt, bis der Druck sich nicht mehr ändert. Da auch der Luftdruck in der Bombe gestiegen ist, muß eine Korrektur an der Ablesung des Druckes vorgenommen werden; und zwar ist bei einem Barometerstand von 14,4 Pfund Zoll² (wobei 14,4 Pfund/Zoll² = 760 mm Hg)

bei einer Temperatur des Luftbehälters von	zu subtrahieren
0,0° C	1,7 Pfund/Zoll²
3,3° C	1,5 „
6,7° C	1,3 „
10,0° C	1,1 „
15,6° C	0,8 „
20,0° C	0,6 „
25,6° C	0,3 „
30,0° C	0,1 „
32,2° C	0,0 „
	zu addieren:
33,3° C	0,1 Pfund/Zoll²
35,6° C	0,2 „
40,0° C	0,4 „

Wenn z. B. ein Druck von 15,0 Pfund/Zoll² und eine Luftraumtemperatur von 20,0° C abgelesen wurden, so sind 0,6 Pfund/Zoll² abzuziehen, und der richtige Druck beträgt 14,4 Pfund/Zoll².

M. Emulgierbarkeit.

Schmieröle kommen, insbesondere bei Dampfturbinen, oft in Berührung mit Wasser oder Dampf. Je nach ihrer Oberflächenspannung zeigen sie eine größere oder geringere Widerstandskraft gegen Emulsionierung. Diese Widerstandsfähigkeit läßt sich auf verschiedene Weise feststellen. Die „Richtlinien[1]“ schreiben folgende Prüfungsmethode vor (s. Abb. 39):

Der Apparat besteht aus einem Dampfentwicklungskolben, aus dem ein 6 mm weites Ableitungsrohr herausführt. Von letzterem zweigt ein 2 mm weites Glasrohr ab, welches in den Zylinder *e* führt.

Das 45 mm weite und 360 mm lange, einseitig geschlossene Glasrohr *d* wird mit 50 cm³ destillierten Wassers und 100 cm³ des Öles gefüllt und für 10 Minuten in ein kochendes Wasserbad gehängt, wobei das Ölniveau etwas tiefer stehen soll als das Wasser im Wasserbad.

Nach Ablauf der 10 Minuten stellt man den Zylinder *e* so in das mit Wasser von 0° gefüllte Gefäß *g*, daß das Dampfeinleitungs-

[1] Richtlinien, S. 73.

rohr ungefähr 20 mm vom Boden des Zylinders entfernt ist. Nun befestigt man den Zylinder *d* derart, daß das Dampfeinleitungsrohr, dessen Ende unter einem Winkel von 45° abgeschnitten ist, fast bis an den Boden des Zylinders reicht.

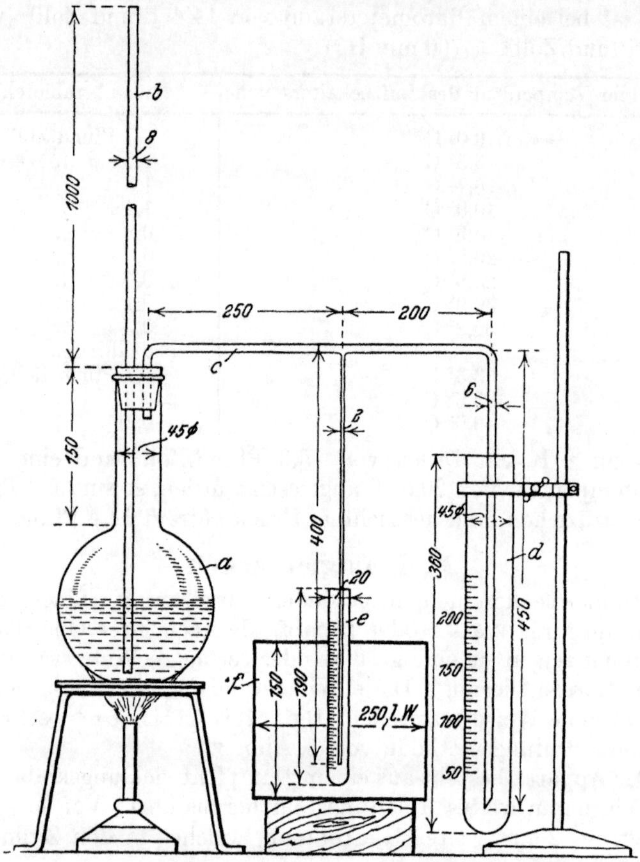

Abb. 39. Apparat zur Prüfung der Emulgierbarkeit (nach „Richtlinien").

Hierauf wird durch entsprechende Einstellung der Gasflamme die Dampfentwicklung so reguliert, daß das Volumen des Wassers im Zylinder etwa 3,5 bis 4 cm³ in der Minute zunimmt. Nachdem 10 Minuten lang Dampf eingeleitet worden ist, wird Zylinder *d* wieder für 10 Minuten in das kochende Wasserbad gehängt, herausgenommen und bei Zimmertemperatur abkühlen gelassen. Wenn nach einer Stunde das Öl glatt vom Wasser getrennt ist, wird es als nicht emulgierend bezeichnet. Beträgt die Emulsionsschicht nicht mehr als 2 mm, so ist das Öl schwach emulgierend. Ist die emulgierte Schicht jedoch höher als 2 mm, so ist das Öl als emulgierend zu bezeichnen.

Die für Turbinenöle und Dampfzylinderöle bezüglich der Emulgierungsprobe bestehenden besonderen Vorschriften werden in den betreffenden Abschnitten behandelt.

In Amerika wurde das Emulgiervermögen von Mineralölen lange Zeit hindurch zumeist nach der Conradsonschen Dampfemulgierprobe[1] gemessen. Im Jahre 1927 wurde von der A.S.T.M. folgend beschriebene Methode zur Prüfung der Emulsionstrennung[2] als Standardmethode angenommen. Sie eignet sich zur Prüfung von Ölen jeder Viscosität, kennzeichnet die Widerstandskraft eines Öles gegen Emulgierung und gibt gut wiederholbare Werte (s. Abb. 39a).

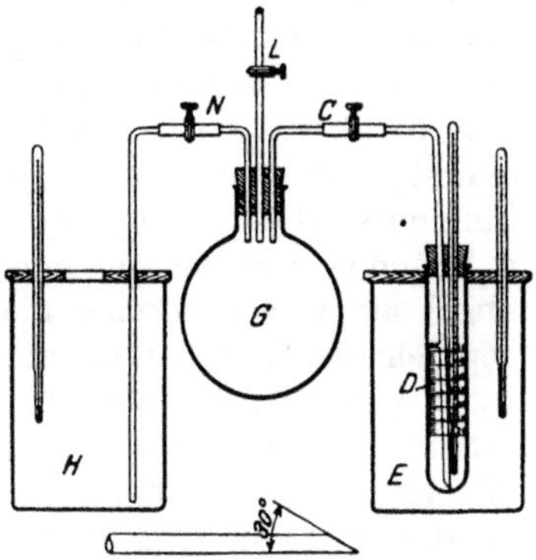

Abb. 39a. A.S.T.M. Apparat zur Prüfung der Emulgierbarkeit (nach Day).

Das Dampfentwicklungsgefäß von mindestens 1 Liter Inhalt ist mit einem Korkstopfen verschlossen, der von drei Dampfableitungsröhren durchbrochen ist. Zwei 4-Liter Bechergläser dienen als Wasserbäder *H* und *E*. *D* ist ein 25 mm weites und 200 mm langes Reagenzrohr, das eine Kubikzentimeter-Einteilung bis 50 cm³ hat. Dem in *D* befindlichen Öl wird der Dampf durch eine dünnwandige, innen etwa 2,5 mm weite und 30 cm lange Glasröhre zugeführt, deren unteres Ende unter einem Winkel von 30° abgeschnitten ist. Die Wasserbäder *H* und *E* sind mit passend ausgeschnittenen Holzdeckeln bedeckt. Die Wasserbäder werden mit je 3 Litern und der Dampfentwickler zur Hälfte mit destilliertem Wasser gefüllt. Hierauf wird zuerst das Wasserbad *H* durch Dampfeinleiten auf 93—95° C gebracht, wogegen Wasserbad *E* zu Beginn des Versuches eine Temperatur von 20—25° C hat. 20 cm³ Öl von Lufttemperatur werden in das Reagenzglas *D* eingefüllt und letzteres in das Bad *E* gehängt. Hierauf wird das Dampfeinleitungsrohr durch einen mit einem Quetschhahn verschließbaren Gummischlauch mit dem einen Dampfableitungsrohr verbunden, jedoch noch nicht in den das Reagenzglas ver-

[1] Holde, K. W., S. 268.
[2] A.S.T.M. Bezeichnung: D 157—27. Siehe auch Day I, S. 696.

schließenden Stopfen gesteckt. Durch letzteren führt außerdem ein Thermometer, dessen Quecksilbergefäß etwa 20 mm vom Boden des Reagenzglases entfernt sein soll. Die zur Aufnahme des Dampfeinleitungsrohres bestimmte Öffnung des Stopfens muß etwas weiter sein als der Durchmesser des Rohres. Nun wird Dampf entwickelt, wobei die Hähne *C* und *L* offen sind. Wenn der Dampf das Dampfeinleitungsrohr trocken verläßt, wird dasselbe rasch durch die zweite Öffnung des Stopfens in das Reagenzglas eingeführt und so befestigt, daß sein Ende die Mitte des Bodens berührt. Nun wird Hahn *L* so eingestellt, daß das Öl in etwa 45 bis 75 Sekunden eine Temperatur von 93—95° C erreicht. Die Dampfentwicklung soll so stark sein, daß der Dampf bei *L* ausströmt und das Volumen von Öl und Kondenswasser in 4 bis $6^1/_2$ Minuten auf 40 ± 3 cm³ steigt. Ist dies erreicht, so wird die Dampfeinleitungsröhre rasch herausgezogen, das Reagenzglas sofort in das genau auf 93—95° C gebrachte Wasserbad *H* gebracht und der Stopfen samt Thermometer entfernt. Im Augenblick des Herausziehens des Dampfeinleitungsrohres wurde ein Stoppuhr in Gang gesetzt. Alle 30 Sekunden wird das Reagenzglas aus dem Wasserbad (für höchstens 5 Sekunden) herausgenommen und die abgeschiedene Ölmenge abgelesen, wobei zwischen klarem und trübem Öl kein Unterschied gemacht wird. Während sich das Öl abscheidet, darf die Temperatur von *H* nicht unter 93° sinken. Die Uhr wird abgestoppt, sobald sich 20 cm³ Öl abgeschieden haben, spätestens aber nach 20 Minuten. Ist die Trennungslinie zwischen Öl und Emulsion nicht scharf, so wird die Ölmenge auf die nächsten 0,5 cm³ geschätzt. Wenn nach Ablauf der 20 Minuten keine scharfe, horizontale Trennungslinie zu sehen ist, keinesfalls aber früher, darf der Inhalt des Reagenzglases zwei Sekunden lang mit einem reinen Glasstab umgerührt werden. Als Ergebnis wird die Anzahl Sekunden angegeben, die zur Abscheidung von 20 cm³ Öl (bei etwa 95° C, die Ausdehnung wird nicht berücksichtigt) nötig sind. Wenn dieses Volumen sich nicht binnen 20 Minuten abgeschieden hat, so wird angegeben: „Mehr als 1200 Sekunden“. Falls das Ergebnis eines Wiederholungsversuches um mehr als 10% abweicht, muß eine dritte Bestimmung ausgeführt und das Mittel aus allen drei Bestimmungen angegeben werden. Diese Methode zur Prüfung der Emulsionstrennung liefert ein Maß für die Widerstandskraft, die ein Öl seiner Emulsionierung entgegensetzt.

N. Brechungskoeffizient.

Durch die Einführung des Refraktometers von Abbe ist eine rasche und bequeme Bestimmung des Lichtbrechungs-Koeffizienten mit kleinsten Substanzmengen möglich geworden. Die Brechungskoeffizienten von Benzin, Benzol, Terpentinöl usw. sind so charakteristisch, daß ihre Bestimmung ein wichtiges Hilfsmittel zur Unterscheidung dieser Öle bildet. Auch für die Untersuchung von Paraffin und Ceresin gewinnt das Refraktometer in neuerer Zeit erhöhte Bedeutung. Abb. 40 zeigt das Abbesche Refraktometer mit heizbaren Prismen der Firma Zeiß. Dasselbe besteht in der Hauptsache aus zwei gleichen Flintglasprismen, die in eine doppelwandige Metallfassung eingekittet sind. Letztere dient dazu, um durch Zirkulation von warmem Wasser die Erwärmung der Prismen zu gestatten, wenn höherschmelzende Substanzen untersucht werden sollen.

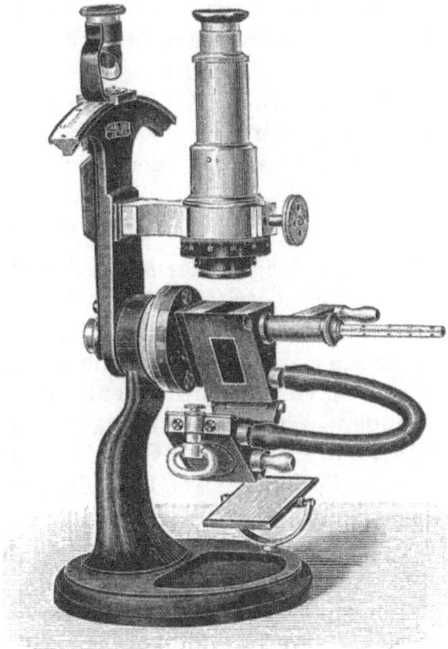
Abb. 40. Abbesches Refraktometer von Zeiß.

Vor der Untersuchung wird das untere Prisma heruntergeklappt, worauf beide Prismen mit einem Wattebäuschchen, das mit Äther angefeuchtet ist, gereinigt werden. Ein Tropfen des zu untersuchenden Stoffes wird nun auf das untere Prisma fallen gelassen, worauf man die Prismen zusammenklappt. Den Spiegel stellt man nun so ein, daß er möglichst viel zerstreutes Tageslicht gegen das Okular reflektiere. Dann wird das letztere scharf auf das Fadenkreuz eingestellt.

Während man nun mit der rechten Hand den mit der Teilung versehenen Bügel festhält, wird mit der linken Hand der Arm, welcher Lupe und Index trägt, nach aufwärts gedreht, bis das zu Anfang helle Gesichtsfeld von unten her dunkel wird. Die Grenzlinie zwischen der hellen und dunklen Hälfte ist farbig. Durch Drehung der Kompensatorschraube wird die farbige Trennungslinie in einen scharfen dunklen Strich verwandelt. Hierauf stellt man noch die Trennungslinie scharf auf das Fadenkreuz ein und liest den Brechungskoeffizienten mit der Lupe ab. Die vierte

Dezimalstelle läßt sich mit einer Genauigkeit von zwei Einheiten schätzen. Der gefundene Brechungskoeffizient n_D gilt für die D-Linie des Spektrums und die Versuchstemperatur. n_D wird für je 1° Temperaturerhöhung bei Mineralölen usw. um 0,0004 kleiner.

Durch Ablesung der Trommelteilung des Kompensators kann man mit Hilfe einer besonderen Tabelle die mittlere Dispersion bestimmen. Bei sehr genauen Messungen des Brechungskoeffizienten muß man die Prismen längere Zeit hindurch mittels durchströmenden Wassers auf konstanter Temperatur halten. Ceresine, Paraffin usw. werden bei höheren Temperaturen, beispielsweise 70° oder 80°, geprüft.

Von der richtigen Einstellung des Refraktometers überzeugt man sich durch Bestimmung des Brechungskoeffizienten von destilliertem Wasser, der bei 18° C 1,3330 beträgt.

O. Heizwert.

Ein großer Teil der Mineralöle dient teils als Heizmaterial, teils als Motorenbetriebstoff zur Erzeugung von Energie. Das Maß der aus einem Mineralöl gewinnbaren Energie ist sein Heizwert, d. h. jene Wärmemenge, die bei der vollständigen Verbrennung von 1 kg Öl frei wird. Wenn hierbei das durch Verbrennung entstandene Wasser in flüssiger Form auftritt, so wird der obere Heizwert erhalten. Wird hingegen das Wasser in dampfförmigem Zustand erhalten, was bei jeder praktischen Feuerung der Fall ist, so ist die erhaltene Wärmemenge um soviel Wärmeeinheiten kleiner, als zur Verdampfung des Wassers nötig ist (unterer Heizwert). Der Unterschied beträgt bei Mineralölen 400—600 Calorien. 1 Calorie ist jene Wärmemenge, welche nötig ist, um 1 g Wasser um 1° C (von 15° auf 16° C) zu erwärmen. Das Tausendfache davon wird mit 1 Kcal bezeichnet.

In England und Amerika gilt als Wärmeeinheit ein BTU (British Thermal Unit), d. i. die Wärmemenge, welche nötig ist, um 1 engl. Pfund (0,4536 kg) Wasser von 39,1° F auf 40,1° F zu erwärmen.

$$1 \text{ BTU} = 0{,}252 \text{ Kcal}; \; 1 \text{ Kcal} = 3{,}968 \text{ BTU}.$$

Die Bestimmung des Heizwertes in der calorimetrischen Bombe beruht darauf, daß eine kleine Substanzmenge in einem geschlossenen Gefäß in einer Atmosphäre von auf etwa 25 Atmosphären komprimiertem Sauerstoff nach Zündung durch elektrischen Strom verbrannt wird. Die hierbei freiwerdende Wärmemenge wird von dem Wasser des Thermostaten aufgenommen, in welchem die Verbrennnungsbombe steht. Aus der an einem sehr empfindlichen Thermometer abgelesenen Temperatursteigerung und der Wassermenge kann unter Berücksichtigung verschiedener Korrekturen der Heizwert der verbrannten Substanz berechnet werden.

Calorimetrische Bestimmungen gehören zu den schwierigsten Untersuchungen des analytischen Laboratoriums. Zur Erzielung der nötigen Sicherheit gehört eine sehr eingehende Schulung und viel Übung. Da außerdem solche Untersuchungen als nicht in den Aufgabenkreis eines durchschnittlichen Erdöllaboratoriums gehörend angesehen werden können, muß diesbezüglich auf umfangreichere Werke[1] verwiesen werden.

P. Destillationsanalyse.

Die Destillationsanalyse von Mineralölen bezweckt die Feststellung ihrer Siedegrenzen und des Siedeverlaufes. Diese Eigenschaften haben für den Charakter und die Verwendung der Mineralöle grundlegende Bedeutung. Da die Siedeeigenschaften von der zu ihrer Bestimmung verwendeten Destillationsapparatur stark abhängen, wird, um vergleichbare Ergebnisse zu erzielen, der Englersche Destillationsapparat allgemein zur Siedeanalyse von Mineralölen verwendet.

1. Destillation nach Engler-Ubbelohde.

Die Apparatur (Abb. 41) besteht in der Hauptsache aus dem Destillationskolben, dem Thermometer, dem Kühler und den Meßzylindern.

a) Englerkolben (Abb. 42). Derselbe hat folgende Abmessungen: Äußerer Durchmesser des Kolbens 6,5 ($\pm$ 0,2) cm, innerer Durchmesser des Halses 1,6 ($\pm$ 0,1) cm, Länge des Halses 15,0 ($\pm$ 0,4) cm, Länge der Dampfableitungsröhre 10,0 ($\pm$ 0,3) cm, äußerer Durchmesser derselben 0,6 ($\pm$ 0,05) cm, Wandstärke der Röhre 0,1 ($\pm$ 0,05) cm. Die Dampfableitungsröhre ist an den Kolbenhals im Winkel von 75° derart angeschmolzen, daß, wenn der Kolben mit 100 cm^3 Flüssigkeit gefüllt ist, die Entfernung der Röhre von der Benzinoberfläche 9 cm ($\pm$ 3 mm) beträgt.

b) Thermometer. Für den zollamtlichen Gebrauch in Deutschland bestehen bezüglich der zu benutzenden Thermometer folgende Vorschriften, die auch für die Destillation nach Engler-Ubbelohde beobachtet werden sollten. Skalenumfang — 10 bis + 360°, Teilung in ganze Grade, Länge für 100 Grade 55—58 mm, Entfernung des oberen Endes des Quecksilbergefäßes bis zum

[1] Z. B. Holde, K. W., S. 47.

Nullpunkt der Skala 80 mm, Länge des Quecksilbergefäßes bis 10 mm. Die Thermometer müssen **ganz eintauchend** justiert sein.

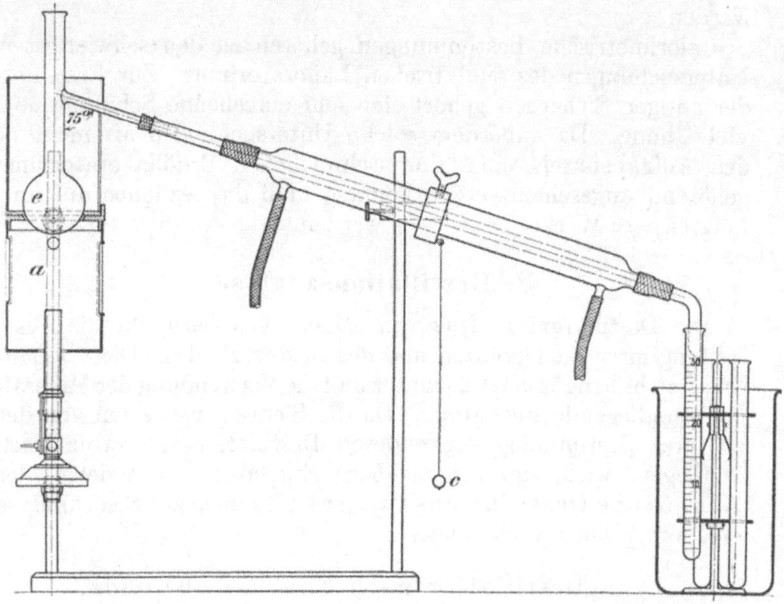

Abb. 41. Destillationsapparat von En ler-Ubbelohde (nach Holde).

c) Kühler. Das Kühlrohr ist 60 cm, der (am besten angeschmolzene) Kühlmantel 40 cm lang. 10 cm vom unteren Ende ist das Kühlrohr unter einem Winkel von 105° abgebogen und schief abgeschnitten, damit das Destillat nicht abtropfe, sondern an der Wand des darunter gestellten Meßzylinders abfließe.

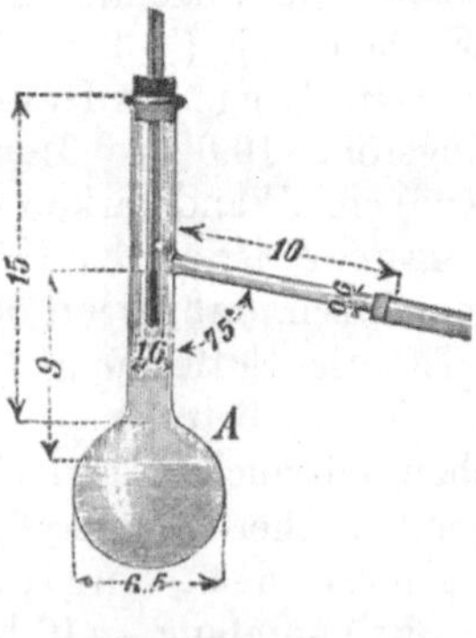

Abb. 42. Englerkolben (nach Holde).

d) Meßzylinder. Dieselben haben einen Durchmesser von 14—16 mm, fassen etwa 25 cm³ und sind von 0—20 cm³ (evtl. 30 cm³) in 0,2 cm³ geteilt.

In Handels- und Fabrikslaboratorien wird meist vom Anfang bis zum Schluß in einen einzigen, 100 (± 1) cm³ fassenden, in Kubikzentimeter geteilten Meßzylinder destilliert. Derselbe soll einen inneren Durchmesser von 24—26 mm haben.

Der Englerkolben steht auf einer Asbestplatte, die eine runde

Öffnung von etwa 5 cm Durchmesser hat und ist durch einen Schutzmantel aus Eisenblech gegen Zugluft geschützt. Erhitzt wird durch einen Bunsenbrenner mit Feinregulierung. Die Flamme des Brenners ist ebenfalls durch einen Schutzmantel vor Zugluft geschützt.

Man mißt in einem bei 20° richtig anzeigenden Meßzylinder bei Zimmertemperatur 100 cm^3 des zu prüfenden Mineralöles ab, wobei man durch Einfüllung eines kleinen Überschusses (etwa $^1/_2$ cm^3) dem Umstande Rechnung trägt, daß beim Ausgießen immer ein geringer Rückstand im Zylinder bleibt, welcher umso kleiner ist, je dünnflüssiger das Öl ist. Der Kolben wird hierauf mit dem Öl gefüllt, wobei man achtgibt, daß nichts davon in die Ableitungsröhre gelange. Der das Thermometer tragende Korkstopfen wird hierauf so eingesetzt, daß sich das obere Ende des Quecksilbergefäßes genau in der Höhe des unteren Endes der Seitenröhre befinde. Nun wird mittels eines dicht schließenden Korkstopfens die Dampfableitungsröhre so mit dem Kühler verbunden, daß sie 3 cm in denselben hineinragt. Der Zulauf des Kühlwassers, dessen Temperatur nicht höher als 10° sein soll, wird nun betätigt, und das drehbare, sechs Meßzylinder fassende Gefäß derart unter den Kühler gestellt, daß dessen Ende 2—3 cm in eines der Meßgläser hineinragt. Es ist angezeigt, letzteres mit zusammengelegtem Filtrierpapier, durch welches das Kühlerende hindurchgeht, zu bedecken. Wenn die Temperatur des Arbeitsraumes 23° C überschreitet, so ist das Gestell mit den Reagenzgläsern in ein Becherglas zu stellen und dieses mit Wasser von 18—20° C zu füllen.

Anfangs wird in dem Maße erwärmt, daß der erste Tropfen nicht früher als nach 5 und nicht später als nach 10 Minuten vom Kühlerende abfällt. Die hierbei abgelesene Temperatur wird als Siedebeginn bezeichnet. Weiterhin soll mit einer Geschwindigkeit von 2 Tropfen in der Sekunde (Kontrolle durch das am Apparat befestigte Sekundenpendel) oder 4—5 cm^3 Destillat in der Minute destilliert werden. Das Destillat soll ununterbrochen an der Wand des Meßzylinders hinunterfließen; von Zeit zu Zeit nur rückt man letzteren ein wenig weg, um die Destillations-Geschwindigkeit zu kontrollieren.

Die Zylinder werden im allgemeinen gewechselt, wenn sie mit 20 cm^3 Destillat gefüllt sind. Man notiert entweder die je 10° übergegangenen Volumenperzente (Anzahl der cm^3 Destillat) oder die Temperaturen, bei denen 10%, 20%, 30% usw. übergegangen sind. Als Endpunkt gilt jene Temperatur, bei welcher sich keine Flüssigkeit mehr am Boden des Kolbens befindet oder infolge Zersetzung weiße Dämpfe sich zeigen. Nach einviertelständigem Abkühlen wird der im Kolben zurückgebliebene Rückstand in einem graduierten Reagenzglas abgemessen. Die Summe des überdestillierten Öles und des Rückstandes gilt als zurückgewonnenes Öl. Die Differenz von 100 Vol.-% ist der Destillationsverlust. Korrekturen für den herausragenden Faden werden für gewöhnlich in Handels- und Industrielaboratorien nicht angebracht, sollten aber berücksichtigt werden, wenn es festzustellen gilt, welche perzentuellen Anteile bis zu bestimmten Temperaturen übergehen. Tab. 15 bringt die hierbei für das vorschriftsmäßige Thermometer anzubringenden Korrekturen. Ist z. B. zu bestimmen, wieviel Benzin bis 150° übergeht, so ist bei 150—2,5°, also bei 147,5° abzulesen. Der Barometerstand wird im allgemeinen auch nicht berücksichtigt, doch sollte eine Korrektur angebracht werden, wenn der Luftdruck um mehr als ± 10 mm von 760 mm Quecksilber abweicht. Für jeden Millimeter unter 760 mm ist von der abzulesenden Temperatur 0,035° abzuziehen, für jeden Millimeter über 760 mm ist ebensoviel hinzuzufügen. Hat man z. B. bei 730 mm zu destillieren und will bei 150° ablesen, so sind bei Berücksichtigung der Korrekturen für den herausragenden Faden und den Barometerstand folgende Abzüge zu machen:

für den herausragenden Faden	2,5°
für den Barometerstand	1,0°
	3,5°

Statt bei 150° ist also bei 146,5° abzulesen.

Tabelle 15. Korrekturen für den herausragenden Hg-Faden.

Abgelesene Siedetemperatur °C	Fadenkorrektion °C im gläsernen Englerkolben[1]	Fadenkorrektion °C im zollamtlichen Metallapparat[2]
60	—	0,2
80	0,8	0,5
100	1,0	0,9
120	1,5	1,4
140	2,1	1,9
160	2,8	2,6
180	3,6	3,4
200	4,6	4,3
220	5,7	5,4
240	6,9	6,6
260	8,2	8,0
280	9,7	9,3
300	11,2	10,6
320	—	11,9

[1] Nach Schlüter, Mitteil. **1907**, S. 261.
[2] Nach Wiebe, Petr. **1911/12**, S. 1304.

Versuchsfehler. Bei Wiederholungsversuchen sollen die Temperaturen bei den gleichen Destillatmengen um nicht mehr als 3° und die bei gleichen Temperaturen abgelesenen Destillatmengen um nicht mehr als 2 cm³ differieren.

In den Abschnitten „Erdöl“, „Benzin“ usw. wird Näheres über die bezüglichen Destillationen nach Engler ausgeführt.

2. Destillationsapparat der deutschen Zollbehörde[1].

Der nachstehend (Abb. 43), abgebildete Apparat besteht aus einem zur Aufnahme von 100 cm³ Mineralöl bestimmten vernickelten Metallkesselchen *A*, das mittels Konus und Bajonettverschlusses mit dem Helmaufsatz *a* verbunden ist; *t* ist ein mittels Kork in *a* befestigtes, bis 360° reichendes, hundertteiliges Thermometer, dessen Nullpunkt genau in gleicher Höhe mit dem oberen Ende des Helmaufsatzes steht, wenn das Quecksilbergefäß die in der Zeichnung angedeutete Stellung hat, d. i. mit seinem oberen Ende gerade zur Entbindungsröhre reicht. Kesselchen und Helmaufsatz sind von dem Blechmantel *BB* mit abnehmbarem konischem Deckel (Hut) *CC* umgeben; unten befinden sich zwei Blechböden *b'* und *b''* und unter diesen ein guter Bunsenbrenner, der in einem Schlitze des Mantelfußes auf- und abwärts beweglich ist. Mittels einer Flanschverschraubung steht das Dampfentbindungsrohr des Kesselchens *A* mit dem aus vernickeltem Metall angefertigten Liebigschen Kühler *D* in Verbindung, an dessen unterem Ende die Meßbürette *E* aufgestellt wird. Es sind solche zu 60 und 100 ccm, in $^1/_{10}$ geteilt, erforderlich.

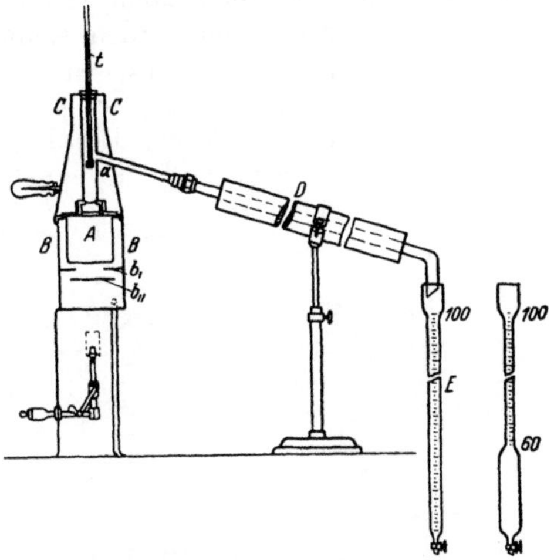

Abb. 43. Destillationsapparat der deutschen Zollbehörde (nach Anleitung für die Zollabfertigung 1924).

Der Apparat nebst zugehörigem Thermometer muß von der Physikalisch-Technischen Reichsanstalt geprüft und beglaubigt sein; auch dürfen zu den Untersuchungen nur geeichte Kölbchen und Büretten verwendet werden.

[1] Zitiert aus der „Anleitung f. d. Zollabfertigung“, Berlin 1924.

Von den deutschen Zollbehörden wird dieser Apparat zur Prüfung von Rohpetrolen auf die zwischen 150 und 320° siedenden Anteile benutzt. Die Destillationsweise wird im Abschnitte „Erdöl“ beschrieben.

3. Amerikanische (englische) Destillationsmethode[1].

Die Anwendung dieser, auch als endpoint-distillation bezeichneten, modifizierten Engler-Destillationsmethode hat sich in neuerer Zeit auch in Europa in manchen Fällen als notwendig erwiesen. Da für die aus Amerika eingeführten oder in Europa nach amerikanischen Krackverfahren erzeugten Benzine Garantien bezüglich der Siedenanalyse nur nach dem erwähnten Prüfungsverfahren gegeben werden, sieht sich auch der Chemiker in einem europäischen Mineralöllaboratorium oft vor die Notwendigkeit gestellt, zu Prüfungs- oder Vergleichszwecken Destillationen nach dieser amerikanischen und englischen Standardmethode vorzunehmen.

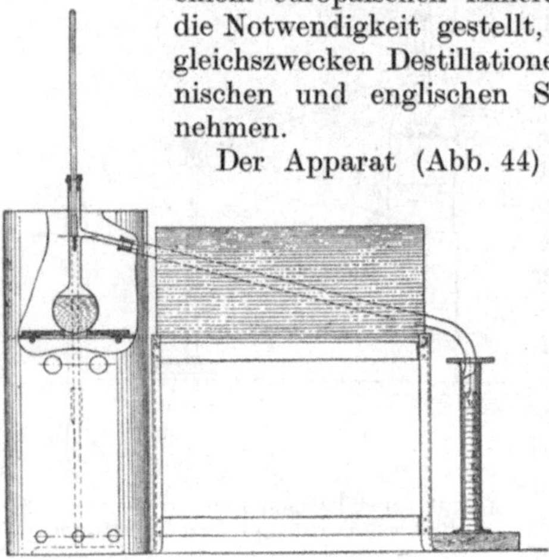

Abb. 44. Amerikanischer Destillationsapparat (nach Day).

Der Apparat (Abb. 44) kann leicht hergestellt werden. Er besteht aus einem Englerkolben, der in einem aus Eisenblech hergestellten Gehäuse steht. Die Dämpfe kondensieren sich in einer Kupferröhre, die in einer Kühlwanne liegt. Das Gehäuse ist 48 cm hoch, 28 cm lang und 20 cm breit. An der einen Schmalseite befindet sich eine Tür mit zwei Löchern von 2,5 cm Durchmesser; in der einen breiten Seitenwand dient ein Schlitz zur Aufnahme der Kühlröhre. Letztere besteht aus einem 56 cm langen und 14,3 mm weiten Kupferrohr. 7—8 cm vor dem Ende ist die unter einem Winkel von 75° von der Senkrechten nach abwärts führende Röhre nach unten und zugleich etwas zurückgebogen, so daß ihr Ende die Wand des Auffanggefäßes berührt. Die Kühlröhre ist von einer 38 cm langen, 10 cm breiten und 15 cm hohen Kühlwanne aus Zinkblech umschlossen. In dem nach oben

[1] Specifications, Method No 100. 13 und No 100. 23; A.S.T.M. Ser. design. D. 86—27; auch I.P.T. Ser. design. — G. 3.

offenen Brennergehäuse steht ein gewöhnliches Laboratoriumsstativ, welches einen Ring trägt, auf dem zwei quadratische Asbestplatten ruhen. Die untere hat denselben Querschnitt wie das Gehäuse und in der Mitte ein kreisrundes Loch von 10 cm Durchmesser. Die obere Asbestplatte mit 15 cm Seitenlänge hat in der Mitte ein kreisrundes Loch von 32 mm Durchmesser, auf welches der Englerkolben gesetzt wird. Wenn zur Erwärmung ein elektrischer Heizkörper benutzt wird, so soll er imstande sein, die Flüssigkeit in der vorgeschriebenen Zeit zum Sieden zu bringen und die Destillation im vorschriftsmäßigen Tempo zu erhalten. Die elektrische Heizplatte soll eine 3—6 mm starke Asbestplatte besitzen, in welcher sich eine Öffnung von 32 mm Durchmesser befindet. Es entfallen dann sowohl die übrigen Asbestplatten als auch der untere Teil des Gehäuses.

Thermometer. Es wird für Benzin ein bis 300° C (580° F), für höher siedende Öle ein bis 400° C (760° F) reichendes Thermometer, für ganze Eintauchung geeicht, benutzt. Die Abmessungen dieser Thermometer sind im Original genau vorgeschrieben.

Zum Auffangen der Destillate dient ein bis 100 cm³ kalibrierter Meßzylinder. Die Länge der Teilung soll 18—20 cm, die Höhe des Zylinders 25—26 cm betragen.

Zu Beginn der Destillation wird die Temperatur des Wassers in der Kühlwanne durch Einbringen von zerkleinertem Eis auf 0—5° C gebracht. Der mit 100 cm³ Öl gefüllte Englerkolben wird auf die Öffnung der oberen Asbestplatte gesetzt und mittels dichtschließenden Stopfens so mit der Kupferröhre verbunden, daß sein Ableitungsrohr 2,5—5 cm hineinragt. Der zum Abmessen des Öles benutzte Zylinder wird nicht getrocknet unter das Ende der Kühlröhre gestellt, und zwar so, daß letztere mindestens 2,5 cm tief, jedoch nicht bis zur 100 cm³-Marke hineinragt. Die Temperatur des Zylinders wird eventuell durch Einstellen in ein Wasserbad auf 13—18° C gekühlt. Während der Destillation ist die Mündung desselben mit einem Stück Filterpapier, durch dessen Öffnung das Kühlrohr hindurchgeht, bedeckt.

Die Heizung wird so eingestellt, daß der erste Tropfen nicht früher als 5 Minuten und nicht später als 10 Minuten nach Anheizen vom Kühlerende abfällt. Die hierbei abgelesene Temperatur ist der Siedebeginn. Derselbe schwankt bei Wiederholungsversuchen bedeutend, wenn die Temperatur des Arbeitsraumes nicht dieselbe ist. Wenn der erste Tropfen abgefallen ist, wird der Zylinder so gestellt, daß das Kühlerende seine Wand berührt. In der Minute sollen 4—5 cm³ übergehen. Man liest entweder die Destillatmenge bei allen Temperaturen, die ein Vielfaches von

10 bzw. 25° C sind, ab, oder man notiert die Temperaturen, bei denen 10, 20, 30 cm^3 usw. überdestilliert sind.

Wenn nur etwa 5 cm^3 Flüssigkeit im Kolben sind, wird die Wärmezufuhr verstärkt. Trotzdem kann zumeist die bisherige Destillations-Geschwindigkeit nicht eingehalten werden. Der genannte Rest soll jedoch in längstens 5 Minuten übergehen. Die Heizung stellt man erst in dem Augenblick ab, in dem das Thermometer zu fallen beginnt; die erreichte Höchsttemperatur wird notiert. Der abgekühlte Rückstand wird in einem in $^1/_{10}$ cm^3 geteilten Zylinder gemessen und als Rückstand, die Gesamtmenge des Destillates als wiedergewonnene Menge (recovery) bezeichnet. Die Differenz zwischen 100 cm^3 und der Summe der wiedergewonnenen Menge und des Rückstandes ist der Destillationsverlust.

II. Chemische Untersuchungen.

A. Aschegehalt.

Abgesehen von mechanisch beigemengten Fremdstoffen können Mineralöle auch gelöste Salze enthalten. Da die meisten Mineralöle Spuren von organischen Säuren enthalten, sind sie imstande, Metalle oder basische Stoffe aufzulösen. Selbst neutrale Öle lösen geringe Mengen anorganischer Körper auf. Die Rohöle kommen daher schon etwas salzhältig aus dem Erdreich; durch Aufbewahren in eisernen Behältern gelangt ferner immer etwas Eisen in das Öl. Die Raffination mit Schwefelsäure, Lauge und Entfärbungspulver bringt weitere geringe Salzmengen in das raffinierte Öl. Kurz, es dürfte wohl kein Mineralöl geben, daß beim Veraschen, d. h. Verbrennen der organischen Bestandteile nicht wenigstens Spuren von Unverbrennlichem hinterließe. Das Prinzip der Aschebestimmung besteht darin, daß das Öl unter Luftzutritt verbrannt wird, so daß nur anorganische Bestandteile zurückbleiben. Da manche anorganische Körper auch flüchtig sind, ist gewisse Vorsicht beim Veraschen nötig. Gewöhnlich enthalten schwere Mineralöle mehr Salze gelöst als leichte Öle wie z. B. Benzin, Petroleum usw. Daher muß von letzteren eine entsprechend größere Menge zur Untersuchung genommen werden.

Leichte Mineralöle. Einen 200 cm^3 Destillierkolben, in dessen Hals mittels Korkstopfens ein Tropftrichter befestigt ist, füllt man etwa zur Hälfte mit dem zu untersuchenden Öl und destilliert unter Nachfüllen aus dem Tropftrichter im ganzen $^1/_2$ Liter Öl auf ungefähr 20 cm^3 Rückstand ab. Derselbe wird quantitativ in einen ausgeglühten, gewogenen Quarz- oder Porzellantiegel gebracht und der Kolben mit etwas Benzin nachgespült. Die weitere Behandlung ist der Veraschung von schweren Mineralölen gleich.

Schwere Mineralöle. Man wägt 50 g reinen, wenn nötig filtrierten Öles in einem ausgeglühten, gewogenen Quarz- oder Porzellantiegel ab und stellt letzteren in den runden Ausschnitt einer Asbestplatte. Über einer kleinen Flamme schwelt man nun das Öl vorsichtig ab, so daß sich die Öldämpfe womöglich nicht entzünden und nicht über die Wand des Tiegels „kriechen". Auch Verspritzen des Öles ist sorgfältig zu vermeiden. Allmählich wird mit immer stärkerer Flamme geheizt, bis keine Öldämpfe mehr entweichen. Nun stellt man den Tiegel mittels einer Pinzette auf ein Quarz- oder Tondreieck und glüht ihn über einem Mékerbrenner aus. Das Verbrennen der Kohle kann man unter Umständen durch Befeuchten des erkalteten Tiegelinhaltes mit einer konzentrierten, aschefreien Ammoniumnitratlösung befördern. Wenn viel Alkalien zugegen sind (was man an der Menge und dem Schmelzen des Rückstandes erkennt), also insbesondere, wenn es sich um ein verseiftes Fett handelt, muß der erkaltete Tiegelinhalt vor dem Glühen mehrmals mit heißem destilliertem Wasser ausgezogen, und der Auszug durch ein aschefreies Filter filtriert werden. Das Filter wäscht man mit etwas heißem destilliertem Wasser nach, gibt es dann zusammengefaltet in den Tiegel, trocknet erst über kleiner und glüht dann über großer Flamme. Erst nach dem Ausglühen darf die wässerige Lösung hinzugefügt und abgedampft werden. Dem Abdampfen folgt noch die Trocknung bei 105° bis zur Gewichtskonstanz. Meist ist die Asche durch Eisenoxyd rotbraun gefärbt. Anwesenheit von Alkalien erkennt man durch Hinzufügen einiger Tropfen destillierten Wassers und eines Tropfens Phenolphtaleinlösung (Rotfärbung).

Prüffehler nach den „Richtlinien": $\pm$ 0,005%, bei beschwerten Fetten $\pm$ 0,1%.

B. Verkokungsrückstand.

Bei der Bestimmung des Verkokungsrückstandes wird das zu untersuchende Öl ohne Zufuhr von Luft, also ohne zu brennen, verdampft, bis nur Kohlenstoff zurückbleibt. Diese Prüfung dient in erster Reihe Vergleichs- und Identifizierungszwecken, bei Asphalten auch zur Beurteilung der Qualität. Neuerdings ist die Bestimmung des Verkokungsrückstandes (als Conradsontest) von Schmierölen zur Beurteilung der Güte von Automobil-Schmierölen herangezogen worden, da angenommen wird, daß die

Fähigkeit, im Motor Koks abzulagern, in einem bestimmten Verhältnis zum Verkokungsrückstand stehe.

Wieviel Kohlenstoff beim Verschwelen eines Mineralöles zurückbleibt, hängt von dem chemischen Bau seiner Bestandteile, d. h. von der Art der Zerfallsprodukte derselben, ferner von dem Verhältnis Kohlenstoff — Wasserstoff im Öl und einigen noch nicht restlos geklärten Bedingungen ab.

Zur Bestimmung des Verkokungsrückstandes von Erdölen oder anderen Mineralölen werden dieselben meist in einer Glas- oder Quarzglasretorte abdestilliert und anschließend bis zur Vertreibung aller flüchtigen Bestandteile geglüht. Man benutzt am besten eine etwa 50 cm^3 fassende Retorte und füllt sie mit 20 bis 30 cm^3 Öl.

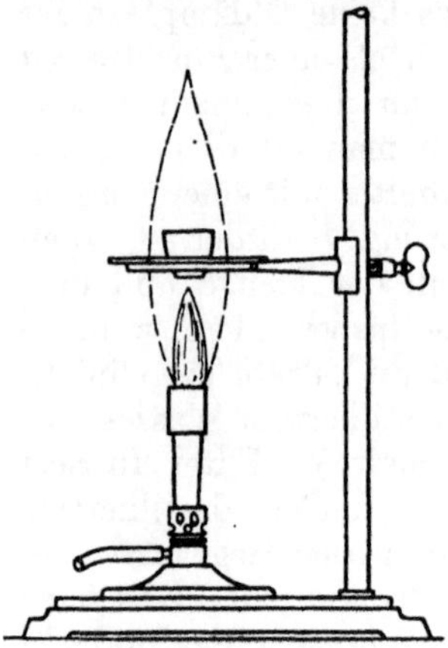

Abb. 45. Bestimmung des gebundenen Kohlenstoffes (nach Day).

In Amerika wird häufig, insbesondere bei Asphalten, der „gebundene Kohlenstoff" (fixed carbon) in folgender Weise bestimmt: 1 g Öl wird in einem 20—30 g schweren, gewogenen Platintiegel bei fest aufliegendem, gut schließendem Deckel 7 Minuten lang mit der vollen Flamme eines Bunsenbrenners erhitzt (siehe Abb. 45). Der Platintiegel hängt derart in einem Platindreieck, daß sich sein Boden 6—8 cm über der Brennermündung befindet. Die Flamme soll 20 cm hoch sein und der Tiegelboden sich 0,5 cm über dem inneren Flammenconus befinden. Der Versuch muß an einem zugfreien Ort ausgeführt werden. Der Tiegel wird schließlich bedeckt in einem Exsiccator abkühlen gelassen und dann gewogen. Ist mehr als eine Spur Asche vorhanden, so muß letztere berücksichtigt werden, indem man anschließend den offenen Tiegel, seitlich auf dem Dreieck liegend, ausglüht, wobei die Kohle ganz verbrennt. Auch die am Deckel angesetzte Kohle wird verbrannt und hierauf der Tiegel gewogen. Die Differenz beider Wägungen ist der „gebundene Kohlenstoff", das Gewicht des Rückstandes ergibt den Aschegehalt.

In neuerer Zeit findet die in USA. eingeführte Methode der Bestimmung des Verkokungsrückstandes nach Conradson (Conradson test[1]) auch in Europa, insbesondere zur Beurteilung von

[1] Specifications, No 500, 12; ferner A.S.T.M. No D 189 — 28 T. Gleichzeitig auch I.P.T. Ser. design. G. O. 9.

Motoren- und Dampfzylinderölen, größere Verbreitung. Sie gestattet, wie im Abschnitt „Schmieröle" gezeigt wird, häufig interessante Schlüsse über die Qualität und den Ursprung von Schmierölen. Der Apparat ist in Abb. 46 wiedergegeben.

Er besteht aus:

a) Einem ganz glasierten Porzellan- oder Quarztiegel, niedrige Form, Inhalt 25—26 cm³, Durchmesser am Rande 46 mm.

b) Einem gußeisernen Tiegel von 60—80 cm³ Inhalt, 72 mm äußerem Durchmesser, 37—39 mm Höhe und einem passenden gußeisernen Deckel, der eine 5—6 mm weite Abzugsöffnung hat.

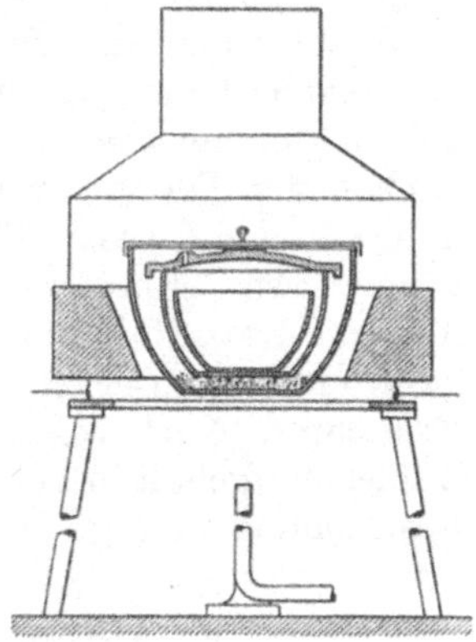

Abb. 46. Apparat zur Bestimmung des Conradsontestes (nach Day).

c) Einem Tiegel aus etwa 0,8 mm starkem Eisenblech, von etwa 200 cm³ Inhalt, 80 mm Durchmesser, 58—60 mm Höhe und hierzu einem Deckel ohne Öffnung. Auf den Boden dieses Tiegels bringt man eine ungefähr 10 mm hohe Sandschicht, so daß der darauf stehende Tiegel *b* samt Deckel fast bis an den Deckel von *c* reicht.

d) Einem Dreieck aus Ni-Cr-Draht, auf dem Tiegel *c* so steht, daß er allseits von der Flamme umspült werden kann.

e) Einem Schutzmantel mit Schornstein aus Schwarzblech. Ersterer hat einen Durchmesser von 120—130 mm und eine Höhe von 50 bis 53 mm. Der Schornstein ist 50—60 mm hoch und 50—56 mm weit. Mit dem Schutzmantel ist er durch einen Conus derart verbunden, daß die Gesamthöhe der Haube 125—130 mm beträgt.

f) Einem aus Eisenblech hergestellten Hohlkörper oder Asbestblock, der rund oder quadratisch sein kann (Durchmesser oder Seitenlänge 150 bis 175 mm.) Seine Höhe beträgt 32—38 mm. In der Mitte ist der Hohlkörper von einer mit Eisenblech ausgekleideten Öffnung in Form eines umgekehrten Kegelstumpfes durchbrochen, welcher einen unteren Durchmesser von 83 und einen oberen von 89 mm hat.

Zum Heizen dient ein Mékergasbrenner von 155 mm Höhe und 24 mm oberem Durchmesser.

10 g des zu prüfenden Öles werden in den Porzellantiegel eingewogen und dieser centrisch in den Eisentiegel *b* gestellt. Letzteren stellt man derart auf die Sandschicht in Tiegel *c*, daß *b* genau in der Mitte von *c* steht und verschließt beide eisernen Tiegel

mit ihren Deckeln. Nun wird *c* auf das Dreieck gestellt und die Haube aufgesetzt.

Der ganze Erhitzungsverlauf soll 30 ± 2 Minuten dauern[1] und zerfällt in drei Abschnitte. Das Anheizen (bis zum Erscheinen der Dämpfe) soll etwa 10 Minuten, das Verbrennen der Dämpfe etwa 13 Minuten und das Ausglühen etwa 7 Minuten dauern.

Vorerst wird mit kräftiger, den Tiegel einhüllender Flamme geheizt. Nach etwa 10 Minuten zeigen sich oberhalb des Schornsteines Dämpfe. Hierauf wird der Brenner sofort ein wenig beiseite geschoben, um die entweichenden Öldämpfe zu entzünden. Dann stellt man den Brenner wieder unter die Mitte des Tiegels und reguliert die Gaszufuhr so, daß die Dämpfe mit einer 5 cm hohen Flamme über dem Schornstein brennen. Nach dem Verlöschen der Flamme wird die Gaszufuhr so verstärkt, daß der untere Teil des großen Tiegels rotglühend wird. Das Ausglühen dauert etwa 7 Minuten. Hierauf wird das Gas abgedreht und der Apparat etwa 15 Minuten auskühlen gelassen. Zum Schluß entfernt man die Deckel und bringt den Porzellantiegel in einen Exsiccator. Nach vollständigem Erkalten wird gewogen und der Kohlenstoffgehalt in Perzenten ausgerechnet. Die Genauigkeit der Bestimmung beträgt 10%.

C. Gehalt an Säuren und Alkali.

Anorganische Säuren finden sich, abgesehen von sehr seltenen Ausnahmefällen, in Mineralölen von Natur aus nicht vor, können aber nach mangelhafter Raffination in Schmierölen usw. anwesend sein und sind natürlich sehr schädlich. Auch freies Alkali gelangt nur durch schlechte Raffination in Mineralölprodukte, wenn es sich nicht um verseifte Fette handelt. Hingegen enthalten die meisten Mineralöle von Natur aus geringe Mengen organischer Säuren.

Von der Anwesenheit anorganischer Säuren oder Alkalien kann man sich überzeugen, indem man das Öl (50—100 cm^3) mit etwa der gleichen Menge heißen Wassers ausschüttelt. Anwesende Alkalien oder anorganische Säuren lösen sich darin auf und können durch Zugabe eines Indikators erkannt werden. Bei Anwesenheit von Alkalien färbt sich der wässerige Auszug auf Zugabe zweier Tropfen Phenolphtaleinlösung rot. Tritt keine Rotfärbung ein, so versetzt man mit einigen Tropfen Methylorange. Sind anor-

[1] Nach den Erfahrungen des Verfassers dauert die Verkokung von sehr viscosen Ölen länger.

ganische Säuren vorhanden, so färbt sich darauf das Wasser rot; auch bei Anwesenheit von Naphthensäuren kann jedoch Rotfärbung eintreten. Die Anwesenheit von Schwefelsäure und schwefelsauren Salzen kann man auch an der Trübung des Wassers nach Ansäuern mit etwas Salzsäure und Versetzen mit einigen Kubikzentimetern Bariumchloridlösung erkennen.

1. Quantitative Bestimmung von freiem Alkali und anorganischen Säuren.

25—50 g Öl, mit einer Genauigkeit von 0,1 g eingewogen, werden in einen etwa $^1/_4$ Liter fassenden Scheidetrichter gegeben und 100 cm^3 siedendheißes destilliertes Wasser hinzugefügt. Dann wird 1 Minute geschüttelt, absitzen gelassen und nach Trennung der Schichten das Wasser in einen 300—400 cm^3 Erlenmeyerkolben laufen gelassen. Das Öl wird auf die gleiche Art noch zweimal mit je 20 cm^3 siedendheißen, destillierten Wassers gewaschen und ein Tropfen Phenolphthaleinlösung zum wässerigen Auszug zugegeben. Nun wird letzterer zum Kochen erhitzt. Färbt sich die Flüssigkeit infolge Alkaligehaltes rot, so werden noch drei Tropfen desselben Indicators hinzugefügt und aus einer Bürette $^1/_{10}$ n-Schwefelsäure tropfenweise bis zur Entfärbung zufließen gelassen. In einem Blindversuch wird festgestellt, wieviel Schwefelsäure zur Neutralisierung einer gleichen Menge heißen, destillierten Wassers verbraucht wird und die Anzahl der so gefundenen Kubikzentimeter Schwefelsäure (meist wird es sich nur um einen oder wenige Tropfen handeln) von der Anzahl der zur Neutralisierung des Öl-Waschwassers verbrauchten Kubikzentimeter Schwefelsäure abgezogen.

Berechnung. 1 cm^3 genau $^1/_{10}$ n-Schwefelsäure entspricht 0,0056 g KOH. Man berechnet die Alkalität des Öles als in 1 g des Öles anwesende mg KOH (Ätzkali).

Beispiel: 25 g Öl erforderten zur Neutralisation 0,8 cm^3 $^1/_{10}$n-Schwefelsäure, beim Blindversuch wurden 0,1 cm^3 $^1/_{10}$n-Schwefelsäure verbraucht. Auf 1 g Öl kommen also $\frac{0,7}{25} = 0,028$ cm^3 $^1/_{10}$-n-Schwefelsäure, gleich 0,028 cm^3 $^1/_{10}$ n-KOH $= 0,028 \times 0,0056$ g KOH $= 0,000157$ g KOH $= 0,157$ mg KOH.

Wenn nach dem Zufügen eines Tropfens Phenolphthaleinlösung keine Rotfärbung eintrat, werden 1—2 Tropfen Methylorangelösung (0,3 proz.) zugegeben. Bei Anwesenheit von anorganischen Säuren (evtl. auch Naphthensäuren) tritt jetzt Rotfärbung ein. Man läßt nun aus der Laugenbürette tropfenweise $^1/_{10}$ n-Kalilauge zufließen, bis die Farbe in Gelb bzw. rot umschlägt.

Dieselbe Menge destillierten, heißen Wassers titriert man hierauf nach Zugabe der gleichen Tropfenanzahl Methylorange mit der $^1/_{10}$ n-Kalilauge bis zur Erreichung desselben Farbtons und zieht die bei diesem Blindversuch gefundene Laugenmenge von der vorhin ermittelten ab.

Berechnung. 1 cm^3 genau $^1/_{10}$ n-Kalilauge neutralisiert 0,0049 g Schwefelsäure; dies entspricht 0,0056 g KOH = 5,6 mg KOH. Man drückt den Säuregehalt eines Öles durch die Säurezahl aus, d. i. die Anzahl mg KOH, die von 1 g des Öles zur Neutralisation verbraucht werden.

Beispiel: 25 g Öl verbrauchen 1,3 cm^3 $^1/_{10}$ n-KOH; beim Blindversuch wurden 0,2 cm^3 $^1/_{10}$ n-KOH verbraucht.

Säurezahl $= \frac{1,1 \times 0,0056}{25} = 0,000246$ g = 0,24 mg KOH. Die Säurezahl des Öles, bezogen auf freie anorganische Säuren, ist 0,24.

2. Quantitative Bestimmung von wasserunlöslichen organischen Säuren.

Zur Auflösung des Öles verwendet man ein Gemisch von zwei Raumteilen reinen Benzols und einem Raumteil 96proz. Alkohols. Dieses Gemisch ist gewöhnlich sauer und wird durch Versetzen mit 2 cm^3 einer 2proz. alkoholischen Lösung von Alkaliblau 6 B und tropfenweises Zufließenlassen von $^1/_{10}$ n-alkoholischer Kalilauge bis zum Umschlag nach Rot neutralisiert. Mit dem neutralisierten Gemisch ist auch der Titrierkolben auszuspülen. Ist das zu untersuchende Öl hell, so löst man in einem 200 cm^3-Erlenmeyerkolben 10 g Öl in etwa 30 cm^3 des neutralisierten Lösungsgemisches. Bleibt die Lösung rot, so ist das Öl neutral oder alkalisch. Bei Anwesenheit von organischen Säuren tritt Blaufärbung ein. Man titriert in diesem Falle tropfenweise mit $^1/_{10}$ n-alkoholischer Kalilauge, bis die Lösung beim Hindurchsehen rotgefärbt erscheint. Spezialöle, in denen geringste Säurespuren nachgewiesen werden sollen, wie Transformatorenöl, Dampfturbinenöl usw. sind mit $^1/_{20}$ n-alkoholischer Kalilauge zu titrieren.

Bei dunklen Ölen ist der Farbenumschlag schwer zu erkennen. Deshalb muß man die organischen Säuren mit neutralem Alkohol aus dem Öl extrahieren und den alkoholischen Auszug titrieren. In einem Scheidetrichter werden 20 g des Öles mit etwa 60 cm^3 96proz. Alkohols, welcher zuvor nach Zugabe von Alkaliblau mit $^1/_{10}$ n-KOH neutralisiert worden war, 1 Minute kräftig durchgeschüttelt. Nach dem Absitzen läßt man aus dem Scheidetrichter 30 cm^3 der alkoholischen Lösung in einen kleinen Erlenmeyerkolben fließen und titriert mit $^1/_{10}$ n- bzw. $^1/_{20}$ n-KOH. Die Säurezahl wird ebenso wie bei Bestimmung der anorganischen Säure berechnet.

Fehlergrenzen nach „Richtlinien“: ± 20% bei Säurezahlen unter 0,5, und ± 5% bei Säurezahlen über 0,5.

3. Gehalt an verseifbaren Ölen.

Zur Erzielung gewisser Wirkungen werden manchen Mineralölen tierische oder pflanzliche, also verseifbare, Öle und Fette zugesetzt. Starrschmieren (konsistente Fette), Bohröle usw. enthalten diese sog. „fetten Öle“ in Form ihrer Alkali- oder Erdalkaliseifen. Während man einen Seifengehalt im Mineralöl schon daran erkennt, daß sich dieses mit Wasser emulgiert, geschieht der Nachweis von freien Fettsäuren oder von fettem Öl durch Erhitzen einer kleinen Ölprobe mit einem Stückchen Ätznatron. Bei Anwesenheit von verseifbaren Ölen oder Fetten tritt nach der Abkühlung Gelatinierung oder Schaumbildung ein.

Verseifungszahl. Unter Verseifungszahl versteht man die Anzahl von mg KOH, die nötig ist, um in 1 g Öl die freien Säuren zu neutralisieren und die veresterten Säuren zu verseifen. Es werden etwa 5 g Öl in einem weithalsigen $^1/_4$ Liter Stehrundkolben eingewogen, und je 25 cm^3 reinen Benzols und $^1/_2$ n-alkoholischer Kalilauge zugegeben. Nun kocht man $^1/_2$ Stunde am Rückflußkühler, setzt 2 cm^3 Alkaliblau zu und titriert nach dem Erkalten unter Umschütteln mit $^1/_2$ n-wässeriger Schwefelsäure bis zum Farbenumschlag. Auf diese Weise wird der Alkaliüberschuß neutralisiert und die zur Verseifung der gebundenen Säuren nötige Laugenmenge festgestellt. In einem blinden Versuch wird dieselbe Menge $^1/_2$ n-benzol-alkoholischer Lauge ebensolange gekocht und gleichfalls nach Zugabe von Alkaliblau mit $^1/_2$ n-Schwefelsäure titriert. So überzeugt man sich, wieviel Säure die Lauge selbst zur Neutralisation braucht. Die Differenz ist zur Verseifung verbraucht worden.

Beispiel: 5 g Öl verbrauchten 18,6 cm^3 $^1/_2$ n-H_2SO_4 zum Zurücktitrieren des Laugenüberschusses.

Beim Blindversuch wurden 26,2 cm^3 $^1/_2$ n-H_2SO_4 verbraucht. Zum Verseifen von 1 g Öl brauchte man also $\frac{26{,}2 - 18{,}6}{5} = 1{,}52$ cm^3 $^1/_2$ n-Schwefelsäure. Titer der $^1/_2$ n-Schwefelsäurere: 1 cm^3 = 28,055 mg KOH. Die Verseifungszahl des Öles ist also 1,52 × 28,055 = 42,64.

Die Fehlergrenzen betragen nach den „Richtlinien“ bei Verseifungszahlen unter 20: ± 4%, bis 50: ± 2%, über 50: ± 1%.

Bestimmung des Verseifbaren durch Titration. Da die fetten Öle verschiedene Verseifungszahlen haben (s. Tab. 16), steht der Gehalt eines Compound- (zusammengesetzten) Öles oder Fettes an fettem Öl in keinem bestimmten Verhältnis zur Verseifungszahl. Ist die Art des angewendeten fetten Öles bekannt, so kann sein perzentueller Anteil aus den Verseifungszahlen des fetten Öles und des Compoundöles nach der Formel:

$$\%\ \text{fettes Öl} = \frac{\text{Verseifungszahl des Öles} \times 100}{\text{Verseifungszahl des fetten Öles}}$$

berechnet werden. Ist die Art des Fettzusatzes jedoch unbekannt, so kann man (abgesehen von einigen Ausnahmefällen) als mittlere Verseifungszahl 195 annehmen. Nachstehend die Verseifungszahlen von in Betracht kommenden fetten Ölen:

Tabelle 16. Verseifungszahlen fetter Öle.

Schweineschmalz	192—198	Rüböl, geblasen	195—216
Rindstalg	193—198	Sojabohnenöl	189—197
Klauenfett	193—204	Ricinusöl	176—191
Fischtran	188—198	Wollfett	82—130
Rüböl	170—179	Degras	110—210

Bestimmung des Verseifbaren und Unverseifbaren durch Wägung. Genauer erfolgt die Bestimmung des Gehaltes an fettem Öl durch die gravimetrische Bestimmung des Unverseifbaren nach Spitz und Hönig.

3—5 g des Öles werden in einem Rundkölbchen mit je 25 cm³ ungefähr $^1/_1$ n-alkoholischer Kalilauge und reinen Benzols eine Stunde am Rückflußkühler gekocht. Hierauf werden 25 cm³ Wasser zugesetzt, worauf man noch eine Minute kocht. Der erkaltete Kolbeninhalt wird in einen etwa 200 cm³ fassenden Scheidetrichter gebracht, und der Kolben mit je etwa 20 cm³ bis 70° siedendem Benzin und 50 gew. proz. Alkohol ausgespült. Hierauf schüttelt man $^1/_2$ Minute gut durch und läßt abstehen. Nach Scheidung der beiden Schichten wird die untere, die alkoholische Seifenlösung enthaltende, in einen zweiten Scheidetrichter übergeführt und daselbst so oft mit kleinen Mengen des erwähnten Leichtbenzins ausgeschüttelt, bis das Benzin farblos ist und fast keinen Abdampfrückstand hinterläßt. Die vereinigten Benzinauszüge werden zur Abtrennung gelöster Seife in einem dritten Scheidetrichter zweimal mit einigen cm³ 50 gew. proz. Alkohol gewaschen, und die vereinigten Alkoholauszüge nach Ausschütteln mit einigen Kubikzentimetern Leichtbenzin mit der Seifenlösung vereinigt.

Der Benzinauszug, welcher alles unverseifbare Mineralöl enthält, wird in einer kleinen gläsernen Abdampfschale vorsichtig abgedampft, wobei man achtzugeben hat, daß kein „Überkriechen“ stattfinde. Wenn sich Wassertropfen in der Schale abscheiden, gibt man einige Kubikzentimeter absoluten Alkohols hinzu und verdampft denselben. Schließlich wird die Schale $^1/_2$ Stunde bei 105° getrocknet und dann gewogen. Durch nochmaliges Trocknen und Wägen überzeugt man sich, ob sich das Gewicht der Schale nicht mehr ändert. Das Gewicht des Öles entspricht dem Gehalt an unverseifbarem Mineralöl, während man durch Subtraktion von dem ursprünglichen Gesamtgewicht des Öles den Gehalt an verseifbarem fetten Öl ermittelt. Aus der Seifenlösung kann man durch Ansäuern mit Salzsäure die Fettsäuren abscheiden, wägen und der näheren Untersuchung (Verseifungszahl, Jodzahl usw.) zuführen[1].

Wollfett und flüssige Wachse enthalten höhere Alkohole, welche bei der oben beschriebenen Behandlung mit dem Neutralöl zusammen in den Benzinauszug gelangen und als Unverseifbares gewogen werden. Über die weitere Trennung findet man Näheres in ausführlicheren Werken über Analyse von Fetten[1].

Über die Bestimmung des Seifengehaltes in Mineralölen vgl. S. 221.

4. Herstellung der Titrierflüssigkeiten.

Die Herstellung der Lösungen, welche bei den im Vorangehenden beschriebenen maßanalytischen Operationen Verwendung finden, wird nachfolgend beschrieben. In Betracht kommen folgende Titrierflüssigkeiten:

Säuren: $^1/_2$ n-wässerige Schwefelsäure,
$^1/_{10}$ n-wässerige Schwefelsäure.
Alkalien: $^1/_2$ n-wässerige Kalilauge,
$^1/_2$ n-alkoholische Kalilauge,
$^1/_{10}$ n-wässerige Kalilauge,
$^1/_{20}$ n-alkoholische Kalilauge.

A. Säuren.

Als Ausgangssubstanz zur Einstellung dieser Titrierlösungen benützt man chemisch reines wasserfreies Natriumkarbonat (Na_2CO_3) von Kahlbaum oder Merck. Noch besser ist es, von chemisch reinem Natriumbikarbonat ($NaHCO_3$) auszugehen, das in höchstem Reinheitsgrade erhältlich ist. Dasselbe wird durch einstündiges gelindes Erhitzen in einem auf ein Sandbad gestellten Porzellan-

[1] S. Holde, K. W., S. 247.

tiegel, besser Nickeltiegel, in Na_2CO_3 verwandelt. Ein in die Soda gestecktes Thermometer soll hierbei etwa 230° anzeigen, während das Sandbad selbst auf 300° erwärmt werden kann. Durch öfteres Umrühren mit dem Thermometer sorgt man für gleichmäßige Erwärmung des Pulvers, welche bis zur Gewichtskonstanz der Soda fortgesetzt wird.

$^1/_2$ n-Schwefelsäure. 1000 cm³ enthalten $\frac{H_2SO_4}{4} = \frac{98,076}{4}$ g $= 24,518$ g H_2SO_4. 14 cm³ chemisch reiner, konzentrierter Schwefelsäure (1,84) werden aus einer reinen und trockenen Bürette in einen mit etwa $^1/_4$ Liter destillierten Wassers gefüllten 1 Liter-Meßkolben gegossen. Hierauf wird mit destilliertem Wasser von 15° C bis zur Marke aufgefüllt und gut geschüttelt. Die so hergestellte Säure ist nicht genau halbnormal; daher muß ihr Titer mit der chemisch reinen Soda eingestellt werden. Zu diesem Zweck wird soviel von letzterer abgewogen, daß zum Neutralisieren 35—40 cm³ $^1/_2$ n-Schwefelsäure verbraucht werden, also etwa 1 g. Ungefähr soviel Soda wird daher auf der analytischen Waage genau abgewogen und in einem Becherglas in etwa 100 cm³ destillierten, gegen Methylorange neutralen Wassers aufgelöst. Nach Hinzufügen von 5—6 Tropfen Methylorangelösung, wobei sich die Sodalösung gelb färbt, läßt man bei 15° C aus einer bis zur O-Marke mit der zu stellenden Schwefelsäure gefüllten Bürette 30 cm³ rasch, und hierauf tropfenweise noch soviel Säure zulaufen, bis die Farbe in Orange umschlägt.

Beispiel: 1,0566 g Na_2CO_3 verbrauchten 39,2 cm³ Schwefelsäure. Der Titer der Schwefelsäure wird folgendermaßen berechnet. Wenn die Säure genau halbnormal wäre, würden 1000 cm³ Säure $\frac{Na_2CO_3}{4} = 26,50$ g Na_2CO_3 verbrauchen. Daraus folgt:

$$26,5 : 1000 = 1,0566 : x$$

$$x = \frac{1056,6}{26,5} = 39,87 \text{ cm}^3$$

Zur Neutralisation von 1,0566 g Na_2CO_3 würden 39,87 cm³ genau halbnormaler Schwefelsäure gebraucht werden. Da in unserem Beispiel nur 39,2 cm³ Säure verbraucht wurden, ist die Säure stärker als halbnormal, und zwar im Verhältnis $\frac{39,87}{39,20} = 1,017$. Wenn daher bei einer Titration z. B. 25,3 cm³ dieser Schwefelsäure verbraucht werden, so entspricht dies $25,3 \times 1,017 = 25,73$ m³ genau $^1/_2$ n-Schwefelsäure. Es muß also in diesem Fall die Anzahl der gefundenen cm³ Säure mit dem Faktor 1,017 multipliziert werden, um das richtige Volumen einer genau $^1/_2$ n-Säure zu finden.

$^1/_{10}$ n-Schwefelsäure. 1000 cm³ enthalten $\frac{H_2SO_4}{20} = 4{,}9038$ g Schwefelsäure. 200 cm³ der nach obiger Vorschrift hergestellten $^1/_2$ n-Schwefelsäure werden in einem Meßkolben abgemessen und unter mehrmaligem Nachspülen mit destilliertem Wasser in einen Meßkolben auf 1000 cm³ aufgefüllt. Alle Abmessungen werden bei 20° C vorgenommen. Man erhält so eine $^1/_{10}$ n-Schwefelsäure, die denselben Faktor (z. B. 1,017) hat wie die $^1/_2$ n-Säure.

B. Alkalien.

$^1/_2$ n-Kalilauge. 1000 cm³ enthalten $\frac{56{,}112}{2} = 28{,}055$ g KOH. Man wägt rasch etwa 32 g reinsten Ätzkalis auf einer Handwaage ab, spült ein wenig mit destilliertem Wasser ab, um das Ätzkali möglichst von dem an der Oberfläche befindlichen Karbonat zu befreien, und löst dann in einem 1 Liter-Meßkolben in ein wenig destillierten Wassers. Nachdem sich alles aufgelöst hat, wird bei 15° bis zur Marke aufgefüllt. Der Titer der so erhaltenen ungefähr $^1/_2$ n-Kalilauge wird folgendermaßen bestimmt: Man läßt aus einer Bürette eine gemessene Menge (20—30 cm³) dieser Lauge in ein Becherglas fließen, versetzt mit einigen Tropfen Methylorangelösung und titriert mit der schon eingestellten $^1/_2$ n-Schwefelsäure bis zum Farbenumschlag.

Beispiel: 26,0 cm³ der $^1/_2$ n-Kalilauge verbrauchen 25,2 cm³ der $^1/_2$ n-Schwefelsäure, deren Faktor 1,017 beträgt. Beim Titrieren der Lauge mit einer genau halbnormalen Schwefelsäure würden also von letzterer $25{,}2 \times 1{,}017 = 25{,}6$ cm³ verbraucht werden. Daraus geht hervor, daß die $^1/_2$ n-Kalilauge etwas zu schwach ist. Ihr Faktor beträgt $\frac{25{,}6}{26{,}0} = 0{,}985$. Beim Titrieren mit dieser Lauge muß also die jeweils verbrauchte Anzahl Kubikzentimeter mit 0,985 multipliziert werden, um den Verbrauch an genau $^1/_2$ n-Kalilauge in Kubikzentimetern zu erhalten.

$^1/_2$ n-alkoholische Kalilauge· 1000 cm³ enthalten $\frac{56{,}112}{2} = 28{,}055$ g KOH. Die Herstellung und Einstellung erfolgt in derselben Weise wie die der wässerigen $^1/_2$ n-Kalilauge, nur wird das Ätzkali in 95proz. Alkohol statt in Wasser gelöst. Da sich Ätzkali in reinem Alkohol schwer auflöst, läßt man die abgewogene Menge erst in einigen Kubikzentimeter Wasser zerfallen, gibt die Hälfte des Alkohols hinzu, filtriert und füllt mit Alkohol auf 1 Liter auf. Die Stärke der alkoholischen Lauge wird ebenso wie die der wässerigen mit $^1/_2$ n-Schwefelsäure bestimmt. Sowohl die wässerige als auch die alkoholische Lauge müssen vor dem Zutritt der Luftkohlensäure geschützt werden. Man bewahrt sie deshalb in gut verschlossenen Flaschen auf. Die Flasche, in der die alkoholische Lauge aufbewahrt wird, soll dunkelrot gefärbtes Glas haben. Wenn die Flaschen direkt mit den Büretten verbunden sind, Luftzutritt also notwendig ist, darf die Luft nur durch ein mit Natronkalk gefülltes Rohr in die Flasche eintreten.

Die $^1/_{10}$ n-wässerige Kalilauge (1000 cm³ enthalten $\frac{56,112}{10} = 5,6112$ g KOH) wird durch genaues 5faches Verdünnen der $^1/_2$ n-wässerigen Kalilauge hergestellt. Der Faktor bleibt hierbei unverändert.

$^1/_{20}$ n-alkoholische Kalilauge · 1000 cm³ enthalten $\frac{56,112}{20} = 2,8056$ g KOH. Von der genau eingestellten $^1/_2$ n-alkoholischen Kalilauge werden mittels Pipette 100 cm³ abgemessen und in einen geeichten 1 Liter-Meßkolben bei 20° mit 95proz. Alkohol bis zur Marke aufgefüllt. Der Faktor ist mit dem der $^1/_2$ n-Kalilauge identisch.

D. Schwefelgehalt.

Manche Erdöle zeichnen sich durch einen hohen Gehalt an Schwefel aus, der bei der Verarbeitung zum Teil in die Destillate übergeht. Die Bestimmung des Schwefels ist mit Rücksicht auf dessen Korrosionsvermögen gegenüber Metallen oft von Wichtigkeit.

1. Bestimmung mittels der kalorimetrischen Bombe. In allen Mineralölprodukten kann man den Schwefelgehalt durch Verbrennen einer kleinen Ölmenge bei Gegenwart von komprimiertem Sauerstoff in der zu Heizwertbestimmungen gebrauchten Bombe nach Berthelot-Mahler bestimmen. Diese Methode erfordert eine kostspielige Apparatur und ist in umfangreicheren Handbüchern nachzulesen[1].

2. Die Methode von Eschka-Rothe eignet sich zur Schwefelbestimmung im Asphalt und Koks; weniger für Schmieröle:

1 g des zu untersuchenden Stoffes wird mit 1,5 g einer Mischung von 2 Teilen Magnesiumoxyd und 1 Teil chemisch reiner, wasserfreier Soda in einem Platintiegel innig gemischt. Den Platintiegel legt man hierauf schief auf ein Quarzdreieck und glüht ihn über einem Bunsenbrenner. Von Zeit zu Zeit rührt man das Gemisch mit einem dicken Platindraht. Wenn alle Kohle verbrannt ist, spült man den Inhalt des Tiegels mit destilliertem Wasser in ein

[1] S. z. B. Holde, K. W., S. 53.

Becherglas und gibt etwa 3 cm^3 Bromwasser hinzu. Nach einiger Zeit säuert man mit verdünnter Salpetersäure an und verdünnt mit destilliertem Wasser, bis die Flüssigkeitsmenge etwa 100 cm^3 beträgt. Hierauf wird durch Kochen das überschüssige Brom entfernt und filtriert. Das klare Filtrat erhitzt man zum Sieden und fällt tropfenweise die Schwefelsäure mit siedendheißer Bariumchlorid-Lösung. Dann wird das Becherglas am siedenden Wasserbad stehen gelassen, bis sich der Niederschlag zusammengeballt hat, dekantiert und das ausgefällte Bariumsulfat quantitativ durch ein aschefreies Filter filtriert. Letzteres wird mit heißem Wasser bis zum Verschwinden der Chlorreaktion im Waschwasser gewaschen und dann verbrannt. Aus der gewogenen Menge des $BaSO_4$ berechnet man den Schwefelgehalt.

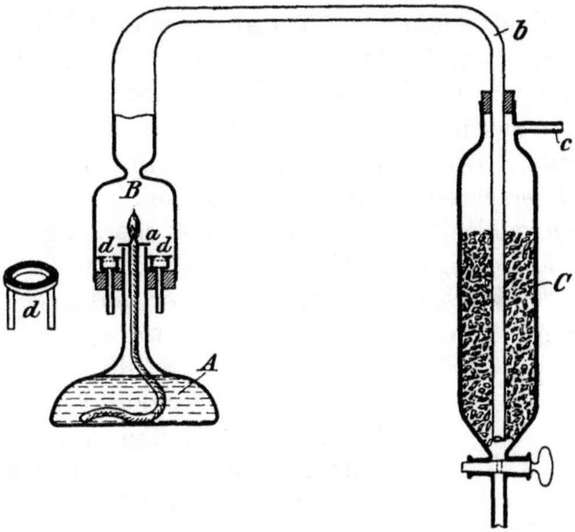

Abb. 47a. Apparat zur Bestimmung des Schwefels nach Engler-Heusler.

3. Lampenmethode. Die Bestimmung des Schwefelgehaltes von leichtflüchtigen Mineralölen wie Benzin und Petroleum erfolgt nach Engler-Heusler[1] durch Verbrennung mittels einer kleinen Lampe und Oxydation der gebildeten schwefligen Säure zu Schwefelsäure, die durch Fällung als Bariumsulfat bestimmt wird.

Der Apparat (Abb. 47a) besteht aus dem Glaskölbchen *A*, auf dessen Hals die Dochthülse *a* aufsitzt. Mittels Korkstopfens wird der Lampenzylinder *B* mit dem Hals von *A* verbunden. Der Zylinder ist rechtwinklig umgebogen und setzt sich in eine schmälere Glasröhre fort, die fast bis an den Boden der Absorptionsröhre *C*

[1] Chem. Ztg **1896**, S. 197.

reicht. Dieselbe hat unten einen mit Hahn versehenen Ablaßstutzen und oben ein Röhrchen, das mit einer Luftpumpe verbunden wird. *d* ist eine Metallkapsel, welche oben zahlreiche kleine Löcher hat, die zur Verteilung der durch zwei Röhrchen zugeführten Verbrennungsluft dienen.

Das Lämpchen wird in seinem breiteren Teil mit dem zu untersuchenden Öl gefüllt, die Dochthülse mit dem Docht aufgesetzt und der Zylinder darübergestülpt. Die Absorptionsröhre *C* ist zu $^2/_3$ mit Glasperlen und 20 cm^3 einer 5proz. Lösung von Ätzkali oder Kaliumkarbonat in destilliertem Wasser, der man 5 Tropfen Brom zugesetzt hat und die hierauf durch Einleiten von Luft entfärbt worden war, gefüllt. Die beiden Röhrchen von *d* werden durch ein T-Stück und Schlauch mit reiner schwefelfreier Luft verbunden. Hierauf wird durch Anstellen einer Vakuumpumpe ein schwacher Luftstrom durch das Absorptionsgefäß geleitet. Man lüftet nun den Zylinder für einen Augenblick und entzündet den Docht mit einem (schwefelfreien) Alkoholflämmchen. Jetzt wird die Luft gerade so rasch durchgesaugt, daß das Flämmchen ohne zu Rußen brennt. Zwischen Luftpumpe und Absorptionsrohr schaltet man eine mit derselben Absorptionsflüssigkeit gefüllte Waschflasche ein. Von schwefelreichen Ölen verbrennt man 5 g, von Ölen mit geringerem Schwefelgehalt 10—15 g. Die Menge des verbrannten Öles wird durch Wägen des Lämpchens vor und nach der Verbrennung bestimmt. Man vereinigt die Absorptionsflüssigkeiten beider Gefäße und spült gründlich mit wenig destilliertem Wasser nach. Die Gesamtflüssigkeit wird mit 2 Tropfen Methylorangelösung versetzt, mit reiner Salzsäure bis zur Rotfärbung angesäuert, hierauf fast zum Sieden erhitzt und die Schwefelsäure tropfenweise mit siedendheißer Bariumchloridlösung ausgefällt. Die weitere Behandlung erfolgt wie bei der normalen gravimetrischen Schwefelsäurebestimmung.

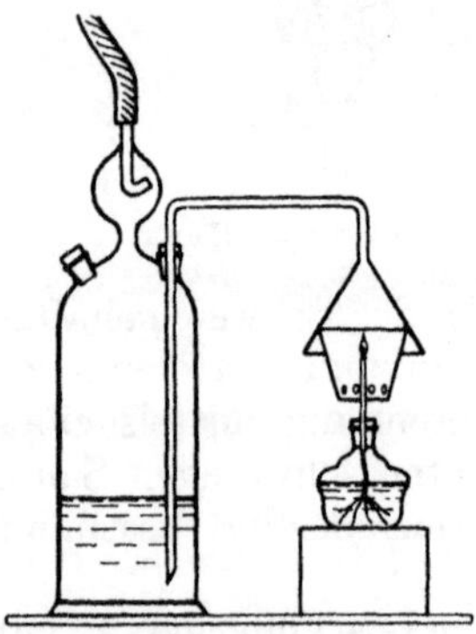

Abb. 47b. Apparat zur Schwefelbestimmung nach Schulz.

Eine vereinfachte Methode der S-Bestimmung hat Schulz angegeben[1]. Wie Abb. 47b zeigt, besteht das Absorptionsgefäß aus einer Art Waschflasche, die oben mit einem Kjeldahlaufsatz und einem Tubus zum Titrieren versehen ist. Ein kleines billiges Nachtlämpchen wird mit dem Öl gefüllt, und die Verbrennungsgase

[1] Petrol. **1912/13,** S. 585.

durch 30 cm³ einer 3proz. Wasserstoffsuperoxydlösung geleitet, die mit 30 cm³ destilliertem Wasser verdünnt und mit Zehntelnormallauge auf Methylorange genau neutralisiert worden sind.

Um einen eventuellen SO_2-Gehalt der Laboratoriumsluft zu berücksichtigen, werden der erwähnte Apparat und eine zweite gleiche Waschflasche durch ein T-Stück und einen gemeinsamen Schlauch mit der Luftpumpe verbunden, und die Luft durch beide Waschflaschen mit gleicher Geschwindigkeit gesaugt.

Nachdem die entsprechende Ölmenge verbrannt ist, wird der Inhalt der Waschflasche durch den Tubus mit $^1/_{10}$ Normallauge titriert, nachdem man zu der meist entfärbten Lösung noch 2 Tropfen Methylorange zugegeben hat.

E. Gehalt an Asphaltstoffen.

Dunkelgefärbte Erdöle enthalten oft Asphaltstoffe, sauerstoff- und schwefelhaltige Kohlenwasserstoffverbindungen. Ähnliche Asphaltstoffe entstehen auch durch Zersetzung infolge Temperatureinwirkung bei der Destillation der Mineralöle. Da asphalthältige Schmieröle zur Bildung von koksartigen Abscheidungen neigen, ist die Asphaltbestimmung bei vielen Schmierölen vorgeschrieben.

Man unterscheidet zwei Arten von Asphaltstoffen: die hochschmelzenden, durch Benzin ausfällbaren Asphaltene (Hartasphalt) und die weicheren, niedrigschmelzenden, aus ätherischer Lösung durch Alkohol ausfällbaren Asphaltharze (Weichasphalt.)

Die zur quantitativen Bestimmung der Asphaltene und Asphaltharze gebräuchlichen Methoden erfassen nicht die Gesamtmenge dieser Stoffe, da je nach Art und Menge der Fällungsflüssigkeit verschiedene Mengen davon ausgefällt werden. Deshalb sind die Vorschriften für die Ausführung der Bestimmungen genau einzuhalten.

Qualitativer Nachweis. Oft kann man die Anwesenheit von Hartasphalt in einem Mineralöl dadurch nachweisen, daß man einen Tropfen des Öles auf Filtrierpapier bringt, wo das Öl aufgesaugt wird. In der Mitte des Fleckes bleiben bei Anwesenheit von bedeutenderen Mengen Hartasphalt dunkle Asphaltpunkte zurück.

Löst man etwa 1 g Öl in der 20—30fachen Menge Petroläthers, so fallen bei Anwesenheit von Hartasphalt sofort oder nach mehrstündigem Stehen dunkle Flocken aus, die nach dem Filtrieren beim Übergießen mit warmem Benzol sich auflösen.

Soll auf Anwesenheit von Weichasphalt geprüft werden, so löst man etwa 1 g Öl in 15 cm³ Äther und fügt 10 cm³ Alkohol

(96%) hinzu. Es fallen sowohl dunkler Hartasphalt, als auch hellere Harzstoffe aus. Der Niederschlag ist in Benzol löslich.

Quantitative Bestimmung der Asphaltene. Zur quantitativen Bestimmung des Gehaltes an Asphaltenen (Hartasphalt) in Mineralölen bedient man sich der Unlöslichkeit dieser Stoffe in Benzin. Diese Unlöslichkeit ist jedoch keine absolute, vielmehr löst ein Benzin um so weniger Asphaltene, bzw. fällt um so mehr Asphaltene aus, je niedrigere Siedegrenzen es hat und je mehr aliphatische, gesättigte Kohlenwasserstoffe es enthält. Deshalb wird zur quantitativen Bestimmung ein Benzin von stets gleichbleibender Qualität verwendet. Dasselbe muß folgende Eigenschaften haben: $d_{15} = 0{,}695 — 0{,}705$. Seine Siedegrenzen, durch Destillation von 200 cm³ Benzin aus einem 400 cm³-Rundkölbchen mit einem 40 cm langen Siedeaufsatz nach Le Bel-Henninger bestimmt, sollen zwischen 65 und 95° liegen. Die Probe auf Anwesenheit von ungesättigten und aromatischen Kohlenwasserstoffen wird durch Schütteln des Benzins mit dem gleichen Volumen einer Schwefelsäure, die man durch Mischen von 80 Teilen chemisch reiner 66° Bé Schwefelsäure und 20 Teilen rauchender Schwefelsäure (mit 20% SO_3-Gehalt) hergestellt hat, folgendermaßen vorgenommen: In eine 60 bis 70 cm³ fassende, bis 50 cm³ in $^1/_{10}$ cm³ geteilten Meßröhre, die mit einem eingeschliffenen Glasstöpsel verschlossen werden kann, füllt man je 20 cm³ des Säuregemisches und des Benzins und mischt bei Zimmertemperatur eine Viertelstunde in der Weise, daß einmal in der Sekunde umgedreht wird. Dann wird verschlossen, über Nacht abstehen gelassen und morgens abgelesen. Das Benzin darf höchstens 2 Vol % an die Säure abgegeben, die Säureschichte also um höchstens 0,4 cm³ zugenommen haben.

Unter dem Namen „Normalbenzin“ wird von der Firma Kahlbaum, Berlin, ein diesen Anforderungen entsprechendes Benzin für Asphaltbestimmungen hergestellt, dessen Gleichmäßigkeit von dem Staatlichen Materialprüfungsamt in Berlin-Dahlem kontrolliert wird[1].

Zur Ausführung der Bestimmung löst man, je nach dem vermutlichen Hartasphaltgehalt, 2—10 g[2] des Mineralöles in 100 cm³ Normalbenzin (Fällungsbenzin) und verdünnt dann mit soviel desselben Benzins, daß dessen Gesamtmenge dem 40fachen des Öl-

[1] Ein ebenso vorschriftmäßiges, von der Lehrkanzel für Petroleum-Technologie in Lwów geprüftes „Fällungsbenzin“ stellt die Naphtha-AG. „Galicia“ in Drohobycz (Polen) her.

[2] Die Bestimmung wird ungenau, wenn weniger als 0,01 g Hartasphalt ausgefällt werden.

volumens entspricht. Für gute Durchmischung muß gesorgt werden. Das Gefäß wird über Nacht vor Sonnenlicht geschützt (Asphalt wird durch Licht verändert) stehengelassen. Am nächsten Morgen wurd durch ein doppeltes Filter (Schleicher & Schüll, Nr. 589, Weißband, Dm. 9 cm) filtriert. Zuerst gießt man, ohne den Niederschlag aufzurühren, die überstehende klare Flüssigkeit durch das Filter und filtriert dann den Rest ab. Der Niederschlag wird am Filter mit Normalbenzin solange gewaschen, bis das Filtrat ganz farblos und ölfrei abläuft. Hierauf wird der Asphalt mit möglichst wenig heißem Benzol in ein gewogenes Schälchen gespült, bis das Benzol farblos abläuft. Bei größeren Asphaltmengen fängt man die Benzollösung in einem Kölbchen auf, aus dem man die Hauptmenge des Benzols durch Abdestillieren entfernt. Der Rückstand wird quantitativ in eine gewogene Schale gebracht. Nachdem der Benzolrest durch vorsichtiges Abdampfen vertrieben worden ist, trocknet man eine Viertelstunde bei 105° und wägt.

Bei Schmierölen, die aus paraffinhaltigen Erdölen hergestellt wurden, fällt oft gleichzeitig mit Asphalt ceresinartiges Paraffin aus. Dasselbe wird folgendermaßen entfernt: Das den Asphalt enthaltende getrocknete Schälchen wird zusammen mit einem Glasstäbchen gewogen. Hierauf kocht man auf einer elektrischen Heizplatte den Asphalt unter Zerreiben der Asphaltschichte mit etwa 10 cm^3 absoluten Alkohols (oder Petroläthers) aus und gießt letzteren vorsichtig ab. Ist Paraffin vorhanden, so scheiden sich im Alkohol (Petroläther) beim Erkalten weiße Flocken aus. Das Auskochen mit frischen Portionen Alkohols (Petroläthers) wiederholt man solange, bis sich kein Paraffin mehr ausscheidet. Nun kann der Asphalt paraffinfrei gewogen werden.

Enthält das untersuchte Öl Koks oder andere unlösliche Stoffe, so wird der Hartasphalt durch Übergießen mit warmem Benzol gelöst, wobei der Koks ungelöst am Filter bleibt. Wurde das Filter vor Beginn der Filtration gewogen, so kann nun die Menge des Ungelösten gleichfalls festgestellt werden.

Die beschriebene Bestimmungsmethode ist recht langwierig. Tauß und Lüttgen[1] haben deshalb eine abgekürzte Methode angegeben, wonach einige Zehntelgramm Öl in einem kleinen Schleudergläschen auf der Mikrowaage abgewogen und in 1 cm^3 Benzol gelöst werden. Durch Hinzufügung von etwa 20 cm^3 Normalbenzin wird der Hartasphalt ausgefällt. Letzterer ballt sich beim Zentrifugieren in einer 3000 Umdrehungen in der Minute machenden

[1] Petrol. **1918/19**, S. 653.

Zentrifuge so zusammen, daß die Benzinlösung klar abgegossen werden kann. Um den Asphalt zu entölen, wird derselbe noch 3mal in je 1 cm^3 Benzol aufgelöst und mit Benzin gefällt. Dann kann man das Gläschen trocknen und wägen.

Quantitative Bestimmung des Weichasphaltes. 2—5 g des Öles werden in einem Kölbchen im 25fachen Volumen Äther gelöst. Unter Schwenken des Kölbchens läßt man aus einer Bürette das $12^1/_2$fache Volumen 96gew. proz. Alkohol zutropfen. Nach 5stündigem Stehen filtriert man den Niederschlag durch ein Filter (Schleicher & Schüll, Nr. 589, Weißband, 12 cm Dm.) und wäscht solange mit einer Mischung von 1 Teil 96gew. proz. Alkohols und 2 Teilen Äthers, bis das Filtrat nicht mehr ölhältig ist. Spuren von Pech dürfen darin jedoch anwesend sein. Der Weichasphaltrückstand, der ebenso wie der Hartasphaltniederschlag durch mitausgefälltes Ceresin verunreinigt sein kann, wird in heißem Benzol gelöst und die Lösung in einer gewogenen Schale verdampft. Den trockenen Rückstand befreit man wie oben vom etwa vorhandenen Ceresin und trocknet $^1/_4$ Stunde bei 105°.

F. Paraffingehalt.

Von allen zur Bestimmung des Paraffingehaltes vorgeschlagenen und in ausführlicheren Handbüchern beschriebenen Methoden hat die Methode nach Engler-Holde die weiteste Verbreitung gefunden. Hiernach wird die paraffin- und ölhältige Substanz in Alkohol-Äther gelöst, abgekühlt und das ausgefallene Paraffin abfiltriert. Diese Methode ist die universellste aller Paraffinbestimmungsmethoden und läßt sich sowohl bei Ölen mit geringem Paraffingehalt als auch bei hochprozentigem Handelsparaffin anwenden. Bedingung ist hierbei, daß das Paraffin in gut krystallisierender Form vorliege, da amorphes oder schlecht kristallisierendes Paraffin sehr langsam filtriert und sich schwer entölen läßt. Das auszufällende Paraffin darf ferner nicht mit Harzen oder Asphalten verunreinigt sein, da dieselben krystallisationshindernd wirken.

Aus den angegebenen Gründen ist es nicht möglich, den Paraffingehalt von Erdöl oder Erdöl-Destillationsrückstand durch bloßes Auflösen in Äther und Ausfällen mit Alkohol zu bestimmen. Die anwesenden kolloiden Asphalt- und Harzstoffe würden die Bildung von filtrierbaren Paraffinkrystallen hindern und außerdem mit dem Paraffin zusammen ausgefällt werden. Daher wird das Paraffin nach Engler-Holde nur in Destillaten, also durch Übergang in den Dampfzustand und nachherige Kondensation gereinigten Paraffinölen, bestimmt. Hat der zu analysierende Stoff bereits einen Destillationsprozeß durchgemacht, wie z. B. Paraffinschuppen, Hnadelsparaffin usw., so kann das Auflösen in Äther und Ausfällen mit Alkohol unmittelbar erfolgen. Anderenfalls muß die im Abschnitt Schmieröle (S. 212) beschriebene Destillation vorangehen.

In manchen Fällen gibt auch ein im Betriebe bereits destilliertes Produkt kein gut filtrierbares Paraffin und muß daher zwecks Paraffinbestimmung im Laboratorium der erwähnten Destillation unterzogen werden. Paraffin krystallisiert nämlich unter normalen Umständen nur dann gut, wenn sein Mutteröl in einer etwas zersetzenden Weise, also ein wenig gekrackt, destilliert oder aber stark raffiniert wurde. War hingegen unter Anwendung von viel Wasserdampf oder Vakuum destilliert worden, oder ist das Paraffin von sehr viscosen Ölen begleitet, so wird man sich beim ersten Filtrationsversuch mitunter von der schlechten Filtrierbarkeit des Paraffins überzeugen und das zu untersuchende Produkt redestillieren.

Bestimmung nach Engler-Holde. Je nach dem vermutlichen Paraffingehalt (Stockpunkt!) werden 1—5 g des paraffinhaltigen Öles in einem 100 cm³ Erlenmeyer-Kölbchen in 25 cm³ Äther gelöst und 25 cm³ absoluten Alkohol zugegeben. Das Kölbchen wird hierauf in einer Eis-Kochsalzmischung auf — 20° C abgekühlt. Während sich die Paraffin-Lösung abkühlt, wird der Apparat zum Filtrieren in der Kälte vorbereitet. Er besteht (s. Abb. 48) aus einem Saugkolben, in dem mittels Gummistopfens ein langhalsiger Glastrichter vom Dm. 8 cm befestigt ist. An dem Glastrichter ist mittels eines zweiten Gummistopfens ein Blechtrichter befestigt, der zur Aufnahme der Kältemischung dient und ein Wasserabflußrohr hat. Bequemer ist der Filtrationsapparat nach Fleischer (Abb. 49).

Abb. 48. Apparat zur Filtration von Paraffin in der Kälte.

Nachdem der Blech-, (Porzellan-)Trichter mit der Eis-Kochsalzmischung gefüllt worden ist, und man sich durch ein hineingestecktes Thermometer überzeugt hat, daß die Temperatur — 20° beträgt, wird ein Schleicher & Schüllfilter Nr. 589 Schwarzband in den Glas- (inneren Porzellan-)Trichter gelegt und das ausgefällte Paraffin mit schwachem Unterdruck rasch abfiltriert. Nach dem Vollgießen des Filters bedeckt man den inneren Trichter mit einem Uhrglas. Wenn alles abfiltriert ist, wird der Paraffinniederschlag mit etwa 50 cm^3 einer ebenfalls auf — 20° abgekühlten Mischung von gleichen Teilen Alkohol und Äther ölfrei gewaschen. Das Auswaschen ist beendet, wenn einige Kubikzentimeter des Filtrates, auf einem Uhrglas abgedunstet, keinen Ölrückstand mehr hinterlassen. Man hüte sich vor zu langem Auswaschen, da sich schließlich auch Paraffin löst.

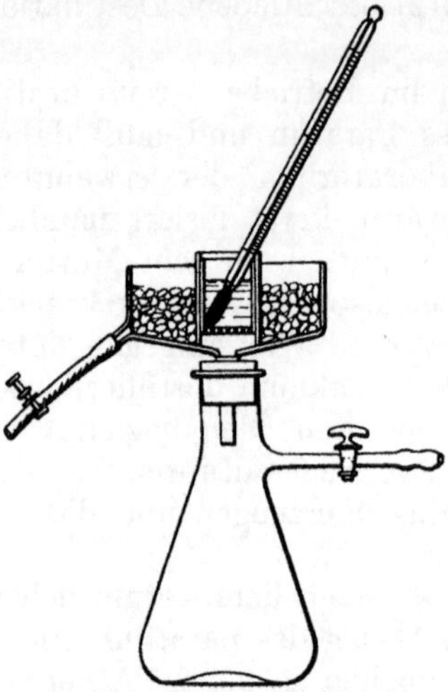

Abb. 49. Filtrationsapparat von Fleischer (nach Graefe, Lab.-buch).

Das ausgewaschene Filter wird vorsichtig in einen anderen Glastrichter übergeführt und durch Übergießen mit warmem Benzol in ein gewogenes Schälchen gespült[1]. Das Benzol wird am Wasserbad vorsichtig abgedunstet und das Filter 1/4 Stunde bei 105° getrocknet. Es soll mindestens 0,1 g Paraffin ausgefällt worden sein, da sonst die Versuchsfehler zu groß werden. Den Erstarrungspunkt des ausgefällten Paraffins bestimmt man am rotierenden Thermometer (s. S. 242).

Da Paraffin auch bei — 20° teilweise in Alkohol-Äther löslich ist, werden nach Holde zu der gefundenen Paraffinmenge bei völlig flüssigen Ölen 0,2%, bei Ölen, die bei + 15° Paraffinausscheidungen zeigen, 0,4% und bei festen Massen 1% hinzugefügt.

G. Zersetzungsdestillation.

Die Welterzeugung von Automobilen hat in dem letzten Jahrzehnt mit weit größerer Geschwindigkeit zugenommen als die durch vermehrte Erdölförderung erzielbare Benzinproduktion. Wenn auch in neuerer Zeit andere Motorbetriebstoffe aufgetaucht sind, so wird doch vermutlich auf lange Zeit hinaus das Erdölbenzin die Hauptquelle der Versorgung mit Automobil-Kraftstoffen bleiben, zumal es die neuen Krackverfahren ermöglicht haben, aus schwereren Mineralölen, insbesondere den weniger wertvollen Gas- und Heizölen, leichte Kohlenwasserstoffe, d. h.

[1] Nach Holde wird das Filtrat eingedampft, in wenig Alkoholäther gelöst, auf — 20° abgekühlt und etwa noch ausfallendes Paraffin ebenso behandelt, wie die erste Fällung. Die Benzollösungen beider Fällungen werden vereinigt. Bei Betriebsanalysen vernachlässigt man zumeist die 2. Fällung.

Benzin, zu erzeugen. Die Zersetzungsdestillation hat in Amerika, dem klassischen Lande des Automobilismus, seit dem großen Kriege einen gewaltigen Aufschwung genommen, und dort wurden auch die bekanntesten großtechnisch angewendeten Krackverfahren entwickelt. Die verbreitesten, vereinzelt auch in Europa angewendeten Systeme sind als Verfahren von Dubbs, Cross, Holmes-Manley, Jenkins usw. bekannt. Auch in Deutschland sind einige Krackverfahren in Entwicklung begriffen, so die Verfahren von Blümmer, Wolff usw. Bei all diesen Destillationssystemen werden schwere Kohlenwasserstoffe durch Einwirkung von Wärme und Druck in leichtere K. W. aufgespalten. Außer Benzin entstehen hierbei Gas, ein kohlenstoffreicher Rückstand und meist auch Koks. Der Einfluß der Druck-Wärmebehandlung äußert sich bei allen Mineralölen in der angegebenen Weise. Je nach dem spez. Gewicht, chemischen Charakter usw. einerseits, der Höhe von Druck und Temperatur andererseits, sind jedoch die Ausbeuten an Benzin, Gas, Koks usw. verschieden. Die ungefähre Feststellung der beim Kracken im Großbetriebe zu erwartenden Verhältnisse gehört zu den wichtigsten Aufgaben des modernen Petroleumchemikers.

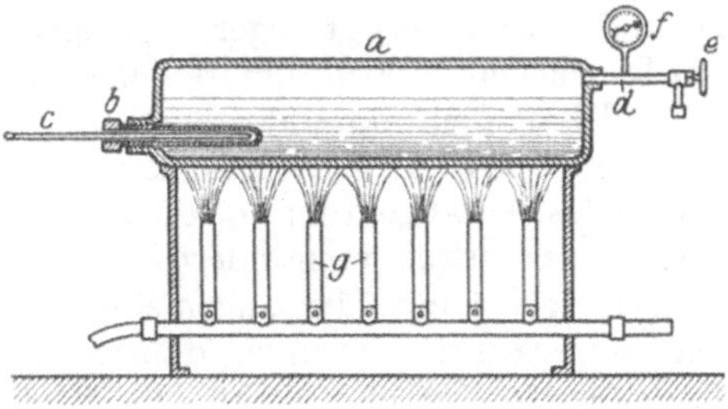

Abb. 50. Zersetzungsdestillationsapparat.

Abb. 50 zeigt einen in amerikanischen Laboratorien verwendeten Apparat zum Studium der Zersetzungsdestillations-Bedingungen von Mineralölen[1]. Das zur Aufnahme des Öles bestimmte, etwa $1^1/_2$ Liter fassende Gefäß *a* ist aus einem auf 200 Atmosphären Druck geprüften, nahtlosen 4 Zoll-Gasrohr hergestellt. An der einen Seite ist das $^1/_2$ Zoll-Gasrohr *d* angeschweißt, welches ein 200 Atmosphären Druck anzeigendes Manometer, einen Ablaßstutzen und das Regulierventil *e* trägt.

Auf der anderen Seite ist das Gefäß *a* durch den eingeschraubten Block *b* verschlossen, welcher in der Mitte zwecks Aufnahme eines

[1] Cross, 2. Aufl., S. 664.

Thermometers durchbohrt ist. An die Bohrung ist ein einseitig geschlossenes Thermometer-Schutzrohr angeschweißt, welches in das Gefäß *a* hineinragt. Der Apparat ist so aufgestellt, daß das Ende, welches das Gasableitungsrohr trägt, etwas höher steht als das andere. Der Apparat wird von einem Reihenbrenner auf die erforderliche Temperatur erhitzt. Um die Wärmeausstrahlung zu vermindern, bedeckt man den oberen Teil von *a* mit einer halbrund gebogenen Asbestplatte.

Man füllt 500 cm^3 des trockenen Öles in das Gefäß *a* und schraubt *b* unter Verwendung einer Kupferpackung fest ein. Alle Verbindungen werden zur besseren Abdichtung mit einer Mischung von gleichen Teilen Glycerin, Bleioxyd und Kupferoxyd bestrichen. Während des Versuches ist das Ventil geschlossen. Die Brenner werden entzündet und so eingestellt, daß nur der vom Öl bedeckte Teil des Rohres *a* von den Flammen umspült werde. In die Bohrung des angeschraubten Blockes wird ein bis 500° C reichendes Borosilikat- oder Quarzglasthermometer eingeführt. Der Versuch wird so geleitet, daß in höchstens einer Stunde, vom Beginn des Heizens gerechnet, die Temperatur von 420° C erreicht ist. Hat dabei der Druck eine Höhe von 50 Atmosphären erreicht, so erhält man die Temperatur von 420° $^1/_2$ Stunde aufrecht und dreht dann das Gas ab. Ist der Druck geringer, so steigert man die Temperatur bis ein Druck von 50 Atmosphären erreicht ist, höchstens aber auf 430° und hält den Apparat $^1/_4$ Stunde bei dieser Temperatur. Steigt der Druck auf 50 Atmosphären, bevor 400° C erreicht sind, so wird das Gas abgedreht und durch vorsichtiges Öffnen des Ventils der Druck etwas vermindert, worauf man das Erhitzen wieder fortsetzen kann. Im allgemeinen soll der Versuch nicht länger als höchstens $1^1/_2$ Stunden dauern. Nach seiner Beendigung läßt man den Apparat auskühlen, bis er Zimmertemperatur angenommen hat. Dann verbindet man den Ablaßstutzen mittels Gummischlauches mit einem Gasometer und fängt die gebildeten Zersetzungsgase, deren Menge auf diese Weise gemessen werden kann, unter Wasser auf. Wenn kein Druck mehr im Apparat herrscht, wird der Block herausgeschraubt, das Öl entleert und gewogen. Mittels eines hakenförmig gekrümmten, starken Drahtes kratzt man hierauf den an den Wandungen des Gefäßes *a* angesetzten Koks vollständig heraus und wägt auch ihn. Von dem Öl werden 100 cm^3 einer Englerdestillation unterzogen und die bis 200° übergehenden Anteile, auf das Ausgangsöl umgerechnet, als Benzinausbeute bezeichnet.

Weder der beschriebene Apparat noch die bei der Untersuchung einzuhaltenden Bedingungen sind genormt. Nichtsdestoweniger eignet sich diese Methode zur Ausführung von Vergleichsversuchen, bei denen es sich darum handelt, den Einfluß der Druck-Wärmebehandlung auf verschiedene Öle festzustellen.

III. Toleranzen.

Im Mineralölhandel ist es üblich, die Übernahme der Ware von ihren Eigenschaften, d. i. den Analysendaten, abhängig zu machen. Dem Lieferanten müssen wegen der unvermeidlichen Ungleichmäßigkeit der Ware und der Differenzen zwischen den Bestimmungen verschiedener Prüfungsstellen gewisse Toleranzen, d. i. Grenzen, zugestanden werden, innerhalb deren die Eigenschaften des zu liefernden Öles sich bewegen dürfen. Dies gilt aber nur, wenn nicht genau begrenzte Werte vereinbart sind. Ist z. B. ein „Benzin vom spez. Gew. 0,710“, ein „Schmieröl von der Viscosität 10° E bei 50°“ zu liefern, so muß die übliche Toleranz zu-

Tabelle 17. Toleranzen nach „Richtlinien“.

Prüfverfahren	Toleranz	Abweichung. sind zulässig
Spezifisches Gewicht	+ 0,005	nach unten
Flammpunkt	— 5° C	nach oben
Stockpunkt	+ 5° C	nach unten
Fließ- und Tropfpunkt	— 5° C	nach oben
Erweichungspunkt	— 4° C	nach oben
Viscosität bei 20° bis 10° E	± 1° E	
20° über 10° E	± 10%[1]	
50° bis 10° E	± 0,5° E	
50° über 10° E	± 5%[1]	
100°	± 10%[1]	
Wassergehalt für Maschinenöle	+ 0,1%[2]	nach unten
Wassergehalt für Zylinderöle	+ 0,5%[2]	nach unten
Aschegehalt bei Ölen	+ 0,01%[2]	nach unten
Aschegehalt bei Fetten, unbeschwert	+ 0,5%[2]	nach unten
Aschegehalt bei Fetten, beschwert	+ 2,0%[2]	nach unten
Feste Fremdstoffe	+ 0,01%[2]	nach unten
Säurezahl bei Ölen a) Säurezahl unter 0,5	+ 30%[1]	nach unten
b) Säurezahl über 0,5	+ 10%[1]	nach unten
Verseifungszahl unter 20	— 6%[1]	nach oben
Verseifungszahl von 20 bis 50	— 3%[1]	nach oben
Verseifungszahl über 50	— 1,5%[1]	nach oben
Verteerungszahl	+ 0,02%	nach unten
Hartasphalt	+ 0,04%[2]	nach unten

[1] Die Prozentzahlen beziehen sich auf das Prüfungsergebnis.
[2] Diese Angaben sind Additionswerte zu den in Prozenten angegebenen Anforderungen.

gestanden werden. Hingegen sind Toleranzen nicht zulässig, wenn die gewünschte Qualität schon durch zwei Zahlenangaben oder durch eine Zahl und den Hinweis „nicht über“ oder „nicht unter“ begrenzt ist, z. B. „Benzin 0,705 — 0,715“, „Schmieröl 9—10° E bei 50°“ usw. Eine Abweichung über die Toleranzen oder über die vereinbarten Grenzen hinaus darf jedoch nicht beanstandet werden, wenn damit eine Qualitätsverbesserung verbunden ist.

In Tabelle 17 sind die nach den „Richtlinien“ zulässigen Toleranzen wiedergegeben[1]. Das Pluszeichen bedeutet, daß die Toleranz nur nach oben begrenzt ist und Abweichungen nach unten zulässig sind. Entgegengesetztes gilt für das Minuszeichen.

---

[1] Zitiert aus Richtlinien, S. 61.

Zweiter Teil.

Besondere Untersuchungen.

Erdöl.

I. Allgemeines.

Das Erdöl, auch Rohöl, Rohpetroleum, Rohnaphtha genannt, findet sich in allen Erdteilen in größeren oder geringeren unterirdischen Lagern. Aus den mitunter 2000 m Tiefe erreichenden Bohrlöchern wird es, oft mit Salzwasser und Bohrschlamm verunreinigt, durch Pumpen oder Schöpfen gefördert. Mitunter tritt das Erdöl durch den Druck der im Erdinnern vorhandenen Gase selbsttätig zu Tage. Die zugleich mit dem Erdöl aus dem Bohrloch geförderten Gase sind gewöhnlich benzinhaltig und werden daher „naß" genannt.

Die Erdöle sind zumeist dunkle Flüssigkeiten, deren Farbe ins Grüne oder Braune spielt. Die seltenen hellen (gelben bis roten) Erdöle werden sehr geschätzt, da sie sich leicht auf lichte Öle und Vaselin verarbeiten lassen.

Eine Einteilung der zur Zeit geförderten Erdöle in bestimmte, festumrissene Klassen läßt sich nur schwer durchführen, da gleichmäßig ausgeführte Untersuchungen aller bekannten Öle nicht durchgeführt wurden. Die bisweilen gebrauchte Einteilung in naphthenische und paraffinische Erdöle leidet an dem Übelstand, daß unter paraffinischen Erdölen die einen paraffinhaltige, die anderen paraffinkohlenwasserstoffreiche Erdöle verstehen. Es gibt jedoch einerseits Erdöle, die reich an festem „Paraffin" sind und trotzdem viel Naphthen-Kohlenwasserstoffe enthalten, andererseits Erdöle, welche gesättigt-aliphatischer Natur sind, jedoch keinen Gehalt an festem Paraffin aufweisen. Unter diesen Umständen ist es am zweckmäßigsten, die Erdöle vom Gesichtspunkt der fabrikmäßigen Verarbeitung in paraffinhaltige und paraffinfreie einzuteilen. Jede dieser beiden Gruppen zerfällt je nach der Beschaffenheit ihres Destillationsrückstandes in asphalthaltige und asphaltfreie Erdöle[1]. Wir erhalten demnach folgendes Schema:

Die amerikanische Erdölindustrie bedient sich zur Einteilung der Erdöle ebenfalls des praktischen Gesichtspunktes der Verarbeitungsfähigkeit. „Paraffinbasisch" werden Erdöle genannt, die beim Abdestillieren der leichteren und mittleren Anteile (topping) einen paraffinhaltigen Rückstand hinterlassen. Zu den Erdölen mit „Asphaltbasis" gehören jene, deren Destillationsrückstand asphaltartig ist. Es ist klar, daß bei einer so summarischen Einteilung eine Anzahl von Erdölen übrig bleibt, die sich in keine der beiden Gruppen einteilen lassen, weil sie Merkmale beider aufweisen. Solche Zwischenglieder nennen die Amerikaner Erdöle mit gemischter Basis (mixedbase).

Die vorstehend erwähnten Grundsätze der Einteilung von Erdölen nehmen auf deren chemischen Aufbau selbst so gut wie gar keine Rücksicht. Dies ist verständlich, da unsere Kenntnisse des chemischen Charakters der Erdöle sich bestenfalls auf die leichten und mittleren Fraktionen derselben erstrecken. Die Zusammensetzung der hochsiedenden Erdölanteile ist zum größten Teil ein noch ungelöstes Problem. Trotzdem unternahm es W. A. Gruse vom Mellon Institute[2], die Erdöle nach ihrem chemischen Charakter einzuteilen. Hiernach werden alle Erdöle in paraffinische, naphthenische, aromatische und asphaltische (die letzte Gruppe bringt an Stelle eines chemischen wieder einen fabrikatorischen Begriff!) eingeteilt. Hierbei versteht dieser amerikanische Autor unter „Naphthenen" auch die in den hochsiedenden Fraktionen aller Erdöle vorkommenden polycyclischen Kohlenwasserstoffe. Deshalb verlegt er auch die Naphthene in die Mitte seines Dreieckschemas. Je nach ihrer prozentischen Zusammensetzung aus diesen Gruppen können nach Gruse alle Erdöle auf den Linien des Diagramms Abb. 51 in einer ihren Charakter kennzeichnenden Weise eingetragen werden.

Auf Linie 1 z. B. stehen die in der Hauptsache aus Paraffin- und arom. Kohlenwasserstoffen bestehenden, auf Linie 2 die aus Paraffin-Kohlenwasserstoffen und Asphaltstoffen bestehenden Erd-

[1] Nach Prof. St. v. Pilat, Vorlesungen an der technischen Hochschule in Lwów, 1928.

[2] Gruse, W. A., Petroleum and its products, New York 1928.

öle. Die Linie 3 kennzeichnet die aromatisch-asphaltischen Erdöle. Die Linien 4, 5 und 6 kennzeichnen Erdöle, die ein Gemisch von Naphthenen mit aromatischen und paraffinischen Kohlenwasserstoffen bzw. Asphaltstoffen enthalten. Die aus 3 Bestandteilen aufgebauten Erdöle stehen auf den Linien 7, 8 und 9. Auf dem Diagramm Abb. 52 sind nach Gruse einige wichtige Erdöltypen verzeichnet. Je nach ihrer Stellung im Diagramm erkennt man, in welchem Verhältnis ungefähr die einzelnen Kohlenwasserstoff-Gruppen zu ihrem Aufbau beitragen.

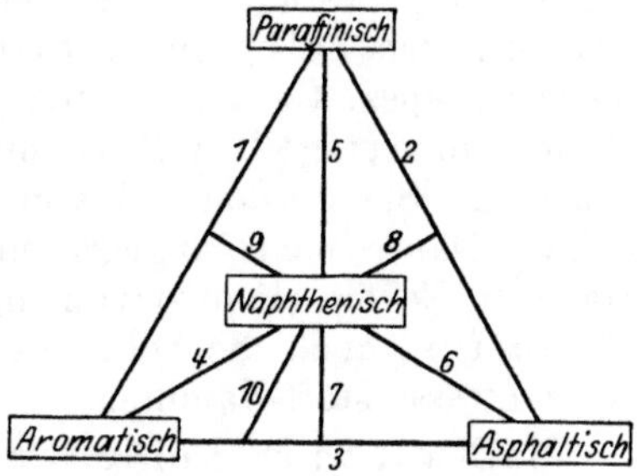

Abb. 51. Erdöldiagramm nach W. A. Gruse.

Chemischer Aufbau der Erdöle. Die Erdöle sind zum größten Teil aus den Elementen Kohlenstoff und Wasserstoff (also aus Kohlenwasserstoffen) aufgebaut. Von ersterem enthalten sie 79—89%, von letzterem 9—15%. Außer diesen Hauptelementen können in einer Gesamtmenge von 2—3% anwesend sein: Sauerstoff, Stickstoff und Schwefel.

Trotzdem die meisten Erdöle in ganz ähnlicher Weise aus rund 85% Kohlenstoff und 14% Wasserstoff bestehen, sind doch die Unterschiede der einzelnen Typen in chemischer, physikalischer und technischer Beziehung sehr bedeutend. Dies ist dem Umstand zuzuschreiben, daß die das gemeinsame Gerüst aller Erdöle bildenden chemischen Gruppen bei den einzelnen Vertretern in verschiedenem Verhältnis angeordnet sind. Jede dieser Gruppen enthält wieder eine Anzahl von Kohlenwasserstoffen, deren Menge und Art bei jedem Erdöl ganz verschieden ist. Der scheinbar so enge Rahmen dieser Kohlenstoff-Wasserstoffgebilde läßt also Raum für eine unübersehbare Zahl von Individualitäten.

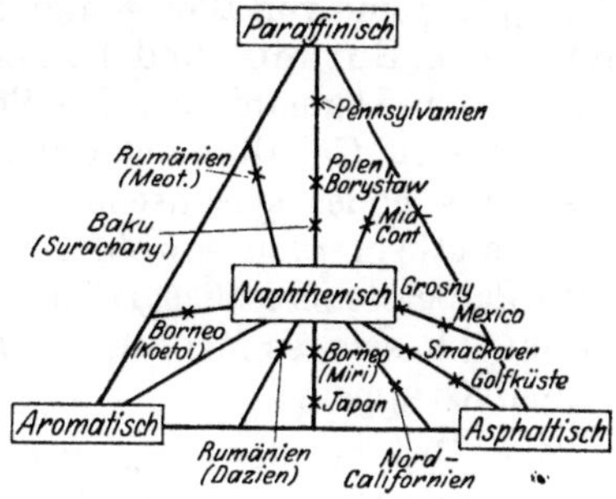

Abb. 52. Erdöldiagramm nach W. A. Gruse.

Die meisten der in den Erdölen vorkommenden Kohlenwasserstoffe gehören folgenden vier Gruppen an:

1. Gesättigte (Methan-, Paraffin-)Kohlenwasserstoffe,
2. Naphthen- (alicyclische) Kohlenwasserstoffe,

3. aromatische Kohlenwasserstoffe,
4. ungesättigte Kohlenwasserstoffe.

Die gesättigten Kohlenwasserstoffe (C_nH_{2n+2}) bilden einen Hauptbestandteil der leichten Erdölanteile, das ist des Benzins. Sie haben im Verhältnis zu ihren Siedepunkten ein niedriges spez. Gewicht. Man nennt die Methan-Kohlenwasserstoffe „gesättigt", weil sie nur schwer chemische Reaktionen eingehen. Sie werden z. B. von konzentrierter, selbst rauchender Schwefelsäure nicht angegriffen. In den schweren Fraktionen mancher Erdöle (Pennsylvanien, Ost-Kleinpolen) finden sich im „Paraffin" auch die höhermolecularen festen Mitglieder dieser Kohlenwasserstoff-Familie.

Die Naphthen-Kohlenwasserstoffe (C_nH_{2n}), ringförmige Gebilde, finden sich in größerer Menge in schweren Erdölfraktionen (einige polnische und russische Erdöle enthalten auch viel niedrigsiedende Naphthene). Bei gleichem Siedepunkt sind sie spezifisch schwerer als die Methan-Kohlenwasserstoffe. Auch sie werden von Schwefelsäure kaum angegriffen, sind aber sonst etwas reaktionsfähiger als Gruppe I.

Die aromatischen oder Benzol-Kohlenwasserstoffe (C_nH_{2n-6}) sind von allen genannten Gruppen die spezifisch schwersten. Aus Borneo- und kalifornischen, aber auch aus Maikop (Grosny) und rumänischen Erdölen erzeugte Benzine haben infolge ihres großen Gehaltes an aromatischen Kohlenwasserstoffen ein besonders hohes spezifisches Gewicht. Die genannten Kohlenwasserstoffe werden sowohl von konzentrierter Schwefelsäure als auch Salpetersäure angegriffen. Fast in keinem Erdöl findet man Aromate in solchen Mengen wie die Kohlenwasserstoffe der ersten beiden Gruppen.

Zur Gruppe der ungesättigten Kohlenwasserstoffe oder Olefine (C_nH_{2n}) gehören alle Kohlenwasserstoffe mit wenigstens einer doppelten Bindung. Wegen ihrer dadurch bedingten Reaktionsfähigkeit faßt man diese Verbindungen unter einem gemeinsamen Namen zusammen, auch wenn sie strukturchemisch zur zweiten oder dritten Kohlenwasserstoff-Gruppe gehören. Sie reagieren sehr leicht mit Schwefelsäure und vielen anderen Reagentien und gehen daher am leichtesten neue Verbindungen ein. Die Olefine gehören zu den selteneren Bestandteilen der Erdöle.

Neben reichlichen Schwefel- und Asphaltstoffen finden sich größere Mengen von Olefinen in den Erdölen von Texas, Kalifornien und Mexiko.

Bevor zu den Methoden der Untersuchung von Erdölen übergegangen wird, sei in Tabelle 18 eine kleine Übersicht über die Erdölförderung der wichtigsten Gebiete im Jahre 1928 gegeben.

Tabelle 18. Die Weltförderung an Erdöl im Jahre 1928.

	1000 Faß	Prozent
Vereinigte Staaten	770 874	70,18
Venezuela	37 226	3,59
Rußland	64 311	5,86
Mexiko	90 421	8,23
Persien	35 842	3,26
Rumänien	23 314	2,12
Niederländisch-Indien	21 242	1,94
Kolumbien	6 444	0,59
Peru	10 762	0,98
Argentinien	7 952	0,72
Britisch-Indien	8 728	0,80
Polen	5 844	0,53
Trinidad	5 278	0,48
Serawak	4 942	0,45
Japan und Formosa	1 900	0,17
Ägypten	1 188	0,11
Sachalin	181	0,19
Ekuador	214	
Deutschland	653	
Frankreich	478	
Kanada	364	
Andere Länder	231	
Zusammen	1 098 389	100,00

II. Physikalische Prüfungsmethoden.

A. Farbe.

Die Farbe der Erdöle schwankt in durchscheinendem Licht im allgemeinen innerhalb der Grenzen braun bis schwarz oder grün bis schwarz. Bei auffallendem Licht ist fast stets grüne oder blaue Fluorescenz zu sehen. Helle Erdöle sind selten und sehr geschätzt, da die Raffination ihrer Destillate nur geringe Kosten verursacht. Es ist nicht üblich, die Farbe von Erdölen zu messen, daher genügt die Angabe des Farbtones einer etwa 3 cm dicken Flüssigkeitsschicht im auffallenden und durchscheinenden Licht.

B. Geruch.

Den Geruchchsarakter des Erdöls bestimmt zumeist sein leichtestsiedender Anteil, das Benzin. Erdöle paraffinisch-naphthenischen Charakters riechen daher ätherisch. Aromatische und terpenartige Verbindungen verleihen manchen niederländisch-indischen Erdölen den ihnen eigenen Geruch. Die schwefelreichen Erdöle (Mexiko) besitzen den bekannten unangenehmen Schwefelwasserstoff-, manche stickstoffreiche Erdöle (Kalifornien) einen Pyridingeruch.

C. Spezifisches Gewicht.

Das spezifische Gewicht der Erdöle bewegt sich innerhalb der Grenzen 0,730 (Pennsylvanien) und 1,016 (Persien). Benzinreiche, paraffinische Erdöle sind im allgemeinen leichter als die asphaltischen Erdöle; mitunter können aber auch spezifisch schwere Erdöle benzinreicher sein als leichtere Erdöle.

Der Ausdehnungskoeffizient α der Erdöle steigt mit fallendem spezifischen Gewicht. Er bewegt sich zwischen 0,000840 bei den leichtesten und 0,000647 bei den schwersten Erdölen. Der Temperaturkoeffizient, d. h. die Änderung des spez. Gewichtes bei 1° Temperaturänderung wird durch Multiplikation des spez. Gewichtes mit dem Ausdehnungskoeffizienten erhalten, $K = d_{15}\alpha$. Den Temperaturkoeffizienten kann man leicht nach S. 25 bestimmen und daraus $\alpha = \frac{K}{d_{15}}$ berechnen.

D. Wassergehalt.

Derselbe wird durch Zentrifugieren (S. 20) oder besser durch Destillation mit Xylol (S. 18) bestimmt. Vor der Probenahme ist auf gute Durchmischung besonders zu achten.

E. Gehalt an festen Fremdstoffen und Salzen.

Den Gehalt an festen Fremdstoffen (Verunreinigungen) und ungelösten Salzen bestimmt man durch Filtration nach S. 19.

F. Viscosität.

Bei Erdölen spielt die Viscosität nur bei der Berechnung der Strömungseigenschaften in Leitungen usw. eine Rolle. Die Prüfung geschieht je nach der Zähflüssigkeit bei 20° oder 50° in einem Viscosimeter.

G. Flamm- und Brennpunkt.

Die Höhe des Flammpunktes hängt davon ab, ob ein Erdöl Benzin enthält oder nicht. Da meist Benzin anwesend ist, findet Entflammung schon unter 0° statt. Daher wird die Bestimmung wie bei Benzin im gekühlten Abel-Pensky-Prober vorgenommen (S. 155). Schwere asphaltische Erdöle entflammen viel höher und werden auf ihren Flammpunkt im Pensky-Martens-Apparat geprüft.

Von der Höhe des Flammpunktes der Mineralöle hängt ihre Feuergefährlichkeit ab. Daher bestehen in allen Staaten gesetzliche Vorschriften, welche den Flammpunkt der im Handel befindlichen Mineralöle betreffen. Letztere werden z. B. nach der preußischen Polizeiverordnung in drei Klassen eingeteilt, je nachdem sie im Abelschen Apparat einen Flammpunkt von unter 21° C (I. Klasse), von 21—65° C (II. Klasse) oder von 65—140° C (III. Klasse) zeigen.

Nach der deutschen Mineralöl-Zollordnung ist Rohpetroleum (Erdöl) zur Unterscheidung von Schmieröl im Abelschen Apparat auf seinen Flammpunkt zu untersuchen (Grenze 50°). Nachstehend die amtliche Vorschrift[1]: „Der Apparat muß amtlich beglaubigt sein und das Thermometer, welches die Wärme des Öles angibt, muß bis mindestens 70° C, das Thermometer für das Wasserbad bis mindestens 100° C reichen.

Die Ausführung des Versuches erfolgt im allgemeinen nach der gleichen Methode wie bei der Prüfung des Petroleums auf 21° Entflammungspunkt, worüber die den Apparaten beigegebene Gebrauchsanweisung die nötigen Angaben enthält. Bei der Prüfung der Öle auf den Entflammungspunkt von 50° C hat man das Wasser auf 85° C zu erhitzen und auf dieser Wärme während der Dauer des Versuches zu erhalten.

Wenn der gefundene Entflammungspunkt sehr nahe der Grenze von 50° C liegt, muß der beobachtete Entflammungspunkt auf den Normalbarometerstand von 760 mm zurückgeführt werden. Dies erfolgt in gleicher Weise wie bei der gewöhnlichen Entflammungspunktbestimmung, jedoch unter Benutzung der Umrechnungstafel Tabelle 32. Hat man also z. B. einen Entflammungspunkt von 49,5° C bei einem Barometerstand von 735 mm beobachtet, so ergibt sich aus der Tabelle der maßgebende Entflammungspunkt zu 50 · 5° C. Hinsichtlich der Berechnung der Mittelzahl und Abrundung der erhaltenen Gradzahlen gelten dieselben Regeln wie bei der amtlichen Petroleumuntersuchung". (S. auch S. 212).

H. Erstarrungspunkt.

Derselbe ist von dem Paraffingehalt und der Viscosität des Erdöles abhängig. Paraffinreiche Erdöle stocken oft schon bei Zimmertemperatur, doch ist tiefer Stockpunkt kein Beweis für Paraffinfreiheit. Bei paraffinhaltigen Erdölen werden je nach der Art der Vorbereitung sehr differierende Stockpunkte gefunden.

---

[1] Zitiert aus d. Anleitung f. d. Zollabfertigung; Berlin 1929, Deckers Verlag.

Es gelingt z. B., durch Erwärmen und rasches Abkühlen das Öl in einen Zustand der Unterkühlung zu versetzen, der eine zu tiefe Erstarrungstemperatur vortäuscht. Allmählich tritt dann der ursprüngliche Zustand wieder ein. Der Erstarrungspunkt soll daher möglichst an einer Ölprobe bestimmt werden, die seit 24 Stunden keiner Erwärmung ausgesetzt worden war.

III. Chemische Prüfmethoden.

A. Aschegehalt.

Reine Kohlenwasserstoffe hinterlassen beim Verbrennen keine Asche. Die Erdöle enthalten jedoch zumeist Naphthensäuren, welche auf Metalle oder basische Stoffe lösend einwirken. Da Erdöl nach der Förderung gewöhnlich in eisernen Reservoiren eingelagert wird, findet man in der Asche zumeist und größtenteils Eisen. Die Naphthensäuren setzen sich ferner mit dem das Erdöl zumeist begleitenden Kochsalz unter Bildung von naphthensaurem Natrium um, welches beim Veraschen Natriumkarbonat hinterläßt. Die Asche enthält weiter oft Kochsalz, welches in geringen Mengen öllöslich ist. Außer den genannten ascheliefernden Bestandteilen können sich aber noch Sand, Ton, Rost im Erdöl finden und in dessen Asche übergehen.

Man bestimmt den Aschegehalt eines Erdöles, indem man unter allmählichem Nachfüllen ein Liter in einem Destillierkölbchen bis auf etwa 30 cm^3 einengt. Der Rückstand wird in ein ausgeglühtes und gewogenes Quarzschälchen gebracht, vorsichtig abgeraucht und schließlich geglüht.

B. Asphaltgehalt.

Derselbe dient höchstens zur Charakterisierung der Erdöle, hat also geringe praktische Bedeutung. Seine Prüfung erfolgt nach den allgemeinen, für die Bestimmung von Hart- und Weichasphalt geltenden Methoden.

C. Schwefelgehalt.

Die meisten Erdöle enthalten Schwefel, wenn auch in sehr verschiedenen Mengen. Bei der Verarbeitung der Erdöle geht er in die Destillate über und verschlechtert dieselben, insbesondere das Benzin und Petroleum.

Die Bestimmung des Schwefelgehaltes erfolgt in der Engler-Heuslerschen Lampe (S. 98), wobei das Erdöl soweit mit durch metallisches Natrium entschwefeltem Schwerbenzin verdünnt wird, daß es, ohne zu rußen, in der Lampe brennt.

D. Paraffingehalt.

Wenn das Erdöl einer fabriksmäßigen Destillation unterworfen wird, so bestimmt man den Paraffingehalt wie auf S. 133 beschrieben. Sonst verfährt man nach der Vorschrift der deutschen Zollbehörden (S. 213).

Zollamtliches Verfahren[1]. „100 g des zu untersuchenden Erdöles werden in eine gewöhnliche tubulierte Glasretorte[2] gebracht und nach Anschluß eines Kühlers alle bis 300° C (Thermometer im Dampf) übergehenden Anteile rasch abdestilliert. Nun legt man ein gewogenes Kölbchen vor und destilliert ohne Kühler und ohne Thermometer alles Öl bis zur vollständigen Verkokung des Rückstandes über. Das Destillat wird gewogen und in einem abgewogenen Teil desselben nach Holde der Paraffingehalt bestimmt. Durch Umrechnung erhält man den Paraffingehalt des Erdöles. Wenn derselbe größer ist als 8%, so wird das Öl von den Zollbehörden nicht als Rohöl (Erdöl), sondern als Schmieröl bezeichnet.“

Scheller[3] wies durch Vergleichsdestillationen nach, daß bei der beschriebenen Krackdestillation ein Teil des Paraffins zersetzt wird und sich der Bestimmung entzieht. Wird unter Anwendung von Wasserdampf destilliert, so fällt die Paraffinausbeute viel höher aus. Nach Burstin und Jakubowicz[4] erfolgt die Zersetzung des Paraffin schon bei Temperaturen von 200° aufwärts; über 250° nimmt sie beträchtlich zu. Nach den genannten Autoren soll zur Bestimmung des wirklich vorhandenen Paraffins das Erdöl nur bis 250° abdestilliert werden. Der Rückstand wird mit Leichtbenzin in einen Scheidetrichter gespült und mit 50% einer 98proz. Schwefelsäure bei ungefähr 40° bis zum Aufhören der Reaktion geschüttelt. Nach ein- bis zweitägigem Absitzenlassen wird der Säureteer sorgfältig abgelassen, mit Leichtbenzin gewaschen und die Benzinlösung mit dem Raffinat vereinigt. Letzteres wird unter Nachspülen quantitativ in einen zweiten Scheidetrichter gebracht, mit 3—5° Bé-Natronlauge warm gelaugt und mit heißem Wasser gewaschen. Dann filtriert man das Öl, um es von der Feuchtigkeit zu befreien, destilliert das Benzin ab

---

[1] Zitat aus der „Anleitung f. d. Zollabfertigung“.

[2] Empfehlenswerter ist es, das Erdöl in einen Englerkolben einzufüllen, unter Verwendung eines Wasserkühlers bis 300° und sodann mit einem Luftkühler (über das Destillatrohr gestülptes, etwa 30 cm langes Glasrohr) bis auf Koks zu destillieren. Zum Schluß erstarrt in dem Luftkühler das Paraffinöl und muß durch Erwärmen übergetrieben werden.

[3] Petrol. **1912/13**, S. 905.

[4] Petrol. **1919/20**, S. 189.

und wägt den hellen Rückstand. In letzterem wird nach Holde der Paraffingehalt bestimmt.

E. Trennung der einzelnen Kohlenwasserstoff-Gruppen.

Die Untersuchung der Erdöle und ihrer industriellen Endprodukte erfolgt zumeist nach physikalischen Gesichtspunkten. Die chemische Zusammensetzung der Erdöle ist für ihre technische Untersuchung von geringerer Bedeutung. Hingegen ist für die Verarbeitung eines Erdöles und die Art der Verwendung der daraus erzeugten Produkte seine chemische Zusammensetzung immerhin von Wichtigkeit.

Obwohl sich in der Erdöl-Literatur viele Angaben über die Trennung der einzelnen Kohlenwasserstoff-Gruppen voneinander finden, ist doch eine einfache, in allen Fällen anwendbare Methode bisher nicht bekannt. Allen gebräuchlichen Untersuchungsmethoden ist der Fehler gemeinsam, daß sie zur Abtrennung der einzelnen Kohlenwasserstoff-Gruppen Reagentien benützen, welche teilweise auch auf die anderen Gruppen wirken.

Die chemische Untersuchung erfolgt selten an dem Erdöl selbst, wird vielmehr zumeist an dessen Destillaten ausgeführt. Im folgenden werden die wichtigsten allgemeinen Gruppen-Reaktionen angeführt.

Ordnet man die vier erwähnten Hauptgruppen der Erdöl-Kohlenwasserstoffe nach abnehmender Reaktionsfähigkeit, so entsteht folgende Reihe: Ungesättigte, aromatische, naphthenische und paraffinische Kohlenwasserstoffe. In allen Gruppen zeigen die Kohlenwasserstoffe zunehmende Reaktionsfähigkeit mit steigendem Moleculargewicht.

Die Olefine, d. h. die ungesättigten Kohlenwasserstoffe der Methanreihe können durch wiederholte Behandlung mit 92 bis 94proz. Schwefelsäure bei 0° entfernt werden. Säure von größerer Konzentration greift, insbesondere bei höherer Temperatur, auch aromatische Kohlenwasserstoffe an.

Die sogenannte Formolitreaktion nach Nastjukow bedient sich der Einwirkung von Formaldehyd und konzentrierter Schwefelsäure auf Olefine und ungesättigte Naphthene, um den Gehalt an diesen Kohlenwasserstoffen festzustellen. Diese Methode ist jedoch, da die Ergebnisse je nach den angewendeten Bedingungen stark variieren, bisher zumeist nur zu Vergleichszwecken herangezogen werden.

In neuerer Zeit hat Nastjukow[1] durch erweitertes Studium der Formaldehydreaktion die von ihm sogenannte Formolit-

[1] Petrol. **1926**, S. 1349; **1927**, S. 1451.

analyse der Erdöle geschaffen. 5 cm³ Erdöl werden mit 20 cm³ konz. Schwefelsäure versetzt und allmählich unter Schütteln 10 cm³ Formalin zugesetzt. Hierauf erhitzt man eine Stunde am Wasserbad, verdünnt mit der fünffachen Menge Wasser und leitet schließlich eine Stunde lang Wasserdampf ein. Sodann wird mit Ammoniak neutralisiert, der Formolitniederschlag (F) auf der Nutsche abfiltriert und mit Wasser ausgewaschen. Der ausgewaschene Niederschlag wird durch Behandlung mit kaltem Petroläther von den adsorbierten gesättigten Kohlenwasserstoffen und festen Paraffinen befreit, abfiltriert, bei 100° getrocknet und schließlich gewogen (F_2). Die Differenz $a = F_1 - F_2$ bezeichnet die fabrikmäßige Ausbeute an Schmierölen und Solarölen. F_2 wird mit kaltem Chloroform extrahiert, getrocknet und gilt als richtige Formolitzahl (F_3). Die Differenz $F_2 - F_3$ bezeichnet Nastjukow mit h (Bitumen) und setzt sie dem „Harzgehalt" des Erdöles gleich. Durch mathematische Umformung wird aus den genannten Werten noch eine Anzahl weiterer Faktoren F_4 bis F_7 gewonnen, welche eine Berechnung des Gehaltes an gesättigten und cyclischen ungesättigten Kohlenwasserstoffen gestatten sollen.

In der Literatur sind bisher von anderer Seite Ergebnisse einer Nachprüfung an verschiedenen Erdölen noch nicht veröffentlicht worden, so daß erst die Zukunft über den Erfolg dieser Analysenmethode entscheiden wird. Näheres über die Arbeitsweise kann den Originalarbeiten Nastjukows entnommen werden.

Nach Tausz[1] werden durch wässerig-alkoholische Mercuriacetatlösung die gesättigten von den ungesättigten Kohlenwasserstoffen getrennt. In diesem Reagens sind außer den ungesättigten Kohlenwasserstoffen der Methanreihe auch die ungesättigten cyclischen Kohlenwasserstoffe in der Kälte löslich. Es werden also hierdurch sämtliche ungesättigten Kohlenwasserstoffe von den gesättigten getrennt. Bezüglich der Versuchsausführung ist in ausführlicheren Werken[2] oder in der Originalarbeit nachzulesen.

Die aromatischen Kohlenwasserstoffe kann man, nach Abscheidung der Olefine mittels 92—94 proz. Schwefelsäure, durch Behandlung mit 100—105 proz. Schwefelsäure absorbieren. Diese Methode eignet sich für die Destillate des Erdöles besser als für dieses selbst, da durch Einwirkung der rauchenden Schwefelsäure auf die höhersiedenden Anteile des Erdöles tiefergreifende Veränderungen derselben hervorgerufen werden.

---

[1] Z. angew. Chem. **1929**, S. 317.
[2] Z. B. Holde, K. W., S. 114.

Von Spezialreaktionen für die aromatischen Kohlenwasserstoffe seien folgende genannt: nach Valenta[1] löst Dimethylsulfat (giftig) bei Zimmertemperatur nur aromatische Kohlenwasserstoffe auf. Holde[2] empfiehlt, insbesondere für leichtere Destillate wie Benzin und Petroleum, Anilin zur Trennung der aromatischen von den aliphatischen und Naphthen-Kohlenwasserstoffen. In Anilin lösen sich die aromatischen Kohlenwasserstoffe leicht auf. Häufig benutzt wird die Heßsche Methode zur Bestimmung der aromatischen Kohlenwasserstoffe durch Nitrierung (s. S. 161).

Olefine und aromatische Kohlenwasserstoffe können gemeinsam von den Naphthenen und gesättigten Verbindungen durch 100 bis 105proz. Schwefelsäure annähernd getrennt werden, ferner auch durch rauchende Salpetersäure bei —10° C und nach Edeleanu durch flüssige schweflige Säure. Alle diese Methoden können nur bei den leichteren Destillaten der Erdöle angewendet werden. Die schweren Erdölteile sind chemisch wenig erforscht; daher ist über die Trennung ihrer Kohlenwasserstoffreihen so gut wie nichts bekannt.

Was die beiden letzten Kohlenwasserstoffreihen, die gesättigten Paraffin-Kohlenwasserstoffe und die Naphthene betrifft, so sind sie wegen ihrer chemischen Ähnlichkeit sehr schwer voneinander zu trennen. Sind die ungesättigten und aromatischen Verbindungen bereits abgeschieden, so kann man aus einigen physikalischen Eigenschaften des Restöles einen Anhaltspunkt für das Verhältnis Paraffine-Naphthene gewinnen. So sind z. B. die Naphthen-Kohlenwasserstoffe spezifisch schwerer als die bei gleicher Temperatur siedenden Paraffin-Kohlenwasserstoffe. Da das spez. Gewicht eine additive Eigenschaft ist, kann man nach Zerlegung des Öles in enge Fraktionen durch Vergleich der spez. Gewichte der dem Siedepunkt nach in Betracht kommenden Paraffine und Naphthene das Verhältnis der beiden Kohlenwasserstoff-Gruppen schätzen. Ähnliche Dienste leistet ein Vergleich der Brechungsexponenten. Bei Anwesenheit von isomeren Kohlenwasserstoffen sind jedoch auch Fehlschätzungen möglich.

Auch zur Trennung der Naphthene von den Paraffin-Kohlenwasserstoffen in Erdölen sind eine Anzahl von chemischen Arbeitsmethoden vorgeschlagen worden; sogar Bakterien[3] wurden zu diesem Zweck in Anspruch genommen. Alle diese Methoden entsprechen ihrer Aufgabe nur in unvollkommener Weise. Ihre An-

---

[1] Chem. Ztg **1906**, S. 266.
[2] Petrol. **1922**, S. 853; **1923**, S. 177.
[3] Tausz: Petrol. **1919**, S. 553.

wendung reicht in das Gebiet der wissenschaftlichen Forschung hinüber und eine eingehendere Besprechung gehört nicht zu den Aufgaben dieses Laboratoriumsbuches.

Außer den oben angeführten vier Kohlenwasserstoff-Reihen gibt es noch gewisse chemisch oder physikalisch einheitliche Gruppen, die durch bestimmte Reagentien abgeschieden werden können:

Feste Paraffin-Kohlenwasserstoffe. Sie bilden das sogenannte technische „Paraffin" und werden aus ätherischer Lösung bei tiefer Temperatur durch Alkohol-Äther gefällt (s. S.104).

Asphaltstoffe. Die weicheren Harze und Asphalte können mittels Alkoholäthers (s. S. 104), die harten Asphaltstoffe durch Leichtbenzin (s. S. 102) abgeschieden werden.

Naphthensäuren werden durch verdünnte Laugen oder Sodalösung, Phenole nur durch verdünnte Laugen gelöst. Pyridinbasen lassen sich durch verdünnte Säuren aus den Erdölen entfernen.

F. Versuchsdestillation von Erdölen.

1. Vorbereitung.

Zu den häufigsten Untersuchungen eines Mineralöllaboratoriums gehört die Destillationsanalyse von unbekannten Erdölen. Es soll hierbei festgestellt werden, welche Produkte durch Destillation daraus hergestellt werden können; aus dem Ergebnis der Untersuchung sind Schlüsse auf die Verarbeitungsmöglichkeit und den Wert des Erdöles zu ziehen.

Zunächst bestimmt man in üblicher Weise spezifisches Gewicht, Flammpunkt, Stockpunkt und Viscosität des Erdöls. Ist dasselbe schmutz- oder wasserhältig, so muß es zuvor in der später beschriebenen Weise gereinigt werden. Aus den Ergebnissen dieser Untersuchungen lassen sich schon manche Schlüsse, so z. B. auf die An- oder Abwesenheit von Benzin, Paraffin usw. ziehen. Benzinhältige Erdöle entflammen schon bei gewöhnlicher oder mäßig erhöhter Temperatur. Ist ein Erdöl bei $-10°$ oder gar schon bei Zimmertemperatur fest, so ist zumeist Paraffin anwesend. Das spez. Gewicht liefert bei Berücksichtigung der Siedeanalyse oft Anhaltspunkte für den chemischen Charakter des Erdöls. Während Erdöle mit Paraffinbasis und aliphatischem Charakter zumeist leicht sind (unter 0,880), haben Erdöle mit Asphaltbasis und naphthenisch-aromatischem Charakter selbst bei Anwesenheit von Benzin meist ein höheres spez. Gewicht.

Bevor an die Probedestillation geschritten wird, ist der Gehalt an Wasser und Schmutz zu bestimmen. Die Erdöle werden nur selten ganz rein aus dem Bohrloch gefördert und enthalten zumeist mehr oder weniger salzhältiges Wasser und Bohrschmutz. Während ein geringer Gehalt an trockenem Schmutz die Destillation nicht hindert, machen sich schon Spuren von Wasser durch Stoßen und Überschäumen unliebsam bemerkbar. Das Erdöl muß daher vor der Destillation sorgfältig getrocknet werden. Von der Anwesenheit von Wasser und Schmutz überzeugt man sich durch Zentrifugieren oder Destillation mit Xylol in der bei den allgemeinen Untersuchungsmethoden beschriebenen Weise. Sollte das Erdöl bei Zimmertemperatur fest oder dickflüssig sein, so ist es vor dem Zentrifugieren mit dem gleichen Volumen Benzol zu verdünnen.

Beim Zentrifugieren sammeln sich am Boden des Zentrifugier-Röhrchens der spezifisch schwerere Schmutz und das Wasser. Ist mehr Schmutz als Wasser vorhanden, so ist letzteres oft nicht erkennbar. Man kann sich aber leicht von seiner Anwesenheit oder Abwesenheit überzeugen, indem man 50 cm^3 des gut durchgemischten Erdöls in ein ungefähr 100 cm^3 fassendes Erlenmeyerkölbchen bringt und langsam über einer kleinen Flamme erwärmt. Ist wenig Wasser vorhanden, so bildet sich am oberen kälteren Ende des Halses bald ein Belag von Wassertröpfchen. Bei Anwesenheit von mehr Wasser macht sich sodann das bekannte Stoßen und Schäumen bemerkbar. In beiden Fällen muß das Erdöl vor der Destillation sorgfältig entwässert werden, weil sonst mit Gewißheit Überschäumen des ganzen Kesselinhaltes oder gar Explosion eintritt.

Entwässerung des Erdöls. Erdöl und Salzwasser bilden oft, insbesondere bei Anwesenheit von Bohrschmutz, eine kolloidale Emulsion, welche verschiedene Grade von Zerlegbarkeit besitzen kann. Ist das Erdöl dünnflüssig, so setzt sich das Wasser oft schon bei längerem ruhigen Stehen, insbesondere bei etwas erhöhter Temperatur, ab. Um Benzinverluste hintanzuhalten, soll das Absitzenlassen des Erdöls in einer starkwandigen Glasflasche mit gut eingeschliffenem Glasstopfen erfolgen. Der Glasstopfen wird an den Flaschenhals festgebunden, um durch den entstehenden Dampfdruck nicht herausgeschleudert zu werden. Vor dem Lüften des Stopfens ist die Flasche durch längeres Stehenlassen in kaltem Wasser abzukühlen.

In vielen Fällen, z. B. bei viscosen Erdölen, gelingt das Entwässern auf diese Weise nicht. Hier gibt es verschiedene Wege, um zum Ziele zu gelangen. Oft lassen sich hartnäckige Erdölemulsionen durch Zusatz von etwas Sulfosäure oder Phenol zerstören. Man setzt dem in der oben erwähnten Flasche befindlichen, etwa 50 bis 60° warmen Erdöl 1—2% Sulfosäure oder Phenol zu, verschließt rasch mit dem Glasstopfen, bindet diesen fest und schüttelt einige Minuten. Dann läßt man die Flasche mehrere Stunden in der Wärme stehen und kühlt vor dem Öffnen gut ab. Man erkennt an der scharfen Abgrenzung der wässerigen von der öligen Schicht, ob sich das Wasser gut abgesetzt hat. Manchmal bleibt nach der Abtrennung der Hauptmenge des Wassers noch ein wenig davon im Erdöl zurück. Gibt man noch etwas geschmolzenes Calciumchlorid oder ein geschmolzenes Gemenge von drei Teilen Kochsalz und einem Teil Calciumchlorid zum Erdöl und schüttelt einige Minuten, so ist dasselbe nach dem Abstehen sicher wasserfrei und braucht nur durch ein Papierfilter filtriert zu werden.

Geschmolzenes Calciumchlorid eignet sich überhaupt gut zum Entwässern von Erdöl. Liegt keine hartnäckige Erdölemulsion vor, so genügt es, das Erdöl durch Schütteln mit geschmolzenem Calciumchlorid, von dem man ungefähr 3 g pro cm³ anwesenden Wassers zugibt, zu entwässern.

Steht ein Autoklav zur Verfügung, so läßt sich jedes Erdöl einfach und sicher entwässern. Man setzt unter gutem Mischen 1—2% Sulfosäure oder geschmolzenes Calciumchlorid im oben angegebenen Verhältnis zu, verschließt den Autoklav und erhitzt 1—2 Stunden auf 150°. Nach vollständigem Erkalten wird der Autoklav geöffnet und das entwässerte Erdöl, ebenso wie bei allen vorher beschriebenen Entwässerungsverfahren, vorsichtig mit einem Heber oder einer Pipette von oben abgezogen.

2. Englerdestillation[1].

Das wasser- und schmutzfreie Erdöl wird zunächst einer Englerdestillation unterzogen. Dieselbe erfolgt nach der Beschreibung auf S. 79. Man liest die Menge des Überdestillierten bei allen Zehnergraden ab. Das Destillat kann in seiner Gesamtheit in einem in cm³ geteilten Meßzylinder aufgefangen werden. Wenn man aber die Eigenschaften der einzelnen Fraktionen bestimmen will, so fängt man jede Fraktion in einem besonderen Kölbchen auf. Zwecks besserer Scheidung der Fraktionen ist es bei Erdölanalysen gestattet, bei den Grenztemperaturen den Brenner zu entfernen, hierauf wieder bis zur Grenztemperatur zu erhitzen und diesen Vorgang noch einmal zu wiederholen, so daß die Grenztemperatur (bei Benzin z. B. 175°) insgesamt dreimal erreicht wird. Alles, was bis dahin überdestilliert, gehört zu der bis zur betreffenden Grenztemperatur siedenden Fraktion.

Die Benzinfraktion fängt man bis 175° auf, die Petroleum-

---

[1] In der von Ubbelohde abgeänderten Form (S. 79) von der IPK. empfohlen (s. Ubbelohde u. Holde, Mitteil. 1911/12, S. 1304).

fraktion bis 300°. Hier wird die Destillation abgebrochen, um den Destillationsrückstand auf Anwesenheit von Paraffin zu untersuchen. Einen Anhaltspunkt hierfür liefert oft schon der Stockpunkt des reinen Erdöls. Erdöle mit beträchtlichem Paraffingehalt stocken über 0° C, doch kann sich auch in tieferstockenden Erdölen Paraffin befinden. Über die Anwesenheit von Paraffin entscheidet endgültig der Stockpunkt des Rückstandes der bis 300° geführten Destillation nach Engler. Der Rückstand wird nach Beendigung der Destillation fünf Stunden stehengelassen und hierauf sein Stockpunkt bestimmt. Ist der Rückstand bei —15° noch flüssig, so ist kein Paraffin vorhanden. Liegt der Stockpunkt in der Nähe von 0°, so ist das Erdöl paraffinarm, bei einem Stockpunkt von weit über 0° ist das Erdöl paraffinreich. In Ausnahmefällen kann auch bei Abwesenheit von Paraffin infolge großer Viscosität des Erdöls der Stockpunkt des Destillationsrückstandes hoch sein.

3. Zollamtliche Destillation von Erdöl.

Die nach der „Anleitung für die Zollabfertigung" (Berlin 1924) der deutschen Zollbehörden für die Unterscheidung von „Schmierölen" und „Rohpetroleum" (Erdöl) maßgebenden Begriffsbestimmungen sind im Abschnitt „Schmieröle" S. 211 angeführt.

Die deutschen Zollbehörden bedienen sich zur vorschriftsmäßigen Destillation der Mineralöle des auf S. 83 beschriebenen Metall-Destillierapparates. Über die Vorschriften betreffend Flammpunktbestimmung nach Abel und Paraffinbestimmung siehe Näheres bei den Schmierölen (S. 213).

Prüfung des Rohpetroleums auf die zwischen 150 und 320° C siedenden Teile[1]. „Der Apparat wird an einem möglichst zugfreien Orte aufgestellt; Hut *C* und Helm *a* werden abgenommen. Hierauf werden 100 ccm des zu untersuchenden Öles bei einer von der vorhandenen Zimmerwärme um nicht mehr als etwa 5° C abweichenden Wärme abgemessen. Die Abmessung erfolgt in dem den Apparaten beigegebenen Meßkölbchen von nebenstehender Form. Nach Eingießen des Öles in das Destillierkesselchen *A* stellt man das Meßkölbchen auf besonderem kleinen Dreifuß in schief umgekehrter Lage so über *A* auf, daß die Mündung gerade über die Öffnung des Kesselchens zu stehen kommt, und läßt noch fünf Minuten nachtropfen. Alsdann setzt man Helm *a* mit Thermometer ein, verbindet das Dampfentbindungsrohr mit dem

[1] Zitiert aus d. Anleitung f. d. Zollabfertigung, Berlin 1924.

Kühler und stellt die Meßbürette auf. Der Raum zwischen dem in den oberen Teil der Meßbürette etwas hineinragenden Ende des Kühlers und der Wandung der Meßbürette wird gegen Verdunstung von Öl mit etwas Baumwolle gedichtet. Hierauf wird die Destillation in folgender Weise geleitet:

Stellung der Bunsenlampe an die tiefste Stelle des Schlitzes; Anstecken und Regulieren derselben derart, daß die schwach leuchtende Spitze der Flamme beinahe bis an den unteren Boden des Heizkörpers reicht; Anstellung des Kühlwassers.

Beim ersten Tropfen Destillat erfolgt die Regelung der Destillation so, daß in jeder Minute die Wärme um ungefähr 4° C oder in etwa 15 Sekunden um 1° C steigt, wobei darauf zu achten ist, daß auch die Gesamtdauer der Destillation der vorgeschriebenen Zeit entspricht. Die Regelung der Wärme beginnt unter allen Umständen — auch wenn bis dahin wenig oder nichts übergegangen ist — spätestens von 120° C ab[1]. Dabei ist allmählich etwas mehr Gas zuzuführen.

Bei 149° C löscht man die Flamme aus, läßt die Wärme noch auf 150° steigen und nimmt rasch den Hut ab, so daß die Wärme nicht oder nur sehr wenig über 150° C steigt. Wenn nötig, bläst man zur Abkühlung auf das Helmaufsatzrohr bei der Abzweigung des Dampfentbindungsrohres.

Bei der Abmessung der Wärmegrenze ist der Barometerstand zu berücksichtigen, indem für je 2,7 mm unter 760 mm Barometerstand die Wärmegrenze um 0,1° C niedriger genommen wird. Zeigt das Barometer z. B. 747 mm, so hat man statt auf 149 und 150° C nur auf 148,5 und 149,5° C zu gehen.

Hierauf wartet man, bis keine Flüssigkeit mehr abtropft. Ist die Flüssigkeit abgelaufen, so läßt man den Apparat noch solange stehen, bis das Thermometer um ungefähr 30° C, also auf etwa 120° C gesunken ist; alsdann wird eine neue trockene Bürette vorgelegt, der Mantelhut *C* wieder aufgelegt, die Flamme angesteckt und stärker als vorher brennen gelassen, so daß sie bis an den Heizboden schlägt. Der Gang der Destillation wird so geleitet, daß in jeder Minute die Wärme um 8 bis 10° C oder in je 15 bis 12 Sekunden um ungefähr 2° C steigt.

Das Kühlwasser wird bei 200° C, für besonders dicke Öle schon bei 150° C abgestellt.

Unmittelbar ($^1/_3$°) unter 320° C ist die Flamme rasch zu löschen und bei 320° C der Hut *C* abzunehmen; der Quecksilberfaden darf nicht über 320° C steigen. Bei der Abmessung der Wärmegrenze ist der Barometerstand ebenfalls wieder zu berücksichtigen, indem

[1] Bei den zollamtlichen Destillationen werden keine Korrekturen für den herausragenden Quecksilberfaden berücksichtigt.

für je 2,7 mm unter 760 mm die Endwärme (320° C) um 0,1° niedriger genommen wird. Zeigt das Barometer z. B. 733, so hat man statt auf 320° C nur auf 319° C zu gehen. Hierauf läßt man mindestens noch 10 Minuten lang abtropfen und den Apparat solange stehen, bis das Öldestillat ungefähr die Zimmerwärme angenommen hat. Ergibt sich beim Ablesen der Raumteile (= Kubikzentimeter) des Destillats, daß weniger als 40 Raumteile auf 100 übergegangen sind, so ist das Öl nicht mehr als Rohöl, sondern als Schmieröl zu bezeichnen.

Mit jeder zu untersuchenden Ölsorte sind im Zweifelsfalle mindestens drei Siedeversuche, wie vorstehend beschrieben, auszuführen, deren Ergebnisse, wenn sie nicht um mehr als ein Raumteil auf 100 voneinander abweichen, zu einem Mittel zu vereinigen sind. Anderenfalls sind noch weitere Versuche anzustellen, und es ist das Mittel aller Ergebnisse, soweit bei ihnen nicht etwa offenbar Fehler untergelaufen sind, zu nehmen.

Zur Abmessung sehr dicker Öle bedient man sich eines Meßkölbchens mit Marke bei 104 ccm. Hierzu erwärmt man das Öl vorher in einem besonderen Gefäß auf 70° C und füllt den Meßkolben damit bis zur Marke 104 ccm an. Das Öl hat alsdann eine 60° C nahestehende Wärme; die mehr abgemessenen 4 ccm entsprechen ungefähr der Raumvergrößerung von 100 ccm des Öles beim Erwärmen auf 60° C.

Prüfung der Schmieröle. Bei der Prüfung der nicht unter den Begriff des Rohöls fallenden Mineralöle wird ebenso verfahren wie für die Prüfung des Rohpetroleums vorgeschrieben ist, nur ist die Unterbrechung des Versuches und die Vorlegung einer neuen Bürette bei 150° C nicht erforderlich, und die Endwärme nicht auf 320, sondern nur auf 300° C zu treiben. Ergibt das untersuchte Öl bei der Erhitzung bis auf 300° C kein Destillat, oder gehen von einem Öle von mehr als 0,830 Dichte bei 15° bei der Erhitzung bis 300° C weniger als 70 Raumteile Destillate auf 100 über, so ist das Öl als Schmieröl zu bezeichnen.

Behandlung des Apparates nach Abschluß des Versuches. Gleich nach Schluß eines jeden Destillationsversuches ist der Apparat auseinanderzunehmen, insbesondere das Kesselchen noch heiß zu entleeren, auszuspülen und zum Trocknen aufzustellen."

G. Betriebsmäßige Laboratoriumsdestillation von Erdölen.

Die im vorstehenden beschriebenen Destillationsmethoden, und zwar sowohl die Engler-Ubbelohdesche als auch die zollamtliche, geben einen ungefähren Überblick über die Menge des im Erdöl enthaltenen Benzins und Petroleums. Wenn auch diese beiden Methoden infolge der verschiedenen Konstruktion der betreffenden Apparate voneinander abweichende Ergebnisse liefern, so ist doch jede von ihnen wegen der genauen Vorschriften für Apparat und Verwendungsweise für Zwecke des Handels und der Industrie sehr gut geeignet. Die Versuchsergebnisse wiederholter Destillationen eines und desselben Öles stimmen innerhalb enger Fehlergrenzen gut überein. Für betriebsmäßige Untersuchungen, wenn es also gilt, ein Erdöl daraufhin zu untersuchen, welche Produkte im Großbetrieb daraus gewonnen werden können, eignen sich die erwähnten Methoden nicht, da die untersuchte Ölmenge zu klein und die Fraktionierung der Dämpfe ungenügend ist. Auch ist die Untersuchung der schwereren Erdölanteile nicht möglich.

Die im folgenden beschriebenen Versuchsdestillationen bedienen sich wie die fabrikmäßigen Destillationsmethoden des überhitzten Dampfes und teilweise auch des Vakuums. Dadurch wird es möglich, ein Erdöl in die erwünschten Fraktionen zu zerlegen. Von letzteren erhält man überdies genügende Mengen, um eine genaue Charakterisierung der Öle durchführen zu können.

Versuchsdestillationen dieser Art haben sich den jeweiligen Betriebsverhältnissen anzupassen. In bezug auf Art des Kessels, überhitzten Dampf und eventuell Vakuum wird man sich also an die gegebenen Bedingungen halten müssen. Da die Beschreibung einer richtigen Dampf-Hochvakuumdestillation infolge der Mannigfaltigkeit der veränderlichen Bedingungen über den Rahmen eines kurzgefaßten Laboratoriumsbuches hinausgeht, wird im folgenden in erster Reihe die Destillation mit überhitztem Dampf allein ausführlich beschrieben. Durch Vergrößerung der Dampfmenge können ähnliche Wirkungen erzielt werden wie mit mittlerem Vakuum. Der geübte Destillateur wird unter Zugrundelegung der beschriebenen Destillationsweise nach kleinen Änderungen den Apparat auch zur Destillation unter Vakuum benützen können.

1. Destillation unter atmosphärischem Druck.

In diesem Abschnitt soll gezeigt werden, wie paraffinhältige und paraffinfreie Erdöle mit überhitztem Dampf unter atmosphärischem Druck destilliert werden. Diese Untersuchung soll ein Bild der betriebsmäßigen Destillation liefern und die Aufstellung einer Kalkulation gestatten, welche den Wert des Erdöls feststellen soll.

Einen einfach zu bedienenden Apparat zeigt Abb. 53. Wenn kein Dampfanschluß vorhanden ist, so wird zur Dampferzeugung ein Landoltscher Dampfentwickler benutzt. Der Dampfdruck soll 1—2 Atmosphären betragen.

1000 g trockenen Erdöls werden in den Kessel eingefüllt und der ganze Destillierapparat hierauf sorgfältig geschlossen. Zur Beheizung des Kessels dient ein kräftiger Mékerbrenner. Der Dampfüberhitzer wird von einem dreifachen Teklubrenner erhitzt.

Zu Anfang wird der Kessel mit kleiner Flamme angewärmt und letztere allmählich vergrößert. Nun überzeugt man sich, ob die

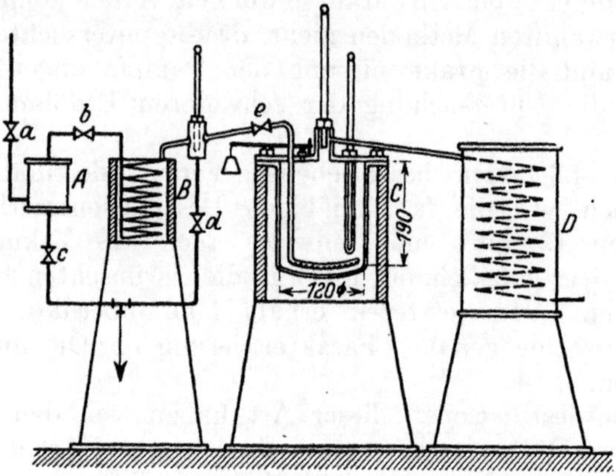

Abb. 53. Laboratoriums-Destillationsapparat für Erdöl.

Dampfventile *b*, *d* und *e* gut geschlossen sind, öffnet hierauf zuerst Ventil *c* und dann Ventil *a*. Der Dampf strömt durch *c* in den Kanal. Hierauf wird der Brenner unter dem Überhitzer entzündet, dessen Windungen von der Flamme umspült werden. Weiterhin wird *d* und sodann *b* geöffnet. Schließt man nun Ventil *c* fast ganz, so daß nur das im Wasserabscheider kondensierte Wasser einen Abfluß hat, so nimmt der Wasserdampf seinen Weg durch den heißen Überhitzer und *d* in den Kanal.

Indessen hat das Erdöl im Kessel eine Temperatur von etwa 100° angenommen. Ist das Erdöl nicht wasserfrei, so wird man ein Knistern und Prasseln hören. Dasselbe entsteht durch plötzliches Verdampfen der vom Deckel herabfallenden Wassertröpfchen. Diese Erscheinung kann leicht Überschäumen des ganzen Kesselinhaltes hervorrufen. Man hilft sich durch leichtes Bestreichen des Deckels mit der Flamme eines Hilfsbrenners, wodurch das kondensierte Wasser verdampft wird und in den Kühler gelangt.

Sobald die Rohrschlange warm zu werden beginnt, wird der Wasserzulauf zum Kühler betätigt. Die zuerst destillierende Fraktion, das Rohbenzin, wird in einem passenden Glasgefäß aufgefangen. Wenn das die Temperatur der Dämpfe kontrollierende Thermometer 175° C anzeigt, wird ein neues Auffanggefäß vorgelegt, in welchem man das bis 275° siedende Petroleumdestillat auffängt. Von 275° C Dampftemperatur an ist der weitere Gang der Destillation, je nachdem paraffinhältiges oder paraffinfreies Rohöl vorliegt, verschieden.

a) Paraffinhaltiges Erdöl. Man stellt den Kühlwasserzulauf ab und öffnet, da der Dampf bereits genügend (auf 200—250°) erhitzt ist, so wenig als möglich das Dampfeinlaßventil *e* am Kessel. Hierauf schließt man allmählich das Dampfaustrittventil *d*. Die Heizung und Dampfzufuhr werden nun so reguliert, daß das Destillat in einem dünnen Strahl abfließt und in der Vorlage sich ungefähr 20% Wasser kondensieren. Im weiteren Verlaufe der Destillation wird die Dampfmenge vermehrt, so daß sie gegen Schluß ungefähr 50% des Öldestillates beträgt. Von 275° an bis zum Schluß wird nur eine einzige, die Paraffinölfraktion, aufgefangen. Man kann entweder bis auf Koks destillieren oder nur so weit, daß ein Asphalt im Kessel bleibt. Da das Paraffinöl bei ziemlich hoher Temperatur stockt, ist die Gefahr einer Verstopfung des Kühlrohres und infolgedessen einer Explosion gegeben, wenn der Kühler nicht warm gehalten wird. Die Temperatur des Kühlwassers soll daher durch Anwärmen allmählich auf etwa 50° gesteigert werden.

Gegen Ende der Destillation gehen die bekannten zähen, roten Brandharze (Krakene) über, welche man gesondert auffängt, da sie ein Abfallprodukt darstellen. Um eine Verstopfung des Kühlers mit hochschmelzendem Paraffin hintanzuhalten, muß die Apparatur, sobald fast kein Destillat mehr übergeht, mit Dampf ausgeblasen werden.

Sind Kessel und Kühler ausgedämpft, so dreht man die Gaszufuhr zu den Brennern ab. Unter Umständen wird paraffinhaltiges Erdöl nicht bis zur Trockene (aus Koks), sondern auf Asphalt destilliert. In diesem Falle muß man durch eine Probedestillation feststellen, wieviel Rückstand im Kessel zurückzulassen ist, damit der Asphalt passende Eigenschaften besitze.

Nach Beendigung der Destillation wird an die Verarbeitung der Destillate geschritten. Man erwärmt das Paraffinöl in einem schmalen Becherglas auf ungefähr 60° und zieht das Kondenswasser mit einer Pipette möglichst vollständig ab. Hierzu kann auch ein Scheidetrichter benützt werden.

Es werden nun die drei Rohdestillate gewogen und der weiteren Verarbeitung zugeführt.

Fraktionierung des Rohbenzins. Nach Bestimmung des spezifischen Gewichtes wird das gesamte Rohbenzin oder ein bestimmter Teil desselben fraktioniert. Ein hierzu geeigneter Apparat besteht etwa aus einem 300 cm^3 fassenden Rundkolben und einem guten Fraktionieraufsatz, z. B. nach Glinski oder Hempel. Man füllt eine passende Menge Rohbenzin (z. B. 200 cm^3) ein und destilliert mit einer Geschwindigkeit von zwei bis drei Tropfen in der Sekunde. Alles bis 120° bzw. 150° und 175° Übergehende wird als Leicht-, Mittel- und Schwerbenzin in getrennten Gefäßen aufgefangen. Nach Bestimmung der spezifischen Gewichte und Abmessen der einzelnen Fraktionen kann ihr perzentueller Anteil im Erdöl berechnet werden.

Bei Erdölen, die gar keine oder nur wenig aromatische und naphthenische Kohlenwasserstoffe enthalten, kann man annehmen, daß die Ausbeute der auf diese Weise nach Siedegrenzen geordneten Benzingattungen den Betriebsverhältnissen entsprechen wird. Es werden nämlich in diesem Falle die spezifischen Gewichte der Leicht-, Mittel- und Schwerbenzinfraktionen in den Grenzen 0,710—0,730, 0,740—0,760, 0,780—0,800 gefunden.

Enthält jedoch das zu untersuchende Erdöl viel aromatische oder naphthenische Kohlenwasserstoffe, dann kann man bei den bis 120°, 150° und 175° siedenden Fraktionen so hohe spezifische Gewichte finden, daß sie nicht in den Rahmen der für Leicht-, Mittel- und Schwerbenzin im Handel üblichen spezifischen Gewichte fallen. Trotzdem für die meisten Verwendungszwecke eines Benzins ausschließlich die Siedegrenzen maßgebend sind, werden die einzelnen Benzingattungen heute noch immer nach spezifischen Gewichten gehandelt. Dies ist dem Umstande zuzuschreiben, daß bei den meisten durch direkte Destillation (straight run) gewonnenen Benzinen die oben angeführten Siedegrenzen und spezifischen Gewichte miteinander übereinstimmen. Bei den in den letzten Jahren immer häufiger als Motorbetriebstoffe auftretenden Krackbenzinen (durch Zersetzungsdestillation aus schwereren Mineralölen gewonnenen Benzinen) ist das Verhältnis allerdings ganz anders, weil die Anwesenheit von viel ungesättigten und aromatischen Kohlenwasserstoffen diese Benzine im Verhältnis zu ihren Siedegrenzen spezifisch schwer erscheinen läßt (siehe Unterscheidung von straight run und cracking-Benzinen).

Es sei hier noch bemerkt, daß die einzelnen, durch die Fraktionierung erhaltenen Benzinfraktionen natürlich viel weitere

Siedegrenzen haben, als ihren Fraktionierungs-Temperaturen entspricht. So z. B. enthält das zwischen 150° und 175° abgenommene Schwerbenzin sowohl unter 150°, als auch über 175° siedende Anteile. Der bei der Fraktionierung des Rohbenzins bis 175° im Kolben verbleibende Rückstand wird mit dem Petroldestillat vereinigt und bildet mit diesem zusammen die Leuchtpetroleum-Fraktion des Erdöls.

Die durch Destillation mit Dampf bis zum Schluß gewonnene Paraffinölfraktion enthält das gesamte Paraffin und die Schmieröle des Erdöls. Nach Kennzeichnung des Paraffinöles durch seine Eigenschaften (spez. Gewicht, Flammpunkt, Stockpunkt, Viscosität usw.) bestimmt man den Paraffingehalt nach Holde (s. S. 104) durch Auflösen einer geringen Menge des Destillates in Äther und Ausfällen mit Alkohol. Die im Fabrikbetriebe erzielte Paraffinausbeute ist jedoch meist um mindestens 20% geringer als die analytisch festgestellte Menge. Hingegen erhält man analytisch eine ähnliche Paraffinausbeute wie im Fabrikbetrieb, wenn die Fällung nicht bei — 20°, sondern bei ungefähr 0° durchgeführt wird.

Manche Erdöle enthalten ein Paraffin, das sich selbst durch Destillation nicht in kristallinische, gut filtrierbare Form bringen läßt. Man erkennt dies an dem betreffenden Paraffinöldestillat, wenn man es in ungefähr 1 mm dicker Schicht auf einen unglasierten Tonteller streicht. Wenn kristallisierbares Paraffin vorliegt, so ist nach einigem Stehen (eventuell an einem warmen Ort) das Öl vom Tonteller aufgesaugt, und das Paraffin läßt sich mit einem Messer als weiße, blättrige, kristallinische Masse vom Tonteller abheben. Wenn aber amorphes Paraffin vorliegt, so bleibt eine vaselinartige Schmiere zurück.

In den meisten Mineralöllaboratorien wird man sich, was die Untersuchung von paraffinhältigen Erdölen anlangt, begnügen, in der beschriebenen Weise die Ausbeute an Benzinfraktionen, Petroleum, Paraffinöldestillat und Koks (Asphalt) zu bestimmen. Zur Charakterisierung des Paraffinöles dienen die Bestimmungen von Flammpunkt, Stockpunkt, Viscosität und des Paraffingehaltes. Um Menge und Art der im Paraffinöl enthaltenen Schmieröle kennenzulernen, müßte man das Paraffinöl wie im Raffineriebetrieb bei tiefer Temperatur filtrieren und das Filtrat durch Destillation fraktionieren. Die Filtration einer so kleinen Menge Paraffinöl, wie sie die Destillation von 1 kg Erdöl liefert, ist jedoch experimentell schwierig. Deshalb wird die Laboratoriumsanalyse mit den beschriebenen Operationen zumeist beendigt, zumal die Höhe von Flammpunkt und Viscosität des Paraffinöles bereits zu gewissen Schlüssen auf die Qualität der daraus zu gewinnenden Schmieröle berechtigt.

Eine bessere Kenntnis der Eigenschaften der im Paraffinöl vorhandenen Schmieröle läßt sich in der Weise gewinnen, daß man etwa 100 kg Erdöl, wie dies in größeren Raffinerien üblich ist, in einer kleinen Versuchsanlage verarbeitet. Dieselbe enthält einen Destillierkessel, ferner einen Kristallisator und eine Filterpresse. Die beiden letzteren sind im Kühllokal aufgestellt. Sowohl die betreffenden Apparate, als auch die Arbeitsweise lehnen sich eng an die großtechnischen Fabrikationsmethoden an.

Mit einigem Verständnis und Geschick lassen sich aber auch kleine Paraffinölmengen laboratoriumsmäßig aufarbeiten. Es empfiehlt sich jedoch, von mindestens 500 g Paraffinöl auszugehen. Falls erforderlich, vereinigt man daher die Paraffinölfraktionen von zwei oder mehreren Destillationen. Man destilliert mit wenig Dampf (10—20%), um die Destillate ein wenig zu kracken. Dies ist nötig, um gut ausgebildete und leicht filtrierende Paraffinkristalle zu erhalten.

Viele Erdöle enthalten in ihren höhersiedenden Fraktionen neben Paraffin sehr viscose Schmieröle. Letztere sowie die stets ein wenig mitgerissenen Asphalt- und Harzstoffe hindern die Bildung von großen Paraffinkristallen und somit ein gutes Filtrieren. In solchen Fällen empfiehlt es sich, das Paraffinöl in zwei Teilen zu destillieren. In die erste Fraktion läßt man das Paraffinöl solange laufen, bis das Destillat dunkle Färbung annimmt. Hierauf fängt man bis zum Schluß der Destillation die zweite (schwerere) Paraffinölfraktion auf. Letztere wird von mindestens zwei Destillationen gesammelt, entwässert und zur Reinigung von mitgerissenem Harz und Asphaltstoffen (aber auch zwecks geringer Verminderung der Viscosität durch Zersetzung) im eisernen Kessel mit sehr wenig Dampf bis auf Koks redestilliert. Eine äquivalente Menge des redestillierten Paraffinöls wird mit dem „primären“ Paraffinöl vereinigt.

Da die vereinigten Paraffinöldestillate beim Abkühlen zu einem festen, schlecht kristallisierenden Brei erstarren würden, müssen sie zuerst verdünnt werden. Man gibt also eine gewogene Menge Petroleum hinzu, und zwar so viel, daß die Viscosität 1,2—1,5° E bei 50° C beträgt. Dann erwärmt man das Paraffinöl auf 50° C und läßt es unter öfterem langsamem Umrühren bis auf ungefähr —10° erkalten, wobei das Paraffinöl zu einem kristallinischen Brei erstarrt. Die allmähliche Abkühlung des Paraffinöles auf die Filtrationstemperatur erstrecke sich möglichst über mehrere Stunden. Die Kristallisation selbst erfolgt am besten in einem bedeckten schmalen Becherglas, welches auf Holz oder Korkklötzchen in einem größeren Becherglas steht, das mit einer 25proz. wässerigen Salmiaklösung gefüllt ist. Das größere Becherglas wird durch eine Kältemischung gekühlt, welche aus einem innigen Gemenge von 3 Teilen Schnee oder zerkleinertem Eis und 1 Teil Kochsalz besteht. Die Salmiaklösung wird häufig umgerührt. Da das Paraffinöl an den Wandungen des Becherglases anfriert, was den Wärmeaustausch hindert, so wird das Öl von Zeit zu Zeit vorsichtig umgerührt, wobei die Kristallbildung nicht gestört werden darf. Je langsamer die Abkühlung vor sich geht, um so besser kristallisiert das Paraffin, und um so ölfreier läßt sich der Filterkuchen (Gatsch) auspressen.

Das auf — 10° abgekühlte Paraffinöl wird hierauf möglichst bei derselben Temperatur filtriert. Zu diesem Zwecke benutzt man eine sehr gut isolierte, doppelwandige Kühlkiste, welche einen Blecheinsatz besitzt, in dem ein Saugkolben mit Büchnertrichter bequem Platz hat. Den Saugkolben samt Trichter stellt man in die Kühlkiste, umgibt ihn gehörig mit einer Eis-Kochsalzmischung und verschließt die Kiste mit dem ebenfalls gut isolierten und gut passenden Deckel. Den Vakuumschlauch führt man durch eine kleine seitliche Öffnung der Kiste zur Pumpe. Wenn der ganze Raum gut abgekühlt ist, wird der Deckel gelüftet, das kalte Paraffinöl in den Trichter gegeben, und die Kiste rasch wieder zugedeckt. Nun wird die Vakuumpumpe in Betrieb gesetzt, und der Filterkuchen möglichst trocken gesaugt. Er enthält praktisch alles Paraffin. Seine weitere Verarbeitung auf Reinparaffin ist im Laboratorium nur sehr schwer zu bewerkstelligen, da der Prozeß kompliziert ist und zu viel Zwischenprodukte entstehen. Hingegen läßt sich im Filtrat leicht der Gehalt an Schmierölen bestimmen und auf das Erdöl umrechnen.

Das Filtrat enthält nicht die Gesamtheit der Öle, da der Filterkuchen unter dem geringen, durch die Vakuumpumpe erzeugten Unterdruck nicht ölfrei gesaugt werden kann. Man kann aber das wahre Gewicht des Filtratöles als die Differenz zwischen dem Gewicht des Paraffinöles und dem aus der Paraffinbestimmung nach Holde errechneten, um 20% verminderten, Gesamtgewicht von Paraffin annehmen. Der perzentuelle Anteil der verschiedenen Schmieröle in dem Gesamtfiltratöl ist mit dem durch fraktionierte Destillation eines bestimmten Teiles des Filtratöles gefundenen Gehalt identisch. Das Filtratöl oder ein bestimmter Teil desselben wird in einen Destillierkolben gebracht, den es nur zu einem Drittel füllen darf. Man destilliert im Vakuum oder mit überhitztem Dampf und fängt mehrere Fraktionen auf. Die

Ausführung der Dampfdestillation erfolgt derart, daß das Öl auf ungefähr 150° erhitzt, und sodann auf 250—300° überhitzter Wasserdampf eingeführt wird. Die Kondensation der Dämpfe erfolgt in einem metallenen Liebigkühler.

Es empfiehlt sich, im Halse des Destillierkolbens unterhalb der Ansatzröhre einen Bausch Glaswolle anzubringen, welcher mitgerissene Öltröpfchen zurückhalten soll. Die Fraktionen werden in Glaskölbchen aufgefangen, mittels einer Pipette das Kondenswasser abgezogen, und die Einzelfraktionen nach Belieben zu verschiedenen handelsüblichen Ölen, z. B. zu Gasöl, leichtem, mittlerem und schwerem Maschinenöldestillat vereinigt. Als Rückstand läßt man im Kolben mindestens 15% Öl zurück und erhält so ein schweres Maschinenöl-Konzentrat (Zylinderöl).

Das zu Anfang der Destillation übergehende Petroleum muß natürlich als zur Verdünnung des Paraffinöles verwendet berücksichtigt werden.

Es sei hier nochmals betont, daß die Verarbeitung des Paraffinöles im Laboratorium Geschick und Erfahrung erfordert. Manchmal sind die Schwierigkeiten der Kristallisation und Filtration von so kleinen Mengen technisch sehr schwierig.

Leichter gestaltet sich die Untersuchung, wie bereits erwähnt, in einer kleinen fabrikmäßigen Versuchsanlage. Der dazugehörige Destillierkessel ist in bezug auf Bauart und Einmauerung einem Betriebskessel ähnlich und soll deshalb hier nicht beschrieben werden.

Zum Kristallisieren und Filtrieren bedient man sich mit Vorteil einer im Kühllokal aufgestellten Apparatur. Der Kristallisator wird mit dem verdünnten und auf 50° erwärmten Paraffinöl gefüllt, und das etwa 10 Umdrehungen in der Minute ausführende Rührwerk, welches die Wand des Kristallisators abstreift, in Gang gesetzt. Wenn die Temperatur des Kühllokales fast erreicht ist, läßt man kalte Salzsole in den Mantelraum des Kristallisators laufen. Durch Zumischen von Wasser erteilt man der Salzsole eine Temperatur, die nur um 10° tiefer liegt als die Temperatur des Öles. Sukzessive wird der Salzsole immer weniger Wasser zugemischt, so daß die erwähnte Temperaturdifferenz immer bestehen bleibt.

Ist die Kristallisationstemperatur erreicht, so pumpt man mittels einer Handpumpe den Kristallbrei in die Filterpresse. Letztere ist ähnlich konstruiert wie die großen Betriebspressen und besitzt eine beliebige Anzahl von Kammern, welche mit demselben Filtertuch bespannt sind, das im Betriebe verwendet wird. Man pumpt den Kristallbrei mit kleinen Pumpbewegungen in die Presse und läßt den Druck nur langsam ansteigen. Das Filtrat soll klar von den Hähnen ablaufen, auch wenn der Druck auf 6 Atmosphären gesteigert wird. Ist das Filtrat durch Paraffinkristalle getrübt, so sind die Filtertücher schadhaft oder sie liegen nicht glatt an den Rahmen. Zu rasches Ansteigen des Druckes deutet auf schlechte Kristallisation des Öles.

Im vorangehenden ist gezeigt worden, wie man im Laboratorium ein paraffinhaltiges Erdöl in seine Fraktionen, und zwar

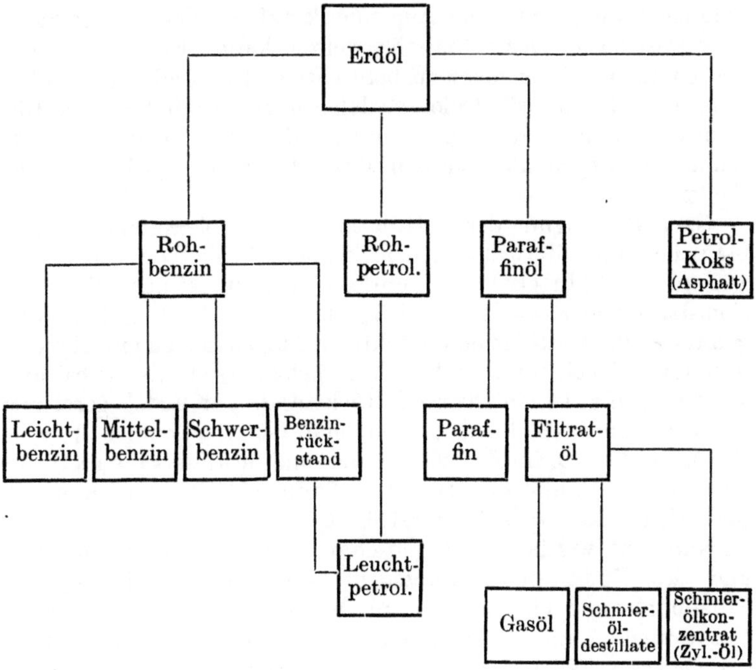

in die diversen Benzinsorten, Petroleum, Gasöl und schließlich Paraffinöl zerlegt. Weiterhin wurde gezeigt, daß auch eine Abscheidung des Paraffins aus dem Paraffinöl, und eine Zerlegung des Filtratöles in diverse Schmieröle möglich ist. Wir haben also alle aus dem paraffinhältigen Erdöl herstellbaren Handelsprodukte mit Ausnahme des Destillationsrückstandes isoliert und gekennzeichnet. Je nach der Destillationsweise besteht letzterer aus Asphalt oder dem sog. „Petrolkoks", welcher nach dem Erkalten und Öffnen des Kessels herausgekratzt und gewogen wird. Die Differenz der Gewichte von eingewogenem Erdöl und erhaltenen Produkten bezeichnet man als Destillationsverlust. Er beträgt 2—5%.

Benzin, Petroleum, Paraffin und Schmieröle wurden als Rohdestillate erhalten. Ihre Raffination wird in den betreffenden Abschnitten beschrieben.

Das Schema auf S. 137 vorausschaulicht die beschriebene Verarbeitung eines paraffinhältigen Erdöls.

b) Paraffinfreies Erdöl. Die Destillation wird bis zum Ende der Petroleumfraktion ebenso ausgeführt wie bei paraffinfreien Erdölen. Von da ab wird mit größerem Dampfzusatz destilliert, da man auf die Kristallisation von Paraffin keine Rücksicht zu nehmen braucht und sein Augenmerk auf möglichst zersetzungsfreie Destillation der Schmieröle richten kann. Eine Verstopfung des Kühlers ist hier nicht zu befürchten. Immerhin empfiehlt es sich, auch bei paraffinfreien Erdölen gegen Schluß der Destillation das Kühlwasser warm zu halten, da sonst die schweren Maschinenöle wegen ihrer großen Viscosität nicht rasch genug abfließen.

Nach Beendigung der Destillation der Petroleumfraktion fängt man die Öldestillatfraktionen in kleinen Glaskolben von z. B. je 100 cm³ auf. Mittels Pipette entfernt man zuerst aus jeder Fraktion das Kondenswasser und wägt dann das Öl. Auf diese Weise gelingt es, die Destillation im richtigen Augenblick zu unterbrechen und soviel Rückstand im Kessel zurückzulassen, als beabsichtigt wurde. Soll z. B. ein 20proz. Rückstand, auf Erdöl gerechnet, im Kessel zurückbleiben, so dreht man den Gasbrenner ab, wenn sich noch 25% Öl im Kessel befinden und destilliert die restlichen 5% nur mit Dampf ab. Die Dampfzufuhr stellt man ein, sobald die richtige Menge Öl überdestilliert ist.

Nunmehr werden die Eigenschaften der trockenen Destillate und des Rückstandes untersucht, insbesondere Flammpunkt, Stockpunkt und Viscosität. Dann mischt man die entsprechenden Fraktionen zusammen, um handelsübliche Ölsorten zu erhalten. In den meisten Fällen wird nach dieser orientierenden Destillation eine zweite Destillation nötig sein, wobei man die Fraktionen schon so auffängt, wie es die Mischungsversuche der bei der ersten Destillation erhaltenen Fraktionen gelehrt haben. Nunmehr hat man sich schon entschieden, ob man als Rückstand Asphalt oder ein schweres Öl, etwa Zylinderöl, im Kessel lassen will. Es wird jetzt so destilliert, daß man z. B. Gasöl, Transformatorenöl, leichtes und schweres Automobilöl als Destillate und Asphalt als Rückstand erhält.

Nachdem nunmehr das Erdöl in handelsübliche Produkte zerlegt worden ist, wird deren perzentueller Anteil berechnet, und der Destillationsverlust festgestellt.

Die Destillate, eventuell auch der Zylinderölrückstand, können dann noch raffiniert werden, wobei man marktgängige Produkte erhält. Doch läßt sich im Laboratorium der Raffinationsverlust nur annähernd bestimmen, da er im Betriebe stets kleiner ausfällt. Es muß überhaupt betont werden, daß die Betriebsresultate von dem Ergebnis der Laboratoriumsanalyse mehr oder weniger abweichen. Immerhin wird auf diese Weise ein zumeist gutes Bild von den Verarbeitungsmöglichkeiten eines Erdöles gewonnen.

Nachfolgend das Schema der Destillation eines paraffinfreien Erdöls:

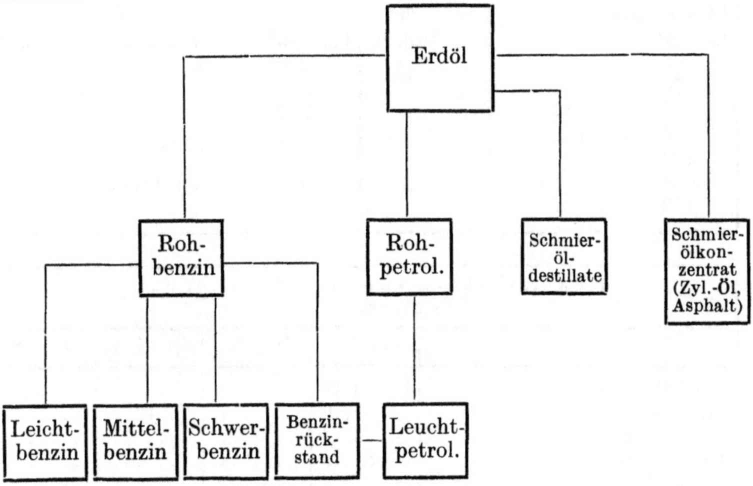

Die Ergebnisse von Erdöldestillationen werden meist in passender Form zusammengestellt. Umstehend zwei bewährte Schemata für die Zusammenstellung der Untersuchungsdaten, und zwar sowohl für ein paraffinhaltiges, als ein paraffinfreies Erdöl.

2. Destillation unter vermindertem Druck.

Der vorstehend beschriebene Destillationsapparat eignet sich besonders im Hinblick auf Betriebe, die mit normalem oder wenig vermindertem Druck destillieren. Dies ist, wie schon ausgeführt, zumeist bei der Verarbeitung von paraffinhaltigen Erdölen der Fall[1], wo eine geringfügige Zersetzung (Kracken) während der Destillation erwünscht ist, um besser kristallisierbares Paraffin zu erhalten. Bei der Destillation von paraffinfreien Erdölen in

[1] Neuerdings werden auch paraffinhaltige Erdöle unter hohem Vakuum destilliert.

I. Paraffinhaltiges Erdöl.

Erdöl-
Herkunft des

Spez. Gewicht. . . . .
Verunreinigungen . . . . %
Wasser . . . . %
Stockpunkt . . . . °C
Viskosität. . . . . °E bei. . °C

Destillation nach Engler	
Siedebeginn. . . . . °C	
bis 50° . . . . Vol. %	bis 175° . . . . Vol %
„ 60° . . . . „	„ 200° . . . . „
„ 70° . . . . „	„ 225° . . . . „
„ 80° . . . . „	„ 250° . . . . „
„ 90° . . . . „	„ 275° . . . . „
„ 100° . . . . „	„ 300° . . . . „
„ 120° . . . . „	Stockp. des Rückstandes . . °C
„ 150° . . . . „	

Rektifikation von ... cm³ Rohbenzin vom spez. Gew ...

	sied.	Vol. %	Sp. Gew.	Gew. %
Leichtbenzin	bis 120°	....	....	....
Mittelbenzin	„ 150°	....	....	....
Schwerbenzin.	„ 175°	....	....	....
Rückstand	über 175°	....	....	....
Verlust.		....	....	....
		100		100

Dampfdestillation von ..... g Filtratöl

Bezeichnung	Visc. bei....	Gramm	Gew. % auf Filtrat	Gew. % auf Erdöl
leicht. Maschinenöldestillat .	....	....	....	....
mittl. „ „ . . .	....	....	....	....
schw. „ „ . . .	....	....	....	....
Masch.-Ölkonzentrat	....	....	....	....
Verlust	....	....	....	....
Zusammen		....	100	

Bestimmung d. Paraffingehaltes nach Holde:

Paraffin-Gehalt im Par.-Öl = ... % (.. °C Stp.)
Paraffin-Gehalt im Erdöl = ... % (.. °C Stp.)

analyse
Erdöls.......

Destillation von 1000 g Erdöl im eisernen Kessel			
Fraktion	Spez. Gew.	Gramm	Gew. %
bis 100°	.....	.....	.....
„ 120°	.....	.....	.....
„ 150°	.....	.....	.....
„ 175°	.....	.....	.....
„ 200°	.....	.....	.....
„ 250°	.....	.....	.....
„ 275°	.....	.....	.....
Paraffinöl: m. überh. Dampf auf Koks dest.	.....	.....	.....
„ (m. überh. Dampf auf Asphalt dest.)	.....	.....	.....
Rückstand: Koks	.....	.....	.....
„ (Asphalt).......	.....	.....	.....
Verluste	.....	.....	.....
Summe		1000	100

Schlußergebnis der Erdölanalyse

Aus 100 kg Erdöl können folgende unraffinierte Produkte erzeugt werden:	
Leichtbenzin	..... kg
Mittelbenzin	..... „
Schwerbenzin	..... „
Petroleum	..... „
Gasöl	..... „
leicht. Maschinenöldestillat	..... „
mittleres „ „	..... „
schweres „ „	..... „
Maschinenölkonzentrat	..... „
Paraffin[1])	..... „
Koks.................	..... „
Asphalt	..... „
Verluste	..... „
Summe	100 kg

[1]) = Par.-Geh. n. Holde + 20%.

II. Paraffinfreies Erdöl.

Erdöl-
Herkunft des

Spez. Gewicht . . . .
Verunreinigungen . . . . %
Wasser . . . . %
Stockpunkt . . . . °C
Viscosität . . . . °E bei . . °C

Destillation nach Engler			
Siedebeginn	°C		
Bis 50°	Vol %	Bis 175°	Vol. %
„ 60°	„	„ 200°	„
„ 70°	„	„ 225°	„
„ 80°	„	„ 250°	„
„ 90°	„	„ 275°	„
„ 100°	„	„ 300°	„
„ 120°	„	Stockp. des Rückstandes . .	°C
„ 150°	„		

Rektifikation von ... cm³ Rohbenzin vom spez. Gewicht.....				
	sied.	Vol. %	Spez.Gew.	Gew. %
Leichtbenzin	bis 120°	.....	.....	.....
Mittelbenzin	„ 150°	.....	.....	.....
Schwerbenzin.	„ 175°	.....	.....	.....
Rückstand	üb. 175°	.....	.....	.....
Verlust		.....	.....	.....
		100		100

analyse

Erdöls.....

Destillation von 1000 g Erdöl im eisernen Kessel			
Fraktion	Spez. Gew.	Gramm	Gew. %
bis 100°	......	.....	.....
„ 120°	......	.....	.....
„ 150°	......	.....	.....
„ 175°	......	.....	.....
„ 200°	......	.....	.....
„ 250°	......	.....	.....
„ 275°	......	.....	.....
Mit überhitztem Dampf:	......	.....	.....
Gasöl	......	.....	.....
leichtes Maschinenöldestillat . .	......	.....	.....
mittleres „ „	......	.....	.....
schweres „ „	......	.....	.....
Zylinderöl-Konzentrat	......	.....	.....
(Asphalt)	......	.....	.....
Verluste	......	.....	.....
Summe		1000	100

Schlußergebnis der Erdölanalyse

Aus 100 kg Erdöl können folgende unraffinierte Produkte erzeugt werden:	
Leichtbenzin	..... kg.
Mittelbenzin	..... „
Schwerbenzin	..... „
Petroleum	..... „
Gasöl	..... „
leicht. Maschinenöldestillat	..... „
mittleres „ „	..... „
schweres „ „	..... „
Zylinderöl-Konzentrat	..... „
(Asphalt)	..... „
Verluste	..... „
Summe	100 kg.

dem beschriebenen Apparat kann man durch Zusatz von mehr Dampf eine ähnliche, zersetzungshindernde Wirkung wie durch Anwendung von Vakuum erzielen.

Es gibt aber heute schon eine große Anzahl von Raffinerien, welche, insbesondere wo es sich um die Verarbeitung von paraffin-

Abb. 53a. Laboratoriums-Destillationsapparat der Ölwerke Julius Schindler[1].

freien, wertvolle Schmieröle enthaltenden Erdölen auf Asphaltrückstand handelt, moderne Hochvakuum-Destillieranlagen verwenden. Solche Raffinerien benutzen in ihren Laboratorien kleine Vakuum-Destillationsapparaturen, in denen das Erdöl unter Anwendung von überhitztem Wasserdampf bei vermindertem Druck

[1] Erläuterung s. Nachträge, S. 280.

destilliert wird. Wenn die Dampftemperatur etwa 200° erreicht hat, wird mit der Druckverminderung begonnen. Dieselbe darf nur sehr langsam unter schwächerer Erhitzung vor sich gehen, damit nicht plötzliches Aufwallen und Überlaufen der Flüssigkeit stattfinde. Allmählich geht man dann auf das angestrebte Vakuum über.

Abb. 53a zeigt einen für Vakuum-Destillationen bestimmten Destillierapparat, der auf Grund einer von Engler vorgeschlagenen Apparatur für die Ölwerke J. Schindler, Wilhelmsburg bei Hamburg gebaut wurde[1]. Das Öldestillat wird in einer der Vorlagen aufgefangen. Will man sie entleeren, so leitet man das Destillat in die andere, ebenfalls luftleere Vorlage. Die erstere wird, nachdem die Verbindung mit der Luft hergestellt worden ist, indessen entleert. Hierauf kann sie evakuiert und wieder mit dem Destillierapparat verbunden werden.

Die leichten Destillate werden in dem Kühler 19 gekühlt, laufen bei 20 ab und werden in einer eisgekühlten Woulffschen Flasche aufgefangen, die mit der Vakuumpumpe verbunden ist.

Der einfache Apparat Abb. 54 wird in den Laboratorien des Bureau of Mines[2] zwar zur Destillation von Erdöl bei Atmosphärendruck ohne Wasserdampf benutzt. Wie später ausgeführt wird, ist derselbe in zweckentsprechender Weise vom Bureau of Mines auch zu Hochvakuumdestillationen ausgestaltet worden.

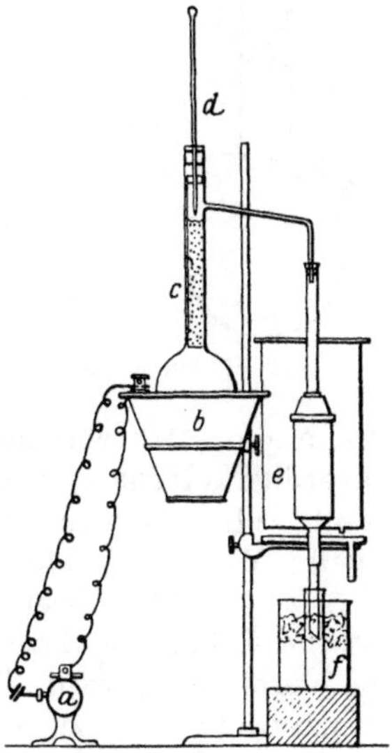

Abb. 54. Erdöl-Destillationsapparat des Bureau of Mines.

Destillierkolben. Der aus Pyrexglas hergestellte Hempel-Kolben Abb. 55 faßt 300 cm³ Öl. Sein Hals ist bis zum Abflußrohr $6^1/_2$ Zoll lang und wird zwecks Fraktionierung mit einem passenden Material, z. B. einer Kette aus kleinen eisernen Ringen, Aluminiumperlen usw. gefüllt. Das Füllmaterial ruht auf einer Metallspirale, die sich an der Wandung des Kolbenhalses festhält. An der Spirale ist im rechten Winkel ein Metalldraht befestigt,

[1] Nach Holde, K. W., S. 100, Erzeuger: Gebr. Böhling, Hamburg, Steinwärder.

[2] Dean, Hill, Smith u. Jacobs, The analytical distillation of petroleum and its products, Washington 1922.

der mittels einer ringförmigen Stahlfeder im oberen Teil des Halses festgeklemmt ist.

Kühler. Derselbe besteht entweder aus einer 10 Zoll langen, mit 3 Kugeln versehenen Glasröhre oder einer Metallröhre (Abb. 56) mit einer zylindrischen Erweiterung in der Mitte, in welche ein oben konisch geschlossener und unten offener Hohlzylinder paßt. Die beiden Zylinder sind durch eine Drahtspirale voneinander getrennt. Die Destillatdämpfe passieren den so entstandenen ringförmigen Raum, durch die lose befestigte Metallspirale zu kreisender Bewegung gezwungen, so daß sie in ausgiebige Berührung mit dem Kühlmittel gelangen.

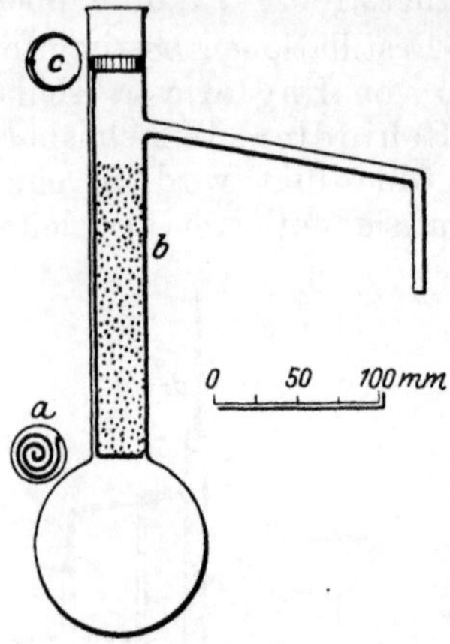

Abb. 55. Destillierkolben.

Zum Auffangen der Destillatfraktion dienen kalibrierte Meßzylinder. Abb. 54 zeigt die ganze Destillationsapparatur[1].

Statt des elektrischen Heizbades kann ein Mékerbrenner zum Beheizen des Destillierkolbens verwendet werden. In diesem Falle ruht letzterer auf einer Asbestplatte, in deren Mitte sich ein kreisrundes Loch von $3^1/_2$ Zoll Durchmesser befindet. Um eine zu starke Abkühlung der Dämpfe im Kolbenhalse zu verhindern, wird dieser vom Ansatz des Ablaufrohres bis zu jener Stelle, wo sich der Hals zum Kolben erweitert, mit Asbestpapier oder Asbestschnur umwickelt. Unter das Ablaufrohr des Kühlers stellt man einen kalibrierten Zylinder, welcher nebst einem oder zwei weiteren Zylindern in einem mit Wasser und zerkleinertem Eis gefüllten Becherglase steht. Das Becherglas ruht auf einem Holzblock, welcher für eine kurze Weile entfernt wird, wenn man einen neuen, leeren Zylinder unter das Ablaufrohr stellen will.

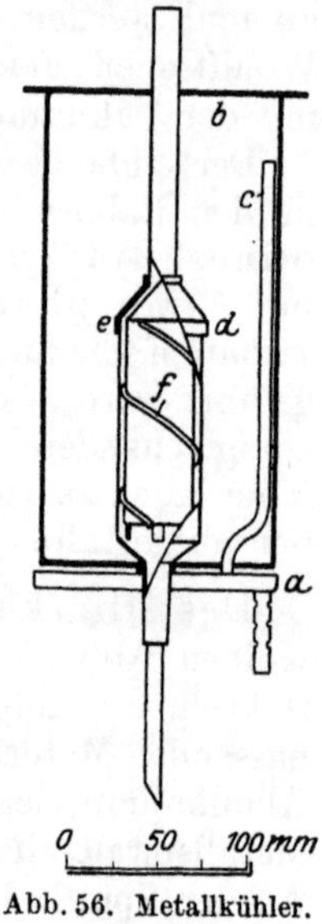

Abb. 56. Metallkühler.

Nachdem das Thermometer mittels gut schließenden Korkstopfens an seine Stelle gebracht, und das Ablaufrohr durch einen

[1] Alle Abbildungen sind der erwähnten Publikation des Bureau of Mines entnommen.

Stopfen mit dem Kühler verbunden worden ist, werden beide Korkverbindungen mit der bekannten Glycerin-Bleioxydmischung gedichtet. Der Kühler wird mit Eiswasser gefüllt und der Kolben angeheizt. Bezüglich eines eventuellen Wassergehaltes des Erdöls gilt das bereits früher Gesagte. Als Siedebeginn ist jene Temperatur, bei der der erste Tropfen vom Kühlerende fällt, zu betrachten. Je 25° wechselt man die Vorlage. Die Destillation wird so weit geführt, als sich dies ohne Zersetzung des Öles durchführen läßt. Manche Öle zersetzen sich schon bei 275° C, andere können bis 300° C ohne Zersetzung destilliert werden. Den Beginn der Zersetzung erkennt man an dem Auftreten von Nebeln und rascherem Destillieren, wobei die bis dahin regelmäßig ansteigende Temperatur konstant bleibt oder sogar fällt.

Da dieser in Amerika verwendete Destillationsapparat bereits eine Fraktionierkolonne besitzt, ist die Redestillation des Benzins nicht nötig. Die bei den Temperaturen 120°, 150° und 175° (200° C) bzw. 275° C abgenommenen Fraktionen entsprechen recht gut den im Fabriksbetrieb erhältlichen Ausbeuten an Leicht-, Mittel- und Schwerbenzin bzw. Petroleum.

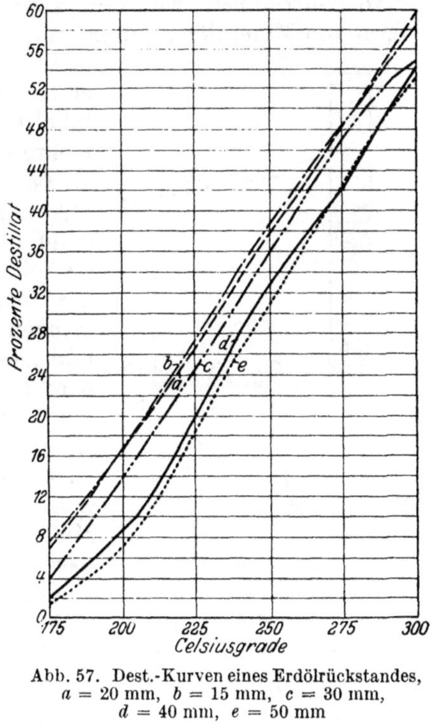

Abb. 57. Dest.-Kurven eines Erdölrückstandes, a = 20 mm, b = 15 mm, c = 30 mm, d = 40 mm, e = 50 mm

Die über 275° bzw. 300° C siedenden Anteile eines Erdöls können, wie erwähnt, nur durch Anwendung von Dampf oder Vakuum ohne stärkere Zersetzung destilliert werden, da diese beiden Faktoren die Siedetemperatur des Öles erniedrigen. Da eine Dampfdestillation viel komplizierter und schwieriger ausführbar ist als eine Vakuumdestillation und außerdem in dem beschriebenen Apparat nicht durchgeführt werden kann, entschloß sich das Bureau of Mines, den zur normalen Destillation benutzten Apparat in entsprechender Weise auszugestalten, um ihn für die Vakuumdestillation des über 275° bzw. 300° C siedenden Rückstandes geeignet zu machen. Um vergleichbare Ergebnisse zu erzielen, werden in den genannten Laboratorien alle betriebsmäßigen Destillationen bei 40 mm Quecksilberdruck ausgeführt. Dieses Vakuum ist leicht erreichbar und liefert fast ebenso gute Resultate wie ein größeres Vakuum. Die Kurventafel in Abb. 57[1] zeigt, daß die Gesamtmenge des bei 40 mm Druck bis 300 ° C übergehenden Destillates 90% jener Menge beträgt, welche bei derselben Temperatur und einem Druck von 15 mm überdestilliert.

Destillierkolben. Eine der größten Schwierigkeiten beim Destillieren von Mineralölen unter Vakuum ist das bekannte Schäumen der Flüssigkeit, welches nur zu oft zu einem Überschäumen des Kolbeninhaltes in die Vorlage führt. Es gibt mehrere Wege, um diesem Übelstand zu begegnen. In der erwähnten Publikation des Bureau of Mines wird empfohlen, in dem Halse des Destillierkolbens konusartig geformte Netze aus feinmaschiger Drahtgaze anzubringen, welche den Schaum auffangen und zerstören sollen. Solche Drahtnetzkonusse wurden verfertigt, indem man die Gaze zwischen einen konusförmigen Holzblock und eine darauf passende Hohlform preßt. Die Drahtkonusse federn genügend, um, in den Hals des Destillierkolbens geschoben, daselbst festzusitzen. Ein Konus kommt in den untersten Teil des Halses, die beiden anderen werden, ineinander geschoben, einen Zoll unterhalb der Ablaufröhre befestigt (s. Abb. 58[1]). Als Kühler dient dieselbe Vorrichtung wie bei der Destillation ohne Vakuum.

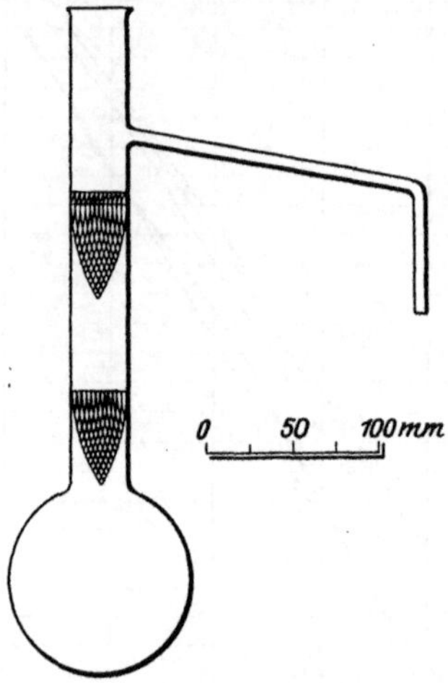

Abb. 58. Vakuum-Destillierkolben.

Vorlage. Soll nur die Menge der bis zu bestimmten Temperaturen übergehenden Destillatmengen gemessen werden, so genügt als Vorlage ein Meßzylinder, der mit einem doppelt durchbohrten Gummistopfen verschlossen ist. Durch die eine Bohrung reicht das Ende des Kühlers, durch die andere führt ein Verbindungsrohr zur Vakuumpumpe. Will man aber, was zumeist der Fall sein wird, die Destillatfraktionen untersuchen, so wird eine

[1] loco cit.

sog. Brühlsche Vorlage verwendet. Die Brühlsche Vorlage besteht aus einem breiten Glaszylinder mit aufgeschliffenem Glasdeckel. Der Zylinder besitzt zwei Öffnungen, in denen mittels Gummistopfens das Ablaufrohr des Destillatkühlers und die Verbindung zur Vakuumpumpe befestigt werden. Der Deckel besitzt in der Mitte einen Stutzen, in dem ein gut passender Gummistopfen sitzt. Durch letzteren führt die Achse des Traggestelles, an welchem die zur Aufnahme der einzelnen Fraktionen bestimmten Glasgefäße (Eprouvetten, Kolben usw.) befestigt sind. Durch Drehung der Achse kann jederzeit ein leeres Glasgefäß unter das Ablaufrohr des Kühlers gestellt werden.

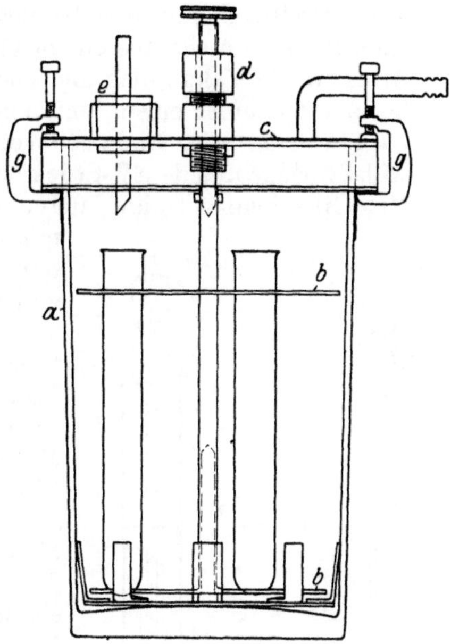

Abb. 59.
Modifizierte Brühlsche Vakuumvorlage.

Dean und seine Mitarbeiter haben die Brühlsche Vorlage in der Weise abgeändert, daß statt des Glasdeckels ein Metalldeckel mittels Gummiringes und Klammern auf dem geschliffenen Rande der Vorlage befestigt ist. Die Verbindungen für den Kühler und die Vakuumleitung sind, ebenso wie die drehbare Achse, mittels Gummistopfens im Deckel befestigt (s. Abb. 59[1]).

Vakuumregler. Es ist bekannt, daß die Aufrechterhaltung eines gleichförmigen Druckes während der ganzen Destillation von allergrößter Wichtigkeit ist. Wenn man z. B. bei 15 mm Quecksilberdruck destilliert und der Druck plötzlich um 3 mm steigt, so hört das Öl sofort zu sieden auf, da seine Siedetemperatur bei diesem Druck noch nicht erreicht ist. Sinkt hingegen der Druck in der Apparatur plötzlich, so tritt Aufwallen und eventuell Überschäumen der Flüssigkeit ein, weil ihre Temperatur höher ist, als dem augenblicklichen Drucke entspricht. Da aber keine Vakuumpumpe ganz regelmäßig arbeitet, und auch sonstige Umstände

[1] loco cit.

der Erhaltung eines gleichmäßigen Vakuums entgegenarbeiten, ist die Einschaltung eines geeigneten Vakuumreglers nötig.

In der erwähnten Publikation des Bureau of Mines sind einige geeignete Reguliersysteme beschrieben. Die älteste und einfachste Anordnung besteht aus einem gläsernen T-Stück, von dem zwei Arme in die Vakuumleitung eingeschaltet sind. Der dritte Arm besteht aus einer engen, mit eingeschliffenem Hahn versehenen Capillare, die zum Einlassen von Luft dient. Zwischen der Destillatvorlage und dem T-Stück befindet sich ein zweiter Glashahn. Mit Hilfe beider Hähne, deren Griffe zur besseren Regulierung mit verlängerten Holzarmen versehen sein können, wird das Vakuum reguliert.

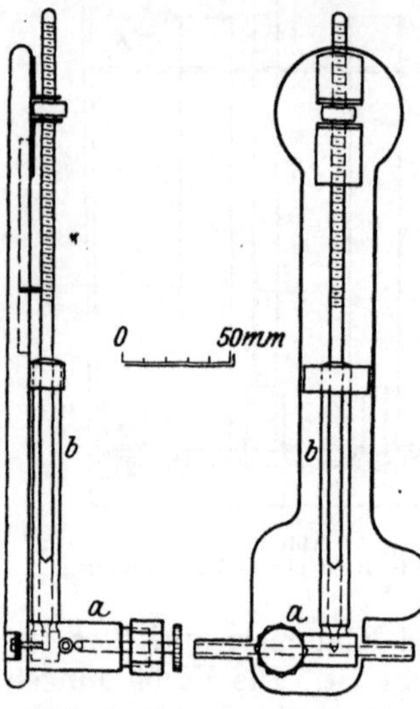

Abb. 60. Vakuumregulierventil.

Eine ähnliche, verbesserte Einrichtung bedient sich an Stelle des zwischen Vorlage und T-Stück befindlichen „Drosselventiles“ eines empfindlichen Metall-Nadelventiles und an Stelle des „Einblaseventiles“ der in Abb. 60[1] schematisch abgebildeten Vorrichtung. Sie besteht aus einem der Länge nach durchbohrten Messingblock, in dem ein mittels Schraube verschiebbarer Messingzylinder angebracht ist. Die Bohrung des Messingblockes bildet den einen Arm eines T-Stückes, dessen zwei andere Arme aus einem Messingrohr bestehen. An den Enden dieser beiden Arme ist die Reguliervorrichtung mittels Vakuumschlauches mit der Destillationsapparatur verbunden. Die Schraube dient zur Grobregulierung des Vakuums, während die Feinregulierung durch Höher- oder Niedrigerstellen des Zylinders bewerkstelligt wird. Letzterer ist nämlich nicht ganz genau in die Bohrung des Blockes passend gearbeitet, so daß eine sehr enge Capillare vorhanden ist. Die Menge der in das evakuierte System eindringenden Luft wird durch die Länge dieser Capillare, also durch Verschieben des Messingzylinders, reguliert.

Die beiden beschriebenen Vakuumregler sind nicht imstande, das Vakuum selbsttätig auf einer bestimmten Höhe zu halten, sondern müssen bei jeder Änderung des Vakuums neu eingestellt

[1] loco cit.

werden. Der im folgenden beschriebene Vakuumregler (Abb. 61[1]) hingegen besitzt eine automatische, elektromagnetisch betätigte Reguliervorrichtung.

Automatischer Vakuumregler. Derselbe besteht in der Hauptsache aus einem Quecksilbermanometer mit Platinkontakt,

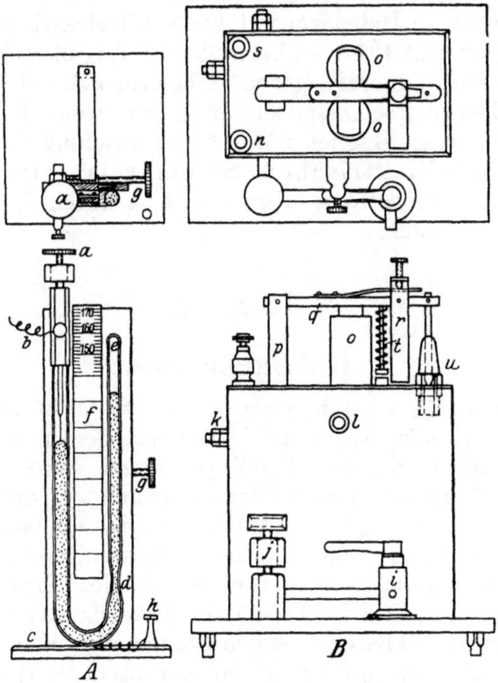

Abb. 61. Automatischer Vakuumregler.

welcher einen Stromkreis von niedriger Spannung schließt, sobald der gewünschte Druck erreicht ist. Bei Schließung des Stromkreises wird ein elektromagnetisch betätigtes Lufteinlaßventil geöffnet. Ein kleines Luftreservoir gleicht die Druckschwankungen aus.

Zeichenerklärung: *A*. Regulier- und Registriermanometer; *a* und *b* Verbindung mit d. offenen Manometerschenkel, enthaltend Öffnung zum Reguliersystem, Klemmschraube und Stopfbüchse, durch welche ein Stift mit Platinkontakt hindurchgeht; *d* und *e* gläserne Manometerröhre, bei *b* in Metallhülse befestigt und bei *e* geschlossen; *g* Stellschraube zum Verschieben der Manometerskala; *h* Klemmschraube.

[1] loco cit.

B. Reguliervorrichtung; *i* Absperrventil, mit Vakuumpumpe verbunden; *j* Nadelventil für Grobdrosselung der Pumpenleitung; *k* Anschluß für nach *a* führenden Schlauch; *l* Hilfsventil zum Einlassen von Luft am Ende der Destillation; *m* Anschluß für zur Destillationsvorlage führenden Schlauch; *n* Klemmschraube für Elektromagnet betätigenden Stromanschluß; *o* Magnet, *p* Tragebalken; *q* Hebelarm mit Feder für elektrischen Kontakt; *r* Tragebalken mit Kontakt herstellender Regulierschraube; *s* Regulierschraube; *t* Spirale, gegen Hebelarm federnd und bestrebt, das Einlaßventil geschlossen zu halten; *u* Lufteinlaßventil, welches sich öffnet, wenn Magnet *o* durch Stromschluß im Manometer erregt wird. Elektrischer Stromkreis: Stromquelle von 10—12 Volt Gleichstrom, über *a*, *c*, *h*, *n* durch *o*, *p*, *q*, *r*, *s* zur Stromquelle zurück.

Benzin.

I. Allgemeines.

Unter Benzin versteht man die bis etwa 200° siedenden Destillate des Erdöls. Während früher das Benzin nur durch einfaches Abdestillieren aus Erdöl gewonnen wurde, kommen in unserer Zeit immer größere Benzinmengen auf den Markt, die einerseits ganz oder teilweise durch Kompression oder Absorption von „nassen" Naturgasen (Naturgas-Gasolin), andererseits durch Zersetzungsdestillation von Gasöl oder Erdölrückständen erzeugt wurden. Der wachsende Kraftstoffbedarf führt zur Erfassung aller verfügbaren flüssigen Brennstoffe. Von den im Jahre 1927 in U.S.A., dem größten Bezinlieferanten der Welt, erzeugten Motorbetriebstoffen (316 Millionen Barrels) waren etwa 55% durch normale Destillation aus Erdöl gewonnenes Benzin, 31% Krackbenzin, 13% Naturgas-Gasolin und 1% Steinkohlenbenzol.

Auch aus Braunkohlenteer und Schieferöl, ferner aus Torfteer werden benzinähnliche Produkte erzeugt und in neuerer Zeit liefert die Tieftemperatur-Verkokung der Steinkohle Benzine aliphatischer Natur. Schließlich sind in Deutschland einige Verfahren im Entstehen begriffen, welche auf synthetischem Wege zu benzinartigen Produkten gelangen.

Wenn auch dem Erdölbenzin heute von einer Anzahl anderer Kraftstoffe, in erster Linie dem Benzol, ferner Mischungen von Benzol, Spiritus, Tetralin usw. Konkurrenz gemacht wird, so wird ersteres doch auf absehbare Zeit hinaus den hauptsächlichen Kraftstoff für Explosionsmotoren bilden.

Folgende Zusammenstellung gibt ein Bild von der Menge und Art der in Deutschland im Jahre 1928 verbrauchten Kraftstoffe[1]:

I. Benzin:			
Einfuhrüberschuß	783000 t		
Inländische Produktion an:			
Erdölbenzin	2000 t		
synthet. Benzin	30000 t		
Schwerbenzin	20000 t	835000 t	
davon 20% für technische Zwecke		165000 t	
			670000 t
II. Benzol:			
Einfuhrüberschuß	155000 t		
Inländische Produktion aus:			
Kokereien	283000 t		
Destillation u. Gasanstalten	17000 t		
Dazu aus Beständen d. Vorjahres	40000 t	495000 t	
für technische Zwecke verbraucht		55000 t	
			440000 t
III. Spiritus:			
Absatz an Motorbranntwein			15000 t
Insgesamt			1125000 t

II. Physikalische Prüfmethoden.

A. Farbe.

Erdölbenzin ist in raffiniertem Zustande farblos. Bei unraffinierten Benzinen geht die Farbe mit steigendem spezifischen Gewicht, besonders bei längerem Stehen, immer mehr ins Gelbe über. In Europa ist die Messung der Farbe von Benzin mittels Colorimeters nicht üblich. Hingegen bestehen in U. S. A. Vorschriften für die Farbe der verschiedenen Benzinsorten, welche mit dem Saybolt-Colorimeter (s. S. 8) geprüft werden müssen. Nach den englischen Vorschriften ist zur Farbenmessung von Benzin das sog. Tintometer von Lovibond zu verwenden. Obwohl der Wert eines Benzins in keiner Weise von seiner Farbe abhängt, wird farbloses Benzin bevorzugt, weil man es für besser gereinigt hält.

B. Geruch.

Durch normale Destillation gewonnene (straight-run) Benzine haben in raffiniertem Zustande einen ätherischen, angenehmen

[1] Siehe Spresny, Erdöl und Teer **1929**, S. 96.

Geruch, der mit steigendem spez. Gewicht schärfer wird. Unraffiniertes straight-run-Benzin riecht weniger angenehm, manchmal ein wenig schwefelwasserstoffartig. Unraffinierte Krackbenzine haben immer einen widerlichen, oft schwefelwasserstoffartigen Geruch, der durch Raffination bedeutend verbessert wird, aber immer so charakteristisch bleibt, daß sich selbst kleine Beimengungen von Krackbenzin in normal destilliertem Benzin durch ihren Geruch bemerkbar machen. Einen Maßstab für die Stärke des Geruches gibt es natürlich nicht. Man kann ihn nur ungefähr beschreiben. Der Geruch von Benzin wird am besten in der Weise geprüft, daß man ein wenig davon auf die flache Hand gießt und zwischen den Händen verreibt.

Obzwar auch der Geruch des Benzins dessen eigentlichen Wert nicht berührt, ist es doch erklärlich, daß mild riechende Benzine bevorzugt werden. Seit aber zahlreiche Forschungen erwiesen haben, daß Krackbenzin als Motorbetriebstoff gegenüber dem normal destillierten Benzin durch große Vorzüge ausgezeichnet ist, hat man auch in Europa aufgehört, den charakteristischen Geruch des Krackbenzins zu bemängeln.

C. Spezifisches Gewicht.

Die Bedeutung des spez. Gewichtes als Merkmal der Qualität eines Benzins hat in den letzten Jahren stark nachgelassen, da bei der Verschiedenheit der Rohstoffquellen eine Gewähr für die Siedegrenzen durch ein bestimmtes spez. Gewicht nicht gegeben ist. Man begegnet heute auch immer seltener den früher üblichen zahlreichen Bezeichnungen wie Petroläther, Ligroin, Hydrür, Waschbenzin, Putzöl usw., die mit dem Begriff bestimmter Gewichtsgrenzen verbunden waren. In den Marktberichten für Mineralölprodukte findet man eine sehr beschränkte Anzahl von Benzingattungen, etwa Leicht-, Mittel- und Schwerbenzin, ferner

Tabelle 19. Temperaturkoeffizienten.

d_{15}	Temperaturkoeffizient	
	Russ. Öle	Pennsylv. Öle
0,700—0,720	0,00082	0,00086
0,720—0,740	0,00081	0,00082
0,740—0,760	0,00080	0,00077
0,760—0,780	0,00079	0,00072
0,780—0,800	0,00078	0,00068

Flieger- und Motorenbenzin, endlich noch Benzine mit Grenzbezeichnungen wie 720/30, 750/60, 770/80 usw. Diese Bezeichnungen geben keine Aufklärung darüber, ob die Benzine fraktioniert sind oder nicht, ferner ob sie raffiniert oder unraffiniert sind.

Die Bestimmung des spez. Gewichtes von Benzin erfolgt mit dem Aräometer. Die Temperaturkoeffizienten schwanken je nach Art und spez. Gewicht des Benzins ungefähr zwischen 0,00085 für Leichtbenzin und 0,0007 für Schwerbenzin. Tabelle 17 gibt die Temperaturkoeffizienten verschiedener Benzinsorten aus russischem und pennsylvanischem Erdöl an[1].

D. Flammpunkt.

Der Flammpunkt von Benzin liegt seinem niedrigen Siedebeginn entsprechend sehr tief und zwar zumeist unter 0° C. Seine Bestimmung erfolgt in dem Abel-Pensky Petroleumprober, dessen inneres Gefäß aus dem Wasserbad entfernt und durch ein Gemisch von fester Kohlensäure und Alkohol auf —60° abgekühlt wird. Wenn die Zündflamme nicht von Gas gespeist wird, setzt man sie erst kurz vor Beginn des Probens ein, damit das Petroleum in der Zündvorrichtung nicht einfriere. Ist das Gefäß auf die erwähnte Temperatur abgekühlt, so kann man es aus der Kältemischung herausnehmen, mit einem Tuch umwickeln und mit dem Proben anfangen.

Folgende Tabelle zeigt nach Holde[2] die Flamm- und Brennpunkte verschieden hoch siedender Benzine:

Tabelle 20. Flamm- und Brennpunkte von Benzin.

Siedegrenzen	50—60°	60—78°	70—88°	80—100°	80—115°	100—150°
Flp.	unt. —58°	—39°	—45°	—22°	—24°	+10°
Brp.	—	—34°	—42°	—	—19°	+16°

E. Dampfdruck.

Der Dampfdruck eines Benzins hängt von der Siedetemperatur seiner leichtesten Anteile ab. Je mehr Dämpfe ein Benzin bei gegebener Temperatur entwickelt, um so höher ist sein Dampfdruck. In engem Zusammenhange damit steht die Explosibilität des Benzindampf-Luftgemisches. Ein Benzindampf-Luftgemisch explodiert nur, wenn sein Gehalt an Benzindampf 2—5% beträgt. Wenn daher auch der Explosionsbereich von Benzindampf-Luftgemischen sehr eng ist, so ist die Explosionsgefahr dennoch

[1] Siehe Holde, K. W., S. 125.
[2] Mitteilungen, **1899**, S. 70.

groß, da schon eine sehr geringe Beimengung von Benzindampf zur Luft genügt, um ein explosives Gas zu bilden.

Die Dampfdruckmessung ist insbesondere bei jenen Benzinen von Wichtigkeit, die, wie Naturgas-Gasolin und Krackbenzin, oft gelöste Gase gelöst enthalten.

Man kann den Dampfdruck von Benzin einfach in einer quecksilbergefüllten Torricelliröhre messen, indem man ein wenig Benzin in der Röhre aufsteigen läßt. In Amerika erfolgt die Dampfdruckmessung von Benzin (insbesondere Naturgas-Gasolin) in einem mit Manometer ausgerüsteten Dampfdruckmesser (s. S. 71).

F. Verdampfbarkeit.

Die Verdampfbarkeit eines Benzins hängt von seinem Gehalt an höhersiedenden Anteilen ab. Bei gleichem spez. Gewicht mehrerer Benzine derselben Herkunft verdampft jenes am raschesten, das die engsten Siedegrenzen hat. Von gutem Benzin wird verlangt, daß es auf ungeleimtem Papier keinen bleibenden Ölfleck verursache und am Uhrglas, bei Zimmerwärme verdampft, keinen öligen Rückstand hinterlasse. Nebenstehende Tabelle zeigt z. B. die Verdampfbarkeit verschiedener fraktionierter Benzine. Je 10 cm³ Benzin wurden an einem zugfreien Ort ($t = 22°$ C) in Uhrgläsern von 18 cm Durchmesser verdunsten gelassen.

Tabelle 21.
Verdampfungszeit von Benzin.

Frakt. Benzin	Völlig verdampft nach
0,697	63 Min.,
0,714	105 „
0,724	135 „
0,732	170 „
0,745	235 „
0,760	275 „

G. Destillation nach Engler.

1. Zollamtliche Destillation. Apparat und Destillationsweise sind bereits beschrieben worden (S. 83 bzw. S. 126).

2. Destillation für Handels- und Industriezwecke. 100 cm³ Benzin werden nach S. 81 destilliert. Für den Barometerstand und den herausragenden Faden sollten Korrekturen angebracht werden, doch werden dieselben gewöhnlich nicht berücksichtigt. Auch für die Destillation von Benzin ist das auf S. 15 beschriebene Engler-Destillationsthermometer bis 360°, ganz eintauchend, zu empfehlen. Zum Auffangen der Destillate verwendet man normalerweise einen 100-cm³-Zylinder (s. S. 80). Die Temperatur des den Kühler durchströmenden Wassers sollte

10° nicht übersteigen. Von 10 zu 10° wird das Volumen des überdestillierten Benzins abgelesen und als Endsiedepunkt jene Temperatur bezeichnet, bei der sich weiße Zersetzungsdämpfe im Kolben bilden oder die Temperatur zu fallen beginnt. Der im Kolben verbliebene Rückstand ist zu messen. Im übrigen gelten die allgemeinen Vorschriften für die ununterbrochene Destillation nach Engler-Ubbelohde.

3. Amerikanische Destillationsmethode (endpoint distillation). Apparat und Destillationsweise sind auf S. 83 beschrieben. Da ein Metallkühler verwendet und mit Eiswasser gekühlt wird, ist die Destillatmenge (recovery), insbesondere bei Leichtbenzin, gewöhnlich etwas größer als bei Methode 2.

H. Fraktionierte Destillation.

Eine Laboratoriumsapparatur, die dem schärferen Fraktioneirungsvermögen der betriebsmäßigen Kolonnenapparate mehr angepaßt ist als die Destillationsapparatur nach Engler, muß mit einem entsprechend hohen Fraktionieraufsatz versehen sein. Eine geeignete Vorrichtung besteht aus einem $^1/_2$ Liter-Rundkolben mit kurzem Halse, den man mit einem Destillationsaufsatz (Glinsky-, Le Bel Henninger-, Hempelaufsatz usw.) verbindet. Man destilliert möglichst langsam und fängt das Destillat in Glasflaschen auf. Wenn bei 120°, 150° und 175° (bzw. 200°) die Vorlagen gewechselt werden, erhält man ungefähr dem Betriebe entsprechende Ausbeuten an Leicht-, Mittel- und Schwerbenzin.

I. Kennziffer.

Das Ergebnis der Destillation eines Benzins nach Engler-Ubbelohde wird in Form einer Tabelle notiert, welche die Temperatur des Siedebeginnes und die bei den Zehnergraden überdestillierten Volumperzente enthält. Bei der amerikanischen Destillationsweise wird die Temperatur des Siedebeginnes und Endpunktes, ferner die Temperaturen, bei denen 10%, 20% ... usw. überdestillieren, festgestellt. Zur Charakterisierung des Siedeverhaltens eines Benzins muß also jedenfalls eine Reihe von Zahlen festgehalten werden. Wa. Ostwald schlug deshalb vor, die Höhenlage der Siedekurve durch Integrieren zu ermitteln und die so gefundene Temperatur als Kennziffer zu bezeichnen, der man eventuell noch die Temperaturen für 5 Vol% und 95 Vol% beifügen kann.

Beispiel: Die Englerdestillation eines Autobenzins ergab z. B. folgende Werte:

Siedebeginn 34°

Bis 50°	4 Vol%		5 Vol%		55°
„ 60°	8 „		15 „		76°
„ 70°	12 „		25 „		95°
„ 80°	18 „		35 „		113°
„ 90°	22 „		45 „		125°
„ 100°	27 „		55 „		137°
„ 110°	33 „		65 „		146°
„ 120°	40 „		75 „		155°
„ 130°	48 „		85 „		165°
„ 140°	57 „		95 „		182°
„ 150°	68 „			Summe:	1249°
„ 160°	80 „				
„ 170°	88 „				
„ 180°	94 „				
„ 190°	97 „				

Kennziffer $= \frac{1249}{10} = 124{,}9$. Diese Temperatur bezeichnet den mittleren Siedepunkt des Benzins. Setzt man noch 55° und 182° (die Temperaturen für 5% und 95%) hinzu, so ist mit wenigen Zahlen die Flüchtigkeit, also die wichtigste Eigenschaft eines unbekannten Benzins gekennzeichnet. Die Kennzifferrechnung eignet sich auch zur Berechnung des Siedeverhaltens beispielsweise von Benzol-Benzinmischungen, ist jedoch bei Gemischen von Flüssigkeiten, die gegenseitig ihre Siedepunkte beeinflussen, nicht verwendbar.

Zur Kennzeichnung der Fraktionierungsschärfe ist ferner von Ostwald vorgeschlagen worden, neben die Kennziffer an Stelle der Destillationstemperaturen von 5% und 95% die sog. Fraktionierungsziffer zu setzen, welche der Halbwert der mittleren Steigung der Siedekurve ist. Näheres hierüber in der Originalarbeit[1].

J. Brechungskoeffizient.

Obwohl bisher noch nicht viel über das Lichtbrechungsvermögen der verschiedenen Benzinsorten bekanntgeworden ist, kann dasselbe immerhin, insbesondere bei engen Fraktionen, ein wenig Licht auf die chemische Zusammensetzung eines Benzins werfen. Die Brechungskoeffizienten n_D^{20} der Paraffin-Kohlenwasserstoffe sind unter den Kohlenwasserstoffreihen-Reihen die niedrigsten (für die im Benzin vorkommenden Kohlenwasserstoffe etwa von 1,3700 bis 1,4400). Die Brechungskoeffizienten der Naphthene sind größer und die der arom. Kohlenwasserstoffe am größten (etwa 1,5000 bis 1,5300). Die Brechungskoeffizienten steigen mit dem Siedepunkt und dem spez. Gewicht.

[1] Petrol. **1926,** S. 850.

Nachstehend die Brechungskoeffizienten n_D^{20} einiger pennsylvanischer Benzine[1] (aliphatisch gesättigten Charakters) und polnischer Benzine (aliphatisch gesättigten-naphthenisch-arom. Charakters):

Tabelle 22. Brechungskoeffizienten von Benzin.

Pennsylv. Benzin			Boryslaw-Benzin		
Gasolin	0,655	1,3762	Naturgas-Gasolin . .	0,690	1,4070
Gasolin	0,680	1,3856	Leichtbenzin	0,720	1,4053
Autobenzin.	0,700	1,3962	Mittelbenzin	0,740	1,4148
Motorbenzin	0,720	1,4034	Mittelbenzin	0,760	1,4269
Waschbenzin	0,745	1,4162	Schwerbenzin . . .	0,780	1,4372
Lackbenzin.	0,770	1,4348	Rückstandsbenzin .	0,795	1,4510
Lackbenzin.	0,781	1,4345			

Da die arom. Kohlenwasserstoffe, ferner Braunkohlenteer-Benzin (1,4600), Terpentinöl (1,4650—1,4820) usw. bedeutend höhere Brechungskoeffizienten besitzen und das Lichtbrechungsvermögen eine additive Eigenschaft ist, können mit kleinsten Substanzmengen rasch fremde Beimengungen im Erdölbenzin entdeckt werden.

III. Chemische Prüfmethoden.

A. Schwefelsäure-Test.

Konz. Schwefelsäure wirkt bekanntlich stark auf Erdöl-Kohlenwasserstoffe ein. Olefine gehen damit einerseits Additionsverbindungen ein, andererseits werden sie zu höhermolekularen Verbindungen polymerisiert. Arom. Kohlenwasserstoffe unterliegen der Sulfurierung. Nur Paraffin- und Naphthen-Kohlenwasserstoffe zeigen starkes Widerstandsvermögen gegenüber konz. Schwefelsäure. Die Einwirkung der letzteren erfolgt unter Wärmeentwicklung, die um so größer ist, je mehr reaktionsfähige Kohlenwasserstoffe anwesend sind. Daher bietet die Messung der beim Einwirken von konz. Schwefelsäure hervorgerufenen Temperatursteigerung, des Schwefelsäure-Testes (ST.), ein bequemes Mittel zur ungefähren Abschätzung, welche Mengen reaktionsfähiger Kohlenwasserstoffe vorhanden sind. Diese analytische Methode ist zuerst von Maumené zur Prüfung von trocknenden Ölen benützt worden. In neuerer Zeit hat sie sich als vorzügliches Mittel erwiesen, um selbst kleine Beimengungen von durch Zersetzungsdestillation (Kracken) erhaltenem Benzin oder

[1] Utz, Petrol. **1921**, S. 1293.

Schwelbenzin in normal destilliertem (straight run-) Benzin zu erkennen.

Im Laboratorium der „Galicia“ in Drohobycz wird über Vorschlag von Ing. A. Urman, der in jedem Mineralöllaboratorium vorhandene „Shukowapparat“ (s. S. 241) ein doppelwandiges, evakuiertes Gefäß zur Bestimmung des ST. verwendet. Der Fassungsraum des Gefäßes beträgt bis zum Halsansatz 65 cm³. Man füllt 50 cm³ (eine Strichmarke bezeichnet dieses Volumen) des zu untersuchenden Benzins ein und verschließt das Gefäß mit einem Gummistopfen. In demselben ist mittels Korkstopfens ein von 0—70° C reichendes Thermometer mit Teilung in 0,2° so befestigt, daß das Quecksilbergefäß von dem Benzin bedeckt ist. Hierauf wird eine Minute lang geschüttelt und die Temperatur (t_1) abgelesen. Dieselbe soll womöglich zwischen 20 und 22° liegen. Man entnimmt hierauf mit einer Pipette aus einer Standflasche 5 cm³ chemisch reiner Schwefelsäure vom spez. Gewicht 1,84 und läßt die Säure in das Reaktionsgefäß fließen. Es ist darauf zu achten, daß sowohl das Benzin und die Säure als auch das Reaktionsgefäß Zimmertemperatur besitzen. Nun wird das Gefäß mit dem Thermometerstopfen verschlossen und solange gleichmäßig geschüttelt, bis die höchste Temperatur (t_2) erreicht ist. Bei großem Olefingehalt ist die Temperatursteigerung beträchtlich und es verdampft deshalb ein wenig Benzin; zum Druckausgleich muß daher in solchen Fällen der Stopfen während des Schüttelns ein bis zweimal gelüftet werden. Die Temperaturdifferenz ($t_2 - t_1$) wird als Schwefelsäuretest (ST) bezeichnet.

Bei durch normale Destillation gewonnenen unraffinierten Erdölbenzinen beträgt der ST. 1—5°, bei raffinierten Benzinen ist er gleich 1—3°. Die marktgängigen Krackbenzine hingegen zeigen eine Temperatursteigerung von 30—50°[1]. Schon geringe Zusätze davon erhöhen demgemäß den ST. eines normalen Benzins beträchtlich. Desgleichen reagieren durch Schwelung von Braunkohlen und ähnlichen bituminösen Stoffen erhaltene Benzine mit Schwefelsäure unter starker Wärmeentwicklung. Von Erdölkrackbenzin sind Schwelbenzine durch ihr hohes spez. Gewicht (über 0,790) und ihren hohen Brechungskoeffizienten (etwa 1,4600) zu unterscheiden.

B. Gehalt an ungesättigten Kohlenwasserstoffen.

Derselbe wird nach der von Riesenfeld und Bandte für Motorenbenzine angegebenen Methode (s. S. 173) bestimmt.

[1] Unter Umständen muß mit Normalbenzin verdünnt werden.

C. Gehalt an aromatischen Kohlenwasserstoffen.

Bei Abwesenheit von ungesättigten Kohlenwasserstoff (kleiner ST.) werden die arom. Kohlenwasserstoffe nach Hess durch Nitrieren bestimmt. Sind hingegen Krack- oder Schwelbenzine mit größerem Gehalt an Olefinen zu untersuchen, so verfährt man nach der von Riesenfeld und Bandte für gekrackte Motorenbenzine empfohlenen Methode (s. S. 175).

Bestimmung der arom. Kohlenwasserstoffe nach Hess. Diese Methode beruht darauf, daß arom. Kohlenwasserstoffe in der Kälte durch ein Gemisch von konz. Salpetersäure und konz. Schwefelsäure in Mononitro-Verbindungen übergeführt werden, welche in dem Nitriergemisch löslich sind. Voraussetzung der Anwendung dieser Methode ist die Abwesenheit von Olefinen, die ebenfalls mit dem Säuregemisch reagieren würden. Die Bestimmung wird in dem Apparat Abb. 62 ausgeführt.

Der Apparat besteht aus einem Stehkolben von 500 cm^3 Inhalt, dessen langer Hals eine von 0—50 cm^3 reichende Teilung besitzt. Der Kolbenhals wird durch einen eingeschliffenen Stopfen verschlossen, an dem ein Tropftrichter mit langem Hals und ein Entlüftungsröhrchen angelötet sind. Zu dem Schliff paßt noch ein zweiter, normaler Glasstopfen. Außerdem hat der Kolben einen Tubus, in den ein Thermometer eingeschliffen ist, welches in das Kolbeninnere ragt. Ein über Tubus und Thermometer geschobener Schlauch schützt diesen vor Lockerung.

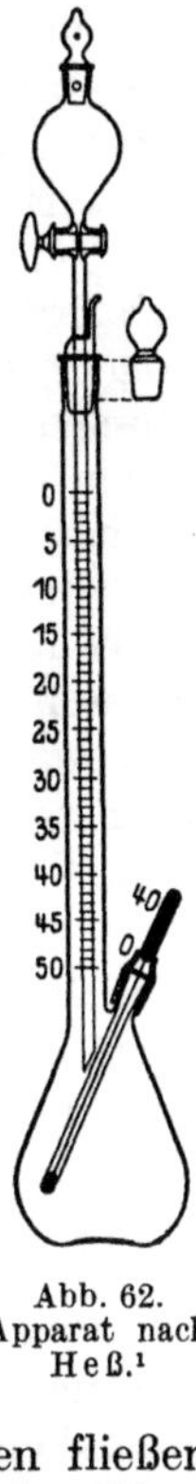

Abb. 62. Apparat nach Heß.[1]

Man gießt 50 cm^3 des zu prüfenden Mineralöles und hierauf 200 cm^3 einer technischen Schwefelsäure von 66° Bé in den Kolben. Derselbe wird für 10 Minuten in Eiswasser gestellt und von Zeit zu Zeit umgeschüttelt. Nun füllt man 50 g Nitriersäure (1 Teil Salpetersäure 43° Bé, 2 Teile Schwefelsäure 66° Bé) in den Tropftrichter und läßt dieselbe im Verlauf von 15—20 Minuten unter Umschwenken der Flüssigkeit in den Kolben fließen. Hierbei soll die Temperatur der Flüssigkeit 10° nicht überschreiten. Bei besonders hohem Gehalt an arom. Kohlenwasserstoff (über 30%) muß mehr Nitriersäure zugefügt werden. Wenn sich keine Säure mehr im Trichter befindet, wird dieser entfernt und soviel konz. Schwefelsäure in den Kolben fließen gelassen, daß die Flüssigkeit bis zur obersten Marke reicht. Hier-

[1] Erdöl und Teer **1926**, S. 779, Erzeuger: Dr. H. Göckel, Berlin NW 6.

auf verschließt man den Kolben mit dem normalen Glasstopfen und schüttelt, ohne zu kühlen, den Kolbeninhalt $^1/_4$ Minute kräftig durch. Dann wird über Nacht im Zimmer absitzen gelassen und am nächsten Morgen das Volumen der nicht angegriffenen Kohlenwasserstoffe abgelesen. Für die kleine Menge der nichtaromatischen, in der Säure gelösten Kohlenwasserstoffe fügt man dem abgelesenen Volumen 1 cm^3 zu.

D. Schwefelgehalt.

Qualitativer Nachweis (amerikanische Vorschrift)[1]. „Doctor Lösung“: 125 g Ätznatron werden in 1 Liter destillierten Wasser aufgelöst und 60 g Bleioxyd zugegeben. Die Mischung wird 15 Minuten kräftig geschüttelt oder unter gelegentlichem Schütteln mindestens einen Tag stehen gelassen. Hierauf dekantiert man die klare Lösung. Sollte sich über dem Niederschlag die Lösung nicht klar abgesetzt haben, so filtriert man durch ein Asbestfilter. Die klare Lösung wird in einer dicht verkorkten Flasche aufbewahrt und vor dem Gebrauch nötigenfalls noch einmal filtriert.

10 cm^3 des zu untersuchenden Benzins werden mit 5 cm^3 der „Doctor Lösung“ in einem Reagenzglas ungefähr 15 Sekunden lang geschüttelt. Hierauf wird eine kleine Menge Schwefelblumen zugesetzt, nochmals 15 Sekunden geschüttelt und absitzen gelassen. Die Menge des zuzusetzenden Schwefels ist so zu bemessen, daß seine Gesamtmenge auf der Berührungsfläche von Benzin und Plumbitlösung schwimmt.

Wenn sich das Benzin verfärbt oder die gelbe Farbe der Schwefelhaut merklich verdeckt erscheint, so wird das Prüfungsergebnis als „positiv“ bezeichnet und das Benzin als „sauer“ beanstandet. Bleibt hingegen die Farbe des Benzins unverändert und die Schwefelhaut glänzend gelb oder nur schwach grau gefärbt oder schwarz gefleckt, so ist das Ergebnis als „negativ“ und das Benzin als „süß“ zu bezeichnen.

Quantitative Prüfung. Der Schwefelgehalt von Benzin wird nach der Lampenmethode bestimmt (s. S. 99).

E. Prüfung der korrodierenden Eigenschaften.

1. Kupferstreifen-Methode[2].

Auch diese Prüfungsmethode dient zur Feststellung der Anwesenheit von freiem Schwefel oder korrodierenden Schwefel-

---
[1] U. S. Gov. specif. method No 520, 3.
[2] U. S. Gov. specif. method No 530, 22.

verbindungen. Ein etwa 75 mm langer und 12 mm breiter Streifen polierten Kupferbleches wird in ein Reagenzglas gegeben und mit dem Benzin bedeckt. Das Reagenzglas wird mit einem Stopfen lose verschlossen und 3 Stunden in einem Wasserbad auf 50° bzw. 100° gehalten. Hierauf wird der Kupferstreifen mit schwefelfreiem Aceton abgespült und mit einem ähnlichen frischpolierten Kupferstreifen verglichen.

Das Benzin ist als nicht korrodierend zu bezeichnen, wenn der Kupferstreifen nur eine ganz leichte Verfärbung aufweist. Stärkere Verfärbung oder Fleckenbildung deuten auf korrodierende Eigenschaften hin.

2. Kupferschalen-Methode[1] (Gumming-test).

In eine frischpolierte, halbkugelige Kupferschale von etwa 9 cm Durchmesser werden 100 cm^3 des zu prüfenden Benzins gegeben. Hierauf stellt man die Schale derart auf die Öffnung eines lebhaft siedenden, elektrisch geheizten Wasserbades, daß der Dampf die Schale bis zum Flüssigkeitsniveau umspüle. Wenn das Benzin gelösten elementaren Schwefel oder korrodierende Schwefelverbindungen enthält, so zeigt sich nach dem Verdampfen des Benzins der Boden der Schale grau oder schwarz verfärbt.

Bei Anwesenheit von unerwünschten gummi-(harz-)bildenden Verbindungen verbleibt eine wägbare Menge Harz in der Schale. Auch saure Rückstände hinterlassen einen harzartigen Belag. Wurde die leere Kupferschale vor dem Versuch gewogen, so kann man nun durch neuerliche Wägung die Menge des harzartigen Rückstandes bestimmen.

Diese Prüfung ist zur Beurteilung von Krackbenzinen wichtig, da dieselben, wenn schlecht raffiniert, Verbindungen enthalten, welche sich zu gummiartigen Harzen polymerisieren. Letztere scheiden sich zumeist auch bei normaler Temperatur, insbesondere bei Belichtung, nach einiger Zeit in dem Benzin aus.

F. Raffinationsgrad.

Die Ansichten über die Notwendigkeit einer scharfen Raffination von Benzin sind sehr verschieden. Ob überhaupt nur raffiniertes Benzin verwendet wird, und bis zu welchem Grade dasselbe ausraffiniert sein soll, hängt in erster Linie von dem Verwendungszweck und dem chemischen Charakter des Benzins ab. Die Behandlung mit Schwefelsäure, die meistverbreitete Raffinationsmethode für normal destillierte Benzine, bezweckt, rein

[1] U. S. Gov. specif. method No 530, 1.

äußerlich genommen, die Befreiung derselben von unangenehm riechenden und färbenden Bestandteilen. Vom Standpunkt der chemischen Veredlung erfolgt Entfernung von polymerisierenden, säurebildenden und verharzenden Verbindungen. Wenn aber die letztgenannten schädlichen Bestandteile abwesend sind, und, wie es zumeist bei normal destillierten Leichtbenzinen der Fall ist, Geruch und Farbe entsprechen, bedeutet Raffination nur Materialverlust und Verteuerung. Voraussetzung zur Benutzung eines nichtraffinierten Benzins ist natürlich, daß es für den speziellen Verwendungszweck ebensogut brauchbar ist wie ein raffiniertes Benzin. Während also z. B. viele durch normale Destillation erhaltene Benzine ohne Raffination als Motorbetriebstoffe brauchbar sind, ist es klar, daß als Extraktions- oder Waschbenzin nur geruchschwaches, also raffiniertes Benzin gebraucht werden kann. Aus dem Grad der stärkeren oder schwächeren Färbung, welche konzentrierte Schwefelsäure beim Schütteln mit Benzin annimmt, kann man auf den Raffinationsgrad des letzteren schließen. Je dunkler sich hierbei die Säure färbt, um so schwächer raffiniert ist das Benzin. Nach Rakusin schüttelt man 10 cm³ Benzin in einem Reagenzglas 3 Minuten lang mit 5 cm³ Schwefelsäure vom spez. Gewicht 1,53. Wenn sich hierbei beide Schichten braun färben, ist das Benzin als gar nicht oder nur schwach raffiniert anzusehen. Bei Krackbenzinen ist diese Probe nicht maßgebend, da dieselben ihrer Natur nach auch nach der Raffination noch bedeutende Mengen von mit Schwefelsäure reagierenden Kohlenwasserstoffen besitzen. Krackbenzine sind im Handel derzeit wohl ausschließlich als Kraftstoffe für den Motorbetrieb anzutreffen. Als solche sollen sie soweit raffiniert sein, daß sie am Licht nicht gelb werden, dem Korrosions- und Gummitest entsprechen (vgl. englische und amerikanische Vorschriften) und nicht mehr als 0,1% Schwefel enthalten. Ihr Geruch darf charakteristisch, soll aber nicht abstoßend sein.

IV. Erdölbenzine.

Eigenschaften, Anforderungen und Untersuchung.

A. Erdöl-Rohbenzin.

Als Rohbenzin bezeichnet man die bis etwa 200° siedenden Erdölanteile, die noch keiner Redestillation und Raffination unterzogen wurden. Rohbenzin ist farblos oder gelb. Schüttelt man 10 cm³ 3 Minuten lang mit Schwefelsäure vom spez. Gewicht 1,53, so nimmt die abgesetzte Säure Braunfärbung an. Rohbenzin selbst ist kein Handelsprodukt, obzwar es von manchen Raffinerien zur Weiterverarbeitung bezogen wird. Durch Fraktionierung erhält man daraus verschiedene Benzinsorten, die nach dem spez. Gewicht und den Siedegrenzen in die drei Kategorien: Leicht-, Mittel- und Schwerbenzin eingeteilt werden können.

B. Leichtbenzin.

Es gibt eine Menge Namen für Leichtbenzin, wie Hydrür, Gasolin, Ligroin, Petroläther, Canadol usw. Dem Verwendungszweck entsprechen die Bezeichnungen: Putzbenzin, Extraktionsbenzin usw. Die spez. Gewichte bewegen sich etwa von 0,650 bis 0,700. Diese Benzine sieden in engeren oder weiteren Grenzen zwischen 40° und 120°, mitunter sogar bis 140°. Sie sind farblos, ihr Geruch ist mild. Verwendung: für Luftgasbereitung, Gaskraftmaschinen, leichte Explosionsmotoren, pharmazeutische Zwecke. Für leichtes Extraktionsbenzin werden verschiedene Siedegrenzen verlangt, so z. B. 60—110°, 80—120° usw. In Italien sind für Extraktionsbenzine die Siedegrenzen des Fliegerbenzins vorgeschrieben. Für die erwähnten Benzinsorten bilden die Engler-Destillation und die Verdampfungsprobe die wichtigsten Prüfungen.

C. Mittelbenzin.

Gewöhnliches Handelsbenzin hat ein spez. Gewicht von 0,710 bis 0,735. Grubenlampenbenzin soll nach Broockmann keine unter 60° C siedenden, sowie keine hochsiedenden, den Docht verkrustenden Anteile enthalten. Nach Jakubowicz[1] eignet sich für Grubenlampenbenzin am besten ein zwischen 60 und 120° siedendes Benzin. Eine damit gefüllte Grubenlampe zeigte eine Leuchtkraft von 1,2 Hefnerkerzen und verbrauchte 3,5 g Benzin in der Stunde.

Zu den Mittelbenzinen gehören dem spez. Gewicht nach auch die meisten Motorenbenzine. Wegen ihrer Bedeutung werden dieselben später eingehender besprochen.

D. Schwerbenzine (Lack-, Testbenzine).

Die Lack- (Test-)Benzine haben verschiedene spez. Gewichte und Siedegrenzen. Beispielsweise siedet ein Testbenzin 0,770/780 von 140°—180°, 0,780/90 von 150—200°, 0,790/800 von 160 bis 220°. In Italien werden für Lackbenzin A die Siedegrenzen 90—150° C, für Lackbenzin B die Siedegrenzen von 110—230° C

[1] Privatmitteilung.

verlangt. Als Flammpunkt ist für Lackbenzin, wenn kein höherer Flammpunkt verlangt wird, eine Temperatur von 21° im Abelapparat vorgeschrieben. Die Verdunstungsgeschwindigkeit soll der des Terpentinöles ähnlich sein; auf ungeleimtem Papier darf Lackbenzin nach dem Verdunsten keinen Ölfleck hinterlassen. Als Prüfungsmethode eignen sich für die Bestimmung der Verdunstungsgeschwindigkeit die Punkte 3 und 4 der englischen Vorschrift.

Da die Lackbenzine sowohl nach dem spez. Gewicht als auch nach den Siedegrenzen in das Gebiet der leichteren Petroleum-(Leuchtöl-)Sorten hinübergreifen, ist die Möglichkeit einer Unterscheidung beider Produkte von Wert. Nach Graefe[1] benutzt man hierzu die Differenz zwischen Flüssigkeits- und Dampftemperatur bei der Destillation. Diese Differenz ist um so größer, je weiter die Siedegrenzen der Flüssigkeit sind. Man mißt gleichzeitig die Temperatur von Flüssigkeit und Dampf bei Beginn des Siedens im Englerkolben, in dessen Hals die beiden Thermometer entsprechend angebracht wurden. Die Temperaturdifferenz beträgt nach Holde[2] ohne Korrektur für den herausragenden Faden bei Lackbenzin 5—18°, bei Sicherheitspetroleum 5—14°, für gewöhnliches Leuchtpetroleum jedoch 30—45°.

Da die amerikanischen und englischen Vorschriften hinsichtlich der Eigenschaften von Lackbenzin genaue Vorschriften enthalten, seien dieselben nachfolgend mitgeteilt:

Amerikanische Vorschriften für Lackbenzin[3].

(Turpentine Substitute, White Spirit)

Bei den staatlichen Behörden in USA. bestehen folgende Vorschriften für Benzin als Verdünnungsmittel für Farben und Terpentinölersatz[3].

1. Frei von gelöstem Wasser und suspendierten Fremdstoffen.
2. Farbe: wasserhell.
3. Auf Filtrierpapier getropft, soll das Benzin innerhalb 30 Minuten vollständig verdunsten.
4. Flammpunkt: mindestens 30° C im geschlossenen Tag.-Tester (entspricht etwa 26° C Abeltest).
5. Schwefelprobe: negativ.
6. Destillation: höchstens 5% unter 130° C und mindestens 97% bis 230° C.
7. Der nach der Destillation im Kolben verbleibende Rückstand darf keine saure Reaktion zeigen.

Englische Vorschriften für Lackbenzin[3].

1. Das Lackbenzin muß ein Erdölprodukt sein. Es soll weiß, wasserhell, frei von Feuchtigkeit und anderen sichtbaren Verunreinigungen sein und darf keinen unangenehmen Geruch besitzen.

---

[1] Petrol. **1907/08**, S. 1128. [2] Holde, K. W., S. 136. [3] Croß, S. 411.

2. Destillation: Höchstens 10% bis 150° C, mindestens 80% bis 190° und mindestens 90% bis 200° C.

3. Wenn man 0,5 cm^3 des Benzins auf ein weißes, aschefreies Filter tropfen läßt und dieses der freien Luft eine Stunde lang bei 15° C aussetzt, darf kein Fettfleck oder sonst ein sichtbares Zeichen zurückbleiben.

4. Wenn 50 cm^3 Benzin in einer Schale mit flachem Boden, welche etwa 10 cm Durchmesser und 2,5 cm Höhe hat, durch 4 Stunden am siedenden Wasserbad erwärmt werden, darf höchstens ein Rückstand von 0,2 Gew.-% zurückbleiben. Derselbe muß zur Gänze organischer Natur sein.

5. Wenn 50 cm^3 des Benzins mit 10 cm^3 destillierten Wassers geschüttelt werden, muß die wässerige Schichte gegenüber Methylorange neutral reagieren.

6. Das Benzin muß von schädlichen Schwefelverbindungen frei sein. Ein in dem Engler-Destillationskolben angebrachter blanker Kupferstreifen darf sich während der Destillation nicht verfärben.

7. Die Flüchtigkeit soll der von Terpentinöl ähnlich sein.

8. Der Flammpunkt, bestimmt im Abelschen Prober, soll mindestens 25,6° C betragen.

Unterscheidung von Terpentinöl.

Lackbenzin ist ein Ersatzmittel für das teurere Terpentinöl, dem es oft durch Beimischung von Geruchstoffen ähnlich gemacht wird. Um zu entscheiden, ob Terpentinöl oder Lackbenzin vorliegt, müssen sowohl die physikalischen als auch die chemischen Eigenschaften der Flüssigkeit herangezogen werden. Vor allem ist Terpentinöl (0,860—0,880) schwerer als Lackbenzin. Auch sein Brechungskoeffizient (n_D^{20}) ist größer, und zwar 1,4650—1,4800 gegen 1,4200—1,4500. Ungekracktes Lackbenzin wird durch Bromdampf gelb bis rot gefärbt, während Terpentinöl das Brom aufnimmt und hierbei farblos bleibt. Zur Ausführung bringt man etwa 100 cm^3 der Flüssigkeit in einen 200 cm^3 Maßzylinder und läßt aus einer mit Brom gefüllten Flasche etwas Bromdampf in den Zylinder fließen. Letzterer wird hierauf mit dem Glasstöpsel verschlossen und geschüttelt.

Normen für die Lieferung von Benzin der wichtigsten europäischen Erdöl-Produktionsländer.

Tabelle 23. Polnische Benzine[1].

	Spez. Gew.	Siedebeginn	Bis 120 °	Siedeende
Erdgasgasolin	0,660 — 0,710	—	—	bis 165 ° mind. 96 %
Fliegerbenzin I	—	nicht unter 50 °	mind. 60 %	bis 165 ° mind. 96 %

[1] Normen der Mineralölsektion der polnischen Normalisierungskommission 1927.

Tabelle 23. Polnische Benzine.
(Fortsetzung.)

	Spez. Gew.	Siedebeginn	Bis 120 °	Siedeende
Fliegerbenzin II	—	nicht unter 50 °	mind. 50 %	bis 175 ° mind. 96 %
Automobilbenzin	—	unter 55 °	mind. 40 %	bis 210 ° mind. 96 %
Motorenbenzin f. landwirtschaftl. Zwecke	—	unter 70 °	mind. 20 %	bis 225 ° mind. 96 %
Extraktions-benzin	0,731 — 0,740	zwischen 80 ° und 140 ° sollen mindestens 96 % überdestillieren		
Lackbenzin I	0,771 — 0,780	zwischen 130 ° und 200 ° sollen mindestens 96 % überdestillieren		
Lackbenzin II	0,781 — 0,790	zwischen 130 ° und 220 ° sollen mindestens 96 % überdestillieren		

Tabelle 24. Russische Benzine[1].

		Spez. Gew.	Farbe nach Stammer	Destillation nach Engler			
				Siede-beginn	bis 100 °		Siedeende
Fliegerbenzin		bis 0,720	mind. 200	höchst. 60 °	mind. 60 %	bis 120 ° mind. 95 %	bei 130 °
Grosny-Provenienz	Benzin I. Sorte	bis 0,730	—	höchst. 60 °	mind. 40 %	bis 160 ° mind. 95 %	bis 175 ° mind. 97 %
Grosny-Provenienz	Benzin II. Sorte	bis 0,750	—	höchst. 70 °	mind. 20 %	bis 160 ° mind. 80 %	bis 200 ° mind. 97 %
Baku-Provenienz	Wund-benzin	bis 0,720	—	höchst. 60 °	mind. 60 %	—	bei 100 °
Baku-Provenienz	Benzin I. Sorte	bis 0,745	—	höchst. 70 °	mind. 60 %	bis 140 ° mind. 95 %	bei 150 °
Baku-Provenienz	Benzin II. Sorte	bis 0,755	—	höchst. 80 °	mind. 30 %	bis 160 ° mind. 95 %	bis 175 ° mind. 97 %
Kalosza Provenienz	Spezial-benzin	bis 0,760	—	höchst. 80 °	bis 110 ° mind. 95 %	—	bei 120 °
Ligroin		bis 0,755	—	höchst. 110 °	—	bis 200 ° mind. 95 %	bei 220 °

[1] S. Tägl. Ber. **1928**, Nr 213.

Tabelle 25. Rumänische Benzine[1].

	Spez. Gew.	Siedebeginn	Es sollen übergehen	Siedeende
Fliegerbenzin	0,680 — 0,700	—	bis 120 ° mindestens 85 %	180 °
Extraktionsbenzin	0,720 — 0,730	—	Zwischen 80 und 100° mindestens 95 %	120 °
Automobilbenzin	0,735 — 0,740	höchstens 70 °	bis 100 ° mindestens 35 %	bis 150 ° mind. 95 %
Motorenbenzin	0,775 — 0,780	—	bis 150 ° mindestens 70 %	bis 180 ° mind. 95 %

V. Krack- und Schwelbenzine.

Die Krackbenzine werden durch Zersetzungsdestillation bei hoher Temperatur und meist unter Druck aus schwereren Erdölfraktionen, gewöhnlich aus Gasöl oder Rückständen, erzeugt. Sie haben einen charakteristischen, unangenehmen Geruch, der durch Raffination gemildert wird. Die Krackbenzine sind reich an ungesättigten Kohlenwasserstoffen, haben daher eine hohe Jodzahl, und zeigen beim Schütteln mit Schwefelsäure große Temperatursteigerung (s. S. 159). Das spez. Gewicht dieser Benzine ist infolge des hohen Gehaltes an ungesättigten und aromatischen Kohlenwasserstoffen im Verhältnis zu den Siedegrenzen höher als bei normal destilliertem Erdölbenzin. Der Brechungskoeffizient beträgt für ein zwischen 50 und 200° siedendes Benzin etwa 1,4300. In raffiniertem Zustande ist Krackbenzin meist farblos; bei der Raffinationsprobe verfärbt sich Säure vom spez. Gewicht 1,53 meist nicht oder nur schwach, hingegen wird konz. Schwefelsäure (1,84) stark gefärbt. Krackbenzin enthält oft gelöste Gase, was man an dem Destillationsverlust bei der Ausführung der Englerdestillation erkennt. Die Untersuchung der Krackbenzine hat sich vor allem auf Korrosion, Harzabscheidung und S-Gehalt zu erstrecken; da jedoch Krackbenzine heute wohl ausschließlich als Motorenbenzine verwendet werden, sind auch alle anderen für Kraftstoffe vorgeschriebenen Untersuchungen anzustellen.

Braunkohlenbenzin wird bei der Destillation des durch Verschwelen oder Vergasen der Braunkohle entstandenen Teeres oder durch Absorption aus den Braunkohlenschwelgasen erhalten. Das spez. Gewicht beträgt bei einem zwischen 80° und 200° sie-

[1] Petrol. **1924**, S. 384.

denden Benzin 0,795—0,805, ist also viel höher als das spez. Gewicht eines entsprechenden Erdölbenzins. Auch der Brechungskoeffizient ist höher und beträgt etwa 1,460. Neben aliphatischen und aromatischen Kohlenwasserstoffen sind viele ungesättigte Kohlenwasserstoffe vorhanden.

Braunkohlenbenzin enthält wie alle Braunkohlendestillate beträchtliche Mengen gebundenen Schwefels. Beim Erwärmen von Braunkohlenbenzin mit ammoniakalischer Silberlösung unter öfterem Schütteln am Wasserbad tritt daher Schwarzfärbung ein. In schwächerem Maße geben auch schlecht raffinierte Erdölbenzine diese Reaktion.

Durch Tieftemperaturverkokung von Steinkohlen wird ein fast aromatenfreies Benzin gewonnen; doch spielt das so erhaltene Benzin, ebenso wie das Benzin aus bituminösen Schieferarten, wegen seiner geringen Erzeugung keine große Rolle am Weltmarkt.

Auch die Schwelbenzine werden fast ausschließlich als Motorenbenzin verwendet. Ihr Nachweis ist deshalb bei den Motorenbenzinen eingehender behandelt.

VI. Motorenbenzine.

Der große Bedarf an Betriebstoffen für die sich gewaltig vermehrenden Kraftfahrzeuge hat dazu geführt, daß die Weltproduktion an Benzin in erster Linie der Befriedigung dieses Bedarfes dient und alle anderen Verwendungsarten des Benzins in den Hintergrund getreten sind. Da jedoch auch die gesteigerte Benzinproduktion mit dem wachsenden Kraftstoffbedarf nicht gleichen Schritt halten kann, sind seit mehreren Jahren in allen Kulturstaaten Anstrengungen gemacht worden, um andere Kraftstoffe zu finden und zu erzeugen. Hierbei spielte die Erwägung, daß sich die größten Erdöllager in Amerika und Asien befinden, in Friedenszeiten daher gewaltige Summen ins Ausland wandern, im Kriegsfalle jedoch eine Abschnürung von sämtlichen Kraftstoffquellen eintreten konnte, eine maßgebende Rolle. Außerdem haben neuere Untersuchungen gezeigt, daß direkt destilliertes (straight run-) Erdölbenzin keineswegs ein idealer Motorbetriebstoff ist, da es bei höherer Kompression zu Frühzündung und zu dem sog. „Klopfen“ neigt, was ein unrationelles Arbeiten des Motors zur Folge hat. In dieser Beziehung hat sich Krackbenzin, ein durch Zersetzungsdestillation aus schwereren Erdölfraktionen erhaltenes Benzin überlegen gezeigt. Ein ausgezeichneter, wegen seines hohen Zündpunktes klopffreier Kraftstoff ist Motorenbenzol, das in stets steigendem Maße, teils allein, teils in Mischung mit Benzin, Alkohol, Tetralin usw. zum Betriebe von Motoren verwendet wird. So sind die verschiedenen nationalen Kraftstoffe (Reichskraftstoff[1], Carburant National[2], Natalit usw.) entstanden, die das Benzin ganz oder wenigstens teilweise durch in der Heimat erzeugte Brennstoffe ersetzen sollen. Auch die von einigen großen Konzernen mittels Zapfstellen vertriebenen Kraftstoffe bestehen aus Gemischen verschiedener Brennstoffe. In neuester Zeit kommen auch schon synthetisch aus Kohlenoxyd und Wassergas, ferner durch Druckhydrierung von Kohle gewonnene Benzine auf den Markt. Über die Untersuchung dieser synthetischen Benzine ist noch nichts bekannt.

In den letzten Jahren werden auch Versuche gemacht, Benzin durch Zusatz gewisser Stoffe (antiknocking) klopffest zu machen. In Amerika wird hierzu das giftige Tetraäthylblei verwendet, während das in Deutschland zum gleichen Zweck erzeugte Motalin Eisenkarbonyl enthält. Auch Alkohol ist ein gutes Antiklopfmittel.

Da dieses Buch nur die Untersuchung des Erdöls und der Erdölprodukte zum Gegenstande hat, und die verwandten bituminösen Stoffe nur soweit berührt, als zu ihrer Unterscheidung von Erdölprodukten nötig ist, wird nur die Prüfung von Benzinkraftstoff ausführlicher behandelt, jedoch auch eine Anweisung gegeben, wie Kraftstoffgemische auf die in Betracht kommenden Bestandteile zu prüfen sind.

Die Prüfung eines Motorenbenzins im Laboratorium richtet sich vor allem darauf, ob das Benzin die richtige Flüchtigkeit hat, und ob es rein ist, d. h. ob keine für den Motor schädlichen Stoffe anwesend sind. Der dritte wichtige Faktor, die Kompressionsfestigkeit des Benzins, ist nur durch eingehende Prüfung am Versuchsmotor festzustellen.

Flüchtigkeit. Dieselbe wird am besten durch die Siedeanalyse nach Engler bestimmt. Die hierbei festgestellte mittlere Siedetemperatur, von Wa. Ostwald Kennziffer (s. S. 157) genannt, charakterisiert durch eine einzige Zahl die Höhenlage der Siedekurve. Die Kennziffer allein gibt jedoch keinen Aufschluß darüber, ob die Siedekurve nicht sog. „Siedeschwänze", d. h. verhältnismäßig tiefen Siedeanfang und hohes Siedeende hat, was für den Wert des Benzins mitbestimmend ist. Der Siedebeginn darf z. B. nicht höher als 70° C liegen, damit der Motor im Winter

---

[1] 50 Benzol + 25 Tetralin + 25 Spiritus oder 57 Benzol + 34 Spiritus + 9 Tetralin.

[2] 50 Benzin + 50 Spiritus.

leicht anspringe. Ein Siedeanfang unter 50° verursacht andererseits Verluste beim Lagern und kann bei Flugzeugmotoren dazu führen, daß das Benzin in größeren Höhenlagen bereits im Schwimmergehäuse des Vergasers zu sieden anfängt, was bis zum Versagen des Motors führen kann. Daher ist die Angabe der Anfangs- und Endsiedetemperatur notwendig (s. a. Ostwalds Fraktionierungsziffer" S. 157).

Bis 200° C soll bei einem guten Automobilbenzin möglichst alles übergehen, da hochsiedende Benzinanteile übermäßige Verdünnung des Motorschmieröles verursachen.

Nach Ostwald beträgt die Kennziffer[1] für:

B. V. Motorenbenzol	96—104°,
Hochwertige Markenbenzine	112—120°,
Mittelbenzine	120—130°,
U. S. Navy-Benzin	140°.

Reinheit. Motorenbenzin soll mit dem halben Volumen Schwefelsäure vom spez. Gewicht 1,50 drei Minuten in einem Reagenzglase geschüttelt, die Säure höchstens schwach gelb färben. Mineralsäure darf auch nicht in Spuren anwesend sein. Der Schwefelgehalt soll höchstens 0,1% betragen, da größere Mengen davon infolge Bildung von Schwefelsäure im Motor zur Korrosion desselben führen. Ein beträchtlicher Schwefelgehalt zeigt sich bei der Korrosionsprüfung (s. S. 163) durch eine graue oder schwarze Verfärbung der Kupferschale (infolge Bildung von Schwefelkupfer). Wenn das Benzin gewisse ungesättigte Verbindungen enthält, die infolge Polymerisation zur Bildung von Harzen neigen, so bleibt nach dem Verdampfen von 100 cm^3 Benzin in der Kupferschale außerdem ein gummiartiger Rückstand. Ein solcher läßt befürchten, daß das Benzin zu Ventilverpichungen neigt.

Kompressionsfestigkeit. Die Kompression oder Verdichtung ist das Verhältnis der Zylinderräume unterhalb des Kolbens zu Beginn und am Ende des Kolbenhubes. Je mehr sich das Dampf-Luftgemisch verdichten läßt, um so wirtschaftlicher arbeitet der Motor. Die Verdichtbarkeit der Motortreibmittel ist sehr verschieden. Benzol läßt sich am stärksten verdichten, ohne daß Selbstzündung eintritt, während straight-run-Benzin schon bei geringer Kompression das sog. „Klopfen" verursacht. Man setzt demselben deshalb häufig Benzol, Alkohol oder geringe Mengen sog. Antiklopfmittel zu, welche das Klopfen beseitigen. Mit auf diese Weise klopffest gemachtem Benzin kann ein Motor auch bei hohem Verdichtungsdruck betrieben werden. Die Krackbenzine

[1] Petrol. **1926**, S. 679.

sind infolge ihres Gehaltes an ungesättigten und aromatischen Kohlenwasserstoffen kompressionsfester als gewöhnlich destilliertes Benzin.

Ein richtiges Bild von der Höhe des zulässigen Verdichtungsdruckes kann man nur durch systematische Prüfung am Versuchsmotor gewinnen. Von englischen und amerikanischen Forschern sind zwar umfangreiche Untersuchungen angestellt worden, um aus der chemischen Analyse der Benzine die Kompressionsfestigkeit zu berechnen, doch haben diese Untersuchungen kein eindeutiges Ergebnis geliefert.

Vorangehend sind die Gesichtspunkte besprochen worden, aus denen ungemischte bituminöse Motorenbenzine zu beurteilen sind. Die im Laboratorium anstellbaren Prüfungen bestehen demnach in der Hauptsache aus der Destillationsanalyse und einigen Reinheitsprüfungen. Eine tiefere Kenntnis des Charakters eines untersuchten Kraftstoffes ist damit natürlich nicht gewonnen. Eine solche läßt sich mit voller Genauigkeit nur am Motoren-Prüfstande erzielen, was jedoch eine umfangreiche Einrichtung und gründliche maschinentechnische Kenntnisse zur Voraussetzung hat. In den letzten Jahren ist jedoch die chemisch-technische Forschung mit Erfolg bemüht gewesen, durch Ergründung des chemischen Charakters der Benzine das ihrige zur Lösung des Kraftstoffproblems beizutragen. Englische und amerikanische Forscher hatten zuerst festgestellt, daß von den vier Kohlenwasserstoffreihen, aus denen die Benzine bestehen, die Aromaten dem Explosionsmotor die größte Energieausnützung gestatten. Den Aromaten folgen ungefähr gleichwertig die Olefine und Naphthene und zu allerletzt die Paraffin-Kohlenwasserstoffe.

Nachdem auf diese Weise ein Weg zur Beurteilung von Motorenbenzinen gezeigt worden war, setzten die Bemühungen zahlreicher Chemiker ein, eine geeignete Methode auszuarbeiten, welche die Bestimmung dieser vier Körperklassen gestatten würde. Es liegen nunmehr einige solcher Arbeitsmethoden vor. Im folgenden ist die von Riesenfeld und Bandte[1] ausgearbeitete Untersuchungsweise mitgeteilt, welche am besten erprobt und verhältnismäßig einfach ist.

1. Chemische Analyse von Motorenbenzinen nach Riesenfeld und Bandte.

Wenn wir von den verschiedenartigen Kraftstoffmischungen absehen, die aus Benzol, Alkohol, Äther, Tetralin und Benzin, oder

[1] Erdöl u. Teer **1926**, S. 491, 587, 621, 715; **1927**, S. 139. Siehe auch Bandte, Erdöl u. Teer **1928**, S. 107, 131.

auch ohne dasselbe zusammengesetzt sind, und nur aus bituminöser Quelle stammende Benzine ins Auge fassen, so ist in chemischer Beziehung auch hier große Mannigfaltigkeit anzutreffen. Je nachdem das Benzin durch direkte Destillation (straight run) oder Zersetzungs-(Krack-)destillation aus Erdöl gewonnen oder durch Schwelen von Braunkohlenteer oder einem anderen Bitumen erzeugt wurde, ist seine Zusammensetzung sehr verschieden. Straight run-Benzine sind zum größten Teil aus Paraffin- und Naphthen-Kohlenwasserstoffen zusammengesetzt. Daneben treten aromatische und in geringer Menge ungesättigte Kohlenwasserstoffe auf. Krack- und Schwelbenzine enthalten bedeutend größere Mengen ungesättigter Kohlenwasserstoffe. Alle bituminösen Kraftstoffe jedoch bestehen aus den 4 Kohlenwasserstoffklassen: Paraffine (oder aliphatisch-gesättigte Kohlenwasserstoffe), ungesättigte Kohlenwasserstoffe (Olefine), Aromaten und Naphthene.

Riesenfeld und Bandte haben eine Arbeitsweise ausgearbeitet, welche die technisch-quantitative Bestimmung dieser 4 Körperklassen sowohl in Erdöl-(straight run- und Krack-) als auch in Schwelbenzinen und in Mischungen dieser Benzine mit Motorenbenzol gestattet.

a) Straight run — Erdölbenzine. Die folgende Methode eignet sich zur technischen Analyse von Benzinen, die geringe Mengen (bis zu 5 Vol%) ungesättigter Kohlenwasserstoffe enthalten, wie dies bei durch gewöhnliche Destillation aus Erdöl erhaltenen Benzinen der Fall ist.

Zur Analyse dienen einseitig geschlossene Meßröhren von etwa 56 cm Länge und 13 mm Durchmesser, deren anderes Ende mit einem gut eingeschliffenen Glasstopfen verschlossen ist. Sie fassen 50 cm³ und sind in Zehntelgrade eingeteilt. In die Meßröhre gibt man 30 cm³ einer 94proz. (bei schweren Autobenzinen 92proz.) Schwefelsäure und überschichtet vorsichtig mit 15 cm³ des Benzins. Das Volumen des letzteren wird genau abgelesen. Die Meßröhre wird nun ihrer ganzen Länge nach in Eiswasser gestellt und auf 0° abgekühlt. Dann wird einige Minuten vorsichtig umgeschüttelt, wobei Temperaturerhöhung sorgfältig zu vermeiden ist. Hierauf stellt man die Röhre in das Eiswasser und beläßt sie, ohne frisches Eis nachzufüllen, einige Stunden darin. Die schließlich festgestellte Benzinabnahme ist dem Gehalt an ungesättigten Kohlenwasserstoffen gleich.

Zur Bestimmung der Aromaten werden 15 cm³ frisches Benzin mit 30 cm³ (bei hohem Aromatengehalt 45 cm³) einer 100proz. Schwefelsäure bei 40—45° C in einer gleichen Reaktionsröhre behandelt. Die Schwefelsäure stellt man her, indem man zu gewöhnlicher konz. Säure so viel rauchende Säure hinzufügt, bis sie zu rauchen beginnt. Die Röhre wird durch Eintauchen in 40—45° warmes Wasser angewärmt, 5—10 Minuten geschüttelt, hierauf unter der Wasserleitung abgekühlt und 1—2 Stunden stehengelassen. Die Volumenabnahme entspricht dem Gehalt an ungesättigten und aromatischen Kohlenwasserstoffen. Der Versuch soll zweimal angestellt und der Mittelwert verwendet werden.

In dem von ungesättigten und aromatischen Kohlenwasserstoffen befreiten Benzin wird der Naphthengehalt durch Bestimmung des Anilinpunktes nach S. 176 ermittelt. Der Rest von 100% entspricht dem Gehalt an Paraffinkohlenwasserstoffen.

Bei Mischungen von straight run-Benzinen, welche nicht mehr als 5 Vol% ungesättigter Kohlenwasserstoffe enthalten, mit Motorenbenzol wird, wenn der Gesamtgehalt des Benzins an aromatischen Kohlenwasserstoffen 20—50 Vol% beträgt, wie vorstehend beschrieben, verfahren, jedoch an Stelle von 94proz. Säure eine 92proz. verwendet. Sind Benzine zu untersuchen, welche mehr als 50 Vol% aromatischer Kohlenwasserstoffe enthalten, so wird vorerst mit einem praktisch nur aus paraffinischen Kohlenwasserstoffen bestehenden Benzin (s. S. 102) im Verhältnis 1 : 1 verdünnt.

Um bei Benzin-Benzol-Mischungen vor der Gesamtuntersuchung zu entscheiden, ob zu verdünnen und ob mit 92proz. oder 94proz. Säure zu arbeiten ist, wird der Kraftstoff vorerst nach der Dimethylsulfat-Methode (s. S. 122) untersucht. Findet man hierbei unter 25% Aromaten, so wird 94proz. Säure angewendet, findet man 25—55 Vol%, so wird 92proz. Säure genommen. Liegt der Wert über 55 Vol%, so muß der Kraftstoff auf die angegebene Art verdünnt und mit 92proz. Säure behandelt werden.

b) Erdölkrack- und Schwelbenzine. 250 cm³ des zu untersuchenden Benzins werden in einem Destillierkolben aus Jenaer Glas redestilliert. Wenn der Kolbenboden trocken erscheint oder weiße Zersetzungsnebel auftreten, wird die Temperatur abgelesen. Der im Kolben verbliebene Rückstand wird nach dem Erkalten genau gemessen (a). Hierauf schüttelt man 250 cm³ frischen Benzins in einem Scheidetrichter unter Vermeidung stärkerer Erwärmung mit 500 cm³ 85proz. Schwefelsäure eine halbe Stunde. Nach 2—3-stündigem Absetzen wird die Säure abgelassen, und das Volumen des nicht angegriffenen Benzins genau abgemessen. Die Abnahme des Benzinvolumens ergibt den durch die Säure absorbierten Teil (A) der ungesättigten Kohlenwasserstoffe. Das mit Wasser und Lauge gewaschene Benzin wird hierauf in demselben Kolben bis zu dem vorhin festgestellten, ursprünglichen Endpunkt destilliert und das Destillat in einer eisgekühlten und mit Rückflußkühler versehenen Saugflasche aufgefangen. Im Kolben verbleibt nun der Rückstand *b*, dessen Volumen genau gemessen wird. *b—a* ergibt den durch die Schwefelsäure polymerisierten, im Benzin gelösten Teil *B* der ungesättigten Kohlenwasserstoffe. Der Gesamtgehalt an ungesättigten Kohlenwasserstoffen ist also gleich $A + B$[1].

Das von den ungesättigten Kohlenwasserstoffen befreite, genau abgemessene Destillat wird zwecks Ermittlung der Aromaten folgendermaßen behandelt:

Durch Hinzufügen von rauchender Schwefelsäure zu gewöhnlicher konz. Säure bis zum Beginn des Rauchens derselben stellt man sich die 100proz. Reaktionssäure her. Man füllt 30 cm³ derselben in das auf S. 174 beschriebene, 50 cm³ fassende Meßrohr, überschichtet vorsichtig mit 15 cm³ Benzin und ließt die Benzinmenge genau ab. Durch Umschwenken (nicht Schütteln) der Röhre während 10—15 Minuten bei Zimmertemperatur werden beide Flüssigkeiten innig gemischt. Nach 2—3 Stunden kann man die Volumenabnahme des Benzins ablesen. Durch Umrechnung auf die ursprüngliche Benzinmenge erhält man schließlich den Gehalt an aromatischen Kohlenwasserstoffen. Der Versuch wird 2—3mal ausgeführt und der Mittelwert als richtig angenommen.

Der nunmehr von ungesättigten und aromatischen Kohlenwasserstoffen freie Benzinrest wird mit Wasser und Lauge gewaschen, mit Chlorcalcium getrocknet und filtriert. Durch Bestimmung des Anilinpunktes ermittelt man den Naphthengehalt. Hierbei wird angenommen, daß ein nur aus Paraffin-Kohlenwasserstoffen bestehendes Motorenbenzin sich bei 70° C vollständig mit Anilin mischt[2] und sich für je 1% Naphthengehalt die kritische Lösungstemperatur in Anilin um 0,3° C erniedrigt.

Bestimmung des Anilinpunktes: In ein Reagenzglas von 30—40 mm Durchmesser werden 10 cm³ trockenes, frisch destilliertes Anilin und 10 cm³ des von ungesättigten und aromatischen Kohlenwasserstoffen befreiten, trockenen Benzins gegeben. Durch einen Glasrührer können die beiden Flüssigkeiten gemischt werden. Die Temperatur des Gemisches kontrolliert man durch ein in $^1/_{10}$ Grade geteiltes Thermometer. Das Reagenzglas wird unter kräftigem Rühren des Benzin-Anilingemisches in einem Wasserbad erwärmt. Sobald vollständige Lösung eingetreten ist, hört man mit dem Erwärmen auf. Unter andauerndem Rühren

[1] Siehe Anhang.

[2] Der Anilinpunkt von 70° stellt einen Mittelwert für die zwischen 70 und 200° siedenden Paraffin-K. W. dar.

wird nun das Reagenzglas abkühlen gelassen und der Entmischungspunkt (d. i. jene Temperatur, bei der die Thermometerkugel unsichtbar wird) bestimmt. Durch wiederholte Erwärmung und Abkühlung wird eine nochmalige Bestimmung des Anilinpunktes vorgenommen: die Werte sollen um nicht mehr als 0,1° C differieren.

Nachdem auf diese Weise auch die Naphthene bestimmt worden sind, ist die technische Analyse des Benzins beendet.

Beispiel: In Arbeit genommen: 250 cm^3.

1. Bis 210° destillieren ... 247,4 cm^3. Destillationsrückstand: 2,6 cm^3 (a).

2. 250 cm^3 frischen Benzins mit 500 cm^3 85proz. Schwefelsäure behandelt, verlieren 22 cm^3 (A).

3. Bei der Redestillation des säurebehandelten Benzins gehen 176 cm^3 über und im Kolben bleiben 52 cm^3 (b).

$b - a = 49{,}4$ cm^3 (B).

$A + B = 71{,}4$ cm^3 $= 28{,}6$ Vol% ungesättigter Kohlenwasserstoffe.

4. 176 cm^3 Destillat (70,4% des urspr. Benzins) verlieren nach Behandlung mit 100proz. Säure 17,7 Vol%.

$17{,}7 \cdot 0{,}704 = 12{,}5$ Vol% aromatischer Kohlenwasserstoffe.

5. Anilinpunkt: gefunden 67,5° C.

$70{,}0 - 67{,}5 = 2{,}5 : 0{,}3 = 8{,}3$ Vol% im von ungesättigten und aromatischen Kohlenwasserstoffen befreiten Benzin. Im ursprüngl. Benzin sind also enthalten: $8{,}3 \cdot 0{,}589 = 5{,}0$ Vol% Naphthene.

6. Aus der Differenz gegen 100 ergeben sich 53,9 Vol% Paraffin-Kohlenwasserstoffe.

2. Untersuchung von zusammengesetzten Kraftstoffen nach Formanek.

Prof. Dr. Formanek[1] hat eine Methode ausgearbeitet, um Benzin, Benzol, Alkohol, Äther und Tetralin in Kraftstoffen vermittels ihres Lösungsvermögens gewissen Farbstoffen gegenüber nachzuweisen und teilweise auch mengenmäßig zu bestimmen. Es finden hierzu folgende Farbstoffe Anwendung:

Algolrot BTK[2], Algolrot 2 G[2], Lackrot, Ciba B[3] und Anilinblau 2 B spritlöslich.

Wenn sich der Kraftstoff mit Algolrot BTK rot, bzw. mit Algolrot 2 G rosa färbt, so sind Benzol oder dessen Homologe

[1] Chem. Ztg. **1928**, S. 325, 346.
[2] Erzeugnisse der J. G. Farbenindustrie.
[3] Erzeugnis der Ges. f. chem. Industrie, Basel.

(unter Umständen als natürlicher Bestandteil des Benzins) anwesend. In Benzin-Kohlenwasserstoffen sind diese Farbstoffe ganz, in Alkohol und Äther fast unlöslich. Da auch Tetralin dieselben mit roter Farbe auflöst, so muß dieses in dem Rückstand der bis 200° geführten Destillation des Kraftstoffes nachgewiesen werden. Wenn sich letzterer mit den genannten Farbstoffen ebenfalls rot färbt, so enthält der Kraftstoff Tetralin, welches noch durch sein spez. Gewicht (0,976) und den Brechungskoeffizienten (1,548) indentifiziert werden muß. Diese Methode gestattet auch, angenähert den Benzolgehalt in Benzin und Spiritus zu bestimmen, indem man die Färbung des zu untersuchenden Stoffes mit der Färbung von Lösungen, die man sich durch Mischen von Normalbenzin (S. 102) und bestimmten Benzolmengen (z. B. 10%, 20% usw.) hergestellt hat, vergleicht.

Anilinblau 2 B spritlöslich färbt Alkohole tief blau und ist in Benzin, Benzol und Tetralin unlöslich. Auf analoge Weise wie oben läßt sich auch der Alkoholgehalt in Mischungen mit Benzin oder Benzol abschätzen.

Man kann auch den Alkoholgehalt in einem Benzin-Alkoholgemisch durch Ausschütteln mit einer gesättigten wässerigen $CaCl_2$-Lösung, der man zur besseren Sichtbarmachung der Trennungslinie etwas Fuchsin zugegeben hat, bestimmen. Der Alkohol geht in das Wasser über, und das reine Benzin scheidet sich ab. Ebenso verfährt man mit einem Benzol-Alkoholgemisch. Hier ist mitunter Zugabe eines gemessenen Volumen Benzins nötig, wenn sich das Benzol nicht klar vom Wasser abscheiden will.

Äther wird in Kraftstoffen durch Perchromsäure (verdünnte wässerige Kaliumbichromatlösung, mit etwas Schwefelsäure angesäuert und mit einigen Kubikzentimetern Wasserstoffsuperoxyd versetzt) nachgewiesen. Äther wird dadurch blau gefärbt, Benzin, Benzol und Tetralin bleiben farblos. Alkohole werden durch Perchromsäure auch blau gefärbt, aber die Flüssigkeit wird nach einiger Zeit hellgrün bis gelb. Die Prüfung erfolgt folgendermaßen:

5 cm^3 einer 1 proz. Kaliumbichromatlösung werden im Reagenzglas mit 3—4 Tropfen verdünnter Schwefelsäure, hierauf mit 5 cm^3 des zu untersuchenden Kraftstoffes und schließlich mit 2—3 cm^3 Wasserstoffsuperoxyd versetzt. Man beobachtet die Farbenänderung der Flüssigkeit nach dem Durchschütteln.

Der Nachweis von Benzin erfolgt durch Versetzen des Kraftstoffes mit Anilin. Beim Erhitzen löst sich das Anilin auf und scheidet sich bei Anwesenheit von Benzin beim Abkühlen wieder aus, wenn außer dem Benzin keine anderen Stoffe vorhanden oder aber nicht mehr als 20% Benzol, Tetralin, Äther, 99proz. Alkohol oder 35% 96proz. Alkohol anwesend sind. Ausführlichere Angaben über den Nachweis der genannten Brennstoffe mittels Farbstoffen finden sich in der Originalarbeit.

Wenn ein Kraftstoff neben viel Benzol nur wenig Benzin enthält, führt die Formaneksche Untersuchungsweise nicht zum Ziel. In diesem Falle wird nach Heilingötter[1] mit rauchender Säure von 4—5% SO_3 erschöpfend sulfuriert und das übriggebliebene Benzin-Volumen gemessen. Der Brechungskoeffizient des Rückstandes soll höchstens 1,4415 betragen. Ein höherer Wert deutet auf unvollständige Sulfurierung oder Anwesenheit von Tetralin. Letzteres kann nach Formanek nachgewiesen werden.

Nachstehend die amtlichen **amerikanischen Vorschriften** und die **britischen Normen** für Motorenbenzine. In Deutschland gibt

Tabelle 26.
Amerik. amtliche Vorschriften für Motorenbenzine[2].

	A. Militär-Fliegerbenzin	B. Zivil-Fliegerbenzin	C. Autobenzin
Farbe	mind. 25 Saybolt	wie A	—
Doktortest	negativ	wie A	—
Korrosion	100 cm^3 in Kupferschale verdampft, dürfen keine graue od. schwarze Korrosion verursachen. Rückstand max. 3 mg.	wie A	Ein blanker Kupferstreifen 3 Stunden bei 50° eingetaucht, darf nur ganz geringe Verfärbung zeigen
Siedebeginn	—	50—75° C	höchstens 55° C
5% bei	50—65° C	—	—
20% „	—	—	höchstens 105° C
50% „	höchstens 95° C	höchstens 105° C	„ 140° C
90% „	„ 125° C	„ 155° C	„ 200° C
96% „	„ 150° C	„ 175° C	—
Siedende	„ 165° C	„ 190° C	höchstens 225° C
Dest.-Ausbeute	mind, 96%	mind. 96%	mindestens 95%
Dest.-Verlust	höchstens 2%	höchstens 2%	—
Dest.-Rückstand	nicht sauer	nicht sauer	—
Schwefelgehalt	höchstens 0.1%	wie A	wie A

[1] Chem. Ztg **1929**, S. 79.
[2] U. S. Gov. Specifications, Washington 1927.

Tab. 27. Britische Standard-Vorschriften für Motorenbenzine[1].

		I. Fliegerbenzin 0,720/740	II. Fliegerbenzin 0,760/790	III. Autobenzin
Aussehen		klar, wasserhell, frei von sichtbar. Verunreinigungen. Nicht mehr als Spuren ungesätt. (Krack)-produkte enthaltend.	wie I.	Dasselbe soll aus Kohlenwasserstoffen bestehen und von sichtbaren Verunreinigungen frei sein.
Normal-Destilation 760 mm	Siedebeginn	—	—	höchst. 55° C (s. Anh. I). 20% bei höchstens 105° (s. Anhang I). Siedeende bei höchstens 225° C
	bis 75° C	mind. 10 Vol%	mind. 10 Vol%	
	bis 100° C	„ 60 Vol%	„ 50 „ „	
		bis 140° C. mind. 95 Vol%	bis 150° C. mind. 90 Vol%	
Destillations-Rückstand		50 cm³ am koch. Wasserbad 1 St. erwärmt, dürfen höchst. 0,01 Gew.-% öligen Rückstand. hinterlass.	wie I.	—
Gehalt an arom. Kohlenwasserst.		mind. 12 Vol%, höchst. 20 Vol%	mind. 35 Vol%	—
			die krit. Lösungstemp. d. v. d. arom. Kohlenwasserst. befreiten Rückstandes in Anilin (s. Anh. II) darf 55° C nicht überschreiten. vergl. Anmerkg unten.	—
Toluolw. d. arom. Kohlenwasserstoffe, bestimmt n. Anhang III.		mind. 10 Vol%	mind. 22 Vol%	—
Säuregehalt		frei von Mineralsäuren	frei von Mineralsäuren	frei von Mineralsäuren
Schwefelgehalt		höchst. 0,05 Gew%	höchst. 0,05 Gew%	—
Gefrierpunkt		—	unter — 60° C	—

Anmerkung: Wenn die krit. Lösungstemperatur des Rückstandes in Anilin 55° C überschreitet, erhöht sich der Mindestgehalt an arom. Kohlenwasserstoffen (35 Vol%) um 1% für je 1° C über 55°. Ist z. B. die kritische Lösungstemp. nach dem Sulfonieren 61° C, dann muß der Mindestgehalt an aromat. Kohlenwasserstoffen von 35% auf 35 + (61 — 55) = 41 Vol% erhöht werden.

[1] British Standard Specifications for Motor and Aviation Spirit, heraus-

es bisher keine Normen für Motorenbenzine bis auf die von der Deutschen Versuchsanstalt für Luftfahrt (Berlin-Adlershof) neuerdings aufgestellten Richtlinien für Erdölnaturbenzin und Benzol (s. Nachträge S. 211).

Anmerkungen zur Untersuchung von Motorenbenzinen nach den britischen Vorschriften[1].

Anhang I: Nichtanwendbarkeit gewisser Bestimmungen, wenn der Motorenbetriebstoff hauptsächlich aus Benzol und Toluol besteht.

Wenn der Motorenbetriebstoff hauptsächlich aus Benzol besteht, ist die Vorschrift bezüglich des Siedeanfangs hinfällig. Wenn er in der Hauptsache aus Toluol besteht, sind die Bestimmungen betr. den Siedeanfang und die Destillatmenge bis 105° C hinfällig.

Anhang II: Bestimmung des Gesamtgehaltes an aromatischen Kohlenwasserstoffen.

Die Methode beruht auf der Bestimmung der kritischen Lösungstemperatur (KLT.) des Öles in frisch destilliertem Anilin vor und nach der Entfernung der aromatischen Kohlenwasserstoffe durch 98proz. Säure.

Die Durchführung der Prüfung erfolgt in einem 150 mm langen und 25 mm weiten Reagenzglas, das mit einem Glasrührer und Thermometer versehen ist. Letzteres besitzt eine Skala von 0—100° C und ist in $^1/_5$ Grade geteilt. Das Reagenzglas steckt in einem als Luftbad dienenden weiteren Reagenzglas, welches durch ein Wasserbad erwärmt werden kann.

Man gibt 5 cm^3 des zu prüfenden Benzins in die innere Röhre, läßt aus einer 10 cm^3 Bürette 3 cm^3 frisch destillierten Anilins zufließen und bestimmt durch Erwärmen die Lösungstemperatur. Der Versuch wird nach Hinzufügung von je 0,5 cm^3 Anilin sooft wiederholt, bis die Höchsttemperatur, bei welcher vollkommene Mischung eintritt, gefunden wurde. Dies ist die kritische Lösungstemperatur (KLT.).

Die aromatischen Kohlenwasserstoffe werden folgendermaßen entfernt: 20 cm^3 des Benzins werden 15 Minuten lang in einem Scheidetrichter mit 70 cm^3 einer 98proz. Schwefelsäure geschüttelt. Die Säure wird abgelassen und das Benzin mit 20 cm^3 frischer Säure noch einmal 15 Minuten lang gemischt. Hierauf wird das

---

gegeben von der British Engineering Standards Association, No 121—1923. Vgl. auch: J. P T., Standard Methods und Cross, S. 408.

[1] S. Nachträge, S. 280.

Benzin mit Wasser gewaschen, mit Natronlauge neutralisiert und über Calciumchlorid getrocknet.

Der Gehalt an aromatischen Kohlenwasserstoffen in Gewichtsprozenten wird durch Multiplikation der Erhöhung der KLT. mit 1,19 gefunden. Der Gehalt in Volumprozenten läßt sich nach folgender Formel berechnen:

$$Y = 100 - (100 - X) \frac{S_1}{S_2}.$$

Hierin bedeuten:

X = Gehalt an arom. Kohlenwasserstoffen in Gewichts%,
Y = Gehalt an arom. Kohlenwasserstoffen in Volum%,
S_1 = Spez. Gewicht des Originalbenzins,
S_2 = Spez. Gew. des Benzins nach Entfernung der arom. Kohlenwasserstoffe.

Da Schwefelsäure auf ungesättigte Kohlenwasserstoffe sehr stark einwirkt, ist diese Methode bei Anwesenheit beträchtlicher Mengen von ungesättigten Kohlenwasserstoffen nicht anwendbar.

Der Faktor 1,19 wird als Durchschnittswert für Benzol, Toluol und Xylol angenommen. Wenn mehr als 20% aromatische Kohlenwasserstoffe vorhanden sind, muß das Benzin mit aromatenfreiem Benzin passend verdünnt werden, da sonst der Faktor 1,19 nicht anwendbar ist.

Eine angenäherte Bestimmung des Gehaltes an den einzelnen aromatischen Kohlenwasserstoffen läßt sich folgendermaßen ausführen:

Anhang III: Bestimmung des Toluolwertes der aromatischen Kohlenwasserstoffe.

500 cm³ Benzin werden unter Verwendung eines leistungsfähigen Fraktionieraufsatzes mit einer Geschwindigkeit von 1 Tropfen in der Sekunde destilliert und drei Fraktionen bei 95° C, 122° C und 150° C aufgefangen. Man mißt das Volumen und spez. Gewicht dieser drei Fraktionen und bestimmt die KLT. einer jeden.

Jede der erhaltenen drei Fraktionen wird auf die in Anhang II beschriebene Weise von den aromatischen Kohlenwasserstoffen befreit und hierauf spez. Gewicht und die KLT. der Fraktion bestimmt. Der Gehalt an aromatischen Kohlenwasserstoffen in Gewichtsprozenten einer jeden Fraktion wird in der oben angegebenen Weise unter Benutzung der folgenden Faktoren berechnet:

1. Fraktion, (Benzol) 1,15,
2. „ (Toluol) 1,20,
3. „ (Xylol) . . . . . 1,23.

Mit Hilfe der spez. Gewichte lassen sich auch die Volumprozente berechnen.

Den Toluolwert des Motorenbetriebstoffes kann man erhalten, indem man annimmt, daß 150 Teile Benzol und 120 Teile Xylol 100 Teilen Toluol gleichwertig sind. Würden daher X% Benzol, Y% Toluol und Z% Xylol erhalten, so ist der Toluolwert gleich:

$$\frac{X}{1{,}5} + Y + \frac{Z}{1{,}2}.$$

Leuchtpetroleum.

I. Allgemeines.

Unter dieser Bezeichnung versteht man die ungefähr zwischen 150 und 300° siedende Fraktion der Erdöle. Die Benutzung des Petroleums als Beleuchtungsmittel geht immer mehr zurück; in Europa wird es nur noch in den östlichen Ländern in großen Mengen gebraucht. Petroleum brennt um so besser, je mehr niedrigsiedende Anteile es enthält; durch die Vorschriften über den Flammpunkt ist jedoch der Beimengung von leichten Anteilen eine Grenze gesetzt. Außerdem veranlaßt der hohe Benzinpreis die Raffineure, möglichst wenig Benzinanteile, d. h. bis 200° siedende Kohlenwasserstoffe, im Petroleum zu belassen. Soll das Leuchtöl trotzdem dauernd gute Leuchtkraft besitzen, so darf es infolgedessen auch nicht viel über 300° siedende Anteile enthalten; mit anderen Worten, es muß gut fraktioniert sein.

II. Physikalische Prüfmethoden.

A. Farbe.

Die Farbe des raffinierten Leuchtpetroleums gilt, obwohl für seine Güte wenig maßgebend, auch heute noch auf dem Petroleummarkt als wichtiges Merkmal für die Bewertung.

Die Farbe des Petroleums wird in Europa zumeist mit dem Colorimeter von Stammer (s. S. 5) untersucht, während in USA. der Sayboltapparat vorgeschrieben ist. In Amerika und vielfach auch in Europa hat sich die in Tab. 28 aufgestellte Qualitätsbezeichnung für Leuchtpetroleum eingebürgert:

Die Farbe eines frischen Leuchtpetroleums hängt von dem Grade seiner Raffination ab, daher sind farblose Öle zumeist auch gut ausraffiniert. Bei längerem Stehen, insbesondere im Licht wird jedes Leuchtöl gelb, ohne deshalb jedoch eine Einbuße an seiner Leuchtkraft zu erleiden. Im auffallenden Licht besitzt Leuchtpetroleum eine charakteristische blaue Fluorescenz, die um so deutlicher auftritt, je farbloser das Öl ist.

Tabelle 28. Petroleumsorten.

	Entspricht einer Schichthöhe im Stammerapparat von
Standard White . .	50 mm
Prime White . . .	86,5 „
Superfine White . .	199,5 „
Water White . . .	300—320 „

B. Geruch.

In raffiniertem Zustande riecht das Leuchtpetroleum milder als unraffiniert, doch bekommen auch raffinierte Öle bei längerem Stehen, insbesondere am Licht, einen säuerlichen Geruch.

C. Spezifisches Gewicht.

Das spez. Gewicht der Leuchtöle bewegt sich zwischen 0,800 und 0,820. In den letzten Jahren sind die spez. Gewichte wegen schärferer Abtrennung der Benzinanteile in die Höhe gegangen. Die Temperaturkorrektur beträgt für Leuchtöle meist 0,00070 bis 0,00075 pro 1° Temperaturänderung, soll aber, wenn nicht genau bekannt, in der auf S. 25 angegebenen Weise bestimmt werden.

D. Viscosität.

Obwohl die Viscosität der Leuchtöle so gering ist, daß Unterschiede scheinbar kaum zu erkennen sind, kommen doch Viscositätsunterschiede bis zu 50% vor, was große Verschiedenheit der Steigfähigkeit im Lampendocht zur Folge hat. Das Viscosimeter von Ubbelohde[1], ein dem Englerschen Viscosimeter ähnlicher Apparat, gestattet wegen seines längeren und engeren Ausflußröhrchens genaue Bestimmung solch kleiner Viscositäten. Normale Petroleumsorten zeigen auf diesem Apparat Zähigkeiten von 1,11 bis 1,80. Diese Zähigkeiten dürfen jedoch weder mit der absoluten Zähigkeit, noch mit Englergraden verwechselt werden.

E. Stockpunkt.

Leuchtpetroleum, welches in Gegenden mit niedrigen Wintertemperaturen gebraucht wird, muß bei den tiefsten, in Betracht kommenden Temperaturen flüssig und klar bleiben. Schon ge-

[1] Petrol. **1908/09**, S. 861. Erzeuger: Sommer & Runge, Berlin.

ringe Paraffinausscheidungen können den Docht verstopfen und die Lampe zum Verlöschen bringen. Man stellt einen Vorversuch an, indem man ein 3 cm hoch mit Petroleum gefülltes und mit einem Stockpunktthermometer (s. S. 15) versehenes Reagenzglas in einer Eiskochsalzmischung abkühlt. Bleibt das Petroleum klar und flüssig, so kühlt man es in dem in Abb. 27 wiedergegebenen Apparat 1 Stunde auf die tiefste in Betracht kommende Temperatur ab und beobachtet, ob das Petroleum hierbei unverändert bleibt.

F. Flammpunkt.

Aus Sicherheitsgründen ist in allen Staaten für Leuchtpetroleum eine Mindesthöhe des Flammpunktes vorgeschrieben; in Deutschland z. B. 29° C, England 73° F (22,8 °C), Italien 21° C, Rußland 28° C. Diese Zahlen beziehen sich auf mit dem Abelschen Petroleumprober (s. S. 55) gefundenen Flammpunkte. Dieser Apparat wurde 1912 von der JPK. für die beteiligten Staaten angenommen. In USA. wird der geschlossene Tag.-Apparat benutzt; Mindesthöhe des Flammpunktes: 115° F (entsprechend ungefähr 42° C Abeltest). In Frankreich wird der Flammpunkt von Leuchtölen mittels des Apparates von Granier geprüft und ein Flammpunkt von mindestens 35° (= 33° Abeltest) verlangt.

In Europa haben die handelsüblichen Petroleumsorten zumeist einen viel höheren Flammpunkt als gesetzlich vorgeschrieben ist.

G. Siedeanalyse.

Diese wichtige Untersuchung des Leuchtöles wird in dem gläsernen Apparat nach Engler-Ubbelohde ausgeführt. Das Thermometer soll den Anforderungen der Zollbehörden an Engler-Destillationsthermometer (s. S. 15) entsprechen. Nach den Beschlüssen der JPK. ist der Barometerstand anzugeben und für den herausragenden Quecksilberfaden eine Korrektur anzubringen. Das innere Kühlerrohr soll bei Beginn der Destillation trocken sein. Als Siedebeginn bezeichnet man jene Temperatur, bei der der erste Tropfen vom Ansatzrohr des Englerkolben abfällt. Man notiert die übergegangenen Volumperzente bei den durch 25 ganz teilbaren Temperaturen und bricht bei 300° die Destillation meist ab; der im Kolben verbleibende Rückstand wird nach dem Erkalten gemessen oder gewogen.

Die Hauptmenge der Leuchtöle siedet zwischen 150 und 300° C. Ein Gehalt an unter 150° siedenden Anteilen ist, sofern der Flammpunkt entspricht, nicht zu beanstanden, da leichtflüchtige Anteile die Leuchtkraft des Petroleums erhöhen. Allerdings sinkt dieselbe im Laufe mehrerer Stunden stark, wenn die Siedegrenzen des Petroleums sehr weit auseinanderliegen. Umgekehrt ist ein gleichmäßiges Brennen zu erwarten, wenn das Petroleum enge Siedegrenzen hat. Beträchtliche Mengen von höher (über 300° C) siedenden Anteilen erniedrigen die Leuchtkraft des Petroleums. Im allgemeinen sollen mindestens 80 Vol% zwischen 150 und 300° übergehen.

H. Leuchtkraftbestimmung und Brennversuch.

Die Prüfung dieser für den Wert des Leuchtpetroleums einzig maßgebenden Eigenschaft beruht darauf, daß die Leuchtkraft einer mit dem zu untersuchenden Öl gespeisten Lampe mit der Leuchtkraft einer Normallampe verglichen wird. Ein auf der Verbindungslinie beider Lampen verschiebbarer Photometerkopf wird von beiden Lichtquellen beleuchtet. Man verschiebt ihn solange, bis er von beiden Seiten gleich stark belichtet ist, was mittels eines Okulars festgestellt wird. Aus der Entfernung des Photometerkopfes von jeder der beiden Lampen und der Leuchtstärke der Versuchslampe kann man die Leuchtstärke der Prüflampe berechnen.

Photometerbank. Dieselbe trägt die beiden Lampen und den Photometerkopf. Alle Teile sind verschiebbar angeordnet.

Photometerkopf. Es sind verschiedene Modelle im Gebrauch. Der meist verwendete Photometerkopf nach Lummer-Brodhun (s. Abb. 63) enthält zwei rechtwinklige Prismen, deren Hypotenusenflächen so aufeinanderliegen, daß ein Glaswürfel gebildet wird. Die Strahlen beider Lichtquellen fallen auf je eine Seite eines Schirmes, werden von dort reflektiert, durch die beiden Glasprismen gebrochen und gelangen schließlich durch eine Lupe ins Auge.

Das linksliegende Prisma hat auf der Hypotenusenfläche einige vertiefte Stellen. An diesen Stellen werden die von rechts kommenden Strahlen *c* nach Passieren des rechten Prismas ganz reflektiert und gelangen parallel mit den von links einfallenden Lichtstrahlen *d*, welche das linke Glasprisma ungebrochen passieren, in das Okular. Dem Auge erscheinen also die vertieften Stellen l_1 und r_1 von der rechten Lichtquelle, die nicht vertieften Stellen l_2 und r_2 von der linken Lichtquelle beleuchtet. Der Photometerkopf wird bei dem Versuch zwischen den beiden Lichtquellen solange verschoben, bis die Halbkreisflächen l_2 und r_2 einerseits, die Trapeze l_1 und r_1 andererseits gleich hell beleuchtet sind. Da sich die Lichtstärken zueinander verhalten wie die Quadrate der

Entfernungen von der Meßvorrichtung, ist die Lichtstärke der mit dem Versuchspetroleum gefüllten Lampe leicht zu berechnen.

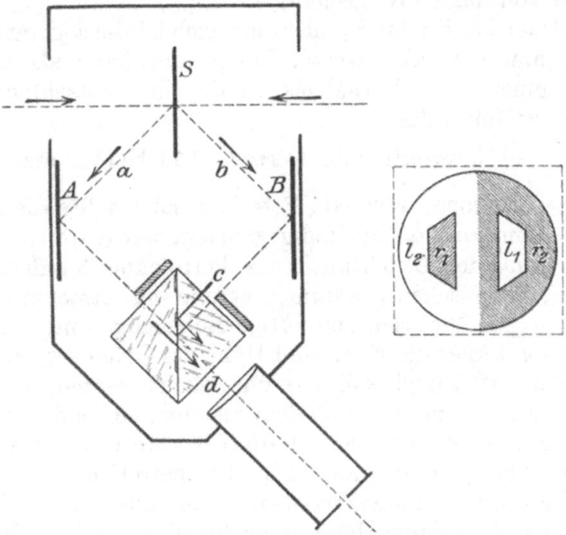

Abb. 63. Lummer-Brodhunscher Photometerkopf (nach Holde).

Normallampe. Hierfür dient die mit Amylacetat gespeiste 1-kerzenstarke Hefnerlampe (Abb. 64), deren Flammenhöhe genau

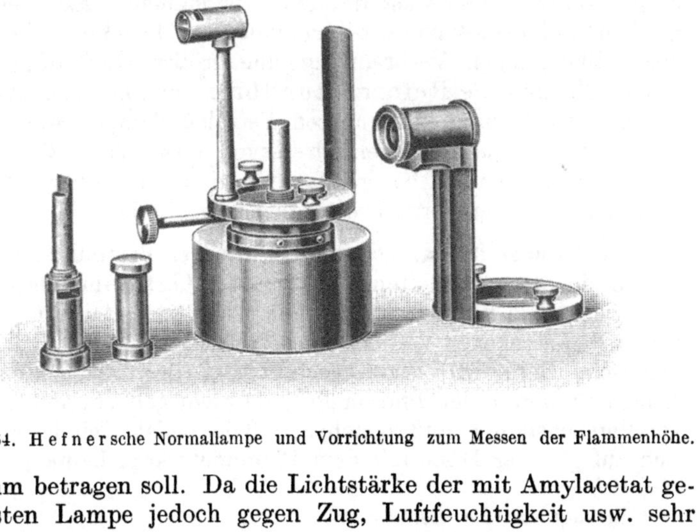

Abb. 64. Hefnersche Normallampe und Vorrichtung zum Messen der Flammenhöhe.

40 mm betragen soll. Da die Lichtstärke der mit Amylacetat gespeisten Lampe jedoch gegen Zug, Luftfeuchtigkeit usw. sehr

empfindlich ist, soll womöglich eine Photometer-Normal-Glühlampe[1] Verwendung finden. Beide Arten von Lampen werden von der PTR. geeicht.

In Amerika, England und Frankreich ist die sog. internationale Kerze (amerikanische Kerze, Bougie décimale) als Lichteinheit angenommen. Ihr Verhältnis zu der in Deutschland üblichen Einheit ist folgendes:

1 internationale Kerze = 1,11 Hefnerkerze.

Versuchslampe. Für jede Petroleumsorte sollte die geeignetste Lampenkonstruktion ausfindig gemacht werden, wenn es sich um die Prüfung der Leuchtkraft des Petroleums handelt. Denn je nach der chemischen Zusammensetzung des letzteren sind die für die günstigste Verbrennung nötige Luftmenge und Art der Luftzuführung, ferner die Form und Höhe des Zylinders usw. verschieden. Zumeist jedoch soll nur untersucht werden, welche Lichtstärke und Brenndauer mit dem zu untersuchenden Leuchtöl in einer Lampe bestimmter Konstruktion erzielt werden. In solchen Fällen muß natürlich die betreffende Lampe beim Brennversuch verwendet werden. Jedenfalls muß bei Vergleichsversuchen stets dieselbe Lampe benutzt werden. Wenn keine andere Brennerkonstruktion vorgeschrieben ist, verwendet man allgemein einen 14''' Kosmos-Rundbrenner. Der Zylinder ist 26 cm hoch und 5 cm vom unteren Rand auf 2,5 cm Weite eingeschnürt. Leuchtöle mit hohem Gehalt an Naphthenen oder aromatischen Kohlenwasserstoffen, wie manche russischen, polnischen und insbesondere die rumänischen Leuchtöle, brauchen zur vollkommenen Verbrennung eine größere Luftzufuhr. Für solche Öle sind die Reform-Rundbrenner am geeignetsten.

Die zur Prüfung verwendeten Petroleumlampen werden mit einem weiten und niedrigen Ölreservoir (etwa 25 × 25 cm) versehen. Hierdurch soll bewirkt werden, daß der Flüssigkeitsstand während des Brennversuches möglichst wenig sinke.

Versuchsausführung. Die photometrischen Bestimmungen werden in einem verdunkelten Zimmer ausgeführt. Am geeignetsten erweist sich ein nicht zu kleiner gut ventilierter Raum mit mattschwarz gestrichenen Wänden und ebensolcher Decke. Die photometrische Bank wird so aufgestellt, daß der Beobachter beim Hineinschauen in den Photometerkopf nicht gebückt stehen muß. Die Versuchslampe muß so stehen, daß der hellste Teil der Flamme sich auf gleicher Höhe mit dem Photometerkopf befinde.

---

[1] Erzeugt von den Osramwerken.

Ein neuer[1], ohne Lücke genau in das Dochtrohr passender Docht wird 1 Stunde bei 105° getrocknet, mit Petroleum getränkt und dann in den Brenner eingezogen. Letzteren schraubt man hierauf fest in das mit dem Petroleum gefüllte Ölgefäß. Sehr wichtig ist es nun, den Docht ganz glatt und eben abzuschneiden, damit man eine ohne Spitzen brennende Flamme erhalte. In manchen Laboratorien zieht man vor, den Docht trocken bis etwa 1—2 mm über den Dochtrohrrand einzuziehen und mit einem glühenden Flacheisen das herausstehende Ende wegzubrennen. In letzterem Fall muß man mit dem Beginn des Versuches eine Stunde warten, bis sich der Docht mit Petroleum vollgesaugt hat.

Die derart vorbereitete Lampe wird genau gewogen, ein möglichst kleines Flämmchen entzündet und der Zylinder aufgesteckt. Sehr langsam und gleichmäßig dreht man nun die Flamme im Laufe einer Viertelstunde zur größtmöglichen Höhe auf, überläßt sie dann 5 Minuten der Ruhe, und dreht, falls nötig, nochmals zur vollen Flammenhöhe auf. Im weiteren Verlauf der Untersuchung darf der Docht nicht mehr aufgeschraubt werden.

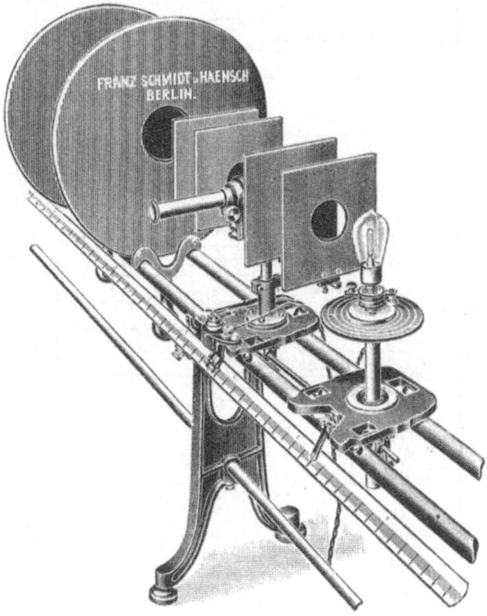

Abb. 65. Photometerbank der Firma Franz Schmidt & Haensch.

Nach einer weiteren Viertelstunde, also $^1/_2$ Stunde nach dem Anzünden, wird die Leuchtstärke zum ersten Male abgelesen, die Flammenhöhe mittels eines kleinen Visierrohres, das an einer Skala angebracht ist, gemessen und als die zu Beginn der ersten Stunde vorhandene Leuchtkraft angesehen. Weitere Bestimmungen der Leuchtstärke werden am Ende der 1., 2., 3. ... 8. Stunde

[1] Bei normalen Betriebsuntersuchungen kann der gebrauchte Docht öfters verwendet werden.

Leuchtpetroleum-Untersuchung

Muster entnommen aus .... am...................., Bezeichnung ....

1	Farbe: Stammer mm			
2	Geruch			
3	Spez. Gewicht bei 15° C			
4	Viscosität nach Ubbelohde			
5	Flammpunkt: Abel			
6	Reagenzglas, Dm. .... mm	Trübungspunkt		
		Erstarrungspunkt		
7	Destillation nach Engler	Siedebeginn		° C
		Bis 150° C		Vol. %
		„ 175° „		„
		„ 200° „		„
		„ 225° „		„
		„ 250° „		„
		„ 275° „		„
		„ 300° „		„
		Rückstand		„
		Verlust		„
		Summe		

Siedekurve

100%								
90%								
80%								
70%								
60%								
50%								
40%								
30%								
20%								
10%								

100° 125° 150° 175° 200° 225° 250° 275° 300°

8	Organische Säuren: Säurezahl	
9	Charitschkow-Probe	
10	Asche: g im Liter	
11	Wasser + Verunreinigungen, Vol%	
12	Raffinationsgrad	
13	Schwefelsäure-Test	
14	Karbürgehalt, bestimmt nach	
15	Schwefelgehalt	

Photometerkopf				
Normallampe				
16a Zum Photometrieren wurde verwendet	Brenner	System		
		Höhe vom Ring, mm		
		Bis zum Ende des Dochtrohres, mm		
	Zylinder	Höhe, mm		
		Durchmesser, mm		
		Höhe der Einschnürung, mm		
		Durchm. „		
	Ölbehälter	Durchmesser, mm		
		Höhe bis zum Schraubenring, mm		
		Entfernung d. Ölniveaus vom Schraubenring, mm	zu Beginn	
			am Ende	

16b Bestimmung des Leuchtwertes	Leuchtkraftbestimmung	Zu Beginn		HFK
		Nach 1 Stunde		„
		„ 2 „		„
		„ 3 „		„
		„ 4 „		„
		„ 5 „		„
		„ 6 „		„
		„ 7 „		„
		„ 8 „		„
	Mittl. Leuchtkraft			HFK
	Flammenhöhe, mm	zu Beginn		
		am Ende		
		Rückg. %		
	Lampengewicht	zu Beginn		
		am Ende		
	Verbrauch an Leuchtpetrol. auf 1 Kerzen-Stunde, g			
	Aussehen des Dochtes			
	Aussehen d. Zylinders			

Leuchtkraftkurve

HFK 15									
„ 14									
„ 13									
„ 12									
„ 11									
„ 10									
„ 9									
„ 8									

St. 0 1 2 3 4 5 6 7 8 9

vorgenommen. Während der ganzen Brenndauer müssen etwaige Veränderungen der Flammenfarbe, des Dochtes, Zylinders usw. vermerkt werden. Nach 8 Stunden Brenndauer wird die Flammenhöhe wieder gemessen und hierauf die Lampe ausgelöscht, indem man die Hand etwa 10 cm schräg über den Lampenzylinder hält und kurz und stark gegen die Handfläche bläst.

Hierauf nimmt man den Zylinder ab und schraubt den Docht etwas in die Höhe. Vorsichtig wird nun eine eventuell vorhandene harte Kruste vom Docht abgehoben und gewogen. Nach dem Erkalten wägt man die Lampe und berechnet den Gesamtölverbrauch. Aus den Einzelmessungen der Leuchtkraft wird die mittlere Kerzenstärke und der Rückgang der Leuchtstärke der Petroleumlampe berechnet und auch der Leuchtölverbrauch pro Kerzenstunde ermittelt.

Einrichtungen für photometrische Untersuchungen liefert die Firma Franz Schmidt & Haensch, Berlin S 42. Abb. 65 zeigt das kleine Modell einer Photometerbank dieser Firma, bei dem als Vergleichslampe eine Normalglühbirne dient. Die Blenden haben den Zweck, fremde Lichtstrahlen abzuhalten. Die nicht abgebildete Prüflampe hat ihren Platz zwischen der vorletzten und letzten runden Blende.

Auf S. 190 ist ein in Petroleum-Raffinerien übliches Schema[1] für vollständige Petroleumuntersuchungen wiedergegeben:

III. Chemische Prüfmethoden.

A. Raffinationsgrad.

Die Petroleumfraktion des Erdöls wird im Raffineriebetrieb mit konz. Schwefelsäure raffiniert, gelaugt, und auf diese Weise raffiniertes Petroleum erhalten. Durch die Behandlung mit Schwefelsäure bezweckt man die Entfernung von übelriechenden Bestandteilen und Farbstoffen. Zugleich wird auch ein besser brennendes Öl erhalten, da sich unraffinierte Leuchtöle, besonders am Licht, rasch oxydieren und hierbei kohlenstoffreiche, dochtverstopfende Stoffe bilden. Ob ein raffiniertes oder unraffiniertes Leuchtöl vorliegt, wird vor allem an Farbe und Geruch erkannt. Raffiniertes Leuchtöl ist farblos oder höchstens schwach gelblich gefärbt und hat einen milden Geruch. Schwefelsäure vom spez. Gewicht 1,73 darf beim Schütteln mit gut raffiniertem Leuchtöl höchstens schwach gefärbt werden.

---

[1] Nach dem Muster der Fantowerke in Pardubitz.

Organische Säuren. Gut raffiniertes Leuchtöl darf höchstens Spuren organischer Säuren (Naphthensäuren) enthalten. Man löst 100 cm^3 Petroleum in einer zuvor sorgfältig gegen Phenolphtalein neutralisierten Mischung von 2 Teilen Benzol und 1 Teil 95 proz. Alkohol. Nach Hinzufügen von 1—2 Tropfen $^1/_{10}$ n-Ätznatronlösung muß Rotfärbung eintreten.

Freie Schwefelsäure. Schlecht gelaugtes Petroleum kann freie Schwefelsäure enthalten. Man schüttelt 100 cm^3 Petroleum mit 10 cm^3 destillierten Wassers, dem einige Tropfen Methylorangelösung zugesetzt wurden. Das Wasser darf sich hierbei nicht rot färben.

Naphthensaure und sulfosaure Salze. Ein nach der Raffination nicht gut gewaschenes Petroleum kann die genannten Salze, welche die Brennfähigkeit herabsetzen, gelöst enthalten. Nach Charitschkoff werden 300 cm^3 Petroleum und 18 cm^3 Natronlauge vom spez. Gewicht 1,014 (2° Bé) am Wasserbad auf ungefähr 70° erwärmt und 1 Minute stark geschüttelt. Hierauf gießt man die Flüssigkeit in einen Scheidetrichter und zieht nach dem Absitzen die Lauge ab. Letztere wird filtriert und gleichmäßig auf 2 Reagenzgläser von 25 mm Weite verteilt. In das eine Reagenzglas gibt man 1—2 Tropfen Methylorangelösung und hierauf tropfenweise soviel konz. Salzsäure, bis die Lösung rot wird. Hierbei werden die Tropfen gezählt. Ebensoviel Tropfen Salzsäure gibt man dann in das zweite Reagenzglas und beobachtet gleich darauf, ob durch die Flüssigkeit hindurch Petitdruck noch deutlich gelesen werden kann. Fällt die Probe ungünstig aus, so sind entweder organische Säuren oder deren Salze vorhanden[1]. Während geringe Mengen organischer Säure (Bestimmung s. S. 161) die Qualität des Petroleums nicht beeinträchtigen, ist ein Salzgehalt desselben, der durch Aschebestimmung (s. S. 86) zu ermitteln ist, der Brennfähigkeit abträglich. Nach Rakusin sind 10 mg Asche im Liter Petroleum noch zulässig.

Raffination von Petroleumdestillat. Wenn im Laboratorium zu untersuchen ist, welche Mengen Schwefelsäure nötig sind, um ein bestimmtes unraffiniertes Leuchtöl auf eine Farbe von z. B. 200° Stammer zu raffinieren, so verfährt man folgendermaßen:

1 Liter trockenes Destillat (nötigenfalls filtrieren!) wird auf 5—10° C abgekühlt und hierauf im Scheidetrichter mit 1% Schwefelsäure 66° Bé $^1/_4$ Stunde tüchtig geschüttelt. Nach dem Absitzen wird der Säureteer abgelassen, das Petroleum durch die obere

[1] Sog. Natronprobe.

Öffnung des Scheidetrichters in einen zweiten gegossen, wieder auf 5—10° C abgekühlt und mit 1% Schwefelsäure 66° Bé $^1/_2$ Stunde geschüttelt. Nach dem Abziehen des gut abgestandenen Säureteers schüttelt man das von oben abgegossene Petroleum in einer Flasche einige Minuten mit etwa 20 cm³ Natronlauge von 3—4° Bé und filtriert das abgestandene, noch trübe Raffinat zur Klärung durch Watte, welche das emulgierte Wasser zurückhält. Die Farbe des blanken Filtrates wird im Stammerapparat bestimmt. Entspricht sie nicht, so muß die zweite Säurezugabe vergrößert werden.

B. Schwefelgehalt.

Auch die Entfernung des übermäßigen Schwefelgehaltes mancher Leuchtölsorten gehört zu den Aufgaben der Raffination, da ein etwa 0,1% übersteigender Schwefelgehalt sich in merkbarer Entwicklung von Schwefelsäuredämpfen beim Brennen bemerkbar macht. Gute Leuchtölsorten enthalten nicht über 0,03% Schwefel[1]. Die Bestimmung des Schwefels erfolgt nach S. 99.

C. Schwefelsäure-Test.

Auch der ST. (s. S. 159) kann zur Unterscheidung von raffinierten und unraffinierten Leuchtölen herangezogen werden. Unraffiniertes Leuchtöl hat einen ST. von 3—8°, raffiniertes Leuchtöl von 1—3°. Ein ST. von über 5° deutet auf Anwesenheit von Zersetzungsdestillat.

D. Gehalt an Karbüren.

Unter diesem Namen faßt man alle ungesättigten und aromatischen Kohlenwasserstoffe zusammen. Infolge ihres Reichtums an Kohlenstoff verbrennen sie in den normalen Petroleumlampen schwer, rußen daher und färben die Flamme rot. In speziellen, durch größere Luftzufuhr und bessere Mischung von Luft und Öldämpfen ausgezeichneten Lampen brennen solche karbürreiche Leuchtöle besser. Nach dem Edeleanuverfahren mit flüssiger schwefliger Säure von den Karbüren befreite Leuchtöle brennen ebensogut wie rein paraffinische Öle.

Die Bestimmung der im Leuchtöl anwesenden ungesättigten und aromatischen Kohlenwasserstoffe kann nach folgenden Methoden ausgeführt werden:

1. Methode von Hess (s. S. 161),
2. Methode von Edeleanu.

[1] Da die Solaröle aus Braunkohlenteer 0,5—1,0% Schwefel enthalten, dient der Schwefelgehalt nebst der beträchtlichen Menge an ungesättigten Kohlenwasserstoffen und dem hohen spez. Gewicht zum Nachweis von aus Braunkohlenteer stammenden Destillaten.

Nach Edeleanu werden die aromatischen und teilweise auch die ungesättigten Kohlenwasserstoffe in schwefliger Säure bei tiefer Temperatur gelöst. Auf dieser Reaktion beruht auch das großtechnisch angewendete Raffinationsverfahren, das den Vorteil bietet, die gelösten Kohlenwasserstoffe nach dem Abdunsten der schwefligen Säure unverändert zu erhalten. Die Einzelheiten dieser in Mineralöllaboratorien selten ausgeführten Prüfungsmethode sind in der Originalarbeit[1] nachzulesen.

IV. Petroleumhandelsmarken.

Außer dem normalen, im Handel erhältlichen Leuchtpetroleum vom spez. Gewicht etwa 0,810/20 und den Siedegrenzen 150—300° kommen noch folgende Sorten vor:

Tabelle 29. Amerikanische Vorschriften für Leuchtöle[2].

	Farbe Saybolt	Flammp. entspr. Abel ° C	Schwefel höchst. %	Flockenprobe	Destillation	Trübungspunkt	Brenndauer	Doctortest	Reaktion
Marine-Leuchtöl	16	42°	0,125	negativ	Siedeende höchst. 329°C	unter —15°C	16 Std.	—	—
Leuchtöl für lange Brenndauer	21	42°	0,10	negativ	Siedeende höchst. 315° C	unter —18° C	mind. 120 Std. f. 650 cm³	negativ	—
Sicherheits-Leuchtöl	16	entsprechend 120° M.P.	—	negativ	—	unter 0° C	mind. 20 Std. f. 570 cm³	—	neutral
Leuchtturmöl[3]	21	60°	—	—	Siedebeginn 160° C, 10% bei mindest. 175° C, 90% bei höchst. 270°, Siedeende höchst. 280°, Gesamtdest. mind. 97%	—	—	—	neutral

Flockenprobe: 300 cm³ Öl werden in einem 500 cm³ Erlenmeyer-Kolben ungefähr 20 Min. auf 232° C erhitzt und 15 Min. bei dieser Temperatur erhalten. Man beobachtet, ob sich Flocken gebildet haben.

[1] Petrol. **1913/14**, S. 862; s. a. Holde, K. W., S. 112.
[2] S. Specifications, S. 3.
[3] S. Cross, S. 412.

Starklicht-(Sicherheits-)Petroleum. Spez. Gewicht 0,790/800, Siedegrenzen etwa 160—230°, Abeltest über 40° C. Diese Leuchtölsorte ist gewöhnlich stark raffiniert (mindestens 250° Stammer) und findet Anwendung für besonders hell brennende Lampen, Motoren, Lötlampen usw.

Motoren-(Putz-, Schwer-)Petroleum. Spez. Gewicht 820/850. Bis 300° sollen mindestens 70%, bis 350° wenigstens 95% überdestillieren, der Flammpunkt soll mehr als 60° Martens-Pensky betragen.

Die ehemals preußische Staatsbahn verlangt für Putzöl ein spez. Gewicht von 0,800—0,850 bei 20°. Das Öl soll hell, klar und schwach riechend sein. Es muß ferner säure-, harz-, fett- und wasserfrei sein.

Gasöl.

Der Name des Gasöls rührt daher, daß es zur Ölgasbereitung verwendet wird. Das durch Zersetzung des Öles in glühenden Retorten bei 750—800° erzeugte Gas, das sog. Ölgas, das übrigens auch durch Zersetzung von anderen bituminösen Ölen, wie Steinkohlen- oder Braunkohlenteeröl erhalten werden kann, dient zum Karburieren, d. h. zur Kohlenstoffanreicherung von Wassergas. Das gemischte Gas wird zu Heiz- und Leuchtzwecken verwendet. Aus 1 kg Gasöl erhält man etwa 500 Liter Gas; daneben entstehen Teer und Koks. Da es sich hierbei um keine hochwertigen Erzeugnisse handelt, verwendet man als „Gasöl" die am wenigsten wertvolle, also die zwischen dem Leuchtpetroleum und den Schmier- bzw. Paraffinölen übergehende Erdölfraktion. In neuester Zeit wird die Gasölfraktion auch als Ausgangsmaterial zur Benzingewinnung durch Zersetzungsdestillation (Kracken) verwendet. Hierbei erfolgt bei Temperaturen von 400—450° mit oder ohne Anwendung von Überdruck Aufspaltung der langen Kohlenwasserstoff-Ketten in kurze. Als Produkte der unvermeidlich zu starken Zersetzung entstehen außer Benzin meist auch noch permanente Gase und Koks.

Die zur Gaserzeugung verwendeten Öle werden nach ihrem Vergasungswert beurteilt. Derselbe wird durch Bestimmung der Gasausbeute in einer kleinen Versuchsgasanstalt und durch Messung des Heizwertes des hierbei entstandenen Gases erhalten. Die Gasausbeute ist von der Art des benutzten Versuchsapparates stark abhängig; ihre Feststellung geht über den Rahmen eines normalen Mineralöllaboratoriums hinaus. Es muß deshalb diesbezüglich auf umfangreichere Werke verwiesen werden[1].

Der Heizwert des Gases wird am besten mit dem Junkersschen Calorimeter[2] bestimmt. Hierbei wird Wasser von ungefähr gleichbleibender Temperatur durch ein Röhrensystem geleitet und in einem kalibrierten Zylinder aufgefangen. Eine gemessene Menge des zu untersuchenden Gases wird in einem Brenner so verbrannt, daß die Heizgase die wasserdurchströmten Röhren erwärmen. Aus der Temperatur des zu- und ablaufenden Wassers, der verbrannten Gasmenge und der Menge des Kondenswassers kann man die Heizkraft des Gases berechnen.

Der Heizwert des Gasöles selbst wird durch Verbrennung in der calorimetrischen Bombe bestimmt (s. S. 78). Er bewegt sich innerhalb der Grenzen von 9500—11000 Cal. (oberer Heizwert).

Die Farbe der Gasöle ist gelb bis dunkelbraun, durchsichtig mit bläulicher Fluorescenz. Der Geruch ist erdölartig, dem des unraffinierten Petroleums ähnlich. Die spez. Gewichte liegen zwischen 0,850 und 0,890; dementsprechend schwanken die Siedegrenzen. Der Siedeanfang bewegt sich meist um 250° herum, bis 300° destillieren, je nach dem spez. Gewicht, 20—60%, bis 350° gehen 70—95% über. Der Flammpunkt wird im offenen Tiegel oder Martens-Penskyapparat geprüft und beträgt 50—120° C. Die Viscositäten bei 20° bewegen sich innerhalb der Grenzen von 1,5 und 3,0°. Zumeist wird in den Lieferungsbedingungen verlangt, daß das Gasöl von Wasser und Verunreinigungen frei sei.

Eine chemische Untersuchung des Gasöls ist nicht üblich. Nur wenn das Öl zu Krackzwecken dienen soll, kommt eine Prüfung seiner Eignung hierfür in Betracht. Wissenschaftliche und praktische Untersuchungen haben gelehrt, daß sich die offenkettigen, gesättigt-aliphatischen Kohlenwasserstoffe am besten für die Zersetzungsdestillation eignen. Eine chemische Untersuchung der Kohlenwasserstoffe kommt aber wegen ihrer Schwierigkeit und des Mangels an geeigneten Untersuchungsmethoden weniger in Betracht als der praktische Krackversuch (s. S. 106).

Die früher preußische Staatsbahn verlangt bei Gasölen ein spez. Gewicht von höchstens 0,882 bei 20° und völlige Freiheit von Wasser und Verunreinigungen. Der Kreosotgehalt darf höchstens 2% betragen (Nachweis siehe S. 222). Bei einer stündlichen Gaserzeugung von 10 m³ sollen 100 kg Gasöl mindestens 54 m³

[1] S. z. B. Holde, K. W., S. 64.
[2] Engler-Höfer, Das Erdöl IV, 218.

Gas liefern, welches bei einem stündlichen Verbrauch von 35 Litern eine Leuchtkraft von 11 Vereinsnormalkerzen entwickeln soll.

Nachstehend die Zollvorschriften einiger Staaten für Gasöl:

Tabelle 30. Zollvorschriften für Gasöl.

	Spez. Gewicht bei 20°	Flammpunkt off. Tiegel	Visc. bei 20° Englergrade
Deutschland	über 0,835	über 50°	unter 2,6
Österreich	über 0,850	65—110°	unter 2,5
Schweiz	über 0,835	über 50°	unter 2,6
Tschechoslowakei .	unter 0,880	über 50°	

Heizöl.

In Amerika sind zahlreiche Erdöle erbohrt worden, die außer Benzin und Petroleum keine wertvollen Bestandteile enthalten, deren kostspielige Weiterverarbeitung sich daher nicht lohnt. Das Abdestillieren der leichten Anteile wird „topping" und der verbleibende Erdölrückstand „topped crude" (abgeblasenes Erdöl) oder Fueloil (Heizöl) genannt. Letztere Bezeichnung weist schon darauf hin, daß diese Erdölrückstände als flüssiges Heizmaterial verwendet werden. Während das Heizöl am europäischen Kontinent als Handelsartikel keine große Rolle spielt, ist „Fueloil" ein wichtiges Produkt der amerikanischen Erdölindustrie geworden, da es in immer steigendem Maße zur Beheizung der Schiffskessel verwendet wird. Hierzu ist das Heizöl durch geringen Raumbedarf, einfache Bedienung, rauchfreie Verbrennung und große Heizkraft (oberer Heizwert über 10000 Calorien) besonders geeignet. Von der deutschen Marine wird aus wirtschaftlichen und Sicherheitsgründen (beim Leckwerden) den im Wasser untersinkenden Steinkohlenteerölen der Vorzug gegeben.

Außer dem spez. Gewicht ist auch die Viscosität des Heizöles von Wichtigkeit, da hiervon seine Pumpbarkeit abhängt. Hoher S-Gehalt wird wegen Bildung von Schwefelsäure beim Verbrennen und der damit verbundenen Korrosionsgefahr beanstandet.

Vorschriften der britischen Admiralität für Heizöl.

Flammpunkt: mindestens 79,4° C in geschlossenem Tiegel (Abel oder Martens-Pensky). Höchster zulässiger Schwefelgehalt: 0,75%, Mineralsäure, auf Ölsäure berechnet, höchstens 0,05%

(= Säurezahl 0,1). Der Wassergehalt darf nicht mehr als 0,5% und die Viscosität bei 0° C nicht mehr als 36 Englergrade betragen.

Tabelle 31. Vorschriften der amerikanischen Marine für Heizöl[1].

	Fueloil Navy Standard	Bunker Fueloil A	Bunker Fueloil B	Bunker Fueloil C
Flammpunkt Martens-Pensky, mindestens °C	65,6	65,6	65,6	65,6
Visc. bei 25° C in Englergraden, höchstens	26,7	26,7	—	—
Visc. bei 50° C in Englergraden, höchstens	—	—	26,7	80
Schwefelgehalt %, höchstens .	1,5	—	—	—
Wasser + feste Fremdstoffe. .	1,0	1,0	1,0	feste Fremdstoffe 0,25% Wass. 1,75%

Treiböle.

Unter diesem Namen werden die zum Antrieb von Diesel- und Glühkopfmotoren verwendeten Destillate des Erdöles, Braunkohlen- und Steinkohlenteeres zusammengefaßt. Im Dieselmotor wird der Brennstoff in auf 30—40 Atmosphären verdichtete Luft eingespritzt, wo er sich durch die hohe Verdichtungswärme von selbst entzündet. Die Dieselöle sollen daher einen niedrigen Zündpunkt (s. S. 68) haben. Bekanntlich trifft dies bei den Paraffin-Kohlenwasserstoffen zu, während die aromatischen Kohlenwasserstoffe sich erst bei hoher Temperatur von selbst entzünden. Da die Paraffin-Kohlenwasserstoffe durch einen höheren Wasserstoff- und geringeren Kohlenstoffgehalt vor den anderen Kohlenwasserstoffreihen ausgezeichnet sind, ist auch die Bestimmung des Verkokungsrückstandes zur Prüfung der Qualität eines Dieselöles geeignet.

Nach Constam und Schläpfer[2] sind alle bituminösen Destillate mit einem Wasserstoffgehalt von über 10% als Dieselöle geeignet. Hierzu gehören die Erdöldestillate mit einem unteren Heizwert von über 10000 und die Braunkohlenteerdestillate mit über 9700 Calorien. Einer besonderen Konstruktion der Dieselmaschine hingegen bedürfen die Steinkohlenteerdestillate mit einem Heizwert von mindestens 8800 Calorien und einem maximalen Verkokungsrückstand von 3%, sowie andere Schwelteere.

---

[1] Croß, S. 472.
[2] Z.V.d.I. **1913**, S. 1489 ff.

Die wichtigste Eigenschaft der Treiböle ist ihr Heizwert. Er soll nach dem Gesagten mindestens etwa 9000 Calorien (unterer Heizwert) betragen. Die Bestimmung des Heizwertes erfolgt mit Hilfe der calorimetrischen Bombe (s. S. 78). Der Flammpunkt von Treibölen, bestimmt im Abelapparat, soll zwischen 60 und 100° C liegen. Bei der Verkokungsprobe dürfen nicht mehr als 3% Kohle zurückbleiben. Mangels einer einheitlich festgesetzten Methode zur Ausführung der Verkokungsprobe dürfte sich die allgemeine Annahme des auch bei Schmierölen verwendeten Conradsontestes empfehlen. Ein Gehalt an freiem Kohlenstoff im Treiböl ist nicht zulässig. Wenn 10 g Öl mit 10 cm^3 Xylol durchgeschüttelt werden, darf nach dem Filtrieren der Rückstand höchstens 0,04 g wiegen. Hingegen halten neuere Anschauungen einen eventuellen Asphaltgehalt für unschädlich.

Nach J. C. Allen[1], der auch obige Anforderungen formuliert hat, sollen außerdem bei der Destillation des Treiböls mindestens 80% bis 350° C überdestillieren. Der erforderliche Stockpunkt richtet sich nach den tiefsten Temperaturen, bei denen das Treiböl benützt werden soll; bei 0° soll es jedenfalls noch flüssig sein. Was die Reinheit des Öles betrifft, so ist ein Kreosotgehalt von 12% noch zulässig. (Zur Bestimmung desselben schüttelt man 10 cm^3 Öl mit 10 cm^3 einer 32,5 proz. Natronlauge in einem in $^1/_{10}$ cm^3 geteilten 20 cm^3-Stöpselzylinder gut durch und läßt in der Wärme abstehen. Die mittlere der sich bildenden 3 Schichten besteht aus Kreosotnatrium, wovon die Hälfte als Kreosot angenommen werden kann.) Das Öl soll ferner weder freie Säure noch Alkali und höchstens 0,75% S enthalten. Beim Veraschen darf der Rückstand höchstens 0,05% betragen. Ein Wassergehalt von über 1% ist unzulässig.

Isolieröle.

I. Allgemeines.

Transformatorenöle und Schalteröle dienen zur Füllung von Transformatoren, Schalt- und elektrischen Regulierapparaten und haben die Aufgabe, als Isoliermaterial Funkendurchschläge zu verhindern und die durch Stromverlust entstehende Wärme abzuleiten. Diesen Aufgaben entsprechen geeignete wasserfreie und gegen Oxydation beständige Mineralöle. Wegen leichterer Zirkulation ist einerseits geringe Viscosität Bedingung, andererseits

[1] Petrol. **1914/15**, S. 16.

muß das Öl bei der erhöhten Temperatur des Transformators möglichst wenig verdampfbar sein. Es darf sich ferner durch längeres Erhitzen, auch bei Gegenwart von Metallen, nicht oxydieren, keinen Schlamm ausscheiden und keine sauren Produkte bilden, welche die Isolierfähigkeit (Durchschlagsfestigkeit) vermindern und die Baumwollisolierung der Drähte angreifen können. Isolieröle, die in Transformatoren verwendet werden, welche im Freien aufgestellt sind, dürfen überdies bei den tiefsten in Betracht kommenden Temperaturen nicht stocken.

In bezug auf die Höhe des zu verlangenden Stockpunktes, Flammpunktes, der Viscosität, Durchschlagsfestigkeit, des Wasser- und Säuregehaltes stimmen die Ansichten der Fachkreise mehr oder weniger überein. Hingegen gehen die Meinungen über die besten Vorschriften für die Prüfung der Alterungsneigung eines Isolieröles stark auseinander. Daß die Isolieröle vor Ingebrauchnahme einer Alterungsprüfung unterworfen werden sollen, steht fest. Ebenso klar ist, daß die Prüfung in einer auf einen längeren Zeitraum ausgedehnten Erhitzung zu bestehen hat. Doch schon darüber, welche Temperatur hierbei einzuhalten ist, ferner wie lange und ob bei Gegenwart von Katalysatoren (z. B. Kupfer) oder ohne dieselben erhitzt werden soll, sind die Spezialforscher nicht einig. Die von verschiedenen Stellen vorgeschriebenen Alterungsprüfungen weichen in ihren chemischen Bedingungen voneinander derart ab, daß ein Öl, nach der einen Methode geprüft, sich ausgezeichnet verhalten, bei einer anderen Alterungsprüfungsmethode hingegen gänzlich versagen kann.

Es müssen daher im folgenden die wichtigeren Anforderungen und Prüfungsbestimmungen nach Geltungsbereichen gesondert angeführt werden (siehe auch Nachträge).

II. Verband Deutscher Elektrotechniker.

A. Vorschriften für Transformatoren- und Schalteröle.

Die folgenden Bedingungen wurden von der XXXII. Jahresversammlung in Kiel 1927 angenommen[1].

§ 1.

Die Vorschriften treten am 1. Oktober 1927 in Kraft.

§ 2.

Die Vorschriften der §§ 3—7 beziehen sich sowohl auf neues als auf im Apparat angeliefertes Öl. Die Vorschriften der §§8—10 beziehen sich lediglich auf neues Öl, die Vorschrift des § 11 bezieht sich auf ein dem im Be-

[1] Siehe ETZ. **1927**, 473, 858 u. 1089, Sonderdruck VDE. 405; Nachdruck mit Genehmigung des Verbandes Deutscher Elektrotechniker.

triebe befindlichen Transformator oder Apparat entnommenes und auf ein gekochtes oder zum Einfüllen vorbereitetes Öl.

Unter neuem Öl (§§ 8, 9, 10) ist ein Öl zu verstehen, wie es im Kesselwagen oder in Eisenfässern von der Raffinerie angeliefert wird. Die Anlieferung darf nicht in Holzfässern erfolgen.

§ 3.

Die Vorschriften beziehen sich auf Erdöle, die lediglich als Raffinate geliefert werden müssen.

§ 4.

Das spezifische Gewicht darf nicht mehr als 0,92 bei 20° C betragen.

Bei Transformatoren und Schaltern, deren Kessel von der Außenluft umspült werden und die keine besondere Heizvorrichtung haben, soll Öl verwendet werden, dessen spezifisches Gewicht nicht mehr als 0,895 bei 20° C beträgt.

§ 5.

Die Viscosität, bezogen auf Wasser von 20° C, darf bei einer Temperatur von 20° C nicht über 8° Engler sein.

§ 6.

Der Flammpunkt, nach Marcusson im offenen Tiegel bestimmt, darf nicht unter 145° C liegen (siehe jedoch Ausnahmefall in § 7).

§ 7.

Der Stockpunkt des Öles darf nicht höher als —15° C sein; bei Schaltern, deren Kessel von der Außenluft umspült werden und die keine besondere Heizvorrichtung haben, darf der Stockpunkt des zu verwendenden Öles nicht höher als —40° C sein. Der Flammpunkt eines solchen Öles darf nicht unter 120° C liegen.

§ 8.

a) Das neue Öl muß bei 20° C vollkommen klar sein; es muß frei sein von Mineralsäuren.

b) Der Gehalt an organischer Säure darf höchstens 0,05, berechnet als Säurezahl, betragen.

c) Der Gehalt an Asche darf 0,01% nicht übersteigen.

§ 9.

Das neue Öl muß praktisch frei von mechanischen Beimengungen sein.

§ 10.

a) Die Verteerungszahl des neuen ungekochten Öles darf 0,1% nicht überschreiten.

b) Das neue ungekochte Öl soll nach 70stündiger Erhitzung auf 120° C unter Einleiten von Sauerstoff folgende Bedingungen erfüllen:

1. Es soll nach dem Erkalten vollkommen klar sein.
2. Es darf keinen benzinunlöslichen Schlamm enthalten.
3. Es dürfen beim Erhitzen mit der alkoholisch-wässerigen Natronlauge keine asphaltartigen Ausscheidungen entstehen.

§ 11.

Die elektrische Festigkeit des dem im Betrieb befindlichen Transformator oder Apparat entnommenen Öles soll, gemessen nach den Prüfvorschriften, im Mittel 80 KV/cm nicht unterschreiten. Ist die elektrische Festigkeit geringer, so muß das Öl gereinigt bzw. erneuert werden.

Die elektrische Festigkeit des gekochten oder zum Einfüllen vorbereiteten Öles soll 125 KV/cm nicht unterschreiten.

Ergibt das Erhitzen des Öles im Reagenzglase auf rund 150° C das Vorhandensein von Wasser durch knackendes Geräusch, so erübrigt sich die Untersuchung der elektrischen Festigkeit; das Öl muß getrocknet werden.

Die Untersuchung, ob die Öle diesen Vorschriften entsprechen, hat nach den nachstehenden Prüfvorschriften zu erfolgen.

B. Prüfvorschriften.

Aus den Kesselwagen oder Eisenfässern sollen Proben nach den folgenden Vorschriften entnommen werden:

a) Für Kesselwagen.

Ein Glasrohr von 1,5—2 m Länge (etwa 15 mm l. W.), das auf der einen Seite rund abgeschmolzen ist, so daß man es gut mit dem Daumen verschließen kann, und auf der anderen Seite ein wenig stumpf ausgezogen ist, wird im geöffneten Zustande langsam durch den Dom des Wagens bis zum Boden des Kesselwagens eingeschoben, so daß beim Durchschieben aus allen Teilen des Wageninhaltes Teile in das Rohr eintreten. Wenn das Rohr den Boden berührt, wird es mit dem Daumen verschlossen und aus dem Wagen herausgehoben. Der Inhalt des Rohres und das etwa außen anhaftende Öl wird in ein sauberes Glasgefäß gebracht. In gleicher Weise wird die Probeentnahme so oft wiederholt, bis mindestens eine Probemenge von 2 Liter vorhanden ist. Es wird nochmals gut umgerührt und die so entnommene Probe in zwei Teile geteilt, von denen der eine für eine Kontrollprüfung für den Fall der bei der Werkuntersuchung gefundenen Abweichung zurückgestellt wird. Wird die Probe als einwandfrei erachtet, so kann eine Gegenprobe höchstens für die Sammlung von Vergleichsmaterialien bzw. Beanstandungen genau bezeichnet und einwandfrei verschlossen zurückgehalten werden. Eine Verpflichtung hierzu besteht aber bei erfolgter Abnahme nicht.

b) Für Eisenfässer.

Ein Glasrohr gleicher Ausführung, wie zu a beschrieben, aber entsprechend kürzer, wird durch das geöffnete Spundloch eines jeden fünften Fasses eingeführt. Aus jedem dieser Fässer wird eine Probe entnommen oder doch jedenfalls so viel, daß aus der gesamten Sendung wieder eine Probemenge von rund zwei Litern gebildet werden kann. Auch hier wird wieder gut durchgemischt und im übrigen wie oben verfahren.

Über die Probeentnahme aus dem im Betriebe befindlichen Transformator oder Apparat siehe die Erläuterung zu § 11.

Erklärungen.

Zu § 4. Die Ausführung der Bestimmungen des spezifischen Gewichtes kann nach einer beliebigen Arbeitsweise vorgenommen werden. Um das spez. Gewicht für 20° C zu bestimmen, ist als Umrechnungszahl für je 1° C die Zahl 0,0007 zu benutzen (z. B. gefundenes spez. Gewicht bei 15° C 0,8700

Korrektur = 5×0,0007 = ... 0,0035

Spez. Gewicht bei 20° C . . . . 0,8665).

Als obere Grenze des spez. Gewichtes von Ölen, die in Transformatoren und Schaltern verwendet werden, deren Kessel von der Außenluft umspült sind und die keine besondere Heizvorrichtung haben, ist 0,895 gewählt, damit Eisstücke, die sich in Freiluftanlagen oder ungeheizten Stationen bilden können, mit Sicherheit zu Boden sinken.

Zu § 5. Zur Viscositätsbestimmung wird der Apparat von Engler benutzt.

Zu § 6. Zur Flammpunktbestimmung ist der Marcussonapparat mit waagrechter Flammenführung zu benutzen (Versuchungsausführung vgl. S. 61)[1]. Hierzu sind die vorschriftsmäßigen, von der PTR. auf 30 mm Eintauchtiefe geeichten Flammpunktthermometer zu verwenden, bei deren Eichung die Korrektur für den herausragenden Faden bereits berücksichtigt ist.

Zu § 7. Das Verhalten des Öles in der Kälte muß derart sein, daß es nach einstündigem Abkühlen auf —15° C bzw. —40° C noch fließt. Die Prüfung geschieht nach dem folgenden Verfahren:

Das Öl wird in ein 15 mm weites Reagenzglas 3 cm hoch mit der Pipette eingefüllt und zwar so, daß die Glaswand oberhalb des Ölspiegels nicht benetzt wird. Das Reagenzglas wird mittels eines Gestelles oder Halters senkrecht in das Kühlgefäß eingestellt und eine Stunde lang auf — 15° C abgekühlt. Die Abkühlung erfolgt in einer Salzlösung, die durch Auflösung von 25 Teilen Salmiak in 100 Teilen Wasser zu bereiten ist. Die Abkühlung dieses Bades wird durch Einstellung der Lösung in eine Mischung von Eis und Viehsalz bewirkt. Nach Ablauf einer Stunde wird das Reagenzglas, ohne es herauszunehmen, in eine schräge Lage gebracht und die Veränderung des Flüssigkeitsspiegels beobachtet. Der flüssige Zustand des Öles zeigt sich nach dem Herausnehmen des Reagenzglases daran, daß die Glaswandung vom Öl einseitig benetzt ist.

Bei der Prüfung des Stockpunktes von — 40° C wird die Abkühlung am einfachsten in Benzin, das durch ein Gemisch von fester Kohlensäure und Alkohol abgekühlt wird, vorgenommen.

Zu § 8. a) Reinheit des Öles. Zur Feststellung, ob das Öl klar ist, wird eine frisch aus dem Versandgebinde entnommene Probe in einem Reagenzglase von 15 mm lichte Weite 1 Stunde lang bei 20° C der Ruhe überlassen. Ist die Probe nach dieser Zeit klar, so entspricht sie den Anforderungen. Eine Trübung kann auch von zu hohem Wassergehalt herrühren, der sich durch Kochen beseitigen läßt.

Zum Nachweis von freier Mineralsäure werden (nach Holde) 100 cm^3 Öl mit 200 cm^3 heißem destillierten Wasser im Scheidetrichter oder Kolben kräftig durchgeschüttelt, bis sich das Öl genügend im Wasser verteilt hat. Nach dem Absetzen filtriert man die wässerige Schicht durch ein angefeuchtetes Faltenfilter und versetzt das Filtrat mit einigen Tropfen Methylorange, wobei keine Rotfärbung eintreten darf.

b) Säurezahl. Vor Benutzung sind die Gefäße mit einem neutralisierten Benzol-Alkoholgemisch 1 : 1 auszuspülen; sodann werden 10 g Öl in einem 200 cm^3 fassenden Schüttelzylinder eingewogen und in 75 cm^3 eines vorher neutralisierten Gemisches von einem Teil Benzol und einem Teil Alkohol aufgelöst. Hierbei wird nach Versetzen mit 2 cm^3 einer 2 proz. alkoholischen Lösung von Alkaliblau 6B eine genau eingestellte, $^1/_{10}$ normal alkoholische Kalilauge aus einer Bürette zugegeben, bis die Färbung in der Durchsicht in ein deutliches Rot umschlägt. Die Säurezahl ist der Verbrauch an Milligramm KOH für 1 g angewandtes Öl. Wurden bis zum Farbumschlag beispielsweise $^3/_{10}$ cm^3 KOH verbraucht, so errechnet sich die Säurezahl wie folgt:

$$\frac{0{,}3 \times 5{,}6}{10} = 0{,}168 \text{ mg KOH.}$$

5,6 ist die Anzahl Gramm KOH/Liter in $^1/_{10}$ n-Kalilauge. Die Säurezahl ist dann 0,168.

---

[1] Anm. d. Verfassers.

c) Aschegehalt. Vom Öl wägt man in einer ausgeglühten und gewogenen Schale etwa 20 g ab. Man setzt die Schale in den Ausschnitt einer Asbestplatte und schwelt unter dem Abzug auf kleiner Flamme das Öl ab; bei vorsichtigem Arbeiten wird weder ein Überkriechen des Öles über den Rand der Schale noch ein Anbrennen der Öldämpfe stattfinden. Ist die Probe vollkommen abgeschwelt, so erhitzt man mit starker Flamme auf einem Tondreieck, bis aller Kohlenstoff verbrannt ist. Erfolgt dieses sehr langsam, so tränkt man nach dem Erkalten der Schale den Rückstand mit einer konzentrierten Ammoniumnitratlösung (Ammoniumnitrat muß völlig aschefrei sein) und trocknet im Trockenkasten bei 105° C. Den trockenen Rückstand verascht man zunächst vorsichtig und glüht nach dem Verjagen der Ammoniumsalze stark. Nach dem Erkalten im Exsiccator wird die Asche gewogen.

Erkennt man nach dem Verschwelen des Öles an dem eigentümlichen Zusammensintern, daß die Asche größere Mengen Alkali enthält, so läßt man vor dem starken Glühen die Schale erkalten. Der kohlige Rückstand wird mit heißem destillierten Wasser ausgezogen, die Lösung durch ein aschefreies Filter abfiltriert und quantitativ nachgewaschen. Man trocknet dann die Schale samt dem Filter, verascht und verglüht stark, wie dieses vorstehend angegeben ist. Dann wird nach dem Erkalten die wässerige Lösung der Alkalien wieder in die Schale gegeben und nach dem Eindampfen bei 105° C bis zur Gewichtskonstanz getrocknet.

Zu § 9. Mit dem Ausdruck „praktisch frei“ ist gemeint, daß keine mit bloßem Auge sichtbaren Beimengungen vorhanden sein dürfen.

Zu § 10. a) Verteerungszahl. Es wird darauf hingewiesen, daß die Bestimmung der Verteerungszahl besonders schwierig ist und im Zweifelsfalle von einem Spezialchemiker ausgeführt werden muß. Die abgekürzte Bezeichnung für diese Methode ist (70 h 120° O_2).

150 g des frischen, ungebrauchten, filtrierten Öles werden in einem 300 cm³ fassenden Erlenmeyer-Kolben (Schott u. Gen., Jena) in einem Ölbade 70 Stunden ununterbrochen unter gleichzeitigem Durchleiten von Sauerstoff auf 120° C erwärmt. Das Niveau des Ölbades soll 5 mm höher als das des im Kolben befindlichen Öles sein. Der Sauerstoff passiert zwei Waschflaschen, von denen die erste mit Kalilauge (spez. Gewicht 1,32), die zweite mit konzentrierter Schwefelsäure (spez. Gewicht 1,84) beschickt ist (die Waschflaschen sollen ein Fassungsvermögen von mindestens $^1/_4$ Liter bei hoher zylindrischer Form haben und etwa auf $^1/_5$ ihrer Höhe mit der Waschflüssigkeit beschickt sein). Die Erwärmung wird in einem zuverlässigen, regelbar geheizten Ölbad ausgeführt. Die vorgeschriebene Temperatur ist in dem zu untersuchenden Öl zu überwachen. Das Ölbad ist mit einem Rührwerk auszustatten. Der Kolben ist durch einen Korkstopfen mit seitlicher Einkerbung verschlossen, durch den das 1—2 mm über dem Boden des Kolbens mündende Einleitungsrohr führt. (Die lichte Weite des Einleitungsrohres soll genau 3 mm, die Anzahl der Blasen je Sekunde 2 betragen.)

Nach der geschilderten 70stündigen Vorbehandlung werden 50 g des gut durchgerührten Öles in einem mit Rückflußkühler versehenen, 300 cm³ fassenden Erlenmeyer nach Zusatz einiger Siedesteine 20 Minuten lang auf siedendem Wasserbade mit 50 cm³ einer Lösung erwärmt, die durch Auflösen von 75 g möglichst reinem Ätznatron in 1 Liter destilliertem Wasser und durch Hinzufügen von 1 Liter 96proz. Alkohols zu bereiten ist. Ohne den Rückflußkühler zu entfernen, wird hiernach das warme Gemisch 5 Minuten lang kräftig geschüttelt, wobei der Kolben zweckmäßig mit einem

Tuch umwickelt wird. Sein Inhalt wird nach dem Erkalten in einen Scheidetrichter überführt und über Nacht absitzen lassen, da erst dann eine vollständige Trennung der Lauge vom Öl stattfindet. Zeigen sich nach dem Erwärmen mit der Lauge und dem Absitzenlassen an der Trennungsschicht von Öl und Lauge oder an den Wandungen des Scheidetrichters dunkelfarbige Ausscheidungen, so entspricht das Öl nicht den Vorschriften. Wenn keine Ausscheidungen vorhanden waren, wird nach eingetretener Schichtung ein möglichst großer Anteil der alkoholisch-wässerigen Lauge durch ein gewöhnliches Filter in einen Kolben filtriert. Von dem Filtrat werden 40 cm³ abpipettiert, in einem zweiten Scheidetrichter mit einigen Tropfen Methylorange versetzt und mit Salzsäure bis zur deutlichen Rotfärbung der Flüssigkeit angesäuert (hierzu sind etwa 6 cm³ Salzsäure vom spez. Gewicht 1,124 erforderlich). Nach dem Ansäuern werden 50 cm³ destilliertes Wasser zugesetzt, erst dann wird mit Benzol ausgeschüttelt, da in 50proz. Alkohol Benzol und mit ihm auch die darin gelösten Teerstoffe etwas löslich sind. Die durch das Ansäuern abgeschiedenen Teerstoffe werden in 50 cm³ reinem Benzol vom Siedepunkt 80—82° C (das beim Eindampfen auf dem Wasserbade keine Spur eines Rückstandes hinterlassen darf) aufgenommen. Das Ausschütteln ist mit 50 cm³ Benzol in einem dritten Scheidetrichter noch einmal zu wiederholen.

Nach dem Ablassen der wässerigen Schicht wird der erste Benzolauszug im Scheidetrichter Nr. 3 mit dem zweiten Benzolauszuge vereinigt, wobei der Scheidetrichter Nr. 2 mit etwas Benzol nachzuspülen ist. Der Benzolauszug wird dann im Scheidetrichter Nr. 3 zweimal mit je 50 cm³ destilliertem Wasser sorgfältig ausgeschüttelt. Starkes Schütteln ist zu vermeiden, da sonst Emulsionsbildung eintritt. Wenn sich hierbei eine starke Emulsion bildet, setzt man nach Ablassen des klaren Teiles der Wasserlösung einige Tropfen Alkohol zu, so daß die Benzolschicht vollkommen klar bleibt.

Nach dem Ablassen der letzten sichtbaren Wasserreste wird die im Scheidetrichter zurückbleibende Benzollösung in einen Weithalsstehkolben von 250 cm³ Inhalt (Schott u. Gen., Jena) übergeführt, der zuvor mit einigen Siedesteinen gemeinsam auf der analytischen Waage gewogen wurde. Dieser Kolben wird mit einem tadellosen, gut ausgepreßten und von jeglichem Korkstaub befreiten, durchbohrten Korken, in dem ein möglichst direkt über ihm abgebogenes weites Dampfleitungsrohr steckt, das in einen Kühler mündet, verschlossen und mittels eines Ringes, der Einkerbungen zum Durchleiten des Wasserbaddampfes besitzt, auf das Wasserbad gestellt. Kolben und Ableitungsrohr werden dann mit einem oben geschlossenen Blechmantel überdeckt, der an einer Seite zur Durchführung des Ableitungsrohres geschlitzt ist. Das Wasserbad wird dann so stark erhitzt, daß die in den Blechmantel steigenden Dämpfe diesen und damit auch Kolben und Ableitungsrohr mit erwärmen und so jegliches Dephlegmieren der Benzoldämpfe verhindern. Nach dem Eindampfen wird etwas Alkohol (absoluter oder 96proz.) zugegeben, um etwa vorhandenes Wasser zu verjagen und der Kolben offen und liegend auf das mit gewöhnlichem Ringe versehene Wasserbad gestellt, so daß die schweren Dämpfe bequem abfließen können. Dann wird der Kolben in einem auf 105° C eingestellten Trockenschrank 10 Minuten lang getrocknet und nach dem Erkalten gewogen. Die gefundene Teermenge in Gramm, mit 2,5 multipliziert, ergibt die prozentuale Verteerungszahl.

b) Schlammbildung. 10 cm³ des verteerten Öles werden mit 30 cm³ Normalbenzin versetzt. Nach 24stündigem Stehen wird festgestellt, ob sich Schlamm ausgeschieden hat. Im Zweifelsfalle ist durch ein geeignetes Filter (Schleicher & Schüll, Weißband 589) zu filtrieren. Ist in dem Kolben, in dem das Öl erhitzt wurde, schon ohne Benzinzusatz eine Schlammausscheidung zu bemerken, so ist das Öl von vornherein als unbrauchbar zu bezeichnen.

Zu § 11. 1. Entnahme der Probe. Das zu untersuchende Öl soll dem Apparat (z. B. Transformator oder Ölschalter) möglichst an einer Stelle entnommen werden, die dem tiefsten unter Spannung stehenden Teil naheliegt. Die zur Entnahme der Probe dienenden Gefäße müssen peinlich sauber und trocken sein. Die Temperatur des zu untersuchenden Öles soll 15—25° C betragen.

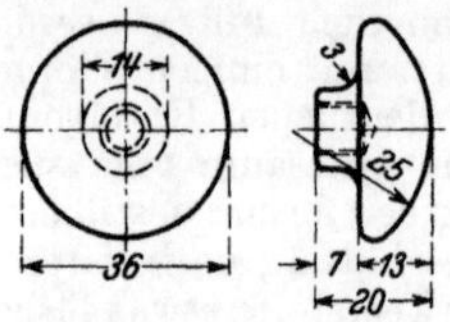

Abb. 66. Elektroden.

2. Elektrodenform und Abstände innerhalb der Prüfapparate.

Als Elektroden werden Kupferkalotten von 25 mm Halbmesser nach nebenstehender Skizze (Abb. 66) gewählt.

Der Abstand der Kalottenränder von der Gefäßwandung (Glas oder Porzellan) soll mindestens 12 mm betragen.

Bei Einführung beider Elektroden vom Ölspiegel aus soll der Mindestabstand zwischen den Zuleitungen 45 mm betragen. Die Zuleitungen selbst sollen einen Durchmesser von mindestens 5 mm haben.

3. Ölmenge. Die Ölmenge soll mindestens 0,25 Liter betragen.

4. Reinigung. Die Elektroden und das Gefäß sind vor jeder Versuchsreihe mit einem Lederlappen blank zu reiben und mit heißem getrockneten Öl oder heißer Luft zu reinigen. Der gereinigte Apparat ist vor dem Versuch möglichst mit einem Teil des zu untersuchenden Öles auszuspülen.

5. Versuchsanordnung. Zwei Versuchsanordnungen sind zulässig.

A. Fester Elektrodenabstand. Der Abstand der Kalotten soll bei dieser Versuchsanordnung 3 mm betragen.

Die Spannung wird variiert entweder durch feinstufige Änderung der Erregung, falls ein besonderer Generator vorhanden ist, oder durch Regeln der vor die Niederspannungswicklungen des Transformators geschalteten Widerstände.

B. Variabler Elektrodenabstand bei konstanter Spannung.

Auf der Hochspannungsseite soll ein fester Widerstand von etwa 30000 Ω vorgeschaltet sein.

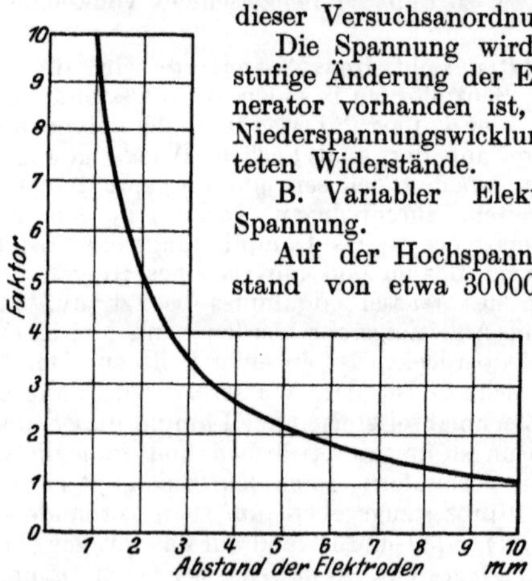

Abb. 67

Der Prüftransformator soll bei beiden Versuchsanordnungen bei voller Erregung mindestens 30 KV auf der Hochspannungsseite geben. Die Leistung darf nicht weniger als 250 VA betragen. Bei größeren Transformatoren ist u. U. durch Vorschalten von Flüssigkeitswiderständen dafür zu sorgen, daß der Hochspannungsstrom beim Ansprechen der Funkenstrecke nicht mehr als 0,5 A beträgt. Zur Regelung oder Dämpfung sind nur Metall- oder Flüssigkeitswiderstände zulässig[1].

[1] Anm. des Verfassers: Die Firmen Siemens & Halske, AEG. u. a.

6. Verlauf der Untersuchung. Beim Eingießen des Öles sind Luftblasen nach Möglichkeit zu vermeiden, indem man das Öl an der Gefäßwand langsam herunterlaufen läßt.

Vor Anlegen der Spannung soll das Öl 10 Minuten im Prüfgefäß ruhig stehen.

Die Regelung der Spannung bzw. des Elektrodenabstandes soll bis zum Durchschlag ungefähr 20 Sekunden erfordern. Die Spannung soll möglichst schnell nach dem Durchschlag abgeschaltet werden.

Im ganzen sind 6 Durchschlagversuche anzustellen. Das Ergebnis des ersten Versuches darf zur Beurteilung des Öles nicht herangezogen werden. Maßgebend ist der Mittelwert der letzten 5 Durchschläge.

Nach jedem Durchschlag ist das Öl zwischen den Elektroden durch Umrühren mit einem reinen und trockenen Glasstäbchen zu erneuern.

Um die Durchschlagfestigkeit in KV/cm zu ermitteln, ist bei Methode A der gefundene Mittelwert der Durchschlagspannung mit dem Faktor 3,5 zu multiplizieren.

Bei Methode B ergibt sich der Faktor aus der Kurve (Abb. 67).

Auf die in den vorliegenden Vorschriften gegebenen Grenzzahlen sind Toleranzen nicht anwendbar.

III. Schweizer Elektrotechnischer Verein.

Normalien zur Prüfung und Bewertung von Mineralöl für Transformatoren und Schalter[1].

Die Vorschriften bezüglich der Reinheit, Säurefreiheit und des Flammpunktes enthalten gegenüber den deutschen Bestimmungen nichts grundsätzlich Verschiedenes.

Elektrische Festigkeit. Das vor der Prüfung $^1/_2$ Stunde im bedeckten Prüfgefäß in Ruhe gelassene Öl wird bei Zimmertemperatur einer steigenden Wechselspannung ausgesetzt. Die kugelförmigen Elektroden haben einen Durchmesser von 12,5 mm und stehen einander in einer Entfernung von 5 mm gegenüber. Die Spannung des Wechselstromes wird mit einer Geschwindigkeit von 1 KV_{eff} in der Sekunde von 0—30 KV_{eff} gesteigert und hierauf 30 Minuten hindurch konstant bei 30 KV_{eff} erhalten. Während der letzten 5 Minuten sollen keine Entladungen auftreten und auch sonst kein Geräusch zu vernehmen sein.

Verhalten in der Wärme (Alterungsprüfung). In einem mit Mineralöl gefüllten, elektrisch geheizten und mit Rührwerk versehenen Thermostaten hängen die zur Aufnahme des zu prüfenden Öles bestimmten (getriebenen, nicht gelöteten) kupfernen Prüfgefäße. Dieselben haben eine lichte Weite von 100 mm, eine Höhe von 210 mm und Wandstärke von etwa 0,6 mm. Die Gefäße müssen vor Verwendung gut gereinigt werden[2]. Man füllt 1000 cm^3 Transformatorenöl in eines dieser Gefäße und hängt letzteres in das warme Ölbad. Das Kupfergefäß soll innen und außen gleich weit von Öl benetzt sein. Der Thermostat wird durch eine automatisch regulierte Heizvorrichtung so erwärmt, daß die Temperatur des Prüfungsöles während

bauen Apparate sowohl mit festem Elektrodenabstand (Methode A), als auch mit veränderlichem Elektrodenabstand (Methode B).

[1] Nach dem Sonderabdruck aus dem Bull. d. Schweiz. Elektrotechn. Vereins **1925**, H. 4.

[2] Die Gefäße dürfen nur mit organischen Lösungsmitteln (Benzol, Tetrachlorkohlenstoff usw.) ausgespült und nachher mit einer Kreideaufschlämmung blank gerieben werden.

der ganzen Dauer des Versuches sich auf 115° (± 2°) C hält. In das Öl werden 2 Glasstäbe von 7 mm Durchmesser gestellt, auf die je 10 m Baumwollfaden, Garnnummer 90/2, Drall 90 ÷ 100 pro 10 cm aufgewickelt sind. Die Baumwolle darf die Kupferwandung nicht berühren. Von derselben Baumwollspule entnimmt man 15 kleine Proben, tränkt sie in frischem Öl und bestimmt die mittlere Zerreißfestigkeit des Fadens. Derselbe muß $^1/_2$ Minute eine Belastung von 160 g aushalten. Das Prüfgefäß wird während 168 Stunden (1 Woche) bei ungehindertem Luftzutritt auf einer Temperatur von 115° C (Thermometer im Transformatorenöl) gehalten. Nach 1 Woche wird die Ölprobe gut durchgerührt und derselben 50 cm³ und ein Glasstab samt aufgewickeltem Baumwollfaden entnommen. Von der Ölprobe werden nach Erkalten 10 cm³ mit 3 Teilen Normalbenzin gut durchgemischt und mit mehreren tausend Umdrehungen pro Minute zentrifugiert (siehe S. 20), bis das Volumen des eventuell abgeschiedenen Schlammes sich nicht mehr verringert. Gutes Öl soll keinen Schlamm aufweisen. Der übriggebliebene Teil der Ölprobe wird filtriert und in dem Filtrat der Gehalt an organischen Säuren geprüft. Die Säurezahl soll kleiner sein als 0,3. Mit dem aus dem Öl genommenen Baumwollfaden werden 15 Zerreißproben gemacht. Die mittlere Festigkeitsabnahme soll kleiner sein als 20% (Toleranz: bis 30%). Die Hauptprobe des Öles wird noch 1 Woche auf 115° erhitzt und sodann die Prüfung auf Schlamm, organische Säuren und Zerreißfestigkeit in derselben Weise wiederholt. Die auf Öl bezogene Schlammmenge soll in diesem Zeitpunkt kleiner als 0,3 Vol%, die Säurezahl des Öles nach dem Filtrieren kleiner als 0,4 und die totale mittlere Festigkeitsabnahme des Baumwollfadens kleiner als 30% (Toleranz: bis 40%) sein.

IV. Englische Schlammbildungsprobe.

Diese in England unter dem Namen sludge test (J. P. T. Serial Designation — T. O. 22) vorgeschriebene Prüfung[1] sucht die chemischen Vorgänge im Transformator dadurch nachzuahmen, daß das Öl bei höherer Temperatur in Berührung mit katalysierend wirkendem Kupfer der Einwirkung von Luft ausgesetzt wird.

Der Apparat (Abb. 68) besteht aus einem 200 cm³ mit 100 g Öl gefüllten Rundkolben, auf den mittels Glasschliffes ein Kühler gesetzt ist. Durch den Gummistopfen, der oben den Kühler verschließt, führt ein 10 mm weites T-Stück aus Glas. In diesem ist mittels Gummistopfens ein 4 mm weites Glasrohr befestigt, das bis 3 mm oberhalb des Kolbenbodens reicht. Der andere Arm des T-Stückes ist mit der Luftpumpe verbunden. Die angesaugte Luft passiert je eine mit 33proz. Natronlauge, 10proz. Silbernitratlösung und konz. Schwefelsäure gefüllte Waschflasche. Als Katalysator dient ein Stück blankes Elektrolyt-Kupferblech, 50 mm lang, 30 mm breit und 0,1 mm stark. Das Blech ist zu einem offenen 30 mm hohen Zylinder zusammengerollt, der am Boden des Kolbens stehend, das Lufteinleitungsrohr konzentrisch umgibt. Der Kolben taucht bis zum Halsansatz in das stets auf

[1] Inst. of Petr. Technologists, Standard Methods, sec. ed. 1929, S. 8.

150° C eingestellte Ölbad. Zwischen Schwefelsäure-Waschflasche und Einleitungsrohr befinden sich ein Nadelventil und ein Strömungsmanometer. Die Luft wird mit einer Geschwindigkeit von 3 Blasen in der Sekunde (2 Liter in der Stunde) durch das

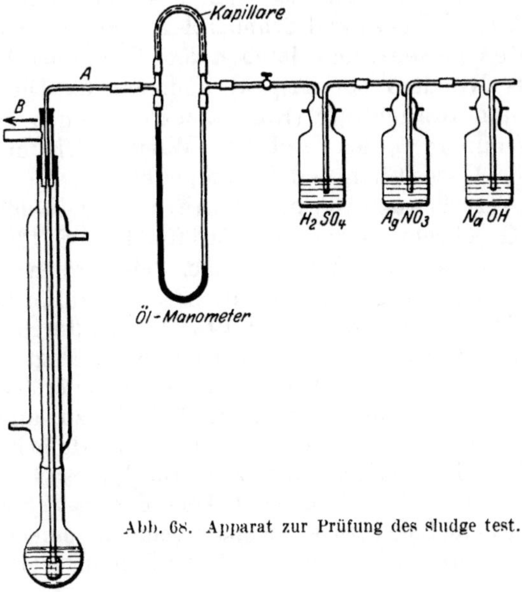

Abb. 68. Apparat zur Prüfung des sludge test.

auf 150° C erhitzte Öl geleitet. Nach 45stündiger Behandlung wird der Kolben aus dem Bad genommen, abkühlen gelassen und das Öl in einem Becherglas mit dem 3fachen Volumen Normalbenzin verdünnt. Ein am Kolben haftender Niederschlag wird mit in das Becherglas gespült.

Nach 12stündigem Absitzen filtriert man den Niederschlag durch ein gewogenes Filter ab, wäscht ihn mit Benzin ölfrei und trocknet bei 100° C. Das Gewicht des Rückstandes wird in Prozenten auf Öl umgerechnet. Näheres in der Originalvorschrift.

Schmieröle.

I. Allgemeines.

In den vorangehenden Abschnitten wurden die leichteren Destillate des Erdöls behandelt. Nach dem Abdestillieren dieser Fraktionen verbleibt im Kessel ein Ölrückstand, der an und für sich schon schmierende Eigenschaften hat und auch als billigeres

Schmieröl (Vulkanöl) für Eisenbahnwagenachsen und Lokomotiven Verwendung findet. Wertvollere Schmieröle entstehen bei der Weiterverarbeitung des erwähnten Kesselrückstandes. Durch Destillation unter Zuhilfenahme von überhitztem Wasserdampf, meist auch unter Anwendung von Vakuum, erhält man aus paraffinfreiem Rückstand Schmieröl- (eventuell auch Zylinderöl-)destillate einerseits, und, je nach dem Grade der Eindickung, Rückstands-Zylinderöl oder Asphalt andererseits. Die erhaltenen Destillate und Konzentrate (Rückstandöle) können je nach Erfordernis gemischt werden. Auf diese Weise erzielt man Öle aller gewünschten Viscositäten und Flammpunkte.

Bei der Verarbeitung von paraffinhaltigem Erdöl destilliert nach der Gasölfraktion das sog. Paraffinöl (s. S. 131), welches zwecks Gewinnung von Paraffin und Schmierölen durch Abkühlung, Krystallisation und Filtration vom Paraffin befreit werden muß. Das hierbei erhaltene Filtratöl wurd durch Redestillation in Schmieröldestillate und Rückstandsöl zerlegt.

Bewertung von Schmierölen. Den Schmierölen fällt, wie bereits (S. 31) ausgeführt wurde, die Aufgabe zu, an Stelle der Reibung von aneinander vorbei bewegten Metallflächen die viel kleinere Flüssigkeitsreibung zu setzen. Die Viscosität eines jeden Schmieröles muß der Geschwindigkeit der bewegten Metallflächen und dem Lagerdruck angepaßt sein, um einerseits gut zu schmieren, andererseits keinen unnötigen Reibungsverlust zu verursachen.

Von dem wahren Schmierwert legen die gebräuchlichen Laboratoriumsuntersuchungen der Schmieröle kein Zeugnis ab. Hierzu wäre noch die Ermittlung anderer physikalischer Eigenschaften, wie Oberflächenspannung, Adhäsion usw. nötig, was umfangreiche physikalische Untersuchungen zur Voraussetzung hat. Das Problem des wahren Schmierwertes von Ölen ist übrigens noch nicht ganz gelöst. Vorläufig begnügen sich Käufer und Verkäufer von Schmierölen mit der Kenntnis der üblichen physikalischen Eigenschaften wie Viscosität, Flammpunkt und Stockpunkt. Außerdem werden noch einige chemische Reinheitsprüfungen verlangt.

Im Gegensatz zu unseren geringen Kenntnissen von der wahren Qualität der Schmieröle standen seit jeher die Zahl und Verschiedenheit der behördlichen und privaten Lieferungsbedingungen, welche den Raffinerien viel unnütze Arbeit verursachten. Um diesem Wirrwarr eine Ende zu bereiten, gibt der „Verein deutscher Eisenhüttenleute, Gemeinschaftsstelle Schmiermittel" zusammen mit dem „Deutschen Verband für die Materialprüfungen der

Technik (Ausschuß IX)" die Richtlinien für den Einkauf und die Prüfung von Schmiermitteln (Verlag Stahleisen, Düsseldorf) heraus, deren letzte (5.) Auflage im Jahre 1928 erschienen ist.

Die „Richtlinien" enthalten Normen für alle in Betracht kommenden Schmiermittel und Vorschriften zur Prüfung derselben. Die letzteren sind dem Sinne nach mit den in diesem Buch angeführten Prüfvorschriften identisch.

II. Kennzeichnung von Schmierölen nach der deutschen Mineralöl-Zollordnung[1].

Als Schmieröle sind alle Mineralöle zu verzollen, deren Dichte bei 15° C mehr als 0,830 beträgt. Falls der Anmelder gegen die Verzollung eines derartigen Öles als Schmieröl Einspruch erhebt, ist dessen Verwendbarkeit zu Schmierzwecken festzustellen. Als zu Schmierzwecken verwendbar ist jedes Öl anzusehen, welches einen Siedepunkt von mehr als 300° C besitzt oder bei dessen fraktionierten Destillation bis 300° C weniger als 70 Raumteile Öl von 100 übergehen. Indessen ist Rohpetroleum (rohes Mineralöl), welches einer Destillation behufs Sonderung der Bestandteile noch nicht unterlegen hat, auch wenn es die vorstehenden Merkmale der Schmieröle zeigt, nur dann als Schmieröl zu verzollen, wenn es einen höheren Entflammungspunkt als 50° Abel hat oder bei 15° C eine höhere Dichte als 0,885 besitzt, oder bei der fraktionierten Destillation im Englerschen Apparat von 150° C an bis zu 320° C weniger als 40 Raumteile Öl von 100° übergehen läßt, oder einen höheren Paraffingehalt als 8 Gewichtsteile in 100 ergibt.

Die Engler-Destillation erfolgt nach den auf S. 126 angeführten Vorschriften.

Bestimmung des Entflammungspunktes von 50°. Zur Untersuchung dient der für die Prüfung des Petroleums auf seine Entflammbarkeit vorgeschriebene Abelsche Petroleumprober. Der Apparat muß amtlich beglaubigt sein und das Thermometer, welches die Wärme des Öles angibt, muß bis mindestens 70° C, das Thermometer für das Wasserbad bis mindestens 100° C reichen.

Die Ausführung des Versuches erfolgt im allgemeinen nach der gleichen Methode wie bei Prüfung des Petroleums auf 21° C Entflammungspunkt, worüber die den Apparaten beigegebene

[1] Zitiert nach der Anleitung für die Zollabfertigung (Berlin 1924).

Tabelle 32. Umrechnung des beobachteten Entflammungspunktes auf den dem normalen Barometerstand entsprechenden Entflammungspunkt.

Barometerstand in Millimetern.																				
685	690	695	700	705	710	715	720	725	730	735	740	745	750	755	760	765	770	775	780	785
Entflammungspunkt nach Graden des hundertteiligen Thermometers.																				
45,4	45,6	45,7	45,9	46,1	46,3	46,4	46,6	46,8	47,0	47,1	47,3	47,5	47,7	47,8	48,0	48,2	48,4	48,5	48,7	48,9
45,9	46,1	46,2	46,4	46,6	46,8	46,9	47,1	47,3	47,5	47,6	47,8	48,0	48,2	48,3	48,5	48,7	48,9	49,0	49,2	49,4
46,4	46,6	46,7	46,9	47,1	47,3	47,4	47,6	47,8	48,0	48,1	48,3	48,5	48,7	48,8	49,0	49,2	49,4	49,5	49,7	49,9
46,9	47,1	47,2	47,4	47,6	47,8	47,9	48,1	48,3	48,5	48,6	48,8	49,0	49,2	49,3	49,5	49,7	49,9	50,0	50,2	50,4
47,4	47,6	47,7	47,9	48,1	48,3	48,4	48,6	48,8	49,0	49,1	49,3	49,5	49,7	49,8	50,0	50,2	50,4	50,5	50,7	50,9
47,9	48,1	48,2	48,4	48,6	48,8	48,9	49,1	49,3	49,5	49,6	49,8	50,0	50,2	50,3	50,5	50,7	50,9	51,0	51,2	51,4
48,4	48,6	48,7	48,9	49,1	49,3	49,4	49,6	49,8	50,0	50,1	50,3	50,5	50,7	50,8	51,0	51,2	51,4	51,5	51,7	51,9
48,9	49,1	49,2	49,4	49,6	49,8	49,9	50,1	50,4	50,5	50,6	50,8	51,0	51,2	51,3	51,5	51,7	51,9	52,0	52,2	52,4
49,4	49,6	49,7	49,9	50,1	50,3	50,4	50,6	50,8	51,0	51,1	51,3	51,5	51,7	51,8	52,0	52,2	52,4	52,5	52,7	52,9

Gebrauchsanweisung die nötigen Angaben enthält. Bei der Prüfung der Öle auf den Entflammungspunkt von 50° C hat man das Wasser auf 85° C zu erhitzen und auf dieser Temperatur während der Dauer des Versuches zu erhalten.

Wenn der gefundene Entflammungspunkt sehr nahe der Grenze von 50° C liegt, muß der beobachtete Entflammungspunkt auf den Normalbarometerstand von 760 mm zurückgeführt werden. Dies erfolgt in gleicher Weise wie bei der gewöhnlichen Entflammungspunktsbestimmung, jedoch unter Benützung der Umrechnungstafel Tabelle 32.

Hat man also z. B. einen Entflammungspunkt von 49,5° C bei einem Barometerstande von 735 mm beobachtet, so ergibt sich aus der Tabelle der maßgebende Entflammungspunkt zu 50,5° C. Hinsichtlich der Berechnung der Mittelzahl und Abrundung der erhaltenen Gradzahlen gelten dieselben Regeln wie bei der amtlichen Petroleumuntersuchung.

Die Bestimmung des Paraffingehaltes im Rohöl geschieht in der Hauptsache nach der Holdeschen Methode, jedoch mit folgender Abänderung.

100 g des zu untersuchenden Rohpetroleums werden in eine gewöhnliche tubulierte Glasretorte gebracht und davon alle bis 300° C (Thermometer im Dampf) übergehenden Teile rasch abdestilliert. Man legt eine neue gewogene Vorlage (ohne Kühler) vor, treibt sämtliche Öle bis zur vollständigen Verkokung des Rückstandes ohne Thermometer über und bestimmt durch Wiederwägung der Vorlage das Gesamtgewicht des überdestillierten schweren Öles. Alsdann erfolgt in diesem die Bestimmung des Paraffins nach der Holdeschen Methode (s. S. 119), nur hat man dabei das Öl in Gramm abzuwägen und nicht in Kubikzentimetern abzumessen. Aus dem Paraffingehalte des Schweröldestillates wird durch Umrechnung der Paraffingehalt in den 100 g des zur Untersuchung verwendeten Rohpetroleums erhalten.

Enthält das untersuchte Öl mehr als 8 Gewichtsteile Paraffin in 100, so ist es nicht als Rohöl, sondern als Schmieröl zu bezeichnen.

III. Physikalische Prüfmethoden.

A. Farbe.

Das Verlangen des Käufers nach einem „hellen" Schmieröl ist insofern gerechtfertigt, als sich die raffinierten Schmieröle von den unraffinierten durch eine lichtere Farbe auszeichnen und der Käufer ohne chemische Prüfung feststellen will, ob ihm ein gereinigtes Öl angeboten wird. Auf sehr heller Farbe der Schmieröle sollte jedoch nicht bestanden werden, da sie nur auf Kosten der Schmierfähigkeit durch starke Raffination erhalten wird und das Öl sehr verteuert.

Wie bereits erwähnt, zerfallen die Schmieröle in Destillatöle und Rückstandsöle. Daneben kommen auch Mischungen beider vor. Naturgemäß sind dünnflüssige Öle fast ausschließlich Destillate. Es werden aber auch sehr viscose (Zylinder-)Öle als Destillate erzeugt. Die Rückstandsöle sind naturgemäß meist sehr zähflüssig. In unraffiniertem Zustand sind Destillatöle und Rückstandsöle dunkel gefärbt, erstere jedoch in dünner Schichte durchscheinend. Seit Kriegsende werden mit Ausnahme einiger billiger Schmieröle nur Raffinate verwendet. Ihre Farbe hängt von der Menge der zur Raffination verwendeten Säure und des Entfärbungspulvers ab. Für medizinische Zwecke werden sogar gänzlich entfärbte Weißöle (paraffinum liquidum) hergestellt. Die Farbenskala der normalen raffinierten Schmieröle reicht von hellgelb bis dunkelrot im durchscheinenden Licht. Im auffallenden Licht betrachtet, zeigen alle Erdöl-Schmieröle eine charakteristische Fluorescenz, die je nach der Herkunft des Erdöls kleine Unterschiede aufweist; Destillatöle haben zumeist einen blauen, Rückstandsöle einen grünlichen Stich. Die Fluorescenz läßt sich an einem auf schwarzes Glanzpapier oder Wachstuch aufgebrachten Tropfen gut beobachten. Entscheinte Öle, deren Fluorescenz durch Zusatz eines gelben Farbstoffes (Nitronaphthalin, Chinolingelb) verdeckt ist, erscheinen hierbei fast schwarz.

In Europa ist es nicht üblich, die Farbe von Schmierölen mittels eines Colorimeters zu messen. Es genügt die Beschreibung der Farbe einer 3 cm starken Ölschicht im durchscheinenden Licht; bei sehr hellen Ölen ist die Farbe einer 10 cm starken Schicht anzugeben. In USA. wird das Union-Colorimeter (S. 8) verwendet. Daneben steht das auch in Europa hie und da benutzte Lovibond-Tintometer (S. 8) im Gebrauch. In Ermangelung eines dieser Apparate kann man sich mittels einer selbsthergestellten Jod-Jodkaliumlösung (s. S. 9) geeignete Farbnormen herstellen und genießt dabei den Vorteil, seine Angaben auf analytisch bestimmbare und leicht zu reproduzierende Werte zu beziehen.

B. Geruch.

Der Geruch von reinen Mineral-Schmierölen ist schwach und wenig charakteristisch. Nur Öle, die nicht sorgfältig, unter Vermeidung jeglicher Zersetzung destilliert wurden, zeigen unraffiniert einen unangenehmen, brenzlichen Geruch. Indessen lassen sich raffinierte Öle von unraffinierten (insbesondere Destillaten) meist durch ihren milderen Geruch unterscheiden.

C. Spezifisches Gewicht.

Dasselbe hat nur als Merkmal für die Herkunft eines Schmieröles Bedeutung. Bei gleicher Viscosität sind Öle aliphatischen Charakters (z. B. pennsylvanische) leichter als Öle naphthenischen Charakters (z. B. russische). Das spez. Gewicht nimmt bei Schmierölen gleicher Herkunft stets mit wachsender Viscosität zu.

Die Umrechnung des spez. Gewichtes von der Versuchstemperatur auf die Normaltemperatur von 15° C erfolgt nach S. 23. Der Temperaturkoeffizient schwankt etwa zwischen 0,0007 für leichte und 0,0006 für schwere Öle. Er ist für ein unbekanntes Öl am besten in der auf S. 25 angegebenen Weise festzustellen.

D. Viscosität.

Gemeinhin wird die Viscosität als die Grundlage der Bewertung von Maschinen- (Schmier-)ölen angesehen. Dies geschieht in der

Voraussetzung, daß die Schmierfähigkeit mit der Viscosität gleichmäßig zunehme, was aber nicht zutrifft. Bekanntlich zeigen auch vegetabilische Öle eine bessere Schmierwirkung als Mineralöle gleicher Viscosität. Die Schmierwirkung ist also nicht nur von der Viscosität des Öles abhängig, sondern ist die Resultante einer ganzen Reihe von Faktoren wie Oberflächenspannung, Adhäsionskraft, wahrscheinlich auch elektrischen und chemischen Kräften.

Für die Wahl eines geeigneten Schmieröles gilt der Grundsatz, daß für schnellaufende und schwachbelastete Lager Öle von geringer Viscosität gewählt werden, da die Gefahr des Herauspressens des Öles aus dem Lager gering ist. Überhaupt soll für jede Maschine die geringste noch zulässige Viscosität verwendet werden, um keine überflüssige Kraft zur Überwindung der inneren Reibung der Ölmoleküle aufwenden zu müssen. Hochbelastete Lager hingegen

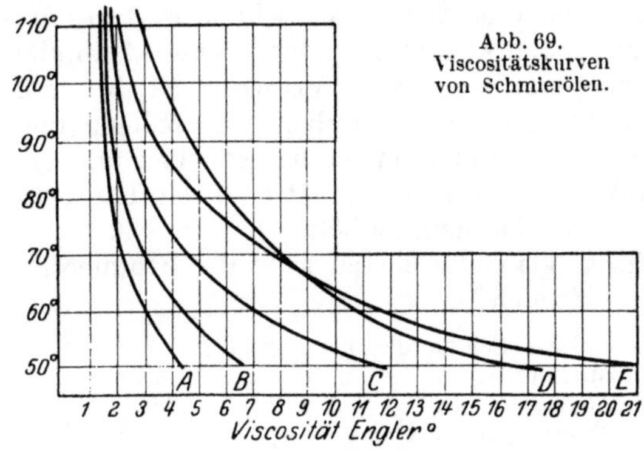

Abb. 69. Viscositätskurven von Schmierölen.

müssen mit dickflüssigen Ölen geschmiert werden, weil sonst das Öl herausgedrückt wird und trockene Reibung der Metallflächen eintritt.

Die Wichtigkeit der Viscositätsmessung als Mittel zur Unterscheidung der Schmierölklassen ist somit dargetan. Es erhebt sich nun die Frage, bei welchen Temperaturen die Viscosität zu messen ist. Maßgebend ist natürlich die Arbeitstemperatur der Maschinen. Da dieselbe einerseits jedoch schwankt, oft auch unbekannt ist, andererseits auch die niedrigere Anlaßtemperatur berücksichtigt werden muß, gilt das Übereinkommen, die Viscosität von dünnflüssigen Ölen bei 20° C, von mittleren Ölen bei 20° und 50° C, von dickflüssigen (Dampfzylinder-)Ölen bei 50° und 100° im Englerapparat zu bestimmen. In Amerika werden die Viscositäten der Schmieröle bei 70°, 100° und 210° F auf den Apparaten von Saybolt bzw. Redwood (s. S. 45) bestimmt und die Auslaufzeiten in Sekunden angegeben. Bei der Umrechnung in Englergrade müssen die abweichenden Meßtemperaturen berücksichtigt werden.

Die Zähflüssigkeit wird, insbesondere bei dünnflüssigen Ölen, wie schon S. 32 erwähnt wurde, durch den Englergrad unrichtig wiedergegeben. Es wäre deshalb sehr erwünscht, daß die absolute Zähigkeit allgemein als Maß der Zähflüssigkeit von Ölen eingeführt werde.

Bekanntlich nimmt die Zähigkeit der Öle mit steigender Temperatur ab. Dieser Viscositätsabfall erfolgt anfangs rasch und wird um so langsamer, je höher die Temperatur steigt. Bei hohen Temperaturen zeigen alle Öle nur geringe Viscositätsunterschiede. Der Verlauf der Viscositätskurve, ihre „Steilheit", ist für die Qualität eines Öles von großer Bedeutung. Je flacher die Kurve ist, d. h. je geringer die Viscositätsänderungen beim Temperaturanstieg sind, um so größer ist der Schmierwert des Maschinenöles.

Die Kurventafel Abb. 69 zeigt den Viscositätsabfall von Mineral-Autoölen mittlerer und großer Viscosität (A, B, C, E). Man sieht, daß die bei 50° weit auseinanderliegenden Zähigkeiten mit steigender Temperatur einander immer näherrücken und einem gemeinsamen Punkt zustreben. Kurve D zeigt den langsameren Viscositätsabfall von geblasenem Rüböl.

Nach ihrer Viscosität lassen sich alle Schmieröle in folgende 4 Gruppen einteilen:

1. Leichte Schmieröle, bis ungefähr	8° E	bei	20° C,
2. Mittlere „ „ „	4° E	bei	50° C,
3. Schwere „ „ „	20° E	bei	50° C,
4. Dampfzylinder über	2,5° E	bei	100° C.

Schmierfähigkeit. Wie bereits erwähnt, ist die Schmierfähigkeit eines Öles von einer ganzen Reihe chemischer und physikalischer Eigenschaften des Öles abhängig. Zur Ermittlung der Schmierfähigkeit von Ölen sind in den letzten Jahren eine Reihe von sinnreichen Ölprobiermaschinen konstruiert worden, die zum Teil ihren Zweck recht gut erfüllen. Allein ausschlaggebend wird stets jedoch nur eine systematische Untersuchung an den mit dem Öl zu schmierenden Maschinen selbst sein.

E. Flammpunkt.

Aus der Höhe des Flammpunktes kann man auf die Verdampfbarkeit der leichtesten Anteile eines Schmieröles, somit auch auf seine Feuergefährlichkeit und Beständigkeit bei höheren Temperaturen schließen. Werden einem Schmieröle auch nur geringe Mengen eines leichtflüchtigen Öles zugesetzt, so wird sein Flammpunkt, insbesondere bei Bestimmung im Pensky-Martens-Apparat, stark erniedrigt. Der Flammpunkt ist auch ein gutes Mittel, um festzustellen, ob ein Öl nicht etwa Zersetzungsprodukte enthält, die durch unvorsichtige Destillation entstanden sind. Solche Öle neigen zu Veränderungen und Koksabscheidungen im Betrieb. Sie sind an dem im Verhältnis zur Viscosität unverhältnismäßig niedrigen Flammpunkt kenntlich. Bei raffinierten Ölen ist allerdings Anwesenheit von Zersetzungsprodukten so ziemlich ausgeschlossen, weil sie durch die konz. Schwefelsäure entfernt werden.

Der Flammpunkt von Schmierölen wird im Pensky-Martens- oder im Marcussonapparat bestimmt. Ersterer liefert, je nach der Höhe des Flammpunktes, um 5 bis 25° C tiefere Werte. Der Brennpunkt kann im Anschluß an die Bestimmung des Flammpunktes im Marcusson-Apparat ermittelt werden. Der Unterschied beträgt etwa 15° C bei leichteren Ölen und steigt bei schweren Ölen bis zu 35°. Zur Temperaturmessung werden korrigierte Thermometer mit 30 mm Eintauchtiefe (s. S. 15) verwendet. In Amerika benutzt man für Maschinenöle den offenen Tiegel (open cup) von Cleveland (vgl. Tabelle 13).

F. Zündpunkt.

Die Bestimmung des Zündpunktes gehört nicht zu der normalen Untersuchung eines Schmieröles. Bei Kompressorenölen ist sie jedoch von Wichtigkeit, da sich dieselben unter dem Betriebsdruck bei der anwesenden Temperatur nicht entzünden dürfen. Die Höhe des Zündpunktes hängt nur von dem chemischen Aufbau des Öles ab und hat mit seinem Flammpunkt nichts Gemeinsames.

G. Verdampfbarkeit.

Öle, die zur Schmierung sehr heißer Maschinenteile verwendet werden, z. B. Dampfzylinder- und Dampfturbinenöle, sollen bei den in Betracht kommenden Temperaturen nur sehr wenig verdampfen. Der Flammpunkt ist zwar geeignet, die Anwesenheit kleiner Mengen leicht verdampfender Öle erkennen zu lassen, doch kann der Grad der Verdampfbarkeit nur durch eine Verdampfungsprobe genau ermittelt werden. Von den „Richtlinien“ wird die Verdampfungsprobe nicht mehr gefordert. Private Stellen jedoch verlangen sie mitunter. Die Ausführung der Verdampfungsprobe erfolgt oft sehr willkürlich. Man füllt zumeist einen Flammpunkttiegel bis zur unteren Marke mit dem Öl und bestimmt den Gewichtsverlust durch genaues Wägen vor und nach dem Erhitzen. Temperatur und Dauer des Erhitzens richten sich nach den jeweiligen Vorschriften. Die Temperatur sollte stets mittels eines korrigierten, in das Öl eintauchenden Flammpunktthermometers kontrolliert werden. Ein mit dem Tiegel mitgewogenes Stück Filtrierpapier dient zum Abwischen des Thermometers nach Beendigung des Erhitzens. Die gleichmäßige Erhitzung des ölgefüllten Tiegels erfolgt in einem mit regelbarer Beheizung eingerichteten Trockenschrank.

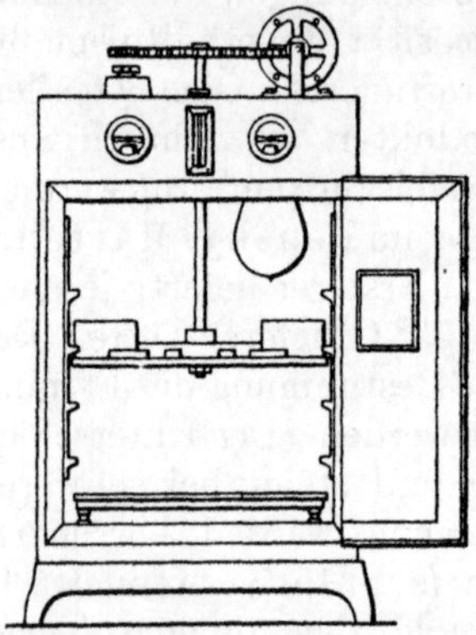

Abb. 70. Apparat zur Bestimmung der Verdampfbarkeit; Heißluftbad.

Nach den Vorschriften der American Society for Testing Materials (A. S. T. M. Standard Test Serial Designation 6—20) werden Verdampfungsbestimmungen bei Asphalten mit nebenstehend abgebildeten Apparat (s. Abb. 70) ausgeführt. Derselbe eignet sich auch vorzüglich zur Untersuchung von Schmierölen. Der rechteckige oder runde Ofen soll mindestens 41 cm hoch sein. Seine Weite ist derart bemessen, daß der Rand der rotierenden Scheibe überall mindestens 5 cm von den Wänden entfernt ist. In der Tür des Kastens befindet sich ein Fenster, welches die Beobachtung des ins Öl eintauchenden Thermometers gestattet. Eine gute Ventilation soll den Öldämpfen freien Abzug gestatten. Zur Aufnahme des Prüföles dienen zylindrische zinnerne[1] Becher von 55 mm Durchmesser und 35 mm Höhe, welche auf der rotierenden Aluminiumscheibe stehen. Die letztere (Abb. 71) hat einen Durchmesser von 25 cm und ist mit ihrer verlängerten Achse drehbar in der Mitte der Ofendecke aufgehängt. Zur besseren Wärmeverteilung ist die Al-Scheibe sowohl um die Achse herum, als auch am äußeren Rande von je 9 kreisförmigen Öffnungen durchbrochen. Zwischen je 2 Öffnungen der äußeren Reihe befinden sich die zur Aufnahme der Ölgefäße bestimmten Vertiefungen, durch Querrippen voneinander getrennt. Ein elektrischer Motor läßt die Scheibe während der Erhitzungsdauer 5—6 mal in der Minute um ihre Achse rotieren.

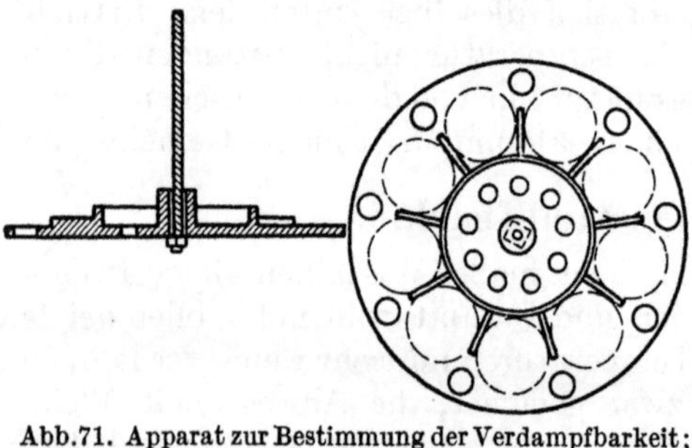

Abb. 71. Apparat zur Bestimmung der Verdampfbarkeit; rotierende Aluminiumscheibe.

[1] Zinn darf nur bei Temperaturen bis 180° benützt werden.

Der Apparat gestattet die gleichzeitige Prüfung von mehreren Ölen, von denen je 50 g in die Zinnbecher eingewogen werden. Eine der Proben ist zur Aufnahme des Kontroll-Thermometers bestimmt. Die Länge desselben muß der Höhe des Ofens, seine Teilung der Prüftemperatur angepaßt sein. Da die amerikanischen Bestimmungen[1] 5stündige Erhitzung auf 325° F (163° C) vorschreiben, wird dort ein 12—15 cm langes Thermometer mit einer Teilung von 302—347° F (150—175° C) benutzt. Das Thermometer ist an der Achse der Al-Scheibe befestigt und rotiert mit, sein Quecksilbergefäß taucht in eine der Ölproben.

Man heizt den Ofen an und läßt die Scheibe samt dem ins Öl tauchenden Thermometer rotieren. Wenn die vorgeschriebene Temperatur erreicht ist, wird der das Prüföl enthaltende Zinnbecher rasch in eine der hierfür bestimmten Vertiefungen gebracht. Unter fortwährendem Rotieren der Scheibe und häufiger Temperaturkontrolle durch das Fenster wird das Öl die gewünschte Zeit hindurch erhitzt. Die schließliche Gewichtsabnahme der Ölproben ist der Verdampfungsverlust. Häufig wird anschließend der Hartasphaltgehalt des erhitzten Öles bestimmt.

Die Fehlergrenzen betragen ± 0,50 bei Verdampfungsverlusten bis zu 5%. Darüber hinaus wächst nach den Angaben der A. S. T. M. für eine Zunahme von je 0,5% der Fehler um 0,01. Bei einem Verdampfungsverlust von 10% beträgt er also ± 0,60.

H. Stockpunkt.

Für die Beurteilung von Schmierölen ist die Kenntnis der Temperatur ihres Festwerdens von großer Wichtigkeit. Bedeutet schon die Entnahme eines nicht kältebeständigen Öles aus Zisternen oder Fässern im Winter eine unangenehme Komplikation, so kann das Versagen der Schmierung bei im Freien stehenden Maschinen infolge Erstarrens des Öles im Ölbehälter oder den Zuleitungen zu den schwersten Folgen führen.

Der Übergang vom flüssigen in den festen Zustand erfolgt bei paraffinfreien Ölen ganz allmählich, indem das Öl bei der Abkühlung immer zähflüssiger wird, bis es ganz zu fließen aufhört. Bei welcher Temperatur dies erfolgt, ist eine Frage des Paraffingehaltes und der Viscosität des Öles. Beide Faktoren wirken im Sinne einer Erhöhung des Erstarrungspunktes.

Je nach den Umständen, unter denen das Festwerden eines Schmieröles beurteilt wird, erscheint die Erstarrungstemperatur desselben verschieden hoch. Ein Öl kann z. B. bei —5° im Faß

[1] Für Asphalt.

als noch flüssig angesehen werden, während es bei derselben Temperatur im Dochtöler nicht mehr verwendbar ist.

Ebenso wie im praktischen Betrieb schwankt die Höhe des Stockpunktes auch bei der Laboratoriumsprüfung je nach den angewendeten Prüfungsbedingungen. Bei der „Richtlinienmethode“ werden andere Stockpunkte gefunden als nach dem „Reagenzglasverfahren“ oder der „U-Rohrmethode“ (s. S. 51). Die endgültige Einführung einer einzigen Prüfmethode ist daher dringendst zu wünschen. Also solche kommt die „Richtlinienmethode“ in erster Linie in Betracht.

IV. Chemische Prüfmethoden.

A. Wasser.

Von den Schmierölen können bei gewöhnlicher Temperatur nur Spuren von Wasser aufgelöst werden. Ein Gehalt von 0,5% oder mehr Wasser ist schon an der Trübung des Öles zu erkennen. Da jedoch Schmieröle auch bei Anwesenheit von kleinen Paraffinmengen bei kühler Witterung trüb erscheinen, muß man sich durch Erwärmen einer kleinen Ölprobe im Reagenzglase über den Ursprung der Trübung Klarheit verschaffen. Die Anwesenheit von Wasser erkennt man beim Erwärmen des Öles auf etwa 100° durch das sog. „Spratzen“, ein durch plötzliches Verdampfen des Wassers hervorgerufenes knackendes Geräusch. Man erwärmt weiter bis zum Aufhören desselben. Kehrt sodann die Trübung beim langsamen Erkalten wieder, so ist Paraffin zugegen. Zur quantitativen Wasserbestimmung kann die Zentrifugiermethode (s. S. 20), bei größeren Mengen die Xylolmethode von Marcusson herangezogen werden.

B. Freie Mineralsäure und Alkali.

Diese Prüfungen sind für die Beurteilung eines Öles, insbesondere, wenn es sich um eine unbekannte Marke handelt, sehr wichtig. Schon kleine Mengen von freier Säure oder Alkali wirken auf die geschmierten Maschinenteile ungünstig ein. Freie Mineralsäure (es kommt nur von der Raffination herrührende Schwefelsäure in Betracht) darf auch nicht in Spuren anwesend sein. Prüfung s. S. 91. Hingegen sind geringe Mengen organischer Säure (Naphthensäure) zulässig. Abgesehen von Spezialölen (z. B. Transformatorenöl), welche praktisch säurefrei sein, d. h. eine Säurezahl bis höchstens 0,05 haben müssen, und Schmierölen mit Fettölzusatz wird bei aus Erdöl stammenden Schmierölen eine Säurezahl von 0,2, bei schweren Ölen von 0,5 als unschädlich betrachtet.

Die Säurezahl von Dampfzylinderölen darf bis 1,4 betragen. Die Prüfung des Säuregehaltes erfolgt nach S. 92 mit $^1/_{10}$ n oder besser $^1/_{20}$ n alkoholischer Kalilauge. Zur Umrechnung der Säurezahl auf die mitunter noch üblichen Prozente SO_3 oder Ölsäure diene das Verhältnis:

$$1\% \; SO_3 = 14 \text{ S.Z.} = 7{,}05\% \text{ Ölsäure.}$$

Die Anwesenheit von Alkali oder Seife ist nur bei schlecht ausgewaschenen Schmierölen möglich. Solche Öle haben in der Regel auch einen unzulässig hohen Aschengehalt und neigen zur Emulgierung mit Wasser (Prüfung s. S. 73).

C. Gehalt an verseifbarem Fett.

Zur Erhöhung der Schmierwirkung oder zu Emulgierungszwecken werden manchen Schmierölen fette Öle zugesetzt. Als solche kommen Knochenöl, Rüböl (u. U. geblasen) mineralöllöslich gemachtes Ricinusöl und andere Öle in Betracht.

Einen Gehalt an verseifbarem Öl erkennt man nach S. 93 durch Erwärmen mit ein wenig Ätznatron. Die Menge des Ölzusatzes kann man entweder annähernd durch Bestimmung der Verseifungszahl oder besser durch Trennung des Mineralöles von dem verseiften Öl und Abscheidung der freien Fettsäure (s. S. 94) ermitteln. Die nähere physikalische und chemische Untersuchung der in Freiheit gesetzten Fettsäuren führt zur Identifizierung der Art des Fettzusatzes. Bei der Bestimmung des Unverseifbaren nach Spitz und Hönig scheiden sich bei Anwesenheit von Rizinusöl oder geblasenen (oxydierten) fetten Ölen beim Ansäuern der mit Petroläther versetzten wässerig-alkoholischen Seifenlösung an der Trennungsschicht in Form eines dunklen Niederschlages die Oxysäuren ab. Dieselben werden nach Ablassen der unteren klaren Schicht abfiltriert und können nach Auswaschen mit etwas 50proz. Alkohol und Lösung in absolutem Alkohol zur Trockene eingedampft und gewogen werden.

Wenn im Mineralöl Seife gelöst enthalten ist, so muß man durch Ansäuern die Fettsäure in Freiheit setzen und mit Äther oder Leichtbenzin ausschütteln. 5—10 g Öl werden in einem Scheidetrichter mit 10 cm³ verdünnter Salzsäure und 20 cm³ Äther oder Petroläther mehrere Minuten geschüttelt. Hierauf wird die obere Schicht in einen zweiten Scheidetrichter gebracht und die wässerige Schicht noch zweimal mit je 20 cm³ Äther oder Petroläther ausgeschüttelt. Die vereinigten Ätherauszüge wäscht man ohne starkes Schütteln zuerst mit einer Glaubersalzlösung und dann mit destilliertem Wasser, bis das Waschwasser mit Silbernitratlösung keine Trübung mehr gibt.

Die ätherische Lösung enthält das gesamte neutrale Mineralöl und die Fettsäuren. Nach Verdunsten des Äthers wird mit gleichen Teilen Petroläther und 50proz. Alkohol aufgenommen und die Fettsäure vom Neutralöl nach Spitz und Hönig (S. 94) getrennt.

D. Nachweis von fremden Kohlenwasserstoffen.

Der Zusatz von mineralölfremden Kohlenwasserstoffen, z. B. Harzölen, ferner von Destillaten der Steinkohlen-, Braunkohlen- und ähnlicher Schwelteere ist, wenn nicht ausdrücklich darauf hingewiesen wird, als Verfälschung zu bezeichnen.

Nachweis von Harzöl. 1 cm³ Öl und 1 cm³ Essigsäureanhydrid werden gut geschüttelt. Bei Gegenwart von Harzöl tritt nach Zusatz von 1 cm³ Schwefelsäure (spez. Gewicht 1,53) Violettfärbung auf (Storch-Liebermannsche Reaktion).

Die Schwelteerdestillate sind an ihrem kreosotartigen Geruch kenntlich. Sie geben die Gräfe'sche Diazobenzolreaktion auf Phenole. Das Öl wird mit verdünnter ($^1/_1$ n-) NaOH gekocht. Hierauf filtriert man den wässerigen Auszug und versetzt ihn mit einigen Tropfen einer verdünnten wässerigen Lösung von Diazobenzolsulfosäure. Rotfärbung zeigt Anwesenheit von Phenolen oder Kreosot an, die in jedem Schwelteer enthalten sind.

E. Aschegehalt.

Reine Mineralöle hinterlassen beim Verbrennen gar keinen Rückstand. Da aber durch geringe Lösung des Gefäßmaterials und aus dem Raffinationsprozeß stets geringe Spuren anorganischer Stoffe in das Öl gelangen, verbleibt beim Veraschen immer ein kleiner Rückstand. Er wird nach S. 86 bestimmt und soll bei raffinierten Schmierölen im allgemeinen nicht mehr 0,02% betragen. Zylinderöle dürfen bis 0,1% Asche, hingegen Transformatoren- und Dampfturbinenöl höchstens 0,01% aufweisen. Schmiermittel, denen Seifen zugesetzt würden (Compoundöle, Schmierfette) haben naturgemäß einen hohen Aschegehalt, der bis 4% gehen kann.

F. Harz- und Asphaltstoffe.

Unter der Einwirkung von Hitze und Sauerstoff neigen insbesondere die zähflüssigen Schmieröle zur Abscheidung von teerartigen Stoffen, die im weiteren Verlauf der Reaktion sogar koksartigen Charakter annehmen können. Die Ursache dieser Erscheinung bilden Oxydation, Spaltung, Polymerisation und Wasserstoffabspaltung. Der Chemismus dieser, insbesondere in der Dampfturbine, im Dampfzylinder und Explosionsmotor auftretenden Erscheinungen ist noch nicht ganz aufgeklärt. Jedenfalls hängt die größere oder geringere Neigung eines Schmieröles, zu verkoken, von seinem chemischen Aufbau ab. Zahlreich sind die Versuche, eine Untersuchungsmethode zu finden, welche die Beurteilung der Beständigkeit eines Schmieröles gegen diese zersetzenden Einflüsse gestattet. Leider eignen sich die meisten der bekannten Methoden in erster Reihe nur zum Vergleich der Beständigkeit von Ölen gleicher Herkunft, während bei Beurteilung von Ölen verschiedener Herkunft Fehlschlüsse möglich sind.

Die Teerzahl nach Kißling entspricht der Menge der im Öl ohne jegliche Vorbehandlung anwesenden sauren Teerstoffe. Zur Bestimmung der Verteerungszahl wird das Öl bei höherer Temperatur, mit oder ohne Einleiten von Sauerstoff, künstlich gealtert. Wenn man ihm hierauf nach S. 204 die sauren Teerstoffe entzieht, erhält man die Verteerungszahl. Werden hingegen die ohne Vorbehandlung im Öl anwesenden sauren Teerstoffe in der gleichen Weise wie nach der Verteerung bestimmt, so erhält man die Teerzahl. Diese Untersuchungen werden bei Spezialölen, wie Dampfturbinen-, Transformatorenöl usw. viel angewendet.

Sog. Akzise-Probe. Diese Methode entstammt den russischen Zollvorschriften und ist auch in einigen europäischen Ländern eingeführt. In einem 200 cm^3 Meßzylinder mit eingeschliffenem Glasstopfen werden 50 cm^3 Öl mit 100 cm^3 raffiniertem Benzin verdünnt und aus einer Bürette 10 cm^3 konz. Schwefelsäure 1,84 zufließen gelassen. Hierauf wird 3 Minuten geschüttelt und nach 1 Stunde abgelesen, um wieviel Zehntel cm^3 sich die Säureschicht vermehrt hat. Wenn der Trennungstrich nicht genau sichtbar ist, fügt man 2—3 Tropfen Wasser zu. Der Zuwachs der Säureschicht mit 2 multipliziert ergibt den Prozentgehalt an Teerstoffen (Gudronzahl).

Diese Prüfungsmethode kann nur ungefähr darüber aufklären, welche Raffinationsverluste beim Behandeln des Öles mit Schwefelsäure zu erwarten sind, sonst hat sie aber keine Berechtigung. Eine Beurteilung der Qualität eines Schmieröles nach der Akziseprobe ist schon deshalb nicht angängig, weil ein Teil der mit der Säure reagierenden harzartigen Stoffe gute Schmiereigenschaften besitzt. Gąsiorowski und Pilat[1] zeigten ferner, daß die sog. Gudronzahl in gar keinem Verhältnis zum Hartasphaltgehalt und Conradsontest steht. Öle von gleicher Gudronzahl verhalten sich in bezug auf die genannten Prüfungen ganz verschieden. Es lassen sich auch aus dem Ausfall der Akziseprobe keinerlei

[1] Przemysl chemiczny **1928**, S. 235; siehe auch Ch. Z. Bl. **1928 II**, 613.

Schlüsse darauf ziehen, ob Erdölrückstände zur Schmierölherstellung geeignet sind. Bekannt ist auch die Tatsache, daß manche amerikanischen Zylinderöle gar keine Gudronzahl haben, da sich die Schwefelsäure nach dem Schütteln nicht abscheidet.

Asphaltene. In Dampfzylinderölen und anderen dunklen, hochviscosen Schmierölen befinden sich hochmolekulare, kohlenstoffreiche Verbindungen, die durch Benzin ausgefällt werden. Da ein Schmieröl, welches nennenswerte Mengen dieses sog. Hartasphaltes enthält, bei Einwirkung von Wärme mit oder ohne Mitwirkung von Sauerstoff kohlige Rückstände abscheiden kann, wird auf Asphaltfreiheit bzw. Asphaltarmut in den Schmierölen größtes Gewicht gelegt. Je heller grün ein Zylinderöl gefärbt ist, um so weniger Asphaltene enthält es, wogegen schwarze Farbe auf Anwesenheit von Asphaltenen hindeutet. Doch gibt es auch hier Ausnahmen. So gibt es z. B. amerikanische Zylinderöle von braunschwarzer Farbe, die asphaltenfrei sind. Die Bestimmung der Asphaltene erfolgt nach S. 101.

Conradsontest. Diese auf S. 89 beschriebene Untersuchungsmethode stammt aus Amerika und ist auch in Europa modern geworden. Sie soll, insbesondere bei Autoölen, ein Maß der Bildung von Ölkohle im Zylinder sein. Ein Zusammenhang von Hartasphaltgehalt und Koksrückstand beim Conradsontest besteht nicht. Dies ist auch verständlich, da bei dem letzteren auch Weichasphalte und Teere viel zur Kohlebildung beitragen.

Wenn auch nach der Ansicht einiger amerikanischer und russischer Forscher eine Parallelität zwischen Ölkohlebildung im Gebrauch und Höhe des Conradsontestes nicht besteht, so kann man doch nach v. Piotrowski und Winkler[1] einige andere interessante Schlüsse aus dieser Untersuchung ziehen. Vor allem eignet sie sich zur Unterscheidung von Destillat- und Rückstandsölen. Die absoluten Werte sind zwar für Erzeugnisse verschiedener Erdöle abweichend, doch kann im allgemeinen angenommen werden, daß Destillatöle einen Conradsontest von unter 1, Rückstandsöle über 1 (bis 7) haben. Die Neigung zum Verkoken beim Conradsontest hängt aber auch von dem chemischen Charakter des Erdöls ab. Mit den neueren Ansichten von der Stabilität der Kohlenwasserstoffgruppen stimmt überein, daß naphthenische Öle gegen Zersetzung widerstandsfähiger sind als paraffinische Öle.

G. Raffination.

In Mineralöllaboratorien werden sehr oft Raffinationen von Schmierölen ausgeführt; sei es, um die Qualität von Öldestillaten

[1] Przemysl chemiczny **1928**, S. 572.

oder Rückständen zu prüfen, sei es, um den Säureverbrauch festzustellen oder aus anderen Gründen. Wenn es auch unmöglich ist, allgemeine Vorschriften für die Raffination aufzustellen, da die Öle je nach ihrem chemischen Charakter individuell behandelt werden müssen, so erscheint es doch nützlich, für die mit der Ölraffination wenig Vertrauten die grundlegenden Operationen zu beschreiben.

Bekanntlich besteht die normale Raffination der Schmieröle in einer Behandlung mit Schwefelsäure, darauffolgender Neutralisation mit Alkali, Wasserwäsche und Trocknen des Öles. Oft schließt sich an die Neutralisation des Öles, bzw. tritt zugleich an deren Stelle Bleichung mit einem Entfärbungspulver.

Zur Ausführung von Ölraffinationen verwendet man den Betriebsagitatoren ähnliche kleine Mischgefäße mit Konus und weitem

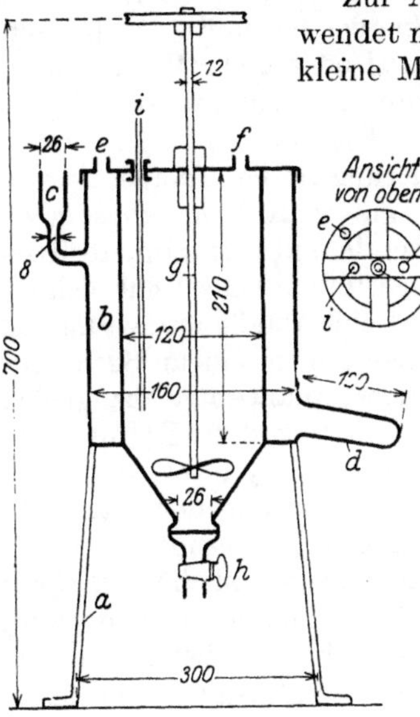

Abb. 72. Raffinationsvorrichtung von F. Frank (nach Holde).

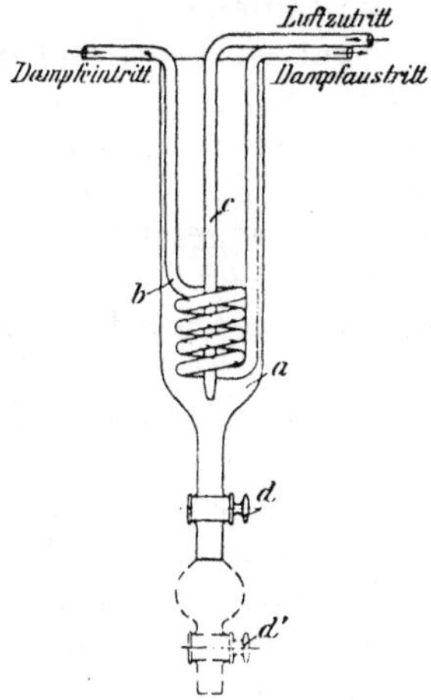

Abb. 73. Raffinationsvorrichtung von Holde (nach Holde, K. W.).

Ablaßstutzen, die durch einen Dampfmantel (siehe z. B. die Raffinationsvorrichtung nach F. Frank, Abb. 72) oder elektrisch geheizt werden können und mit mechanischer oder Luftmischung versehen sind. Viele Mineralölchemiker ziehen es jedoch vor, die Raffination mit Schwefelsäure einfach in einem dickwandigen Becherglas auszuführen und mit einem Glasstab zu mischen, weil man so den Raffinationsvorgang besser beobachten kann. Für die anschließende Laugung und das Waschen der Öle sind jedenfalls Glasgefäße sehr zu empfehlen, weil hierbei die ständige Beobachtung des Öles noch wichtiger ist. Die Raffinationseinrichtung nach Holde (Abb. 73) ist hierfür gut geeignet. Die Dampfschlange und das Lufteinleitungsrohr werden vorteilhaft aus Kupferrohr hergestellt. Statt des Ölgefäßes mit zwei Hähnen kann auch einfach ein dickwandiges Becherglas verwendet werden, welches so aufzustellen ist, daß das Luftrohr fast bis zum Boden des Becherglases reicht.

Behandlung mit Schwefelsäure. Um sich mit der Raffinationssäure innig zu mischen, müssen viscosere Öle durch Erwärmen auf 30—50° dünnflüssig gemacht werden. Man erwärme nur gerade so hoch, als unbedingt nötig ist, weil die Farbe des Öles um so lichter ausfällt, je tiefer die Säuerungstemperatur war. Die Menge der zu verwendenden Schwefelsäure bewegt sich ungefähr zwischen 3% des Ölgewichtes bei Spindelölen und 12% bei sehr viscosen Ölen. Die Säure wird in zwei oder mehr Portionen zugesetzt, und zwar verwendet man zum „Vorsäuern" etwa $^1/_3$ der Gesamtsäuremenge.

Nachdem das Öl auf die zur Säuerung nötige Temperatur gebracht worden ist, fügt man unter gutem Rühren langsam die Vorsäure hinzu, mischt eine halbe Stunde und läßt dann absitzen. Nach 1—5 Stunden (je nach der Viscosität des Öles) hat sich der Säureteer abgesetzt und kann, wenn ein Ablaßhahn vorhanden ist, abgelassen werden. Falls die Säuerung in einem Becherglas vorgenommen wurde, ist das Öl möglichst quantitativ abzugießen. Das vorgesäuerte Öl wird, wenn nötig, wieder auf die Raffinationstemperatur gebracht und in dem gereinigten Agitator oder einem zweiten Becherglas unter Rühren langsam mit dem Rest der Schwefelsäure versetzt. Nun wird eine halbe Stunde gemischt, wobei sich die ausgefallenen Harzteilchen gewöhnlich zu größeren Flocken oder Klumpen zusammenballen. Eine gute Ausflockung ist nötig, da sich sonst der Säureteer schlecht absetzt und unangegriffene Ölteile mit einschließt. Bei dünnflüssigen Ölen bildet der Säureteer eine dicke Flüssigkeit, bei viscosen Ölen ist er ein bald hartwerdender, zäher Teer. Ein bekannter Kunstgriff, um den Säureteer zum Koagulieren zu bringen, besteht in der Zugabe von etwas verdünnter Natronlauge (etwa 2—3 cm^3 auf 1 kg Öl) zu Ende des zweiten Mischens. Wenn ein Ablaßhahn vorhanden ist, so darf man mit dem Ablassen des Säureteers nicht lange warten, weil derselbe schnell erhärtet. Nach dem Ablassen des Säureteers oder, wenn im Becherglas raffiniert wurde, nach Beendigung des Mischens überläßt man das Öl mehrere Stunden der Ruhe, damit sich die noch schwebenden Säurepartikelchen absetzen können. Viscose Öle läßt man bei mäßiger Wärme absitzen. Das saure, teerfreie Öl wird nun in den Holdeschen Raffinierapparat oder ein anderes Becherglas gebracht und soviel 4—5° Bé Natronlauge zugesetzt, bis sich ein mit dem Öl benetzter Streifen Phenolphthaleinpapier schwach rot färbt. Sodann wird auf 90° erwärmt, gut umgerührt und zur Trennung der Schichten bei 70—80° stehengelassen. Viscose Öle neigen beim Neutralisieren mit Lauge zur Bildung von Emulsionen (kenntlich an der milchweißen Färbung). Solche Emulsionen sind schwer zu trennen; selbst im günstigsten Fall dauert die Trennung der Schichten sehr lange und es bleibt eine emulgierte Zwischenschicht übrig, die viel Öl enthält. Das Laugen hochviscoser Öle ist daher die schwierigste Operation der Ölraffination. Ein oft wirksames Mittel zur Verhütung solcher Emulsionen ist die Zugabe von einigen Zehntel Prozent Fettsäuren (Elain, Thallöl usw.) zum Öl nach dem Neutralisieren.

Wenn sich das Öl von der Laugenschicht glatt getrennt hat (es darf nur eine geringe emulgierte Schicht zurückbleiben), wird dieselbe bis zum blanken Öl abgelassen bzw., wenn im Becherglase gelaugt wurde, mittels Pipette herausgezogen. Sodann wird nochmals mit warmem Wasser gewaschen, um das gelöste Alkali zu entfernen. Das Waschen erfolgt in der Weise, daß man unter Umrühren aus einer Brause die Oberfläche des Öles abspritzt und nach jeder Waschung das Wasser abläßt oder abpipettiert. Dies geschieht so oft, bis das Wasser Phenolphthaleinpapier nicht mehr rötet. Das ausgewaschene Öl wird dann nur noch durch ein Papierfilter gegossen, um es von Wasserspuren zu befreien.

Um den Unannehmlichkeiten des Laugens und Waschens und den damit verbundenen Ölverlusten aus dem Wege zu gehen, können viscose Öle nach dem Säuern auch trocken neutralisiert werden. Dies geschieht im Betrieb wie im Laboratorium in der Weise, daß man das gut abgestandene, saure Öl eine Viertelstunde mit 1% Soda mischt, wobei die Temperatur je nach der Viscosität des Öles zwischen 30 und 50° gehalten wird. Hieran schließt sich noch oft eine Behandlung mit 2—5% Entfärbungspulver bei 70—80°. Das so behandelte Öl braucht nur vom Pulver abfiltriert zu werden.

V. Besondere Schmieröle und Schmierfette.

A. Dampfturbinenöl.

Von allen Schmierölen werden an das zum Schmieren von Dampfturbinen verwendete Öl die größten Anforderungen in bezug auf Reinheit gestellt. Dies ist ohne weiteres verständlich, da dieses Öl, beständig dem Einfluß von Wärme, Wasserdampf und Luft unterliegend, besonders stark der Verschlechterung ausgesetzt ist. Die Alterung des Öles äußert sich in einer Erhöhung des spez. Gewichtes und der Viscosität, ferner in Bildung von Säuren und Metallseifen. Die Oxydationsprodukte sind teilweise im Öl löslich, zum Teil jedoch fallen sie in Form eines voluminösen Schlammes aus, welcher unter Umständen den Ölkühler verstopft. Durch Bildung von Metallseifen und Säuren erhält das Öl auch eine stets wachsende Neigung zur Emulgierung mit Wasser, die zu einer Betriebsgefahr werden kann. Es ist daher verständlich, daß Turbinenöle, abgesehen von der normalen Prüfung ihrer Eigenschaften, einer Alterungsprüfung unterworfen werden müssen, welche den Zweck hat, die Widerstandsfähigkeit des Öles gegen die verschlechternden Einflüsse festzustellen.

Spezifisches Gewicht. Dasselbe soll nicht zu hoch sein (Höchstgrenze etwa 0,930), damit sich das Öl leicht vom Wasser abscheidet.

Der zu verlangende **Stockpunkt** richtet sich nach der Temperatur des Turbinenraumes.

Die **Viscosität** der Dampfturbinenöle bewegt sich für kleine Turbinen zwischen 2,5° und 4° E bei 50°. Die langsamer laufenden Großturbinen mit Druckölschmierung brauchen, insbesondere zur Schmierung des Getriebes, ein etwas viscoseres Öl (4—6° E bei 50°).

Der **Flammpunkt** soll mindestens 180° im Marcusson-Apparat betragen. Für die **Widerstandsfähigkeit** des Öles gegen Oxydation und Emulgierung sind geringer Aschengehalt, kleine Säurezahl und Wasserfreiheit von großer Wichtigkeit. Die zulässigen Grenzen sind: für Asche 0,01%, für die Säurezahl 0,2 (besser 0,1) und für Wasser 0,1% (besser 0). Völlige Abwesenheit von Asphaltenen ist selbstverständlich.

Verteerungszahl. Das Öl darf nach einer 50stündigen Erhitzung auf 120° C ohne Einleiten von Sauerstoff keine größere Verteerungszahl als 0,2% (AEG. 0,3%) aufweisen. Die Bestimmung der gebildeten Teerstoffe erfolgt nach den Vorschriften des VDE. (S. 204).

Alterungsprobe der AG. Brown-Boveri & Co., Baden (Schweiz)[1]. In einem 400 cm³ fassenden Becherglas, hohe Form, werden 200 cm³ Öl in einem Ölbad 3 Tage auf 110° an der Luft erhitzt. Als Katalysator befindet sich in dem Öl eine zuvor mit

[1] Sonderabdruck aus den Brown-Boveri-Mitteilungen, H. 2, 1929.

Schlemmkreide blank polierte Kupferplatte von $40 \times 70 \times 1$ mm. Nach dem Erkalten wird das Öl noch 24 Stunden stehengelassen und hierauf filtriert. Der abfiltrierte Schlamm wird mit Leichtbenzin ölfrei gewaschen, mit Chloroform in ein gewogenes Schälchen gespült und nach dem Verjagen des Lösungsmittels gewogen. In dem filtrierten Öl werden Säurezahl, Verseifungszahl und Schlammgehalt bestimmt. (Siehe die betr. Vorschriften.)

Emulgierungsprobe. Es sind mehrere verschiedene Methoden zur Untersuchung des Emulgierungsgrades bekannt. Der Einheitlichkeit halber ist die Richtlinienmethode (S. 73) vorzuziehen. Es ist angezeigt, die Emulgierungsprobe außer mit dem frischen Öl auch mit jenem Öl vorzunehmen, das bereits zur Untersuchung der Verteerungszahl verwendet wurde und von dem ein etwa gebildeter Schlamm abfiltriert worden ist.

Bei der Allgemeinen Elektrizitätsgesellschaft wird die Emulgierbarkeit der Turbinenöle folgendermaßen geprüft[1]: 20 cm³ destilliertes Wasser und 50 cm³ Öl werden in einen oben verengten Glaszylinder von 22 cm Höhe und 3,5 cm lichter Weite gegeben. Man stellt den Zylinder zu $^3/_4$ seiner Höhe in ein Wasserbad und erwärmt ihn bis auf etwa 100°. Hierauf wird 10 Minuten lang Dampf aus einem mit destilliertem Wasser gefüllten Dampfentwicklungsgefäß eingeleitet, wobei man darauf zu achten hat, daß kein Öl aus dem Zylinder herausspritzt. Nach dem Dampfeinleiten wird der Zylinder noch 10 Minuten im Wasserbad auf etwa 100° gehalten und dann frei bei Zimmertemperatur der Ruhe überlassen. Das Öl wird als nichtemulgierend bezeichnet, wenn es sich nach 20 Minuten glatt vom Wasser getrennt hat und ungetrübt ist.

Bei Turbinenölen mit einer Viscosität von über 4° bei 50° werden dem Öl statt Wasser 20 cm³ einer 4proz. Kochsalzlösung zugesetzt.

Neuerdings wird bei den Brown Boveriwerken die Entmischungsgeschwindigkeit des emulgierten Öles als Funktion der Zeit bestimmt. Näheres hierüber muß in der Originalarbeit[2] nachgelesen werden.

Die Vorschriften der Richtlinien für Dampfturbinenöl sind in der Tabelle 33 enthalten; desgleichen die Bestimmungen der AEG., der Siemens-Schuckertwerke und der AG. Brown Boveri & Cie.

---

[1] AEG. Normalblatt **170**, 2 (1926).
[2] Stäger, Brown Boveri-Mitteilungen, loco cit.

Tabelle 33. Anforderungen an Dampfturbinenöle.

	Spez. Gew.	Flammpunkt o. T.	Stockpkt.	Viscosität °E 20°	Viscosität °E 50°	Säurezahl	Asche %	Wasser %	Hartasphalt %	Verteerungszahl	Bemerkungen
Richtlinien[1]	höchstens 0,930	mindest. 180°	höchstens +5°	—	2,5 bis 5,0°	höchstens 0,2	höchstens 0,01	höchstens 0,1	0	höchst. 0,2	Darf nicht emulgieren. Bei Turbinengetrieben wird auch Öl von höherer Visc. verwendet. Die Verteerung erfolgt durch 50 St. ohne Einleiten von Sauerstoff.
Allg. El.-Ges.[2] Turbinenöl	0,85 bis 0,92	über 180°	unter —5°	12 bis 20°	2,5 bis 4,0°	höchstens 0,10	höchstens 0,01	höchstens 0,05	0	höchst. 0,3	Frei von Mineralsäuren, Fetten, Öl und Harz, keine Verharzung, kein Emulgieren und Schäumen.
Allg. El.-Ges.[2] Getriebeturbinenöl	0,85 bis 0,92	über 160° nach Pensky-M.	unter —5°	—	5,0 bis 6,5°	höchstens 0,10	höchstens 0,01	höchstens 0,05	0		Wie oben.
Siemens-Schuckert[3]	mögl. gering	über 180°	unter 0°	—	3,0 bis 4,0°	unter 0,2	—	—	0	unter 0,4	Frei von mechanisch. Beimengungen, Schleimstoffen, Alkali, fettem Öl, Wasser. Darf nicht emulgieren.
Brown-Boveri[4]	höchstens 0,93	mindest. 170°	—	—	3,46 bis 5,34°	höchstens 0,1, Verseifungszahl 0,0	höchstens 0,01	—	0	—	Nach d. Altersprobe (S. 228) darf die Säurezahl höchst. 0,3, die Verseifungsz. höchst. 1,5 betragen. Schlamm darf sich nicht gebildet haben und das gealterte Öl darf nicht emulgieren.

[1] Richtlinien, **1928**, S. 19. [2] AEG. Normenblatt **170**, 2 (1926). [3] Holde, K. W., S. 269.
[4] Brown-Boveri-Mitteilungen, loco cit.

B. Automobilmotorenöle.

1. Allgemeines.

Die Mannigfaltigkeit der bestehenden Motorfahrzeuge bedingt nur zum Teil die große Zahl und Verschiedenheit der im Handel befindlichen Autoölmarken. Je nach der Art und Größe der Maschine werden unter Berücksichtigung der Jahreszeit zum Schmieren der Motoren Öle von 4—20 Englergraden bei 50° verwendet. Luftgekühlte Motoren müssen mit einem viscoseren Öl geschmiert werden als wassergekühlte; ferner muß auf die im Betrieb bald eintretende Verdünnung des Öles mit Benzin Rücksicht genommen werden. Diese Verdünnung hängt von der Kühlwasser- und der Außentemperatur ab.

Als wichtiges Merkmal eines guten Autoschmieröles wird eine flache Viscositätskurve angesehen, da ein solches Öl bei hoher Temperatur verhältnismäßig wenig an Viscosität einbüßt und bei tiefen Temperaturen noch flüssig bleibt. Das Schmieröl selbst erreicht zwar nicht die bis 200° gehende Temperatur der Zylinderwand, doch ist gute Schmierfähigkeit wenigstens bis gegen 100° von großer Wichtigkeit. Aus diesem Grunde werden bei Autoölen hohe Viscositäten verlangt. Manche Raffinerien setzen gewissen Autoölmarken öllösliches (geblasenes) Ricinusöl zu, um den Viscositätsabfall bei steigender Temperatur zu verringern. Auch voltolisierte fette Öle sind durch eine flachere Viscositätskurve ausgezeichnet, desgleichen das zum Schmieren von Rotationsmotoren verwendete, tiefstockende und in Benzin schwerlösliche Ricinusöl.

2. Prüfung.

Auf lichte Farbe wird bei Autoölen viel Gewicht gelegt, obwohl diese wegen der damit verbundenen großen Raffinationsverluste das Öl sehr verteuert. Auch kleines spez. Gewicht ist kein Zeichen besserer Qualität, da es ausgezeichnete Autoöle gibt, die wegen ihres naphthenischen Charakters ein hohes Volumengewicht besitzen.

Um Anwesenheit von leicht verdampfenden Fraktionen im Schmieröl auszuschalten, ist ein Mindestflammpunkt von 180 bis 190° vorgeschrieben, trotzdem das Öl durch Verdünnung mit Benzin beim Gebrauch rasch einen viel tieferen Flammpunkt erhält.

Die für jeden Motor günstigste Schmieröl-Viscosität erfährt man am besten vom Fabrikanten des Wagens. Für Motorräder verwendet man Öle von 3—7° E bei 50°, für Automobile

Öle von 7 bis etwa 20° E bei 50°. Flugmotoren werden im allgemeinen mit Ölen von mindestens 15 Englergraden bei 50° geschmiert. Noch höhere Viscositäten sind zur Schmierung von Differential- und Wechselgetrieben nötig. Daher werden Zylinderöl, dunkles Vaselin, auch konsistente Fette für diesen Zweck verwendet. In Amerika setzt man den Getriebefetten zwecks besserer Schmierung manchmal Graphit zu.

Der Stockpunkt und die Fließfähigkeit bei tiefen Temperaturen sollen dem Klima und der Jaherszeit angepaßt sein. In Mittel- und Nordeuropa dürfen Sommeröle einen Stockpunkt von über 6° haben, während Winteröle erst unter — 10° erstarren dürfen.

Die chemische Reinheitsprüfung der Autoöle erstreckt sich auf die Untersuchung des Gehaltes an organischer Säure und Asche. Die Säurezahl beträgt bei (nicht gefetteten) guten Ölen gewöhnlich nicht mehr als 0,1, darf aber bis 0,2 gehen. Der Aschegehalt soll nicht mehr als 0,02% betragen. Wasser und Hartasphalt (auf diese braucht man bei hellen, klaren Ölen nicht zu prüfen) dürfen natürlich in Autoölen ebensowenig vorhanden sein wie Mineralsäure und Alkali.

Ein Teil des dem Motor zugeführten Schmieröles verbrennt unter Hinterlassung eines kohligen Rückstandes auf den Zündkerzen und Zylinderwänden. Wie bereits (S. 224) erwähnt, wird ein gewisser Zusammenhang zwischen der Neigung eines Öles zur Kohleabscheidung und dem im Laboratorium festgestellten Conradsontest vermutet. Deshalb wird neuerdings verlangt, daß Autoöle beim Verschwelen nach Conradson einen geringen Rückstand geben. Nachstehend die Conradsonteste einiger erstklassiger amerikanischer und polnischer Markenöle.

Tabelle 34. Conradsonteste von Autoölen.

Viscosität bei 50°	Amerikan. Autoöl	Polnisches Autoöl
4—5	0,10	0,08
7—8	0,35	0,25
13—14	1,20	Destillatöl 0,20 Rückstandsöl 1,10
17—18	1,75	1,80

Durch Auflösung von unverbrannten, schweren Benzinanteilen wird das dem Motor zugeführte Schmieröl sehr bald verdünnt, und zwar stellt sich schon nach etwa 300 km Fahrt das Verdünnungsmaximum ein. Das Öl nimmt hierbei, je nach seiner Viscosität, 2—8% Benzin auf. Tabelle 35 zeigt, daß die viscoseren Öle weniger Benzin aufnehmen und infolgedessen eine geringere Einbuße an Viscosität erleiden als die dünnflüssigeren Öle.

Tabelle 35. Ölverdünnung im Motor.

	Öl Nr.	1	2	3
frisches Schmieröl	Englergrade bei 50°	7,1	13,2	18,5
	Flammpunkt, off. Tiegel . . .	210	220	235
Schmieröl nach 300 km Fahrt	Englergrade bei 50°	4,7	10,7	15,0
	Flammpunkt, off. Tiegel . . .	98	101	102
	% Benzin	7,0	3,5	2,8

Zu obigen, im Sommer ausgeführten Versuchen wurde ein mit Krackbenzin (Kennziffer 124, Endsiedepunkt 195°) betriebener und mit hochwertigen polnischen Markenölen geschmierter 6-zylindriger, wassergekühlter Motor mit einer mittleren Leistung von etwa 16 PS verwendet.

Die Bestimmung des im gebrauchten Öl gelösten Benzins erfolgt in der Weise, daß aus dem in einem Destillierkolben auf 150° erwärmten Öl das Benzin mit überhitztem Wasserdampf abgeblasen wird. Mit dem Ablaufrohr des Kolbens ist ein Liebigkühler verbunden, von dessen Ende das Benzin und Kondenswasser in eine Bürette fließen.

C. Dampfzylinderöle.

Dieselben dienen zur Schmierung der Zylinder und Kolben von Dampfmaschinen. Nach der Art ihrer Herstellung kann man Destillat- und Rückstandsöle unterscheiden. Die meist viscoseren Rückstandszylinderöle sind dunkler und zeigen, mit Entfärbungspulver behandelt, in der Draufsicht oft grasgrüne Farbe.

Da die Zylinderöle mit sehr heißem Dampf in Berührung kommen, wird von ihnen geringe Verdampfbarkeit verlangt, als deren Maß der Flammpunkt gilt. Derselbe muß, je nachdem, ob die Maschine mit Sattdampf (Naßdampf) oder überhitztem Dampf betrieben wird, 240—260° bzw. 260—330° C im offenen Tiegel betragen. Es hat sich jedoch gezeigt, daß der Flammpunkt des Zylinderöles nicht die Höhe der Dampftemperatur erreichen muß, vielmehr bis 40° niedriger liegen kann als die letztere.

Die Viscosität der Heißdampfzylinderöle ist gewöhnlich größer als die der Naßdampfzylinderöle und beträgt bei 100° bis 7° E. Eine noch größere Zähigkeit wird nicht gerne gesehen, da das Öl sonst bei gewöhnlicher Temperatur fast zu fließen aufhört und bei hoher Temperatur die Viscositäten ohnehin gleich werden. Der besseren Schmierwirkung wegen werden manchen Zylinderölen Fette oder fette Öle (Talg, Knochenöl) zugesetzt, doch ist bei sehr hoher Dampftemperatur Zersetzung des fetten Öles zu befürchten.

Zylinderöle sind wegen der hohen Arbeitstemperatur besonders stark der Oxydation und Zersetzung ausgesetzt. Da in erster Reihe die Asphaltstoffe zur Abscheidung von pechartigen, kohligen Rückständen im Dampfzylinder führen, wird dem Hartasphaltgehalt der Zylinderöle besondere Aufmerksamkeit zugewendet. Helle grüne Zylinderöle sind deshalb so beliebt, da sie zumeist asphaltfrei sind. Bei Naßdampfzylinderölen ist ein Hartasphalt bis 0,5%, bei Heißdampfzylinderölen bis 0,1% zulässig. Bei der Asphaltbestimmung in paraffinhältigen Zylinderölen fallen mit dem Hartasphalt zusammen auch ceresinartige Kohlenwasserstoffe aus, auf deren Anwesenheit Rücksicht genommen werden muß (s. S. 103).

Zylinderöl-Emulsionen. Aus Ersparungsgründen hat man versucht, zum Schmieren von Dampfzylindern Emulsionen von Zylinderöl mit 25—50% gesättigtem Kalkwasser zu verwenden. Diese Emulsionen scheinen sich bewährt zu haben. Jedenfalls wurden nachteilige Einwirkungen des Kalkes nicht bemerkt. Die Schmierung mit solchen Emulsionen gestattet wegen der Kühlwirkung des verdampfenden Wassers auf das Öl Überhitzung des Dampfes auf sehr hohe Temperaturen.

Die Untersuchung einer Zylinderöl-Emulsion erfolgt in der Weise, daß man durch Erhitzen bis zur Gewichtskonstanz am Wasserbad (eventuell auch mittels der Xylolmethode) den Wassergehalt bestimmt. Durch Veraschen des entwässerten Zylinderöles erhält man als Rückstand das im Öl enthaltene CaO.

D. Voltole.

Voltole (Voltolöle) werden aus fetten Ölen, Mineralölen oder Gemischen beider durch Einwirkung von hochgespannten, hochfrequenten elektrischen Glimmentladungen erzeugt. Die hierbei erhaltenen Öle zeigen eine höhere Zähflüssigkeit und einen geringeren Viscositätsabfall bei Temperatursteigerung als die unbehandelten Öle. Sie sind also bei niedrigen Temperaturen verhältnismäßig dünnflüssig, bei hohen Temperaturen aber noch viscos. Die Untersuchung einiger Handelsvoltole hat jedoch gezeigt, daß zwischen den Viscositätskurven der mit einem geringen Zusatz an voltolisiertem Fettöl hergestellten Handelsvoltole einerseits und erstklassiger Schmieröle andererseits kein großer Unterschied besteht.

Die Untersuchung der Voltole des Handels erfolgt nach dem allgemeinen Gang der Prüfung von Mineralöl-Fettölgemischen. Der Perzentgehalt an in Leichtbenzin unlöslichen, in Alkohol löslichen Oxysäuren ist bei voltolisierten Ölen größer als bei gewöhnlichen fetten Ölen.

E. Marineöle.

Mit diesem Namen bezeichnet man Mischungen von Mineralölen und „geblasenen" fetten Ölen. Sie dienen zum Schmieren schwerer Schiffsmaschinen, wofür sie durch große Viscosität und eine gewisse Emulgierbarkeit mit Wasser geeignet sind. Wenn man in fette Öle, wie Rüböl, Cottonol usw. bei 70—120° längere Zeit Luft einleitet, so tritt bedeutende Verdickung ein. Die Marineöle bestehen gewöhnlich aus einem Schmieröl mit einem Zusatz von 10—24% geblasenem fetten Öl. Die Viscosität des Gemisches richtet sich nach der Größe der Maschinen. Nach Ehlers (Schmiermittel und ihre richtige Verwendung, Spamer 1928) schreibt die deutsche Reichsmarine folgende Viscositäten bei einem Gehalte von etwa 23% geblasenem Rüböl vor:

Für Schlachtschiffe und Kreuzer eine Viscosität bei 50° von . . . 7—8° E,
Für Torpedoboote eine Viscosität bei 50° von . . . . 5—6° E.

In der Handelsmarine sind nach demselben Autor folgende Öle üblich:

Für Maschinen bis 1000 PS eine Viscosität bei 50° von 7° E (10% gebl. Rüböl),
Für stärkere Kolbenmaschinen eine Viscosität bei 50° C 8—9,5° E (12—20% gebl. Rüböl).

Die Marineöle sollen im Pensky-Martens-Apparat einen Flammpunkt von nicht unter 160° C haben. Der Gehalt an freier organischer Säure soll gering sein (Säurezahl höchstens 3,5).

Untersuchung von Marineölen. Hat man qualitativ die Anwesenheit von fetten Ölen festgestellt (S. 93), so richtet sich die Entscheidung, ob der Zusatz aus gewöhnlichem oder geblasenem fetten Öl besteht, nach der Viscosität des Gemisches und des abgeschiedenen reinen Mineralöles. Ungeblasene fette Öle haben bei 20° eine Viscosität von nur 15—20° E. Ist daher die Viscosität des Gemisches viel größer als die des abgeschiedenen reinen Mineralöles, so kann diese Verdickung, wenn andere Verdickungsmittel, z. B. Seife, abwesend sind, nur durch geblasenes Öl hervorgerufen sein. Bei geblasenen Ölen fällt auch die Unlöslichkeit eines bedeutenden Anteiles der Fettsäuren (nämlich der Oxysäuren) in Leichtbenzin auf.

F. Bohröle.

Die Bohröle sollen so beschaffen sein, daß sie beim Bohren, Schmieren und Fräsen von Metallen zugleich schmierend und kühlend wirken können. Deshalb werden die Bohröle „wasserlöslich“ oder richtiger gesagt: mit Wasser emulgierend hergestellt. Das Wasser übernimmt die Aufgabe des Kühlens, während das Öl schmierend und rostschützend wirkt. Die emulgierenden Bohröle bestehen aus Mineralölen, in denen 10—20% Alkaliseifen fetter Öle oder Harzöle, meist mit einem kleinen Spirituszusatz, aufgelöst sind. Mit Wasser zusammengebracht, bilden sie eine Emulsion von zahlreichen winzigen Ölkügelchen im Wasser. Je nach dem Verwendungszweck benutzt man eine 2—10proz. Emulsion.

Gute Bohröle sollen beständig sein; in offenem Gefäß aufbewahrt, dürfen sie erst nach längerer Zeit Trübung und Ausscheidungen zeigen. Ihre Emulgierfähigkeit darf hierbei nicht zurückgehen. Ammoniakseife enthaltende Bohröle zersetzen sich an der Luft und verlieren dadurch ihre Emulgierbarkeit. Die Beständigkeit der Bohrölemulsionen wird geprüft, indem man eine 5proz. Emulsion in einem offenen Meßzylinder stehen läßt. Nach 24 Stunden darf sich kein Öl, sondern höchstens eine weiße Rahmschicht abgesetzt haben.

Der Seifengehalt der Bohröle wird nach Spitz und Hönig (S. 94) festgestellt, indem man 10 g Öl in 50 cm^3 Petroläther löst und dann öfters mit 50proz. Alkohol ausschüttelt. Letzterer löst beim Schütteln die Seifen auf, während das Mineralöl in den Petroläther geht.

G. Konsistente Fette.

Hierher gehören die sog. Maschinen-, Stauffer- und Tovotefette. Sie bestehen aus kolloidalen Lösungen von Kalk- oder Alkaliseifen in Mineralölen mit wenig Wasser. Der durch den kolloiden Zustand der Seifenlösung verursachte hohe Schmelzpunkt dieser Fette macht sie zum Schmieren von hochgelegenen Lagern, Zahnrädern und anderen schwerer zugänglichen Maschinenteilen geeignet. Die konsistenten Fette enthalten gewöhnlich 10—25% Seife und 1—3% Wasser. Die häufig vorhandene auffallend gelbe Farbe rührt von einer öllöslichen Anilinfarbe her. Die Bewertung der konsistenten Fette erfolgt hauptsächlich nach ihrem Tropfpunkt, welcher nach Ubbelohde bestimmt, 70—85° C beträgt. Für hochbelastete oder sehr heiße Lager verwendet man die Na-verseiften Calypsolfette, die Tropfpunkte bis 180° C besitzen. Die den konsistenten Fetten hie und da beigemischten

Beschwerungsmittel, wie überschüssiger Kalk, Talkum, Schwerspat usw. sind als wertvermindernde Zusätze zu betrachten. Nur Graphitzusatz wird wegen seiner schmierenden Eigenschaften geschätzt.

Auch die billigen verseiften Wagenfette gehören zu den konsistenten Fetten. Sie sind aus minderen Mineralölen und mit Kalk verseiften Harzölen, Tranfettsäuren und dgl. zusammengesetzt. Die sog. „Schwimmfette" (spez. Gewicht unter 1) werden den nicht schwimmenden, meist beschwerten Fetten vorgezogen.

Von konsistenten Fetten wird verlangt, daß sie eine homogene, schmalzartige Beschaffenheit haben und beim Stehen kein Öl abscheiden. Zwischen zwei Fingern ausgezogen, muß der Faden kurz abreißen. Beim Zerreiben dürfen keine Knöllchen zu verspüren sein. Der Höchstgehalt an Wasser beträgt 6%, während der Aschegehalt bei unbeschwerten Fetten 5% nicht übersteigen darf.

Die **Untersuchung** der konsistenten Fette kann wegen ihrer oft sehr verschiedenartigen Zusammensetzung nicht immer nach der gleichen Methode erfolgen. Der Tropfpunkt wird nach Ubbelohde (S. 52), der Wassergehalt nach Marcusson durch Destillation mit Xylol bestimmt. Durch Verbrennen des Fettes auf dem Platinblech erhält man eine Asche, deren chemische Analyse Schlüsse auf die Natur der Seifenbasis und eines u. U. vorhandenen Beschwerungsmittels gestattet.

Der Wert eines konsistenten Fettes wird zumeist durch seinen Gehalt an Seife bestimmt. Freie Fettsäuren sind selten anwesend und werden nach Marcusson folgendermaßen bestimmt: 10 g Fett werden in 50 cm^3 einer neutralisierten Mischung von 90 Raumteilen Leichtbenzin und 10 Raumteilen abs. Alkohol am Rückflußkühler erwärmt, wobei sie sich meistens lösen. Ein etwa ungelöst bleibender Satz wird warm abfiltriert und mit einer kleinen Menge des Lösungsgemisches nachgewaschen. Zum Filtrat fügt man 30 cm^3 neutralisierten 50proz. Alkohol und titriert bei Gegenwart von Phenolphthalein unter öfterem Durchschütteln und Erwärmen mit alkoholischer n/10 Natronlauge, bis die alkoholische Schicht rosa gefärbt bleibt. Aus dem Verbrauch an Lauge kann man bei Annahme, daß die freie Fettsäure eine Verseifungszahl von ungefähr 195 hat, den Gehalt an freier Fettsäure angenähert berechnen.

Zumeist sind aber in konsistenten Fetten keine freien Fettsäuren vorhanden, vielmehr ihre Gesamtmenge in Form von Seife an Alkali gebunden. Bei Zugabe von einigen Tropfen Phenolphthaleinlösung zur benzin-alkoholischen Lösung tritt dann unmittelbar oder nach Hinzufügung von 1—2 Tropfen n/10 alkoholischer Natronlauge Rotfärbung auf.

Den Seifengehalt von konsistenten Fetten kann man auf folgende Weise nach Holde[1] bestimmen:

10 g Fett werden in 50 cm Normalbenzin gelöst bzw. suspendiert und mit Salzsäure stark angesäuert. Das Gemisch kocht man am Rückflußkühler und bringt es unter Nachspülen mit etwas Normalbenzin quantitativ in einen Scheidetrichter. Die untere, wässerige Schicht, die noch Ungelöstes enthalten kann, wird in einem zweiten Scheidetrichter zweimal mit Normalbenzin ausgeschüttelt. Die vereinigten Benzinauszüge wäscht man zuerst mit konz. Glaubersalzlösung und dann mit destilliertem Wasser säurefrei. Nach Zusatz von 10 cm^3 neutralisiertem abs. Alkohol und einigen Tropfen Phenolphthaleinlösung wird mit alkoholischer n/10 Natronlauge bis zur Rosafärbung tiriert. Wenn man annimmt, daß die Fettsäuren eine Säurezahl von 195 haben, läßt sich der Gesamtfettsäuregehalt angenähert berechnen.

Genauer läßt sich der Gehalt an Fettsäuren, somit auch der Seifengehalt, nach Spitz und Hönig (S. 94) bestimmen.

Man versetzt die wie vorstehend beschrieben erhaltene, neutrale Seifenlösung mit so viel destilliertem Wasser, daß der gesamte bisher zugesetzte Alkohol ungefähr 50proz. wird. Die Seifen gehen in die alkoholische Schicht über und können mit letzterer im Scheidetrichter von der das Mineralöl enthaltenden Benzinschicht getrennt werden. Letztere wird noch mehrmals mit etwas 50proz. Alkohol gewaschen und die vereinigten alkoholischen Auszüge zwecks Verjagens des Alkohols eingedampft.

Hierauf verdünnt man mit wenig Wasser und setzt bei Gegenwart von Petroläther durch Ansäuern mit Salzsäure die Fettsäuren in Freiheit. Die Benzinlösung ist mehrmals mit etwas konz. Glaubersalzlösung und schließlich mit destilliertem Wasser salzsäurefrei zu waschen. Dann wird filtriert, das Benzin abdestilliert und die Fettsäuren nach kurzem Trocknen bei 105° gewogen.

Paraffin.

I. Allgemeines.

Handelsparaffin besteht aus einem Gemisch von festen Kohlenwasserstoffen der Paraffinreihe (C_2H_{2n+2}). Es wird durch Destillation von paraffinhältigem Erdöl, ferner von Braunkohlen- und

[1] Holde, K. W., S. 283.

anderen Schwelteeren, anschließende Kristallisation und Filtration gewonnen.

Im Handel wird das Paraffin nach seinem Schmelzpunkt klassifiziert. Die üblichen Marken umfassen alle Gradationen von 40/42° bis etwa 60/62°, doch werden auch noch höherschmelzende Paraffine erzeugt.

II. Untersuchung.

A. Probenahme.

Beim langsamen Erstarren von Paraffin findet eine geringe Entmischung statt, indem die höher schmelzenden Kohlenwasserstoffe rascher als die weicheren erstarren. Da nun das geschmolzene Paraffin gewöhnlich in Tafeln gegossen wird, können zwischen den zuerst und den zuletzt gegossenen Tafeln Schmelzpunktunterschiede bis zu 0,3° vorkommen. Auch innerhalb der einzelnen Tafeln finden sich verschieden hoch schmelzende Stellen. Man muß deshalb bei der Probenahme achtgeben, daß ein alle Teile umfassendes Muster entnommen werde. Mittels des auf S. 2 abgebildeten Bohrers kann man aus einem mit Paraffintafeln gefüllten Sack ein Durchschnittsmuster aus allen Tafeln entnehmen. Soll der Schmelzpunkt einer einzelnen Paraffintafel ermittelt werden, so zerschneidet man sie mit einem scharfen Messer längs beider Diagonalen in vier Dreiecke. Jedes dieser Dreiecke enthält nun sowohl Rand- wie Mittelteile der Tafel. Eines derselben wird in einer sauberen Porzellanschale am Wasserbad geschmolzen und zur Untersuchung verwendet.

B. Aussehen.

Gut raffiniertes und entöltes Paraffin ist rein weiß mit einem bläulichen Schimmer. Eine 4—5 cm dicke Paraffintafel soll so weit durchscheinend sein, daß die einzelnen Finger deutlich sichtbar sind, wenn man durch die gegen das Licht gehaltene Tafel blickt und die Hand dicht dahinter hält. Schon ein geringer Ölgehalt macht das Paraffin undurchsichtig. So ein Paraffin kann weiß sein, hat jedoch keinen bläulichen Schimmer. Bei noch größerem Ölgehalt treten Fleckenbildung und fettiger Griff auf. Das sog. Extraktionsparaffin, eine durch Ausziehen des zum Bleichen von Paraffin gebrauchten Entfärbungspulvers hergestellte Ware, ist meist gelb bis braun und undurchsichtig.

Auch gut raffiniertes, bläulich-weißes Paraffin verändert nach einiger Zeit sein Aussehen und wird weniger durchsichtig; insbesondere Weichparaffine büßen beim Lagern ihr schönes Aussehen ein. Rohparaffin und Halbfabrikate des Paraffins, sowie die Paraffinschuppen des Handels sind grau, gelb bis braun. Die Lichtbeständigkeit des Paraffins ist nicht groß. Dem Licht ausgesetzt, vergilbt schlecht raffiniertes Paraffin rasch und auch gut raffiniertes wird unansehnlich. Die Veränderung kann man am besten beobachten, indem man ein Paraffintäfelchen, zur Hälfte in lichtundurchlässiges Papier eingeschlagen, ins Fenster stellt und von Zeit zu Zeit die Farbe der beiden Paraffinhälften vergleicht.

Die Farbe und Transparenz des Paraffins werden in den allermeisten Fällen nur durch den Augenschein geprüft. Einige Vorschläge zur exakteren Messung haben keine Verbreitung gefunden. Hingegen verdient M. Bombergs[1] Vorschlag der Farbenmessung von festem Paraffin mittels des in allen Mineralöllaboratorien gebräuchlichen Stammerapparates (S. 5) Beachtung. Ein gleichmäßig genau 1 cm starkes Paraffinplättchen, halb so groß wie die Milchglastafel des Stammerapparates, wird nach Entfernung des Uranglasplättchens unter die leere Röhre gelegt. In den Zylinder gießt man eine 0,005$^0/_{00}$, bei stärker gefärbtem Paraffin eine 0,01$^0/_{00}$ Kaliumbichromatlösung und stellt in bekannter Weise auf Farbengleichheit ein. Die Farbe des Paraffins wird bezeichnet, indem man angibt, wie dick in (Millimetern) die Schicht der gleich stark gefärbten Kaliumbichromat-Lösung ist. Umgekehrt wie beim Leuchtpetroleum gehören hier zu den stärker gefärbten Paraffinen die größeren Zahlen. Wenn die 0,01$^0/_{00}$-Lösung verwendet wird, muß die Länge der Flüssigkeitsschicht mit 2,25 multipliziert werden.

Beispiel: Paraffin *A* zeigt dieselbe Farbe wie eine 65 mm hohe Säule der 0,005$^0/_{00}$-Lösung; die Farbe des Paraffins ist also 65. Mit der 0,01$^0/_{00}$-Lösung werden 29 mm gefunden. Die Farbe des Paraffins wird also jetzt zu $29 \times 2{,}25 = 65{,}2$ gefunden.

C. Geruch.

Für manche Zwecke, z. B. zum Paraffinieren von Packpapier für Lebensmittel, wird ein ganz geruchfreies Paraffin verlangt. Abgesehen von dem bei Anwesenheit von Zersetzungsprodukten der Destillation merkbaren schlechten Geruch, sind nur ganz ölfreie und sorgfältig raffinierte Paraffine wirklich geruchfrei. Man erkennt den Geruch von Paraffin am besten, indem man ganz frische Bruchflächen desselben dicht unter die Nase hält. Durch längeres Abblasen des auf höchstens 150° erwärmten Paraf-

[1] Przemysl chem. **1922,** S. 10; siehe auch Chem. Z.Bl. **1922 IV,** S. 279.

fins mit Wasserdampf kann man nach Gräfe das den Geruch verursachende Öl abdestillieren.

D. Flammpunkt.

Der Flammpunkt wird bei Paraffin, da ohne besondere Bedeutung, nur selten geprüft. Im offenen Tiegel bestimmt, bewegt er sich je nach der Härte des Paraffins ungefähr zwischen 200 und 220°.

E. Erstarrungstemperatur.

Für die Wertbeurteilung des Paraffins von ausschlaggebender Bedeutung ist der Schmelzpunkt des Paraffins. Bei technischen Untersuchungen wird zumeist nicht dieser, sondern der Erstarrungspunkt bestimmt. Da das Handelsparaffin aus einer Reihe von verschieden hoch schmelzenden Kohlenwasserstoffen besteht (so z. B. enthält ein gut fraktioniertes Paraffin vom Erstarrungspunkt 51,0° Paraffine, die etwa von 48° bis 55° erstarren), ist kein scharfer Erstarrungspunkt, sondern eine Reihe von Erstarrungspunkten vorhanden. Indessen wird bei den technischen Prüfungsmethoden ein ziemlich scharf begrenzter Punkt gefunden, da die Hauptmasse innerhalb eines sehr kleinen Temperaturbereiches erstarrt.

Shukow-Methode. Bei dieser am Kontinent allgemein verbreiteten, von Kißling verbesserten Untersuchungsmethode wird das geschmolzene Paraffin bei einer Temperatur, die 10—15° höher ist als der Erstarrungspunkt, zu $^2/_3$ in das mit einem Doppel-, besser Vakuummantel versehene Gefäß (Abb. 74) eingefüllt. Das von etwa 40—70° reichende, in $^1/_{10}$ Grade geteilte Thermometer[1] wird mittels eines Korkstopfens derart befestigt, daß sich das Hg-Gefäß in der Mitte des Paraffins befindet. Das Gefäß wird nun so in die rechte Hand genommen, daß der 2. und 3. Finger den Thermometerstopfen und der Daumen den Boden des Gefäßes hält und regelmäßig, jedoch nicht zu stark geschüttelt. Etwa 2° oberhalb des Erstarrungspunktes wird das Paraffin trüb. Man schüttelt unter genauer Beobachtung des Thermometers leicht weiter, bis die Hg-Säule mindestens eine Minute stehenbleibt. Diesen Punkt nennt man die Erstarrungstemperatur. Die Genauigkeit der Bestimmung beträgt

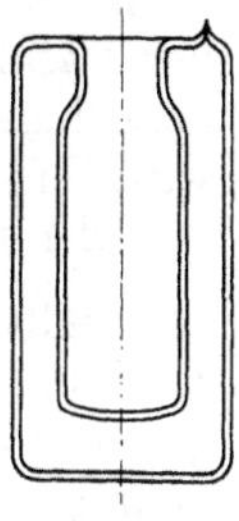

Abb. 74. Shukow-Apparat.

[1] Wenn das Thermometer nicht entsprechend seiner Eintauchung korrigiert ist, was auf der Rückseite vermerkt sein muß, ist die Korrektur für den herausragenden Faden zu berücksichtigen.

± 0,1° C. Es ist angezeigt, sofort nach der Beendigung der Bestimmung durch Eingießen von heißem Wasser das Paraffin aus dem Shukow-Gefäß zu entfernen.

Die polnische Methode gestattet, zu Orientierungszwecken rasch die angenäherte Erstarrungstemperatur von Paraffin oder paraffinischen Massen zu bestimmen. Ein von 0—100° reichendes, in 1/2 Grade geteiltes Thermometer mit kugelförmigem Hg-Gefäß (Durchmesser etwa 5 mm) wird in die 10—15° über den Erstarrungspunkt erwärmte Schmelze getaucht, bis die anfangs durch erstarrtes Paraffin getrübte Hg-Kugel wieder blank wird. Nach dem Herausziehen läßt man das Thermometer in schräger Lage samt dem an der Hg-Kugel hängenden Tropfen unter langsamem Drehen, gegen Luftzug geschützt, erkalten. Die Erstarrungstemperatur wird am Thermometer abgelesen, sobald der Tropfen stockt und sich mitzudrehen beginnt. Man findet bei dieser Methode um einige Zehntelgrade höhere Erstarrungstemperaturen als bei der Shukow-Methode. Genauigkeit der Methode ± 0,5° C.

Die noch vielfach verbreitete **Hallesche Methode** bestimmt als Erstarrungsbeginn jene Temperatur, bei der ein auf heißes Wasser gebrachter Paraffintropfen beim langsamen Erkalten des Wassers sich mit einem Häutchen überzieht. Die Temperatur wird mit einem Thermometer gemessen, dessen Hg-Gefäß ganz von dem Wasser bedeckt ist. Diese Methode ist jedoch ungenau und sollte zugunsten der Shukowschen aufgegeben werden.

Da im internationalen Handel zur Bezeichnung der Qualität des Paraffins sehr oft der englische (English Melting Point) oder amerikanische (American Melting Point) Schmelzpunkt verwendet wird, erscheint die Beschreibung dieser bezüglich des Resultates von der Shukow-Methode abweichenden Prüfungen nützlich.

English Melting Point[1]. (JPT. Serial Designation W 41). Diese Prüfungsmethode wird auch in Amerika meist verwendet, da sie genauer ist als die unter dem Namen „American Melting Point" bekannte. Von der Am. Soc. of Test. Mat. angenommen, trägt sie in USA. auch die Bezeichnung ASTM. Serial Designation D 87—22.

Das Prinzip der Bestimmung des Englisch Melting Point ist mit dem der Shukow-Methode identisch. Hier wie dort wird jene Temperatur abgelesen, bei der infolge Freiwerdens der latenten Schmelzwärme ein Stillstand im Temperaturrückgang beim Abkühlen der erstarrenden Masse eintritt.

---

[1] Nach der neuen Auflage (1929) der „Standard Methods" lautet die Bezeichnung der Methode **Setting Point** (JPT. Designation — P. S. 11a).

Der Apparat (Abb. 75) besteht aus einem etwa 128 mm weiten und 150 mm hohen, als Wasserbad dienenden Becherglas, einem 50 mm weiten Luftbad und einer Reagenzröhre von 25 mm Durchmesser, die zur Aufnahme des Paraffins bestimmt ist. Letztere ist mittels Korkstopfens in der Mitte des Luftbades befestigt, welches von dem das Wasserbad bedeckenden Metalldeckel zentrisch gehalten wird. Im Deckel befindet sich noch je eine zur Aufnahme des Rührers und eines Thermometers bestimmte Öffnung. Die Anordnung der einzelnen Apparatteile geht aus der Abbildung hervor. Das Reagenzglas ist mit einem Korkstopfen verschlossen, der in der Mitte zur Aufnahme des in 0,2° F geteilten Thermometers durchbohrt ist. Seitlich davon befindet sich noch eine Bohrung, in der eine Metallhülse steckt. Letztere dient als Führung für den unten ringförmig gebogenen Drahtrührer.

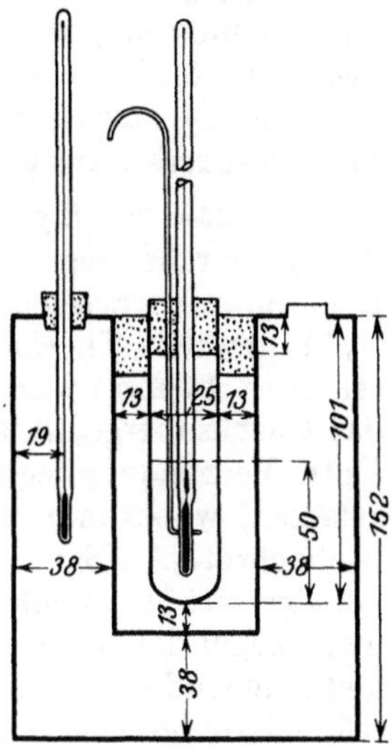

Abb. 75.
Apparat zur Bestimmung des English Melting Point.

Das Reagenzglas wird 50 mm hoch mit dem am Wasserbad geschmolzenen, 15—20° über den vermutlichen Schmelzpunkt erwärmten Paraffin gefüllt und der Stopfen mit Rührer und Thermometer aufgesetzt. Letzteres ist für 8 cm Eintauchtiefe korrigiert.

Die Temperatur des das Wasserbad bis $2^1/_2$ cm unter den Rand füllenden Wassers soll zu Beginn des Versuches 9—12° C niedriger sein als der ungefähre Schmelzpunkt des Paraffins. Im weiteren Verlauf des Versuches ist die Temperatur des Wassers unter Rühren so zu regeln, daß sie 14—17° C niedriger ist als die Temperatur des Paraffins, wenn sich dieses auf etwa 5° C über den vermutlichen Erstarrungspunkt abgekühlt hat. Hierauf hört man mit dem Rühren des Wassers auf und beginnt mit dem Rühren des Paraffins, welches in der Weise erfolgt, daß man den Rührer innerhalb einer Minute 20mal über die ganze Länge des Reagenzglases auf und ab bewegt. Während dessen wird die Temperatur des Paraffins alle 30 Sekunden abgelesen und verzeichnet. Ähnlich wie bei der Shukow-Methode fällt die Temperatur zuerst regelmäßig, bleibt dann eine Zeitlang auf gleicher Höhe und beginnt hierauf weiter zu fallen. Die Temperaturaufzeichnungen werden mindestens noch 3 Minuten lang nach dem Temperaturstillstand fortgesetzt. Der Durchschnitt der ersten vier voneinander nicht mehr als 0,2° F differierenden Temperaturen wird nach Berücksichtigung eines eventuell vorhandenen Thermometerfehlers als Endergebnis angesehen. Kontrollbestimmungen sollen um nicht mehr als 0,2° F voneinander abweichen. Der English Melting Point eines Paraffins liegt um 0,1 bis 0,3° C niedriger als der Shukow-Erstarrungspunkt.

American Melting Point. Eine halbkugelige Schale von etwa 9,5 cm Durchmesser wird zu drei Viertel mit dem auf ungefähr 8° C über den Schmelzpunkt erwärmten Paraffin gefüllt. Ein in $^1/_4$° F geteiltes Thermometer mit rundem Hg-Gefäß (Durchmesser etwa 14 mm) wird über der Schalenmitte so aufgehängt, daß das Quecksilbergefäß zu drei Viertel in das Paraffin eintaucht. Unter Vermeidung jeglichen Luftzuges wird das Paraffin abkühlen gelassen, wobei man hinter einer Glasscheibe dessen Oberfläche beobachtet. Als Schmelzpunkt wird jene Temperatur bezeichnet, bei der sich ein Schleier erstarrten Paraffins von der Thermometerkugel bis zum Schalenrand bildet. Bei dieser Prüfungsmethode sind Unterschiede bis zu $^3/_4$° F häufig; in den amerikanischen Laboratorien wird zumeist der E.M.P. bestimmt und der A.M.P. um 3° F höher angenommen.

Nachstehend eine empirisch gefundene Tabelle zum Vergleich des Shukow-Erstarrungspunktes mit dem englischen und amerikanischen melting-point. Hierzu muß noch einmal bemerkt werden, daß bei den Bestimmungen des American Melting Point die Fehlergrenzen fast einen Fahrenheitgrad betragen können.

Tabelle 36. Vergleich der Shukow-Erstarrungspunkte mit den entsprechenden englischen und amerikanischen Schmelzpunkten.

Shukow °C	E.M.P. °F	A.M.P. °F
44,0	110,8	111,9
46,0	114,4	115,7
48,0	117,9	119,5
50,0	121,5	123,3
52,0	125,1	127,0
54,0	128,8	130,8
56,0	132,3	134,7
58,0	135,9	138,5
60,0	139,6	142,3
62,0	143,1	146,0
64,0	146,5	149,6

F. Paraffin- und Ölgehalt.

Das im Erdöl gelöste Paraffin muß, bevor es im trockenen, raffinierten Zustand den Betrieb verläßt, angefangen vom Paraffinöldestillat über den sog. Gatsch (Filterkuchen), die Paraffinschuppen (Warmpreßgut) usw. bis zum geschwitzten Rohparaffin eine ganze Reihe von Zwischenstufen durchlaufen. Je weiter der Reinigungsprozeß fortschreitet, um so ölfreier und paraffinreicher wird das Erzeugnis. Zur Kontrolle des Fabrikbetriebes ist die ständige Untersuchung dieser Zwischenprodukte, welche sich zumeist auf den Erstarrungspunkt, den Paraffin- und Ölgehalt erstreckt, nötig.

Bei den Paraffinölen wird die Erstarrungstemperatur gewöhnlich im Reagenzglas (S. 50) gemessen, während die weichen Mittelprodukte einfach und rasch mit dem rotierenden Thermometer geprüft werden. Diese Methode ist neben der Shukow-Methode auch bei den harten Endprodukten anwendbar.

Der Paraffingehalt wird, da es sich ausschließlich um schon destillierte Produkte handelt, nach Holde durch Lösung in Äther und Fällen mit Alkohol bestimmt. Je nach der Fällungs- und Filtrationstemperatur kann man hierbei entweder den Gesamtparaffingehalt oder auch nur den Gehalt an härterem Paraffin bestimmen. Der Ölgehalt bzw. Weichparaffingehalt ergibt sich aus der Differenz des Hartparaffingehaltes gegen 100%. Auch beim transparenten Paraffin findet man durch Fällen des Paraffins mit Alkoholäther einen Ölgehalt von 2—3%.

In manchen Petroleumraffinerien ist folgendes technische Verfahren zum Bestimmen des Ölgehaltes im Paraffin üblich. Das Paraffin wird zu möglichst kleinen Schnitzeln geschabt, mit auf 0° abgekühltem Leichtbenzin (40—60° siedend) übergossen und eine Viertelstunde bei 0° stehengelassen. Hierauf wird abfiltriert, das Paraffin mit etwas kaltem Benzin nachgewaschen und das Lösungsmittel zur Trockene abgedunstet.

Arbeiten jüngerer amerikanischer Forscher[1] haben gezeigt, daß man mit Hilfe des Brechungsindex den Paraffingehalt in paraffinhaltigen Produkten bestimmen kann. Das Prinzip der Untersuchung besteht darin, daß n_{60}^{D} von paraffinfreien Ölen wesentlich höher ist als n_{60}^{D} von ölfreiem Paraffin. Die Zahlenwerte sind für jedes Paraffinöl besonders zu bestimmen. Diese Methode ist zur laufenden Untersuchung der Zwischenprodukte im Raffineriebetrieb und zur Bestimmung des Ölgehaltes im Handelsparaffin

[1] Wilson, R. F., u. Wilkin, Ind. Eng. Chem. **1924**, S. 4., ferner Diggs, S. H., u. Buchler, Ind. Eng. Chem. **1927**, S. 125.

geeignet[1]. Bezüglich der Einzelheiten muß auf die Originalliteratur verwiesen werden.

In den Laboratorien vieler Raffinerien finden sich kleine Handpressen zur Ermittlung des Ölgehaltes der paraffinreicheren (etwa 60—80% Paraffin enthaltenden) Zwischenprodukte. Beispielsweise werden Paraffinschuppen in Filterleinwand verpackt und bei Zimmertemperatur bei etwa 10 Atmosphären Druck gepreßt. Man erhält einen Filterkuchen, dessen Gewicht so ziemlich dem Reinparaffingehalt der ursprünglichen Masse entspricht. Voraussetzung für die Anwendbarkeit dieser Methode ist großkrystallinisches Gefüge der Paraffinmasse. Ist die letztere kleinkrystallinisch oder gar vaselinischer Natur, so läßt sich das Öl gar nicht oder doch nur teilweise abpressen. Bei Steigerung des Druckes reißt die Leinwand oder es tritt die unveränderte Masse durch die Leinwandporen.

Wohlausgebildete Krystalle sind auch zur Ausführung von Schwitzversuchen nötig. Der Schwitzprozeß, bei dem durch Temperaturerhöhung das Öl aus der Paraffinmasse herausschwitzt und zwischen den Paraffinkrystallen abläuft, ist bekanntlich die letzte Verarbeitungsstufe vor der Raffination des Paraffins.

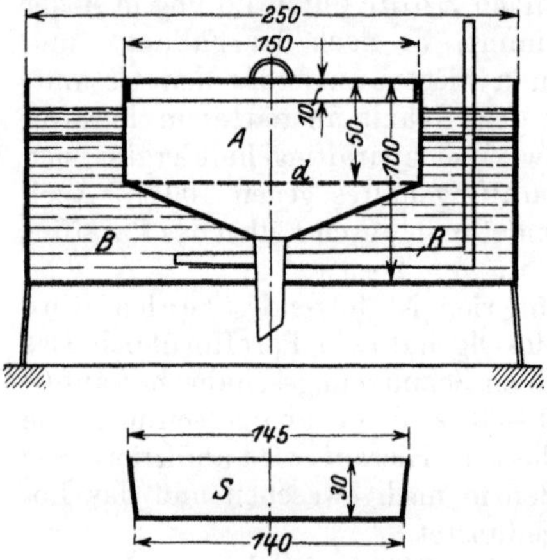

Abb. 76. Schwitzapparat.

Der Apparat Abb. 76 gestattet, diesen Schwitzprozeß im Laboratorium in kleinem Maßstabe zu verfolgen und einige interessante Prüfungen vorzunehmen. So können damit z. B. bei Paraffinschuppen und fertigem Paraffin das Öl und der Paraffingehalt festgestellt werden. Ferner ist es möglich, mit Hilfe des Schwitzapparates zu bestimmen, ob ein Paraffin eng fraktioniert oder aber aus verschieden hoch schmelzenden Fraktionen zusammengesetzt ist. Der Fraktionierungsgrad des Paraffins ist für dessen Qualität nämlich von Wichtigkeit. Bei gleichem Erstarrungspunkt bewahrt das besser fraktionierte Paraffin länger seine Transparenz und daraus hergestellte

[1] Nach Versuchen von W. v. Piotrowski u. J. Winkler im Labor. d. Galicia AG. in Drohobycz, siehe Przemysl chem. **1929**, Nr 12.

Kerzen verbiegen sich nicht so leicht, als dies bei schlecht fraktioniertem Paraffin der Fall ist.

Der aus Weißblech hergestellte Apparat besteht aus der trichterförmigen Schwitzkammer *A*, die mit einem gut passenden, doppelwandigen, mit Asbestpappe isolierten Deckel verschlossen werden kann, und dem Wasserbad *B*. Das Ablaufrohr von *A* ist an den Boden von *B* angelötet, außerdem sind *A* und *B* noch durch drei Versteifungen verbunden. Die Abmessungen des einfachen Apparates sind aus der Abbildung ersichtlich.

250 g der zu untersuchenden Paraffinmasse werden in die runde Blechtasse *S* eingewogen und am Wasserbad geschmolzen. Man läßt hierauf langsam erstarren und stellt dann die Tasse mit dem Paraffinkuchen in Eiswasser. Nach einiger Zeit ist der Paraffin-

Tabelle 37. Fraktionierte Schwitzung.

	Paraffin A	Paraffin B
Erstarrungspunkt nach Shukow	50,5	50,5
Fraktion 1	47,8	46,2
„ 2	49,0	47,4
„ 3	49,3	48,0
„ 4	49,8	48,9
„ 5	50,0	49,6
„ 6	50,4	50,2
„ 7	50,7	50,6
„ 8	51,2	51,4
„ 9	51,8	52,9
„ 10	52,8	55,0
Differenz	5,0°	8,8°

kuchen so hart, daß er sich leicht aus der Tasse nehmen und auf das am Boden von *A* angebrachte Sieb *d* legen läßt. Nun wird der Deckel aufgesetzt, und das Wasser in *B* unter häufigem Rühren mit *R* langsam auf 30° gebracht. Von da an steigert man unter fleißigem Rühren die Temperatur um etwa $^1/_2$° in der Minute. Sobald Öl abzutropfen beginnt, dreht man die Flamme klein, so daß die Temperatur des Wassers konstant bleibt. Erst wenn das Tropfen aufhört, erhöht man die Temperatur wieder um 1° und wartet, ob nicht wieder Öl abzutropfen beginnt. Ist dies der Fall, so hält man die Temperatur wieder konstant, sonst läßt man sie um einen weiteren Grad steigen. Das abtropfende Öl bzw. Paraffin fängt man in einzelnen Fraktionen von z. B. je 25 g (10%) in gewogenen Schälchen auf.

Man kann aber auch, wenn man nur den Hartparaffingehalt der Masse bestimmen will, ohne Fraktionierung soviel Öl und

Weichparaffin abschwitzen, bis der am rotierenden Thermometer festgestellte Erstarrungspunkt des abtropfenden Paraffins eine bestimmte Höhe, z. B. 48°, erreicht hat. Das in der Schwitzkammer noch befindliche Paraffin schmilzt man dann durch rascheres Erwärmen und fängt es in einem gewogenen Gefäß auf.

Tabelle 36 zeigt die fraktionierte Schwitzung je eines engfraktionierten und eines gemischten Paraffins.

G. Proberaffination.

Das entölte Rohparaffin wird im Betrieb zwecks Erzielung einer reinweißen Farbe und Transparenz mit konz. Schwefelsäure raffiniert. Hieran schließt sich eine Behandlung mit Soda und zum Schluß wird das Paraffin mit Entfärbungspulver gebleicht. Wenn letzteres alkalische Bestandteile enthält, kann die vorherige Behandlung mit Soda entfallen. Zu den häufigen Aufgaben des Mineralöl-Chemikers gehört es, die Eignung eines Pulvers zum Bleichen von Paraffin festzustellen. Man wägt zu diesem Zweck $^1/_2$ kg Rohparaffin in einer Porzellanschale ab, erwärmt auf 90° und rührt nach Zugabe von 1—2% Schwefelsäure (spez. Gewicht 1,84) $^1/_2$ Stunde kräftig. Nach einstündigem Absitzenlassen bei 60—70° wird das säurefreie, klare Paraffin abgegossen, und bei etwa 80° 1—2% (je nach Entfärbungskraft) Entfärbungspulver zugegeben. Hierauf steigert man die Temperatur meist auf etwa 100° und mischt eine weitere Viertelstunde. Nach dem Absitzen des größten Teiles des Pulvers filtriert man das Paraffin durch ein in einem heizbaren Trichter befindliches Papierfilter in eine kleine Blechform (etwa 15 × 10 × 3 cm) und läßt es rasch erstarren. Nach vollständigem Erkalten wird die Paraffintafel aus der Form herausgeschlagen und auf Farbe, Transparenz usw. geprüft.

H. Unterscheidung des Erdölparaffins von Schwelteerparaffin.

Die in Deutschland heimische Braunkohlen-Teerindustrie erzeugt ein dem Erdölparaffin ähnliches Produkt. Aus tarifarischen Gründen und zu Bewertungszwecken ist ihre Unterscheidung manchmal notwendig.

Nach Graefe werden in einem Reagenzglas 1—2 cm³ geschmolzenen Paraffins mit ebensoviel konz. Schwefelsäure auf dem Wasserbad erwärmt. Während bei Erdölparaffin sich höchstens die Säure färbt, trübt sich bei Schwelparaffin die Säure, und das Paraffin wird gelb bis braun gefärbt. Die Probe ist nur bei gut raffinierten Paraffinen maßgebend, da sich ungereinigtes Erdölparaffin ähnlich verhält wie Schwelparaffin. Hingegen sind Kreosotprobe und Diazoreaktion (S. 199 u. 222) für die Unterscheidung der Herkunft des Paraffins ausschlaggebend.

Vaselin.

Das natürliche Vaselin wird durch Raffination aus Erdölrückständen gewonnen und besteht aus einer halbfesten kolloidalen Lösung von kleinkrystallinem Paraffin in hochviscosem Schmieröl. Durch ausgiebige Behandlung mit rauchender Schwefelsäure und Entfärbungspulvern wird hieraus das als Salbengrundlage verwendete weiße Vaselin erhalten. Das letztere soll geruch- und geschmacklos sein und sich zwischen den Fingern zu langen Fäden ausziehen lassen.

Durch Auflösen von Ceresin oder Paraffin in Vaselinöl (paraffinum liquidum), einem entfärbten Schmieröl, erhält man das sog. künstliche Vaselin, welches ähnlichen Zwecken dient und zumeist schon durch sein mehr krystallinisches Aussehen und die geringere Schlüpfrigkeit von dem natürlichen unterschieden werden kann.

Das spez. Gewicht des Vaselins ist für seine Qualität ohne Bedeutung. Man bestimmt es mittels des Pyknometers von Gintl oder der Alkoholschwebemethode. Zur Kennzeichnung der Vaseline dient hauptsächlich der nach Ubbelohde zu prüfende Tropfpunkt, der gewöhnlich zwischen 35 und 50° liegt. Natürliches Vaselin geht beim Schmelzen allmählich in den flüssigen Zustand über, während Kunstvaselin durch Schmelzen der aufgelösten festen Kohlenwasserstoffe plötzlich dünnflüssig wird. Daher gestattet auch die Bestimmung der Viscositätskurve meist zuverlässige Schlüsse über die Art des Vaselins. Abb. 77 zeigt, daß die Viscosität von Kunstvaselin rascher abfällt als die von Naturvaselin. *K* ist die Viscositätskurve von Kunstvaselin, *N* diejenige von Naturvaselin.

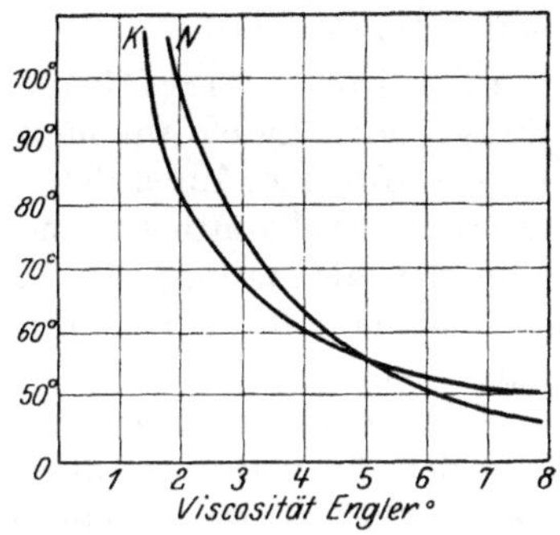

Abb. 77. Viscositätskurven von Vaselin.

Nach der zollamtlichen Anleitung zur Unterscheidung paraffinhaltiger Mineralölerzeugnisse werden zur Unterscheidung von Natur- und Kunstvaselin 1—2 g bei 15—20° gleichmäßig dünn auf einen unglasierten Tonteller gestrichen. Wenn sich die Probe nach 2 Stunden nicht verändert hat, so liegt Naturvaselin (unter Umständen gemischt mit Kunstvaselin) vor. Wenn jedoch nach 2 Stunden das Öl aus dem Vaselin unter Hinterlassung von glänzenden Krystallschuppen von dem Tonteller aufgesaugt worden ist, so lag ein Gemisch von Mineralöl und Paraffin vor. Aus Ceresin und Mineralöl zusammengemischtes „Kunstvaselin" hinterläßt am Tonteller eine nicht krystallinische, glanzlose oder mattglänzende Ceresinschicht.

Das Arzneibuch für das Deutsche Reich schreibt vor, daß, wenn weißes Vaselin mit der vierfachen Menge heißen Wassers ausgeschüttelt wird, letzteres nach Zusatz von 2 Tropfen Phenolphthalein farblos sein, hingegen nach Hinzufügen von 0,1 · cm³ $^{1}/_{10}$ n-Kalilauge gerötet werden muß. Ferner ist zur Prüfung auf verseifbare Fette und Harze vorgeschrieben, daß, wenn 5 Tropfen Vaselin mit Natronlauge unter Umschütteln zum Sieden erhitzt werden, im alkalischen Auszug nach dem Erkalten durch Übersättigen mit Salzsäure keine Ausscheidungen (von Fettsäuren) auftreten dürfen. Schließlich verlangt das Arzneibuch, daß beim Verreiben von gleichen Teilen Vaselin und konz. Schwefelsäure in einer zuerst mit konz. Schwefelsäure gereinigten Schale das Gemisch sich binnen einer halben Stunde höchstens braun, aber nicht schwarz färben dürfe. Die Probe bezweckt die Feststellung des Raffinationsgrades.

Vaselinöl, Paraffinöl[1], paraffinum liquidum, nennt man flüssige oder halbfeste, meist schwachgelb oder weiß gefärbte, stark raffinierte Mineralöle. Sie werden zu pharmazeutischen Zwecken (bekanntlich verwendet man gereinigtes, weißes Mineralöl als mildes Abführmittel) und mit einer Viscosität von 4—6 bei 20° auch zum Schmieren von Nähmaschinen, Fahrrädern usw. benutzt.

Nach dem deutschen Arzneibuch soll paraffinum liquidum ein spez. Gewicht von mindestens 0,885, einen Schmelzpunkt von mindestens 35° haben. Wenn man in einem mit warmer, konz. Schwefelsäure gereinigten Reagenzglas 3 cm³ Öl mit 3 cm³ konz. Schwefelsäure unter Schütteln 10 Minuten im Wasserbad erhitzt, darf sich nur die Säure schwach färben.

---

[1] Nicht zu verwechseln mit dem als primäres Destillat aus paraffinhaltigem Erdöl gewonnenen Paraffinöl.

Asphaltartige Produkte.

I. Allgemeines.

Die Untersuchung der Asphalte bildet insofern einen Teil des Aufgabenkreises von Mineralöllaboratorien, als ein beträchtlicher Teil der unter diesem Namen verkauften und gebrauchten Produkte aus Erdölen erzeugt ist. Der Unsicherheit der im Gebiete der schmelzbaren Bitumina, Teere und Peche herrschenden Nomenklatur hat neuerdings Mallison[1] durch Einordnung der in Betracht kommenden Stoffe in ein System ein Ende zu machen versucht. Dieser Einteilung und Einordnung folgend, sollen die durch zersetzende Destillation gebildeten Stoffe wie Steinkohlenteer, Braunkohlenteer, Hartpech usw. als zur Gruppe der Fette und Peche gehörig und die im folgenden zumeist erwähnten Asphalte und Erdölasphalte als der Gruppe der Bitumina zugehörend angesehen werden.

Die Erdölasphalte werden durch entsprechendes Eindicken geeigneter Erdöle erhalten, während die Asphalte bereits in fester Form in der Natur vorkommen. Die letzteren werden von Mallison in die den Erdölrückständen sehr ähnlichen, an der Erdoberfläche vorkommenden natürlichen Asphalte (Trinidad-, Bermudez- usw. Asphalt), die bergmännisch gewonnenen, harten, fast reinen Asphaltite und die stark mit mineralischen Stoffen vermengten Asphaltgesteine eingeteilt.

II. Asphalte.

Die Naturasphalte, geologisch Abkömmlinge der Erdöle, sind schwarze, halbfeste bis feste, in Schwefelkohlenstoff, Tetrachlorkohlenstoff, Chloroform und Benzol größtenteils lösliche Stoffe. Sie finden sich, meist durch mineralische Bestandteile verunreinigt, an vielen Stellen der Erdoberfläche. Die meisten unter ihnen sind durch beträchtlichen Schwefelgehalt ausgezeichnet. Der bekannteste der natürlichen Asphalte, der aus dem Trinidadsee geförderte Asphalt, hat in ungereinigtem Zustande etwa 27% Wasser und 34% mineralische Bestandteile. Gereinigt (Trinidad epuré), ist er wasserfrei und hat einen Bitumengehalt von etwa 60—65%. Mit Erdölrückständen geschmolzen (gefluxt), bildet der Trinidadasphalt einen geschätzten Straßenbaustoff.

Die Asphaltite (Gilsonit, Utait, Manjak, Grahamit) zeichnen sich durch große Härte und hohen Schmelzpunkt (120° bis etwa

[1] Mallison, H., Teer, Pech, Bitumen und Asphalt.

300° nach Krämer-Sarnow) aus. Sie werden in fast reinem Zustand (90—99proz.) im Untertagbau gewonnen und dienen größtenteils zur Herstellung von Lacken. Äußerlich sind die Asphaltite den hochschmelzenden Erdölasphalten ähnlich, unterscheiden sich aber von ihnen durch ihren höheren Schwefelgehalt und geringeren Ölgehalt.

Die Asphaltgesteine sind von allen natürlichen Asphalten die bitumenärmsten. Sie enthalten nur 8—12% Bitumen; der Rest ist entweder kohlensauer Kalk (Asphaltkalk) oder Sand (Asphaltsand). Die Asphaltkalke werden in großem Maßstabe zur Herstellung von Gußasphalt und Stampfasphalt verwendet.

III. Erdölasphalte.

Es wurde bereits erwähnt, daß nach dem Abdestillieren von Benzin, Petroleum und Schmierölen (eventuell Paraffinöl) aus vielen Erdölen pechartige Rückstände verbleiben, welche große Ähnlichkeit mit natürlichen Asphalten haben. Sie enthalten die bereits im Erdöl vorhandenen Asphaltene und Erdölharze, zu denen noch die bei der Destillation durch Zersetzung entstandenen getreten sind. Außerdem enthalten sie noch hochviscose Schmieröle. Von den Naturasphalten unterscheiden sich die Erdölasphalte (mit Ausnahme der Abkömmlinge einiger schwefelreicher mexikanischer und Texasöle) durch ihren geringeren Gehalt an Schwefel und verseifbaren Stoffen und ihren größeren Gehalt an Öl.

Als Erdölasphalte werden im folgenden nur die Destillationsrückstände von asphaltischen, paraffinfreien oder paraffinarmen Erdölen verstanden, da die paraffinreichen Erdölrückstände wegen ihrer Sprödigkeit als technisch verwendbare Asphalte nur wenig in Betracht kommen.

IV. Physikalische Prüfmethoden[1].

A. Äußere Beschaffenheit.

Reiner Asphalt ist schwarz und hat eine glänzende Oberfläche. Anwesenheit von Mineralstoffen oder Paraffin verleiht dem Asphalt ein mattes oder sogar rauhes Aussehen. Durch

[1] Da der größte Teil der erzeugten Asphalte für Straßenbauzwecke verwendet wird, sind zur Grundlage der in diesem Buch beschriebenen Untersuchungsmethoden die vom Hauptausschuß der Zentralstelle für Asphalt- und Teerforschung aufgestellten Vorschriften (DIN 1995), Ausgabe 1929 genommen worden. Soweit die Untersuchungsvorschriften des „Deutschen Straßenbau-Verbandes" hiervon grundsätzlich abweichen, wird dies besonders bemerkt.

Fingerdruck, eventuell Nagelritzprobe überzeugt man sich von der Konsistenz und Härte des Produktes bei normaler Temperatur. Ein Versuch, den Asphalt zu zerschneiden oder zu zerbrechen, ferner Beobachtung der entstandenen Schnitt- oder Bruchfläche gibt weiteren Aufschluß über die Beschaffenheit des zu untersuchenden Stoffes.

Sowohl Erdöl- als auch Naturasphalte riechen beim Erwärmen bituminös, während Steinkohlen- und Schwelpeche an dem bekannten Teergeruch kenntlich sind.

B. Spezifisches Gewicht.

Dasselbe wird nach S. 30 mittels des Pyknometers Abb. 18 oder der Schwebemethode ermittelt. Bei Asphalten, die leichter als Wasser sind, verwendet man hierbei ein Gemisch von Alkohol und Wasser, bei schweren Asphalten eine Salzlösung. Straßenbau-Asphalte sollen bei 15° C ein spez. Gewicht von mindestens 1 haben[1]. Als Temperaturkoeffizient (s. S. 24) wird 0,00054 angenommen.

C. Flammpunkt.

Mit Rücksicht darauf, daß Straßenbauasphalte vor der Verwendung häufig bis auf etwa 180° erhitzt werden müssen, ist aus Sicherheitsgründen die Bestimmung ihres Flammpunktes nötig. Aus dem erwähnten Grunde sollen für Straßenbauzwecke verwendbare Asphalte im Marcussonapparat einen Flammpunkt von mindestens 200° besitzen. Erdölasphalte entflammen gewöhnlich erst über 300°. Die Bestimmung erfolgt im Marcussonapparat.

D. Schmelz- und Erstarrungseigenschaften.

Für die technische Verwendung eines Asphaltes ist es von größter Wichtigkeit zu wissen, wie sich derselbe bei Erhöhung und Erniedrigung der Temperatur verhält, mit anderen Worten, bei welcher Temperatur der Asphalt weich und klebrig und bei welcher Temperatur er spröde und brüchig wird.

Erweichungspunkt nach Krämer-Sarnow. Diese in Deutschland meist angewendete Methode beruht darauf, daß man beobachtet, bei welcher Temperatur eine 5 mm hohe, allmählich erwärmte Asphaltschicht durch eine auf ihr lastende, 5 g schwere Quecksilbermasse durchbrochen wird. Die zur Aufnahme des Asphaltes dienenden Glasröhrchen haben eine lichte Weite von genau 6 mm, eine Höhe von 5 mm und sind an beiden Enden plangeschliffen.

---

[1] Nach den vom „Deutschen Straßenbau-Verband" herausgegebenen Vorschriften bei 25° C. (S. Erdöl und Teer **1929**, S. 587.)

Da zur Kontrolle einige Bestimmungen gleichzeitig ausgeführt werden sollen, stellt man zwei bis drei solcher Glasröhrchen auf eine Glasplatte und gießt soviel geschmolzenen Asphalt hinein, daß sich Kuppen bilden. Da schon geringes Überhitzen den Erweichungspunkt des Asphaltes erhöhen kann, ist Vorsicht beim Aufschmelzen desselben geboten. Weichere Asphalte werden am siedenden Wasserbad, härtere auf einer elektrischen Heizplatte oder im Sandbad geschmolzen. Beim Eingießen in die Röhrchen soll der Asphalt 30—40° über den vermutlichen Erweichungspunkt erwärmt sein. Die Glasplatte samt den Röhrchen wird nun für ungefähr $^1/_4$ Stunde in ein Heißluftbad gebracht, damit eventuell vorhandene Luftblasen entweichen können. Nach dem Erkalten auf Zimmertemperatur[1] schneidet man mit einem erwärmten Messer die überstehenden Kuppen ab und setzt die Röhrchen mittels eines kleinen darübergeschobenen Gummischlauches (bei höheren Erwärmungspunkten einer Metallklammer) dicht an 10 cm lange Glasröhrchen. Auf den Asphalt gießt man nun 5 g Quecksilber, die man in einem engen, mit Marke versehenen Gläschen abmißt. Über das freie Ende eines jeden Glasröhrchens wird ein Kork gesteckt, an dem man dasselbe in eine der Öffnungen im Deckel des inneren Wasserbades hängen kann.

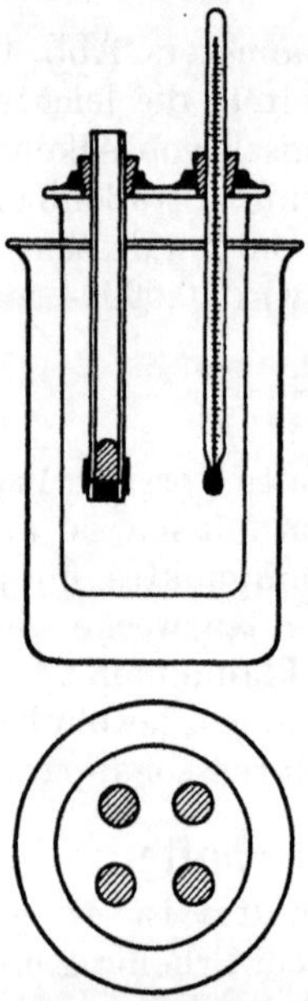

Abb. 78. Krämer-Sarnow-Apparat.

Der eigentliche Krämer-Sarnow-Apparat (Abb. 78) besteht aus einem etwa 8 cm weiten Becherglas, in dem ein kleineres Becherglas von etwa 6 cm Durchmesser hängt. Beide Bechergläser sind ungefähr bis zur gleichen Höhe mit Wasser gefüllt. Die Temperatur des Wassers soll mindestens 25° niedriger sein als der vermutliche Erweichungspunkt des Asphaltes. Bei über 90° erweichenden Asphalten füllt man das äußere Bad mit einem lichten Schmieröl, das innere mit Glycerin. Das kleinere Becherglas ist mit einem Deckel verschlossen, in dem vier kreisrunde Öffnungen von etwa 15 mm Durchmesser in der aus der Abbildung ersichtlichen Weise angebracht sind. Drei hiervon sind zur Aufnahme der Asphaltröhrchen, eines zur Aufnahme des Thermometers bestimmt, das sich in der gleichen Entfernung von der Wand des Becherglases befindet wie die Asphaltröhrchen.

[1] Unterhalb 40° schmelzende Asphalte müssen auf 10° C abgekühlt werden.

Je ein mit Asphalt und Quecksilber gefülltes Röhrchen wird an seinem Korkstopfen so in eine der Öffnungen des Deckels gehängt, daß es sich in genau senkrechter Lage befindet[1]. In der vierten Öffnung wird ein Thermometer mit kleinem Hg-Gefäß[2] befestigt. Es ist genau zu beachten, daß alle Asphaltschichten und das Hg-Gefäß des Thermometers die gleiche Höhenlage haben[3]. Bis etwa 15° unterhalb des Erweichungspunktes kann man rascher erhitzen, von da ab aber darf die Temperatur nur um 1° in der Minute gesteigert werden[4]. Als Erweichungspunkt wird jene Temperatur bezeichnet, bei der das Quecksilber die Asphaltschicht durchbricht, und zwar wird das Mittel der bei den einzelnen Röhrchen beobachteten Temperaturen als Ergebnis betrachtet. Die Meßgenauigkeit beträgt ± 2°.

Wegen der Giftigkeit des Quecksilbers ist man in den letzten Jahren bestrebt, einen anderen Beschwerungskörper zu verwenden. Am bequemsten wäre ein Metallstäbchen. Doch sind die Ansichten darüber, wie schwer dasselbe sein soll, um das gleiche Ergebnis zu liefern wie bei Beschwerung mit 5 g Quecksilber, noch nicht geklärt[4]. Anscheinend spielt hier die Art des geprüften Stoffes — ob natürlicher Asphalt, Erdölasphalt oder Pech vorliegt — eine gewisse Rolle. Nach den Erfahrungen des Verfassers werden bei Verwendung von 5 g schweren, 4 mm starken, unten halbkugelig abgerundeten Messingstäbchen bei Erdölasphalten der Hg-Methode sehr angenäherte Ergebnisse erzielt. Dem stehen jedoch auch gegenteilige Ansichten entgegen[5].

Erweichungspunkt nach der Ring- und Ballmethode. Diese in Amerika (als ASTM. Serial designation D 36—26) und England[6] eingeführte Methode wird auch in Deutschland viel benützt. Hiernach wird bestimmt, bei welcher Temperatur eine Stahlkugel die von einem Messingring gehaltene Asphaltschicht durchbricht.

Die Stahlkugel hat einen Durchmesser von 9,5 mm und wiegt 3,45—3,55 g, der Messingring besitzt eine lichte Weite von 15,9 mm, eine Höhe von 6,3 mm und eine Wandstärke von 2,4 mm. An dem Ring ist im rechten Winkel ein 1,8 mm dicker Messingdraht angelötet.

---

[1] Über den Öffnungen angebrachte niedrige Stutzen erleichtern die richtige Einstellung der Röhrchen.

[2] S. Tabelle 2, S. 15.

[3] Die Asphaltschichten befinden sich etwa 3 cm über dem Boden des inneren Becherglases und etwa 4 cm unterhalb des Wasserspiegels.

[4] Nach den Vorschriften des „Deutschen Straßenbau-Verbandes" (loc. cit.) vorläufig 2° in der Minute.

[5] S. Petroleum **1929**, S. 411, 835.

[6] Als J.P.T. Ser. Design. A. 20.

Der Ring wird auf eine durch Einreiben mit verdünntem Sublimat und nachher mit Quecksilber amalgamierte[1] Messingplatte gesetzt und der wie bei der vorigen Methode vorsichtig geschmolzene Asphalt in die Öffnung gegossen. Ebenso wie oben beschrieben, wird der Ring dann in ein Heißluftbad gebracht und nach dem Erkalten (d. i. nach 30 Minuten) der Asphaltüberschuß mit einem erwärmten Messer weggeschnitten. Ein Becherglas, 8,5—10,5 cm weit und 10,5 cm hoch, wird nun mit ausgekochtem, destilliertem Wasser von 5° C angefüllt und der Ring an dem Draht so eingehängt, daß sich seine untere Kante 25 mm über dem Boden des Gefäßes und seine obere Kante 5 cm unter der Wasseroberfläche befindet[2]. Hierauf wird die Stahlkugel auf den Boden des Becherglases gelegt. Das bis 80° C reichende, in $^1/_2$ Grade geteilte Thermometer[3] ist so angebracht, daß sein Hg-Gefäß 25 mm vom Boden des Becherglases und 6 mm vom Ring entfernt ist. Die Temperatur des Wassers wird 15 Minuten lang auf 5° C gehalten, worauf man die Kugel mittels einer Zange auf den Asphalt legt und mit dem Erwärmen beginnt. Die Flamme des Brenners wird so reguliert, daß das Thermometer in jeder Minute um 5° (± 0,5°) C ansteigt. Der Asphalt erweicht allmählich und wird schließlich von der Kugel eingedrückt. Als Erweichungspunkt bezeichnet man die Temperatur, bei der der Asphalt den Boden des Becherglases berührt, wobei eine Korrektur für den herausragenden Faden nicht berücksichtigt wird. So wie bei der Krämer-Sarnow-Methode wird auch hier bei über 80° schmelzenden Asphalten an Stelle des Wassers Glycerin als Heizflüssigkeit benutzt und mit dem Erwärmen erst bei 32° C begonnen. In solchen Fällen ist ein bis 160° C reichendes Thermometer zu benützen. Bei Wiederholungen stimmen die Erweichungspunkte auf ± 1° überein.

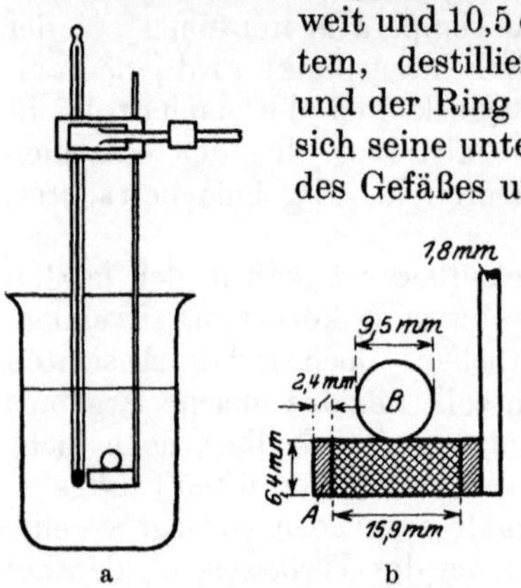

Abb. 79a und b. Ring- und Ball-Apparat.

---

[1] Statt dessen kann mit einer Lösung von 1 Teil wasserfreien Dextrins in 1 Teil Glycerin bestrichen werden.

[2] Im Handel befinden sich auch Gestelle zur Aufnahme von 2 Ringen zwecks gleichzeitiger Ausführung von zwei Bestimmungen. 25 mm von der Unterseite der Ringe entfernt befindet sich eine zweite Messingplatte, die hier dieselbe Aufgabe erfüllt wie oben der Boden des Becherglases. Der Apparat wird ebenso wie alle anderen Apparate für Asphaltuntersuchungen von der Firma G. Heyde, Dresden, hergestellt.

[3] Für volle Eintauchung.

Fließpunkt. Diese Methode ist in USA. offiziell eingeführt (Serial Designation D 139—27), und wird mittels des Apparates Abb. 80 ausgeführt. Der unten an der Aluminiumschale angebrachte Stutzen wird mit dem zu prüfenden Asphalt verschlossen. Man setzt dann die Schale auf ein warmes Wasserbad von bestimmter Temperatur und zählt die Anzahl der Sekunden, welche vergehen, bis durch Schmelzen des Asphaltes das Wasser in die Schale eindringt und sie zum Sinken bringt.

Die Aluminiumschale, deren Maße aus der Zeichnung ersichtlich sind, soll 37,7—38,1 g, der anschraubbare Messingstutzen, dessen Maße die Abbildung ebenfalls wiedergibt, 9,6—10,0 g wiegen. Das Gewicht der Schale samt dem mit Asphalt gefüllten Stutzen beträgt etwa 53,2 g. Wenn die Schale im Wasser schwimmt, soll ein 8,5 ($\pm$ 1,5) mm breiter Streifen aus dem Wasser herausragen.

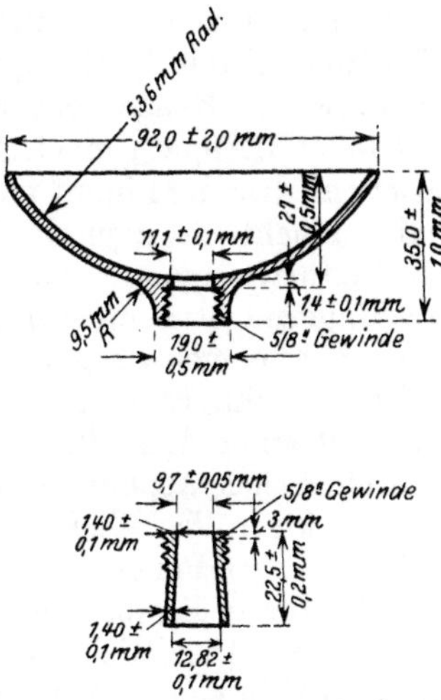

Abb. 80. Apparat zur Bestimmung des Fließpunktes.

Der Messingstutzen wird mit seinem schmaleren Ende auf eine amalgamierte Messingplatte gestellt und mit dem bei möglichst tiefer Temperatur geschmolzenen, jedoch luftblasenfreien Asphalt in kleinem Überschuß gefüllt. Hierauf wird der Stutzen bei Zimmertemperatur erkalten gelassen, für 5 Minuten in Wasser von 5° C gestellt, und sodann der Asphaltüberschuß mit einem warmen Messer weggeschnitten. Schale und Stutzen samt Messingplatte müssen sodann noch einmal für 15—30 Minuten in durch Eis auf 5 ($\pm$ 1)° C abgekühltes Wasser gegeben werden.

Ein passendes Gefäß wird hierauf mit Wasser gefüllt und letzteres auf die Prüftemperatur (je nach der Härte des Asphaltes 32°, 50° und 100° C) gebracht. Während des Versuches darf sich die Temperatur um nicht mehr als $\pm$ 0,5° C ändern. Da sich indessen der Messingstutzen mit dem Asphalt abgekühlt hat, wird er in den Boden der Aluminiumschale geschraubt und noch einmal für eine Minute in Wasser von 5° C gegeben. Nachdem man das in der Schale befindliche Wasser entfernt hat, wird sie sogleich schwimmend auf das warme Wasser gesetzt und mit Hilfe einer Stoppuhr die Sekundenzahl bis zum Durchbruch des Wassers bestimmt. Die Meßgenauigkeit beträgt $\pm$ 5%.

Tropfpunkt nach Ubbelohde. Die Ausführung erfolgt nach S. 52. Es empfiehlt sich auch hier, die mit Asphalt gefüllten Glasbecher vor dem Erkaltenlassen eine Zeitlang im Heißluftbad zu belassen, damit Luftblasen entweichen können.

Erstarrungspunkt[1]**.** Derselbe soll zeigen, wie weit der Asphalt abgekühlt werden muß, um brüchig zu werden. Ein von — 30° C bis + 60° C reichendes Thermometer (höher schmelzende Asphalte kommen für diese Prüfung weniger in Betracht) mit rundem Hg-Gefäß (Durchmesser etwa 5 mm) wird in den auf etwa 20° über den Schmelzpunkt erwärmten Asphalt eingetaucht und in waagerechter Lage gedreht, bis die Hg-Kugel von einer gleichmäßigen, 1—1,5 mm starken Asphaltschicht bedeckt ist. Das Thermometer wird nun mittels Korkstopfens in einem als Luftbad dienenden 25 mm weiten Reagenzglas allmählich in Eis, Eiskochsalzmischung usw. (s. z. B. Apparat nach Abb. 27) abgekühlt. Nach je 2° Temperaturerniedrigung nimmt man das Thermometer aus dem Luftbad und versucht die Asphaltschicht mit dem Fingernagel zu ritzen. Als Erstarrungspunkt wird jene Temperatur bezeichnet, bei der der Fingernagel keine Zeichen mehr hinterläßt oder der Asphalt beim Ritzversuch absplittert.

Brechpunkt. Eine etwa 1 mm dicke Kupfer- oder Messingplatte wird mit einer Asphaltschicht von 1 mm Stärke bedeckt, indem man ein Stück Asphalt darauf bringt und am Wasserbad bis zur gleichmäßigen Verteilung erwärmt. Hierauf bringt man die Metallplatte in eine Porzellanschale, in der sich eine konz. Salzlösung befindet, deren Temperatur 10—12° über dem vermutlichen Brechpunkt liegt. Die Salzlösung wird durch Einstellen in Eiswasser und später in eine Kältemischung um 1° in der Minute erniedrigt. Je 2° prüft man die Sprödigkeit des Asphalts, indem man eine Messerklinge am Rande der Asphaltschicht flach zwischen Asphalt und Metallblech einführt. Zuerst lassen sich die Ränder der Asphaltschicht vom Blech abheben ohne zu brechen; der Brechpunkt ist erreicht, wenn der Asphalt so spröde geworden ist, daß er bei der beschriebenen Manipulation bricht. Der Versuch muß mindestens einmal wiederholt werden. Die Meßgenauigkeit beträgt ± 2°.

E. Penetration (Eindringungstiefe).

Dieselbe bestimmt, wie tief eine Nadel von bestimmter Form (gewöhnlich bei 25° C) in den Asphalt eindringt, wenn sie 5 Sekunden hindurch mit einem 100 g Gewicht belastet wird (ASTM. Serial designation D 5—25)[2].

---

[1] Nach Dr. Herrmann.

[2] In England J. P. T. Serial designation — D 5.

Dieser Prüfung wird gewöhnlich ein von den eventuell vorhandenen mineralischen Bestandteilen durch Filtration oder Extraktion schon befreiter Asphalt unterworfen. Beim Schmelzen muß großes Gewicht darauf gelegt werden, daß der Asphalt nicht überhitzt werde, damit er seine Geschmeidigkeit nicht verliere; andererseits muß er heiß genug sein, um Anwesenheit von Luftblasen auszuschließen. Der Asphalt wird daher in einem Öl- oder Luftbad, dessen Temperatur etwa 70—80° über seinem Erweichungspunkt liegt, mindestens aber auf 120°, erwärmt, damit er ganz wasserfrei sei. Bei dieser Temperatur wird der Asphalt mindestens 15 mm hoch in eine Blechdose von 55 mm lichter Weite und 35 mm Höhe gegossen. Vor Staub geschützt, läßt man die Asphaltprobe auf Zimmertemperatur abkühlen und bringt sie hierauf in ein 10 Liter fassendes Wasserbad, welches in einer Höhe von 5 cm vom Boden ein gelochtes Blech hat. Wenn man die Asphaltprobe auf letzteres stellt, so soll sie von einer mindestens 10 cm hohen Wasserschicht bedeckt sein. Das Wasserbad ist mit einem Temperaturregler versehen, welcher die Temperatur des Wassers konstant auf der Versuchstemperatur (meist 25 ± 0,1°) hält.

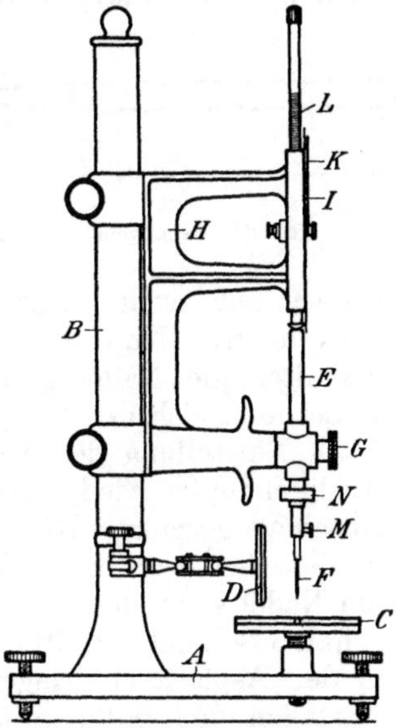

Abb. 81. Penetrometer nach Richardson.

Zur Bestimmung der Eindringungstiefe wird das Penetrometer nach Richardson (Abb. 81) benutzt. Dasselbe besteht aus einem Stativ *B*, das mittels Stellschrauben genau waagerecht aufgestellt werden kann. Auf der Fußplatte *A* befindet sich der Objekttisch *C*, an dem Stativ je ein Arm für den Einstellspiegel *D*, für die Zahnstangenführung samt Auslöseknopf *G* und die Skalenscheibe *I*. Beim Bewegen der über die Skalenscheibe hinausragenden Zahnstange *L* spielt ein Zeiger über die in Grade geteilte Scheibe. An manchen Apparaten befindet sich noch ein Gehäuse mit Uhrwerk samt Sekundenpendel.

Die bei dieser Prüfmethode gebrauchte Stahlnadel (Abb. 82) soll 50,8 mm lang und 1,01—1,02 mm stark sein. Am Ende ist sie in einer Länge von 6,35 mm gleichmäßig in einem Winkel von 8° 40′—9° 40′ zugespitzt. Das Ende der Spitze ist ein wenig stumpf abgeschliffen und hat an der schmalsten Stelle einen Durchmesser von 0,14—0,16 mm.

Zur Untersuchung wird die Dose samt Asphalt nach einstündigem Verweilen im Wasserbad mittels einer Zange herausgenommen und in ein kleines Wasserbad aus Blech gebracht, das ebenfalls mit so viel Wasser von 25° gefüllt ist, daß der Asphalt davon bedeckt ist. An den Boden des Wasserbades ist ein Ring gelötet, vermittels dessen die Asphaltdose unverrückbar aufgestellt werden kann. Eine saubere Nadel wird hierauf in den Nadelhalter N festgeschraubt und das Wasserbad samt Asphaltdose auf den Objekttisch gestellt. Durch Druck auf den Auslösekopf wird der Nadelhalter in seiner Führung frei[1], und die Nadel kann heruntergeführt werden, bis sie nur noch einige Millimeter von der Asphaltoberfläche entfernt ist. Nun wird mittels der Schraube M an dem Nadelhalter die Nadel genau auf die Asphaltoberfläche gestellt, wobei man sich des Spiegels zur besseren Beobachtung bedient. Nach Einstellung der Nadel wird dieselbe durch Loslassen des Auslöseknopfes wieder arretiert, und die Zahnstange L bis zum Anschlag gesenkt. Hierauf liest man den Zeigerstand auf der Skalenscheibe ab und läßt durch Drücken auf den Auslöseknopf die Nadel samt dem auf ihr lastenden Gewicht von 100 g durch genau 5 Sekunden (mittels Uhr oder Sekundenpendels zu messen) in den Asphalt eindringen. Die Zahnstange wird nun bis zum Anstoßen nach unten geführt und der Zeigerstand abgelesen. Da ein Grad der Kreisteilung $^1/_{10}$ mm Höhe entspricht, findet man die Penetration mittes Division der Differenz der Grade beider Ablesungen durch 10. Es müssen im ganzen drei Bestimmungen ausgeführt werden. Wenn die Temperatur des Wassers im kleinen Bad noch nicht gesunken ist, kann nach Auswechseln der Nadel dieselbe Asphaltprobe zu dem nächsten Versuch benützt werden, wobei die Nadel mindestens 10 mm von der vorigen Einstichstelle und 10 mm von der Wand der Dose aufzusetzen ist. Ist die Temperatur des Wassers jedoch nicht mehr genau 25°, so müssen Dose und kleines Wasserbad vor dem nächsten Versuch für mindestens $^1/_4$ Stunde in das 10 Literbad gebracht werden. Wenn die drei Bestimmungen der Penetration um nicht mehr als

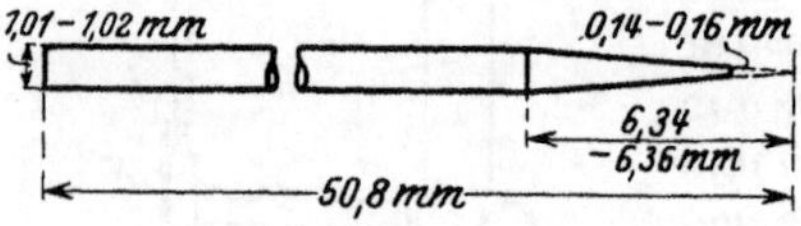

Abb. 82. Penetrometernadel.

[1] Der Nadelhalter soll sich in seiner Führung ohne die geringste Reibung bewegen. Hierzu genügt, daß die Führung sauber und der Nadelhalter blank sei. Ein Einfetten des letzteren ist unzulässig.

± 2° für Werte unter 80° und ± 2,5% für Werte über 80° voneinander abweichen, so ist der Mittelwert als richtige Eindringungstiefe anzunehmen. Andernfalls müssen die Bestimmungen wiederholt werden. Die Nadeln sind mit einem in Benzol getauchten reinen Lappen von anhaftendem Asphalt zu reinigen und in Vaselin aufzubewahren.

In manchen Fällen werden Penetrationsbestimmungen bei verschiedenen Temperaturen (z. B. 0°, 25°, 50° C) verlangt, weil die so gewonnene Kurve ein anschauliches Bild der Plastizität des Asphaltes bietet. In solchen Fällen wird analog vorgegangen; die Wasserbäder müssen demgemäß auf die betreffende Prüftemperatur gebracht werden.

F. Duktilität (Streckbarkeit).

Diese (in USA. als ASTM. serial designation D 113—26 T bezeichnete) Prüfungsmethode[1] bedient sich des in Abb. 83 wieder-

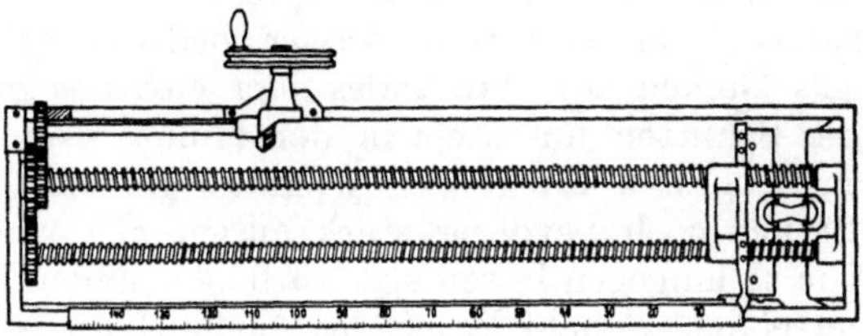

Abb. 83. Duktilitätsapparat (nach Day).

gegebenen Apparates von Dow und Smith. Es wird die Länge des Fadens gemessen, zu dem sich ein Asphaltziegel von bestimmter Form bei einer gewissen Temperatur ausziehen läßt, ohne zu reißen.

Die Maße der zum Gießen des Asphaltziegels bestimmten Messingform (Abb. 84) sind folgendermaßen festgelegt:

Gesamtlänge des Ausschnittes	7,45—7,55 cm
Entfernung der beiden Klammern	2,97—3,06 „
Öffnungsweite der Klammern	1,98—2,02 „
Breite des Ziegels in der Mitte	0,99—1,01 „
Höhe des Ziegels	0,99—1,01 „

Nachdem man die Innenflächen der Mittelteile sorgfältig amalgamiert[2] hat, wird die zusammengelegte Gußform auf eine amalgamierte[2] Messingplatte gestellt und der wie vor der Penetra-

[1] In England J. P. T. Serial designation — A 19.

[2] Besser ist es, Form und Platte mit Dextrin-Glycerinlösung auszustreichen.

tionsprüfung ohne Überhitzung geschmolzene Asphalt in die Form gegossen. Man läßt ihn in dünnem Strahl von einem Ende der Form zum anderen und wieder zurückfließen, bis die Form übervoll ist. Hierauf läßt man den Asphalt Zimmertemperatur annehmen und bringt dann die Form für eine halbe Stunde in das auf S. 259 beschriebene auf Versuchstemperatur, meist 25°, gehaltene Wasserbad. Nun wird in bekannter Weise der Asphaltüberschuß entfernt und die Form samt dem Asphalt nochmals $1^1/_2$ Stunden in dem Wasserbad bei 25° C gehalten. Erst jetzt bringt man Form und Asphalt samt Unterlagsplatte in den mit Wasser von 25° (± 0,1°) gefüllten Duktilitätsapparat und entfernt daselbst die Unterlagsplatte und die Mittelteile der Form.

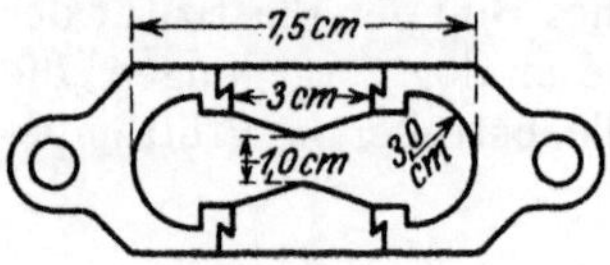

Abb. 84. Asphalt-Gußform.

Die Klammern werden hierauf mittels der Ösen an den dafür bestimmten Stiften befestigt, der Schlitten bis zum Anschlag der Ösen gezogen und der Meßstab auf 0 eingestellt. Der Asphalt soll mindestens 2 cm hoch vom Wasser bedeckt sein. Durch gleichmäßiges Drehen des Handrades oder elektrischen Antrieb wird nun der Schlitten um 5 cm in der Minute weiter bewegt. Bei spröden Asphalten bricht der Asphaltziegel bald an seiner dünnsten Stelle, noch bevor er stark ausgezogen wurde. Elastische Asphalte hingegen lassen sich zu feinen Fäden ausziehen, bevor sie zerreißen. Sobald Bruch des Asphaltkörpers oder Zerreißen des Fadens eingetreten ist, stellt man die Weiterbewegung ein und liest an dem Meßstab die Länge des ausgezogenen Fadens in Zentimetern ab. Der Durchschnitt von drei Versuchen wird als Duktilität des Asphaltes angesehen. Die Genauigkeitsgrenze dieser Bestimmung beträgt ± 10%.

G. Viscosität.

Zur Bestimmung der Zähflüssigkeit von Asphalten usw. dient ein Spezialviscosimeter vom Englertyp[1], dessen Maße bis darauf, daß das Ausflußröhrchen einen Durchmesser von 5 mm hat, mit denen des normalen Engler-Viscosimeters übereinstimmen.

Das Viscosimeter wird bis zu den Markenspitzen mit geschmolzenem Asphalt, der ungefähr auf die Prüftemperatur gebracht worden ist, gefüllt. Das Badgefäß ist mit Wasser bzw. Öl von der entsprechenden Temperatur beschickt. Die Heizung wird so eingestellt, daß der Asphalt mindestens 5 Minuten die Prüf-

[1] Erzeuger: Sommer & Runge, Berlin-Friedenau.

temperatur beibehält und hierauf der erste Auslaufversuch angestellt. Man läßt 200 cm³ auslaufen und reguliert währenddessen die Temperatur nicht mehr. Als Auffanggefäß dient ein doppelwandiger Metallzylinder mit einer verstellbaren Spitze. Dieselbe ist vor Ingebrauchnahme des Apparates so einzustellen, daß sie gerade die Oberfläche des Wassers berührt, wenn 200 cm³ Wasser in den Zylinder eingefüllt sind. Der Eichwert des Viscosimeters wird ebenso wie beim Ölviscosimeter nach Engler unter Beobachtung aller Vorschriften (S. 34) ermittelt, indem man 240 cm³ Wasser einfüllt und die Ausflußzeit von 200 cm³ bei 20° C mißt. Die Viscosität des geprüften Asphaltes ist dem Quotienten der Ausflußzeit von 200 cm³ Asphalt bei der Prüftemperatur und der Ausflußzeit von 200 cm³ Wasser bei 20° gleich.

Beispiel: Die Ausflußzeit von 200 cm³ Asphalt bei 60° C beträgt m Sekunden, die von Wasser bei 20° n Sekunden. Hieraus berechnet sich die Viscosität des Asphaltes als m/n bei 60° C.

H. Fadenlänge.

Ein Maß der Zähigkeit und Dehnbarkeit eines Asphaltes ist auch die Länge des bei der Tropfpunktbestimmung nach Ubbelohde sich bildenden Fadens. Das Ubbelohde-Thermometer wird in einem Reagenzglas von 25 cm Länge so befestigt, daß sich die Öffnung des Glasbechers 20 cm über dem Boden des Reagenzglases befindet, welches in einem entsprechend hohen, mit Wasser bzw. Öl gefüllten Becherglas erwärmt wird. Man beobachtet, einen Fettstift in der Hand, in welcher Entfernung des Tropfens von der Öffnung des Glasbechers der sich beim Abtropfen bildende Faden abreißt. Die Entfernung des Tropfens von der Öffnung des Bechers bezeichnet man durch einen Strich am Glase und mißt sie in Zentimetern aus.

I. Prüfung der Beständigkeit.

Diese bezweckt die Feststellung, wie weit sich ein Asphalt durch 5stündiges Erhitzen auf 163° verändert. Die Erhitzung wird in einem passenden Heißluftbad (z. B. Abb. 70) vorgenommen.

50 g des wie bei allen Prüfungen vorsichtig aufgeschmolzenen Asphaltes werden in der von der Penetrationsbestimmung bekannten Blechdose (Durchmesser 55 mm, Höhe 35 mm) abgewogen und in der erwähnten Weise erhitzt. Nach dem Erkalten wird vor allem durch Wägen der Gewichtsverlust bestimmt und als Verdampfbarkeit des Asphaltes in Prozenten angegeben. Ferner werden nach vorsichtigem Aufschmelzen noch einmal Erweichungs-, Erstarrungs- und Tropfpunkt, ferner Fadenlänge, Penetration und

Duktilität bestimmt und die Abnahme in Prozenten der ursprünglich gefundenen Werte berechnet. Je beständiger ein Asphalt ist, um so weniger ändert er durch Erhitzen seine Eigenschaften.

V. Chemische Prüfmethoden.

A. Wassergehalt.

Die Bestimmung erfolgt durch Destillation mit wassergesättigtem Xylol nach Marcusson (s. S. 18). Je nach dem Wassergehalt werden hierbei 20—100 g Asphalt verwendet. Es sollen sich in dem Meßzylinder mindestens 1 cm^3 und höchstens 10 cm^3 Wasser abscheiden.

B. Gehalt an Bitumen und Mineralstoffen.

10 g des zu untersuchenden Asphaltes werden am Rückflußkühler in 200 cm^3 Schwefelkohlenstoff gelöst und über Nacht im Dunkeln stehengelassen. Am nächsten Tag wird zunächst die überstehende Flüssigkeit, und hierauf der Niederschlag durch zwei übereinandergelegte, bei 105° kurz getrocknete und gewogene Filter (Schleicher & Schüll, Nr. 589, Weißband) filtriert[1]. Den Niederschlag wäscht man mit demselben Lösungsmittel am Filter solange, bis es farblos abläuft. Hierauf wird das Filter im Wägeglas bei 105° getrocknet und nach dem Abkühlen gewogen. Man erhält so die Summe der anwesenden Mineralstoffe und der unlöslichen kohleartigen Stoffe (freier Kohlenstoff).

Das Filter wird nun samt den Rückstand verbrannt und geglüht. Das Gewicht des Glührückstandes entspricht dem Gehalt an Mineralstoffen (Aschegehalt); nur wenn im Asphalt kohlensaurer Kalk anwesend war, muß nach Zusatz von einigen Tropfen konz. Schwefelsäure abgeraucht und nochmals geglüht werden. Die nunmehrige Gewichtszunahme entspricht der Umwandlung von CaO in $CaSO_4$. Wenn angenommen wird, daß alles Ca im Asphalt als kohlensaurer Kalk ($CaCO_3$) anwesend ist, so ist 1 CO_2 für 1 SO_3 einzusetzen, d. h. für die beim Glühen entwichene Kohlensäure sind zu dem Aschegewicht 55% der sich nach dem Abrauchen mit Schwefelsäure ergebenden Gewichtszunahme hinzuzufügen.

Das Filtrat enthält alle bituminösen Anteile in Lösung. Aus letzterer wird das Lösungsmittel größtenteils abdestilliert, und der Rückstand bei 105° getrocknet. Der Bitumengehalt ergibt

[1] Nach den englischen und amerikanischen Vorschriften wird durch Asbest im Goochtiegel filtriert.

sich auch aus der Differenz der Gewichte von Asphalt und Mineralstoffen samt freiem Kohlenstoff.

Der Aschegehalt kann auch direkt durch Verbrennen und Glühen von 10 g Asphalt in einem Porzellantiegel bestimmt werden. Die Meßgenauigkeit beträgt hierbei ± 0,01%.

C. Löslichkeit.

Die Löslichkeit in verschiedenen Medien ist ein wichtiges Mittel zur Charakterisierung der Asphalte. Mit Hilfe einiger Lösungsmittel lassen sich die letzteren in eine Reihe von verschiedenen Stoffen zerlegen. Der Schwefelkohlenstoff (manchmal durch Chloroform ersetzt) gilt als dasjenige Lösungsmittel, welches die meisten Asphaltbestandteile löst. Man benutzt ihn deshalb zur Bestimmung des sog. Bitumengehaltes. Hierbei bleiben nur kohleartige Substanzen ungelöst, deren Menge bei guten Asphalten nur wenige Zehntelprozente beträgt. Dem Schwefelkohlenstoff kommt der Tetrachlorkohlenstoff in seiner Löslichkeit am nächsten. Die im Schwefelkohlenstoff löslichen, jedoch in Tetrachlorkohlenstoff unlöslichen Substanzen nennt Cl. Richardson „Carbene". Die Menge derselben wächst durch Überhitzen des Asphaltes und ist auch bei geblasenen Asphalten höher als bei nichtgeblasenen. Die in Tetrachlorkohlenstoff löslichen, jedoch in paraffinischem Leichtbenzin unlöslichen Stoffe nennt Richardson Asphaltene. Das Löslichkeitsvermögen des Benzols liegt zwischen den der beiden letztgenannten Lösungsmittel und wird auch zur genaueren Charakterisierung des Asphaltes benutzt. Den in Benzin löslichen, bei 7stündigem Erhitzen auf 180° C flüchtigen Asphaltanteil nennt Richardson „Petrolene".

Nachstehend die Löslichkeitsverhältnisse einiger Typen von Straßenbauasphalten.

Tabelle 38. Löslichkeit von Asphalten.

	Mexikanischer Asphalt	Polnischer Asphalt	Geblasener Asphalt
Erw.-Pkt. n. Krämer-Sarnow	43°	44°	43°
In Benzin löslich . . . . . %	91,1	89,7	85,8
In Benzol löslich . . . . . %	99,4	99,6	98,0
In Tetra löslich . . . . . %	99,7	99,8	98,5
In Schwefelkohlenstoff lösl. %	99,8	99,9	99,6

Bestimmung der Löslichkeit. Man wägt in einem 100 cm^3-Erlenmeyerkolben 2 (± 0,05) g Asphalt ab und übergießt ihn mit etwa 50 cm^3 des betreffenden Lösungsmittels. Hierauf läßt man den Kolben im Dunkeln eine Stunde unter öfterem Umschwenken und eine weitere Stunde (nur mit Benzin überläßt man den Asphalt über Nacht der Ruhe) ruhig stehen. Nun wird durch ein getrocknetes und gewogenes Filter Schleicher & Schüll Nr. 589 Weißband dekantiert und dann der Niederschlag quantitativ auf das Filter gebracht. Schließlich wird mit dem betreffenden Lösungsmittel bis zur Farblosigkeit gewaschen, worauf man das Filter in der gleichen Weise wie vorher trocknet und wägt[1].

D. Gehalt an öligen Anteilen.

Derselbe wird nach Marcusson[2] folgendermaßen ermittelt: In einem Kölbchen werden 20 g Asphalt am Rückflußkühler in 30 cm³ Benzol gelöst, die Lösung samt etwa Ungelöstem in 400 cm³ bis 80° siedenden Petroläthers gegossen und das Kölbchen mit 40 cm³ Petroläther nachgespült. Nach mehrstündigem Absitzenlassen der ausgefallenen Asphaltene werden die letzteren durch ein doppeltes Filter (Schleicher & Schüll, Nr. 589, Weißband) abfiltriert und durch Auswaschen mit Petroläther vom Öl befreit. Das Filtrat wird zwecks Befreiung von noch anwesenden asphaltartigen Stoffen dreimal mit je 30 cm³ konz. Schwefelsäure im Scheidetrichter ausgeschüttelt. Vor Zugabe jeder frischen Säureportion läßt man den Säureteer sehr sorgfältig ab. Nach der letzten Raffination wird die saure Petrolätherlösung mit $^1/_1$ norm. alkoholischer (Alkohol 50proz.) Lauge neutralisiert und nachher mehrmals mit Wasser gewaschen. Der Hauptteil des Petroläthers wird hierauf abdestilliert und die konzentrierte Lösung mehrmals kurz bei 105° im Trockenschrank erwärmt, bis sich das Gewicht kaum mehr ändert. Das nunmehr gefundene Ölgewicht wird auf mineralstofffreien Asphalt umgerechnet. Die Genauigkeit dieser Bestimmung beträgt $\pm$ 10%.

Nach Marcusson[2] erhält man bei Naturasphalten 17—35%, bei Asphaltiten 1—17%, bei Erdölasphalten 25—59% Öl. Die äußere Beschaffenheit des abgeschiedenen Öles entscheidet nach dem genannten Forscher darüber, ob ein Naturasphalt bzw. Asphaltit oder ein Erdölasphalt vorliegt. Bei den ersteren sind die abgeschiedenen Bestandteile ölig und bei 20° fließend. Die Erdölasphalte hingegen sind dünn- bis dicksalbig, bei 20° nicht fließend und zeigen vaselinartige Ausscheidungen. Die Beurtei-

---

[1] Das Trocknen geschieht in der Weise, daß das Filter in einem offenen Wägeglas 15 Minuten bei 105° getrocknet wird, worauf man es aus dem Trockenkasten herausnimmt und gut verschließt. Nach halbstündigem Abkühlen wird das Filter samt dem Wägeglas nach kurzem Lüften des Stopfens gewogen.

[2] Marcusson, Die natürl. u. künstl. Asphalte, **1921,** S. 94.

lung der äußeren Beschaffenheit erfolgt nach 10 Minuten langem Erwärmen auf 100° und nachherigem einstündigen Abkühlen auf 20° in einem 15 mm weiten Reagenzglas. Wenn man daher mehr als 35% ölige Bestandteile erhält, welche gleichzeitig bei 20° dicksalbig sind, so ist die Anwesenheit von Erdölasphalt als sicher anzunehmen. Wenn nur eine dieser beiden Bedingungen gegeben ist, so ist der Paraffingehalt zu bestimmen. Bei Gegenwart von Erdölasphalten ist derselbe größer als 2%, während das aus Naturasphalten abgeschiedene Öl nach Marcusson meist weniger als 1% Paraffin enthält.

E. Paraffingehalt.

Von dem bei der vorigen Bestimmungsweise erhaltenen Öl werden 10 g in einer Glasretorte oder einem Destillierkölbchen (s. S. 213) bis auf Koks destilliert und in dem Destillat das Paraffin nach Holde (s. S. 104) bestimmt. Das Ergebnis rechnet man entweder auf ursprüngliches, nicht destilliertes Öl oder auf den Asphalt um.

Nach einer anderen Methode wird der Paraffingehalt in Asphalten so bestimmt, daß man 100 g davon in einer Glasretorte bis auf Koks destilliert und im Destillat das Paraffin nach Holde bestimmt. Die so erhaltene Paraffinmenge kann erst dann als wahrer Paraffingehalt angesehen werden, wenn das Paraffin am rotierenden Thermometer bei mindestens 45° stockt. Ist der Stockpunkt niedriger, so muß die paraffinische Masse wieder in etwas Alkohol-Äther gelöst, abgekühlt und filtriert werden. Ein bestimmtes Verhältnis zwischen den nach Marcusson einerseits und Holde andererseits erhaltenen Ergebnisse besteht nicht, doch sind die Unterschiede oft sehr groß[1].

F. Schwefelgehalt.

Seine Bestimmung ist für die Unterscheidung der künstlichen von den natürlichen Asphalten wichtig. Nach Marcusson[2] finden sich in den meisten Naturasphalten 2—10% Schwefel, während Erdölasphalte gewöhnlich nur einige Zehntel Prozente Schwefel aufweisen. Eine Ausnahme bilden die Rückstände der schwefelreichen Erdöle, z. B. von Mexiko, Texas usw. Da in der letzten Zeit sehr viel mexikanische Erdölasphalte zu Straßenbauzwecken nach Europa kommen, ist bei der Beurteilung von Asphalten auf Grund des Schwefelgehaltes allein Vorsicht geboten.

Zur Schwefelbestimmung kann bei Abwesenheit von flüchtigen Schwefelverbindungen die Methode von Eschka-Rothe

[1] Burstin, Petrol. **1929**, S. 257. [2] Loc. cit. S. 87.

herangezogen werden. Zwecks besserer Vermischung des Asphaltes mit dem oxydierenden Gemisch wird nach Marcusson 1 g Asphalt in einigen Kubikzentimetern thiophenfreien Benzols gelöst, und die Lösung in das im Platintiegel abgewogene Gemisch von Magnesia und Soda gegossen. Die weitere Ausführung ist auf S. 98 beschrieben.

In allen Fällen läßt sich der Schwefelgehalt von Asphalten nach der Methode von Hempel-Gräfe[1] durch Verbrennen in Sauerstoffatmosphäre bestimmen.

Etwa 0,3 g Asphalt werden auf einem Stückchen Watte in einem mit seitlichen Öffnungen versehenen Platinkästchen genau abgewogen, ungefähr 0,1 g Salpeter darauf gestreut und das Ganze, in Watte gehüllt, mit dem Ende eines etwa 30 cm langen Baumwollfadens verschnürt. Das Platinkästchen wird in die Öse eines Kupferdrahtes gehängt, der so an dem in den Hals einer 8—10 Literflasche eingeschliffenen Glasstopfen befestigt ist, daß sich das Platinkästchen beim Verschließen der Flasche in der unteren Hälfte derselben befindet. Das andere Ende des Baumwollfadens wird am oberen Ende des Drahtes befestigt.

Nachdem die Glasflasche mit Sauerstoff gefüllt worden ist, gießt man sofort 100 cm^3 einer 10proz. Lösung von reinem KOH in Wasser hinein. Nun wird rasch das obere Ende des Fadens entzündet, und der eingefettete Glasstopfen fest aufgesetzt. Über die Flasche ist ein Sicherheitsdrahtkorb zu stülpen. In der Sauerstoffatmosphäre verbrennt der Asphalt vollständig, die Verbrennungsprodukte werden von der verdünnten Lauge aufgenommen. Nach vollständiger Abkühlung der Flasche tropft man einige Kubikzentimeter 30proz. Wasserstoffsuperoxyd in die Flasche, schüttelt um und bringt den Inhalt unter Nachspülen mit destilliertem Wasser quantitativ in ein Becherglas. Hierauf wird zur Entfernung des überschüssigen Superoxyd zum Sieden erhitzt, nach Zugabe einiger Tropfen Methylorangelösung mit Salzsäure angesäuert und die gebildete Schwefelsäure in bekannter Weise siedend heiß mit Bariumchlorid gefällt.

G. Säurezahl.

Die Säurezahl und Verseifungszahl der Asphalte dienen neben dem Paraffin- und Ölgehalt zur Unterscheidung von Natur- und Kunstasphalten. Nach Marcusson haben Naturasphalte eine Säurezahl von 2,8—15,4 und eine Verseifungszahl von 29—37, während Erdölasphalte eine unter 1 liegende Säurezahl und eine Verseifungszahl zwischen 8 und 14 haben.

[1] Verbessert von Marcusson und Döscher, siehe Chem. Ztg. **1910**, S. 417.

Zur Bestimmung der Säurezahl[1] werden 5 g Asphalt am Rückflußkühler in 25 cm³ Benzol möglichst vollständig gelöst. Zur Abscheidung der dunkelfärbenden Bestandteile versetzt man nach dem Erkalten mit 100 cm³ neutralisierten 96proz. Alkohol und läßt über Nacht absitzen. Am nächsten Tag wird die überstehende Lösung abgegossen und der Niederschlag mit neutralem Benzolalkohol nachgewaschen. Die vereinigten Lösungen werden nach Zugabe von Alkaliblaulösung mit $^1/_{10}$ n-alkoholischer Lauge bis zum Farbenumschlag titriert.

H. Verseifungszahl.

Für die Bestimmung derselben gibt Marcusson folgende Anweisung. 5 g Asphalt werden am Rückflußkühler in 25 cm³ Benzol möglichst vollständig gelöst und nach dem Erkalten 25 cm³ $^1/_2$ n alkoholische Kalilauge zugegeben. Man kocht eine halbe Stunde und titriert nach Zusatz von 100 cm³ neutralisiertem Alkohol, sowie je 2 cm³ Phenolphthalein- und Alkaliblaulösung mit $^1/_2$ n Säure auf blaue Farbe. Wenn der Umschlag eingetreten ist, erwärmt man unter häufigem Umrühren mit einem Glasstab zum Sieden, um noch unter Umständen von Asphaltteilchen eingeschlossenes Alkali frei zu machen. Wird dadurch die Lösung wieder rot, so titriert man nach Zusatz von noch etwas Alkaliblau mit Salzsäure bis zum neuerlichen Farbenumschlag. Dies wiederholt man so oft, bis die Lösung blau bleibt.

I. Prüfung der Herkunft eines Asphaltes.

Bei der vorangehenden Besprechung der einzelnen chemischen Untersuchungsmethoden wurde bereits auf die besonderen Unterschiede von Natur- und Erdölasphalten hingewiesen. Als Verfälschungen kommen Steinkohlen- und Schwelteerpeche in Betracht, ferner ist auf die Möglichkeit der Anwesenheit der, allerdings teureren, Fettpeche Rücksicht zu nehmen.

Nach Marcusson[2] wird der zu untersuchende Asphalt mit Benzol erwärmt, das ungelöst Gebliebene abfiltriert und mit Benzol nachgewaschen. Ein beträchtlicher kohleartiger Rückstand deutet auf Anwesenheit von Steinkohlenteerpech hin, die sich meistens schon vor der Prüfung druch den charakteristischen Geruch anzeigt. Ist der Rückstand nicht schwarz gefärbt, so sind keine größeren Mengen Steinkohlenteerpech vorhanden. Es handelt sich dann zumeist um mineralische Bestandteile von Naturasphalt. Bei Anwesenheit aller Schwelteerpeche fällt die

---

[1] Marcusson: Loc. cit. S. 255.
[2] Loco cit. S. 100.

Gräfesche Diazoreaktion (s. S. 222) positiv aus. Sind auf diese Weise Schwelteerpeche nicht nachweisbar, so kann nur noch Fettpech oder Natur- bzw. Erdölasphalt anwesend sein. Fettpech erkennt man leicht an dem charakteristischen Geruch beim Erwärmen; Erdöl- und Naturasphalt schließlich werden in der erwähnten Weise nach ihren chemischen Eigenschaften unterschieden.

J. Unterscheidung von auf verschiedene Weise hergestellten Erdölasphalten.

Nicht alle Erdölasphalte werden durch einfaches Konzentrieren von asphaltbasischem Erdöl gewonnen. Die Erzeugung von höher schmelzenden, genügend elastischen Produkten gelingt besser durch das sog. Blasen eines durch Eindickung gewonnenen, weichen Erdölrückstandes. Bekanntlich erhöht sich der Erweichungspunkt eines Asphaltes bedeutend, wenn man bei 160—180° längere Zeit Luft einbläst. Ähnlich wirkt die Zugabe von Schwefel, doch haben geschwefelte Asphalte geringere Duktilität und Penetration als geblasene. Außer den nur konzentrierten und den geblasenen (geschwefelten) Asphalten kommen als dritte Abart des Erdölasphaltes die durch Verarbeitung von Säureteeren der Schmierölraffination erzeugten Produkte. Die letzteren werden in Amerika erzeugt und scheinen auf europäischen Märkten noch nicht erschienen zu sein. Man stellt sie durch tagelanges Auskochen des Säureteers mit Wasser und Gasöl her, wobei sie entsäuert und entölt werden. Der letzte Säurerest wird mit Lauge oder Soda neutralisiert, der Asphalt hierauf gewaschen und auf die gewünschte Konsistenz abdestilliert bzw. geblasen.

Die aus Säureschlamm erzeugten Asphalte stehen in ihren Eigenschaften den destillierten und geblasenen nach und werden deshalb, teils in Mischung mit ihnen, teils auch ungemischt für geringere Anforderungen erheischende Zwecke verwendet. Für Straßenbauzwecke sind sie kaum geeignet. Die Erkennung von Säureasphalten muß sich verschiedener, für sie charakteristischer Merkmale bedienen. Gewöhnlich haben solche Asphalte einen hohen Gehalt an Asche, welche im Gegensatz zu Naturasphalt, der keine wasserlöslichen Mineralstoffe enthält, aus schwefelsauren Alkalien besteht. Als weitere Merkmale der Säureasphalte führt Marcusson[1] an, daß die abgeschiedenen öligen Anteile nicht salbenartig sind wie bei Erdölasphalten, sondern flüssigen Zustand zeigen. Besonders kennzeichnend für solche Asphalte ist ihr hoher Gehalt an benzinunlöslichen Schwefelsäureoxonium-Verbindungen, welcher 17 bis

[1] Loc. cit. S. 49.

41% betragen kann. Auch manche geblasenen Asphalte enthalten viel benzinunlösliche Asphaltene, die sich aber von den Oxoniumverbindungen dadurch unterscheiden, daß sie aus ihrer Pyridinlösung durch Wasserzusatz wieder ausgefällt werden, während Oxoniumverbindungen hierbei in Lösung bleiben. Durch Säuren und Mineralsalze hingegen werden auch diese gefällt.

Da die Unterscheidung der Erdölasphalte von den Naturasphalten bereits behandelt worden ist, bleibt noch die Erwähnung der unterscheidenden Merkmale von destillierten und geblasenen Asphalten übrig.

Nach C. W. Cupit[1] besitzen destillierte Asphalte bei gleichem Erweichungspunkt eine geringere Penetration und Duktilität als geblasene Asphalte und hinterlassen beim Verkoken (Conradsontest) einen größeren Rückstand. Da diese Unterschiede jedoch bei Erdölasphalten verschiedener Herkunft trotz gleicher Behandlung in noch größerem Maße auftreten, kann die Unterscheidung von geblasenem und destilliertem Asphalt nur unter Berücksichtigung der Art des Rohproduktes vorgenommen werden und wird trotzdem bei dem heutigen Stand unserer Kenntnisse meist eine unsichere Sache sein. (Siehe auch Löslichkeit, S. 265).

VI. Prüfung von Asphalt enthaltenden Massen.

Wenn es sich darum handelt, in Guß- oder Stampfasphalt und ähnlichen, feinkörnigen Asphaltmassen den Bitumengehalt zu ermitteln, so zerkleinert man dieselben zu gleichmäßigen, kleinen Stückchen und vermahlt ein gutes Durchschnittsmuster davon zu Pulver[2]. Letzteres wird sorgfältig gemischt und 10—20 g davon in die Hülse eines Gräfe-Apparates (Abb. 85) eingewogen[3]. Das Pulver wird mit entfetteter Watte bedeckt und mit Schwefelkohlenstoff oder Chloroform ausgezogen, bis das Lösungsmittel von der Hülse vollständig farblos abläuft. Nach Abdestillieren des letzteren und Trocknen bei 105° bleibt das gelöste Bitumen nebst einer kleinen Menge von durchs Filter gegangenen mineralischen Bestandteilen zurück. Der Rückstand wird nach Auflösen in wenig Schwefelkohlenstoff oder Chloroform quantitativ in einen gewogenen Porzellantiegel gebracht, darin abgedunstet,

---

[1] Refiner, Nov. **1928**, Nr 11, S. 76; siehe auch Erdöl und Teer **1929**, S. 46.

[2] Von Asphaltmassen, die große mineralische Stücke enthalten, muß nach grober Zerkleinerung mindestens 1 kg in einem kupfernen Extraktionsapparat extrahiert werden.

[3] Siehe Vorschriften f. d. Prüfung u. Lieferung von Asphalt und Teer usw. Ausgabe 1929, aufgestellt vom Hauptausschuß der Zentralstelle für Asphalt- und Teerforschung (Berlin, Beuth-Verlag).

geglüht und gewogen. Der Glührückstand enthält die mineralischen Bestandteile der Asphaltmasse. Kohlensaurer Kalk wurde, wenn anwesend, durch das Glühen in CaO verwandelt, sein Gewicht also verringert. Das Gewicht des ursprünglichen $CaCO_3$ wird nach S. 264 durch Abrauchen mit Schwefelsäure und nochmaliges Glühen ermittelt.

Abb. 85. Gräfe-Extraktionsapparat (nach Gräfe, Lab.-buch).

Die in der Hülse des Extraktionsapparates verbliebenen mineralischen Stoffe können ihrerseits der chemischen Untersuchung unterzogen werden.

VII. Untersuchung von Asphaltemulsionen[1].

In neuerer Zeit hat die Erzeugung der sog. Kaltasphalte wegen ihrer leichten Verwendbarkeit beim Straßenbau großen Umfang angenommen. Es handelt sich hierbei meist um wässerige Emulsionen, die etwa 50% Asphalt in kolloidaler Form gelöst enthalten. Als Emulgierungsmittel sind meistens Seifen, Sulfofettsäuren usw., oft aber auch verschiedene andere Emulgatoren anwesend. Diese Emulsionen haben die Eigenschaft, in dünner Schicht ausgegossen, nach kurzer Zeit auf ihrer Unterlage eine zusammenhängende Asphalthaut zu hinterlassen. Das Wasser wird von der mit der Emulsion übergossenen Fläche aufgesogen, wenn sie wasserdurchlässig ist; falls dies nicht der Fall ist, verdunstet es. Hat sich die Asphalthaut einmal abgeschieden, so wird sie durch Wasser nicht wieder emulgiert.

[1] Siehe auch die Vorschriften über Eigenschaften und Untersuchung von Straßenbau-Emulsionen, herausgegeben vom „Deutschen Straßenbau-Verband" (Asphalt u. Teer **1929**, S. 590) vergl. Nachträge.

Der für die Herstellung von Emulsionen verwendete Asphalt soll dieselben Eigenschaften haben, die von einem normalen guten Straßenbauasphalt verlangt werden. Die Untersuchung des ausgeschiedenen Asphaltes bewegt sich deshalb in den gleichen Bahnen wie die vorangehend behandelte Prüfung der Asphalte. An die Emulsion selbst jedoch werden besondere Ansprüche gestellt, die insbesondere ihre Haltbarkeit betreffen. Dieser Abschnitt ist den hierfür notwendigen Untersuchungen gewidmet.

Äußere Eigenschaften. Die Prüfung der Farbe der Emulsionen bietet für die Beurteilung ihrer Haltbarkeit gewisse Anhaltspunkte, da die Asphaltemulsionen im allgemeinen je lichter, um so haltbarer sind. Die Farbe einer Emulsion hängt nämlich von der Größe der emulgierten Asphaltkügelchen ab. Je kleiner dieselben sind, um so haltbarer ist die Emulsion und um so heller ist sie. Gute Kaltasphalte (der Name stammt daher, daß sie beim Straßenbau kalt verwendet werden) haben die Farbe eines Milchkaffees. Alle Asphaltemulsionen scheiden, in Ruhe aufbewahrt, je nach ihrer Beständigkeit früher oder später am Boden des Gefäßes einen braunen Schlamm ab, der aus asphaltreicherer Emulsion besteht. Dementsprechend ist die Emulsion an der Oberfläche dünner, d. h. wasserreicher. Reines Wasser darf sich an der Oberfläche nicht abscheiden, desgleichen am Boden kein schwarzer Asphalt. Ob der Bodenschlamm nur asphaltreichere Emulsion oder aber schon unlöslichen Asphalt enthält, erkennt man daran, daß im ersten Fall beim Schütteln des Gefäßes oder Rühren wieder eine gleichmäßige Emulsion entsteht. Es empfiehlt sich auch, die Emulsion mikroskopisch zu untersuchen. Man bringt zu diesem Zweck mit einer Nadel ein Tröpfchen auf den Objektträger, breitet dasselbe mit der Nadel leicht aus und legt, schwach andrückend, ein Deckgläschen darauf. Man wähle ungefähr 500fache Vergrößerung[1]. Das Gesichtsfeld soll von dicht aneinanderliegenden winzigen Kügelchen erfüllt sein. Einzelne größere Kugeln sind jedoch zulässig, wenn ihre Zahl unbedeutend ist. Wenn größere, zusammenhängende Wasserflächen und daneben gruppenmäßig angeordnete Asphaltkügelchen zu sehen sind, so deutet das auf Beginn der Koagulation, d. h. des Zusammenballens des Asphaltes.

Haltbarkeit. Die Emulsion wird in einem mit Glasstopfen verschlossenen 250 cm³-Meßzylinder im Dunkeln stehengelassen. Nach den „Vorschriften für die Prüfung und Lieferung von Asphalt und Teer" soll die Emulsion 3 Tage lang gleichmäßig

[1] Mittels eines Okularmikrometers kann man, am besten nach vorheriger Verdünnung mit destilliertem Wasser, die Teilchengröße messen.

bleiben. Nach 8 Tagen wird an der Kubikzentimeter-Einteilung die Menge des abgeschiedenen Wassers und Sediments abgelesen, und dann versucht, durch Schütteln des Zylinders wieder eine gleichmäßige Emulsion herzustellen. Auch gute Emulsionen scheiden nach einiger Zeit einen Bodensatz ab, doch läßt sich derselbe noch nach 2 Monaten ruhigen Stehens durch Rühren oder Schütteln wieder gleichmäßig in der Emulsion verteilen.

Auch gegen Frost sollen gute Asphalt-Emulsionen unempfindlich sein. Nach den „Vorschriften" muß sich eine Emulsion in einem Glaszylinder von 2,5 cm Durchmesser fünfmal je 3 Stunden auf — 8° abkühlen und hierauf bei Zimmertemperatur wieder auftauen lassen, ohne ausgeflockt zu werden. Nach dem Durchschütteln muß die Emulsion wieder ganz gleichmäßig sein.

Da die käuflichen Asphaltemulsionen vor Benutzung oft mit Wasser verdünnt werden, ist zu verlangen, daß hierdurch kein Ausflocken des Asphaltes erfolge. Man stellt einerseits durch Verdünnen mit destilliertem Wasser, andererseits mit (nicht zu hartem) Leitungswasser eine Reihe von 5—40proz. Emulsionen her und beobachtet, ob sie wenigstens $^1/_4$ Stunde ohne Ausflockung haltbar sind.

Brechungsvermögen. Wie bereits erwähnt, lassen Asphaltemulsionen nach dem Ausgießen eine Asphalthaut zurück, wobei die Farbe derselben von Braun in Schwarz übergeht. Die Asphaltausscheidung darf nicht zu langsam und nicht zu rasch erfolgen. Je nach der Art der Unterlage dauert sie eine viertel bis eine halbe Stunde. Man prüft die Ausscheidungszeit, indem man die Emulsion auf verschiedene Stoffe, z. B. Filtrierpapier, Sand, Steine usw. gießt. Ferner wird untersucht, ob sich die Emulsion gleich nach dem Ausgießen durch Wasser fortspülen läßt, bzw. nach welcher Zeit eine beständige Asphalthaut entsteht. Die Prüfung erfolgt in nachstehender Weise:

In eine entfettete Porzellanschale gießt man ein wenig Emulsion und läßt nach gleichmäßiger Verteilung auf den Wänden den Überschuß ablaufen. Nach den „Vorschriften" soll sich der Asphalt spätestens innerhalb einer Stunde ausgeschieden haben und die Asphalthaut nach 24stündigem Trocknen so fest haften, daß sie sich mit dem Finger weder abheben, noch abrollen oder abschieben läßt[1]. Wird die Porzellanschale nun in destilliertes Wasser gebracht, so darf sich der Asphalt nicht wiederemulgieren, die Haut darf weder quellen, noch Falten oder Löcher bekommen. Ähnlich wie die mit einer Asphalthaut bedeckte Porzellanschale

[1] Siehe „Vorschriften", S. 66.

soll sich ein durch Eintauchen in Emulsion mit Asphalt überzogenes Stück Granit verhalten.

Gehalt an Wasser, Asphalt und Emulgatoren. Der Wassergehalt wird durch Destillation mit Xylol (S. 18) ermittelt. Zur ferneren Untersuchung werden nach den „Vorschriften“[1] 50 g Emulsion in eine Porzellanschale eingewogen, auf ein siedendes Wasserbad gestellt und mit einem Glasstab solange gerührt, bis das ganze Wasser verdampft ist, was man daran erkennt, daß der Asphalt ein gleichmäßiges Aussehen annimmt. Durch Wägung der Porzellanschale erfährt man einerseits den Wassergehalt, andererseits die Menge des in der Emulsion enthaltenen Asphaltes einschließlich der emulgierenden Zusatzstoffe. Der Asphalt entspricht in diesem Zustand ungefähr der nach dem Verdunsten auf der Straßenoberfläche verbleibenden Masse, soll daher den für Straßenbauasphalte geltenden Vorschriften genügen und demgemäß allen erforderlichen Prüfungen unterzogen werden.

Durch Behandeln eines Teiles der erhaltenen Masse mit warmem Benzol wird der Asphalt gelöst, während die ungelöst gebliebenen Mineralstoffe abfiltriert und mit etwas Benzol nachgespült werden. Seifen und ähnliche Emulgierungsmittel haben sich ebenfalls im Benzol gelöst und können der Lösung durch je zweimaliges Ausschütteln mit 50proz. Alkohol und dest. Wasser entzogen werden. Beim Erwärmen der vereinigten wässerig-alkoholischen Auszüge in einer Porzellanschale scheiden sich noch geringe Asphaltmengen ab, welche beim Umgießen der Lösung in ein anderes Gefäß an der Wand der Schale haften bleiben und nach Lösung in Benzol der Hauptmenge des Asphalts zuzufügen sind. Nach Abdampfen des Benzols erhält man den reinen Asphalt, der gewogen und untersucht wird, während die Emulgierungsmittel durch Abdampfen des Wassers gewonnen und der Analyse zugeführt werden können[2].

Neben Asphalt wird auch Teer zur Herstellung von Emulsionen verwendet. Seine Anwesenheit erkennt man an dem kennzeichnenden Geruch und an der positiven Diazoreaktion (s. S. 222). Bei der Wasserbestimmung mit Xylol destilliert nach dem Wasser und Xylol der Teer über, dessen Destillate leicht von denen des erst bei hoher Temperatur unter Zersetzung destillierenden Asphaltes unterschieden werden können (s. auch Nachträge, S. 286).

---

[1] Siehe „Vorschriften“, S. 45.

[2] Diese Untersuchungsmethode ist nur bei normalen Emulsionen, in denen Seifen als Emulgierungsmittel anwesend sind, anwendbar. Bei Anwesenheit von anderen Emulgatoren, wie Sulfitlauge, Ton u. a. m., ist das Verfahren entsprechend abzuändern. Mitunter gestaltet sich die Analyse eines Kaltasphaltes sehr verwickelt.

Lieferungsvorschriften für Straßen-, Tief- und Hochbauasphalte[1]. (S. auch Nachträge.)

a) Spez. Gewicht bei 15°: mindestens 1.
b) Tropfpunkt nach Ubbelohde: über 50°.
c) Erweichungspunkt nach Krämer-Sarnow: über 28°.
d) Erstarrungspunkt: unter —10°.
e) Differenz zwischen Tropf- und Erweichungspunkt: über 18°.
f) Verdampfungsverlust bei 5stündigem Erhitzen auf 163°: unter 3%.
g) Löslichkeit in Schwefelkohlenstoff oder Chloroform: über 99%.
h) Fadenlänge beim Abtropfen: über 18 cm.
i) Duktilität: über 30 cm.
j) Penetration: 30—150°.
k) Nach 5stündigem Erhitzen auf 163° dürfen Duktilität und Penetration um höchstens 50% abgenommen haben. Der Erstarrungspunkt muß auch nach dem Erhitzen unter — 10° liegen.

Petrolkoks.

Bei der Beschreibung der Erdöl-Destillationsverfahren wurde erwähnt, daß paraffinhältiges Erdöl bzw. paraffinhältiger Erdölrückstand in manchen Raffinerien bis zur Trockene destilliert wird. Im Kessel verbleibt hierbei eine koksartige Masse, der sog. Petrolkoks, der durch Heraushacken aus dem Kessel entfernt wird. Die herausgebrachten Stücke haben ein glänzend schwarzes Aussehen, zeigen hie und da ein wenig Fluorescenz von eingeschlossenem Öl und sind von vielen, kleinen Hohlräumen durchsetzt. Infolgedessen ist der stückige Petrolkoks spezifisch leicht. Nur jene Teile, die unmittelbar an der Kesselwand liegen, sind stärker ausgeglüht und daher schwerer.

Der Petrolkoks wird als fast reiner Kohlenstoff zur Herstellung von Kohlenelektroden und in der Metallurgie verwendet. Seine Prüfung erstreckt sich gewöhnlich auf die Bestimmung der Feuchtigkeit, der flüchtigen Anteile und des Aschegehaltes. Die durch Verbrennen des Kokses erhaltene Asche kann qualitativ auf ihre anorganischen Bestandteile untersucht werden, während man die Menge des unter Umständen anwesenden Kochsalzes, Alkalis und Natriumsulfats besser in dem wässerigen Auszug des fein gepulverten trockenen Auszuges bestimmt.

[1] Aufgestellt vom Hauptausschuß der Zentralstelle für Asphalt- und Teerforschung, siehe „Vorschriften", S. 48.

Die Probenahme erfordert wegen der Ungleichmäßigkeit des Stoffes besondere Sorgfalt und erfolgt in der auf S. 2 angegebenen Weise. Ein Teil des erhaltenen Durchschnittsmusters wird zu einem feinen Pulver vermahlen und der Untersuchung zugeführt.

Feuchtigkeit. Etwa 100 g des Kokspulvers sind in einer Schale genau abzuwägen und, mit einem Stück Filtrierpapier bedeckt, bei 105° im Trockenschrank bis zur Gewichtskonstanz zu trocknen. Der Gewichtsverlust entspricht dem Wassergehalt des Kokses. Der aus dem Destillationskessel herausgebrachte Koks kann natürlich keine Feuchtigkeit enthalten; letztere gelangt erst durch atmosphärische Niederschläge hinein.

Flüchtige Anteile. Ihr Gehalt wird, wie bei der Bestimmung des „fixed carbon" (S. 87), durch 7 Minuten langes Erhitzen von 1 g des trockenen Kokspulvers im Platintiegel bei fest aufgesetztem Deckel über der 20 cm hohen Flamme eines einfachen Bunsenbrenners ermittelt. Hierbei entweichen nur die flüchtigen Anteile, während die Kohlensubstanz wegen Sauerstoffmangels nicht verbrennt.

Die Bestimmung kann auch in einem Quarzschiffchen nach Abb. 86 erfolgen. Man wägt etwa 1 g trockenes Kokspulver ein und erhitzt über einem kräftigen Brenner bis zum vollständigen Austreiben der brennbaren Dämpfe. Hierauf leitet man noch einige Minuten unter weiterem Erhitzen einen trockenen Kohlensäurestrom hindurch. Nach Abkühlung wird das Röhrchen gewogen und die Gewichtsdifferenz als Gehalt an flüchtigen Anteilen bezeichnet.

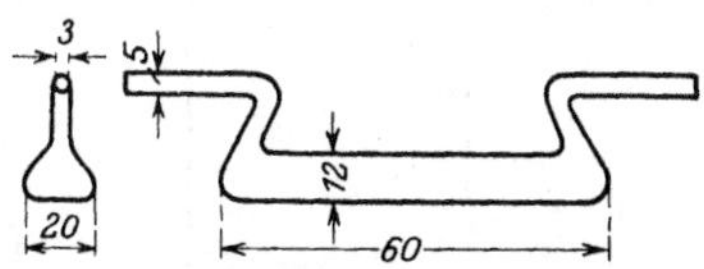

Abb. 86. Schiffchen zum Verbrennen von Petrolkoks

Aschegehalt. Der im Platintiegel bei der Bestimmung des Gehaltes an flüchtigen Anteilen verbliebene Rückstand wird völlig verbrannt, indem man den offenen Platintiegel schräg in einem elektrischen Tiegelofen oder über einem Gebläse bei 800 bis 900° bis zur Gewichtskonstanz erhitzt.

Wurde bei der Bestimmung des Flüchtigen mit einem Quarzschiffchen gearbeitet, so bestimmt man den Aschegehalt in der Weise, daß man unter Durchleiten eines langsamen Sauerstoffstromes (eine Gasblase per Sekunde in der vorgeschalteten, mit Schwefelsäure beschickten Waschflasche) bis zur Gewichtskonstanz glüht.

Anhang.

Tabelle 1. Wahres spez. Gewicht und Volumen des destillierten Wassers (PTR.)[1].

Wägt man Wasser mit Messinggewichten in Luft ohne Vakuumkorrektur, so erhält man Werte für d, die um 0,00106 kleiner, Werte für v, die um 0,00106 größer sind als die tabellierten.

t.	d	v
0	0,99987	1,00013
1	0,99993	1,00007
2	0,99997	1,00003
3	0,99999	1,00001
4	1,00000	1,00000
5	0,99999	1,00001
6	0,99997	1,00003
7	0,99993	1,00007
8	0,99988	1,00012
9	0,99981	1,00019
10	0,99973	1,00027
11	0,99963	1,00037
12	0,99952	1,00048
13	0,99940	1,00060
14	0,99927	1,00073
15	0,99913	1,00087
16	0,99897	1,00103
17	0,99880	1,00120
18	0,99862	1,00138
19	0,99843	1,00157
20	0,99823	1,00177
21	0,99802	1,00199
22	0,99780	1,00221
23	0,99756	1,00244
24	0,99732	1,00269
25	0,99707	1,00294
26	0,99681	1,00320
27	0,99654	1,00347
28	0,99626	1,00375
29	0,99597	1,00405
30	0,99567	1,00435
31	0,99537	1,00466
32	0,99505	1,00497
33	0,99473	1,00530
34	0,99440	1,00563
35	0,99406	1,00598
36	0,99371	1,00633
37	0,99336	1,00669
38	0,99299	1,00706
39	0,99262	1,00743
40	0,99224	1,00782

[1] Chemiker-Kalender **1929 I**, 42.

Tabelle 2. Siedepunkte des Wassers bei verschiedenem Barometerstand[1].

Sdp.	mm	Sdp.	mm	Sdp.	mm	Sdp.	mm	Sdp.	mm
11,2°	10	66,4°	200	82,3°	390	92,6°	58	98,6°	722,75
22,1°	20	67,5°	210	82,9°	400	93,1°	590	98,7°	725,36
29,0°	30	68,6°	220	83,6°	410	93,5°	600	98,8°	727,98
34,0°	40	69,6°	230	84,2°	420	94,0°	610	98,9°	730,61
38,1°	50	70,6°	240	84,8°	430	94,4°	620	99,0°	733,24
41,5°	60	71,6°	250	85,4°	440	94,8°	630	99,1°	735,88
44,5°	70	72,5°	260	85,9°	550	95,3°	640	99,2°	738,53
47,1°	80	73,4°	270	86,5°	460	95,7°	650	99,3°	741,18
49,4°	90	74,2°	280	87,1°	470	96,1°	660	99,4°	743,85
51,6°	100	75,1°	290	87,6°	480	96,5°	670	99,5°	746,52
53,5°	110	75,9°	300	88,1°	490	96,9°	680	99,6°	749,20
55,3°	120	76,7°	310	88,7°	500	97,3°	690	99,7°	751,89
57,0°	130	77,4°	320	89,2°	510	97,7°	700	99,8°	754,58
58,6°	140	78,2°	330	89,7°	520	98,0°	707	99,9°	757,29
60,1°	150	78,9°	340	90,2°	530	98,1°	709	100,0°	760,00
61,5°	160	79,6°	350	90,7°	540	98,2°	712	100,1°	762,72
62,8°	170	80,3°	360	91,2°	550	98,3°	714	100,2°	765,45
64,1°	180	81,0°	370	91,7°	560	98,4°	717	100,3°	768,19
65,3°	190	81,7°	380	92,1°	570	98,5°	720	100,4°	770,93

[2] Loc. cit. III, S. 205.

Nachträge.

Zu Abb. 53 (S. 144).

Laboratoriums-Destillationsapparat der Ölwerke Julius Schindler.

1. Destillierkessel, 2. Stutzen zur Entnahme von Rückstandsproben, 3. Anschluß für den überhitzten Wasserdampf, 4. Vakuummeter, 5. Thermometer zum Messen der Temperatur des überhitzten Wasserdampfes, 6. Thermometer zum Messen der Temperatur des Öldampfes, 7. Thermometer zum Messen der Öltemperatur, 8. Schaulöcher, 9. Trichter zum Nachfüllen von Öl, 10. Dephlegmator, 11. Abflußröhren für die an verschiedenen Stellen des Dephlegmators kondensierten Destillate, 12. Kühlwanne für die Destillatrohre, 13. Hähne zum abwechselnden Ein- und Ausschalten der Destillatvorlagen, 14. Luftzuführung zu den Destillatvorlagen, 15. Anschluß an die Vakuumpumpe, 16. Destillatvorlagen, 17. Hähne zum Entleeren der Destillatvorlagen, 18. Kühlwasserleitung, 19. Kühler für leichte Kondensate, 20. Abflußrohr für die leichten Kondensate (mit einer Woulffschen Flasche oder dergleichen und weiterhin mit der Vakuumpumpe zu verbinden).

Zur Analyse von Motorenbenzinen nach Riesenfeld und Bandte (S. 175).

Ergänzung.

Nach demnächst im „Erdöl und Teer" veröffentlichten Versuchen von J. Winkler bleibt bei der Analyse von Krackbenzin auch nach Behandlung mit 85% iger Schwefelsäure und Redestillation des behandelten Benzins eine kleine Menge ungesättigter Kohlenwasserstoffe im Destillat zurück. Der genannte Autor schlägt deshalb vor, das Destillat ebenso wie ein straight-run Benzin zu behandeln, d. h. in einer Probe den Restgehalt (C) an ungesättigten Kohlenwasserstoffen mit 94% iger (bzw. 92% iger) Schwefelsäure zu entfernen und in einer zweiten Probe den Gehalt an aromatischen + Restgehalt an ungesättigten Kohlenwasserstoffen mit 100% iger Schwefelsäure zu bestimmen.

Das bereits nach Riesenfeld und Bandte analysierte Benzin (s. S. 177) wurde unter Berücksichtigung der erwähnten Modifikation nochmals untersucht und hierbei folgendes Ergebnis erzielt: (C) wurde zu 4 Vol% gefunden. Der Gesamtgehalt an ungesättigten Kohlenwasserstoffen beträgt sonach $\frac{71,4}{2,5} + \frac{70,4}{100} \cdot 4 = 31,4$ Vol%. Die zweite Probe ergab 17,7% aromatische Kohlenwasserstoffe + Restgehalt an ungesättigten Kohlenwasserstoffen. Es sind also im Destillat 17,7 — 4 = 13,7 Vol% und im ursprünglichen Benzin $13,7 \frac{68,6}{100} = 9,4$ Vol% Aromate vorhanden. Aus dem Anilinpunkt des Restbenzins von 67,5° errechnet sich der Naphthengehalt desselben zu 2,5:0,3 = 8,3%, der Naphthengehalt des ursprünglichen Benzins zu $8,3 \frac{59,2}{100} = 4,9$ Vol%. An Paraffin-Kohlenwasserstoffen sind also 54,3 Vol% vorhanden.

Zum Abschnitt Motorenbenzine (S. 181).

DVL.-Richtlinien (1928) für Erdölnaturbenzin und Benzol zur Verwendung in deutschen Flugmotoren mit Kompression bis 1:6,3.

(Mitgeteilt im Einverständnis mit der DVL.)

Die Deutsche Versuchsanstalt für Luftfahrt E. V. in Berlin-Adlershof hat auf Grund eigener Untersuchungen folgende Richtlinien zur Beurteilung von Flugmotoren-Kraftstoffen bekanntgegeben[1]:

Eigenschaften	Benzin		Benzol
	zur Verwendung ohne Benzol	zur Verwendung mit Benzol	
Farbe	wasserhell bis schwach gelblich		
Spez. Gewicht bei 20° C	mehr als 0,710		etwa 0.874
Siedebeginn	50 bis 60° C		80 bis 87° C
Destillat, wenigstens	10% bis 70° C 60% bis 100° C 80% bis 115° C 96% bis 130° C	10% bis 75° C 60% bis 110° C 80% bis 130° C 96% bis 150° C	60—70% bis 100° C; mindest. 90% bis 140° C
Trockenpunkt	140° C	160° C	—
Mindestmenge von Destillat + Rückstand	—	98%	—

[1] Luftfahrtforschung, Beihefte zur Zeitschrift f. Flugtechnik u. Motorluftschiffahrt, Sonderheft Kraftstoffe Bd. V. **(1929)** S. 137.

Eigenschaften	Benzin: zur Verwendung ohne Benzol	Benzin: zur Verwendung mit Benzol	Benzol
Kennziffer	unter 95	unter 106	96 bis 104
Kompressionsfestigkeit	1:6,3 (im BMW VI-Zylinder)	1:5,5 (im Siemens SH 10-Zyl.	—
Anilinpunkt des von Aromaten befreiten Benzins [1]	höchstens 52° C	höchstens 58° C	—
Schwefelgehalt	nicht über 0,3%		—
Gehalt an ungesättigten Verbindungen [2]	nicht über 2%		—
Schwefelsäurereaktion (Verharzung)	bis höchstens 3 g Kaliumbichromat pro Liter		bis höchstens 5 g Kaliumbichromat pro Liter
Kälteverhalten	—	—	bis —15° C keine Krystallausscheidungen
Verschiedenes	Benzin und Benzol müssen frei sein von verharzenden Bestandteilen und dürfen keine korrodierenden Eigenschaften besitzen		

Zu den amerikanischen amtlichen Vorschriften für Motorenbenzine (S. 179).

Vorschläge des amerikanischen Federal Specification Board für die zukünftig an das „U. S. Motor Gasoline" zu stellenden Bedingungen[3].

Aus folgenden Vorschlägen ist zu ersehen, daß auch in USA. die Anforderungen an Automobilbenzine strenger werden, was

[1] Die Bestimmung des Anilinpunktes erfolgt so, daß das Benzin nach dem Ausschütteln mit der gleichen Menge 100%iger Schwefelsäure, das bei größeren Mengen an Aromaten wiederholt wird, mit Natronlauge gewaschen, mit destilliertem Wasser ausgeschüttelt und mit Chlorcalcium getrocknet wird. Das so behandelte Benzin wird filtriert und im Reagenzglas in einem Wasserbad mit der gleichen Menge frisch destilliertem Anilin unter Verwendung eines in $^1/_5$° geteilten, geeichten Thermometers unter gutem Umrühren solange erwärmt, bis Klärung der milchig trüben Mischung eintritt. Dann läßt man die Mischung abkühlen, bis wieder Entmischung erfolgt. Der Versuch wird zweimal wiederholt und der Mittelwert aus den Temperaturen genommen, bei denen beim Erwärmen Mischung, beim Abkühlen Entmischung eintritt.

[2] Bestimmung nach Riesenfeld und Bandte mit 92%iger Schwefelsäure (s. S. 174).

[3] Oil and Gas-Journal vom 21. März **1929**; s. a. Erdöl u. Teer **1929**, S. 405.

damit zusammenhängen dürfte, daß auch dort jetzt Automobilmotoren mit höherer Kompression gebaut werden.

	A. U. S. Government Gasoline	B. U. S. High Volatile Gasoline
Verwendung	für Autos, Lastwagen, Motorboote usw.	wo leichteres Benzin verlangt wird
Korrosion............	Vorschrift wie für bisheriges Autobenzin (siehe S. 179)	wie A.
10%	zwischen 60 u. 80° C	zwischen 50 u. 70° C
50%	höchstens 140° C	höchstens 125° C
90%	höchstens 200° C	höchstens 180° C
Dest.-Ausbeute	mindestens 95%	mindestens 95%
Schwefel	höchstens 0,1%	höchstens 0,1%

Zum Anhang zu den britischen Standard-Vorschriften für Motorenbenzine (S. 181).

Neueste Ergänzungen bzw. Änderungen.

In der 1929 erschienenen 2. Auflage der „Standard Methods of Testing Petroleum and Its Products" sind folgende Ergänzungen bzw. Änderungen enthalten:

Der zur Bestimmung des Anilinpunktes dienende Apparat besteht aus einem 25 mm weiten und 150 mm langen, mit einem passend durchbohrten Korkstopfen versehenen Reagenzglas, das mit einem Rührer aus steifem Draht und einem Thermometer versehen ist. Das letztere besitzt eine Skala von 30—75° C und ist in $^1/_5$ Grade geteilt. Die Entfernung des 30. Grades vom unteren Ende des Thermometers soll nicht kleiner als 150 mm sein. Das Thermometer ist für diese Eintauchung geeicht. Das Reagenzglas steckt in einem als Luftbad dienenden, weiteren Reagenzglas, welches durch ein Wasserbad erwärmt werden kann. Das Anilin befindet sich in einer 10 cm³-Bürette, die in einer entsprechenden Bohrung des Korkstopfens steckt. Das Anilin soll chemisch rein (pro analysi), farblos und wasserfrei sein. Vor jeder Bestimmung des Anilinpunktes muß es frisch destilliert werden.

Von dem zu prüfenden Benzin werden 5 cm³ in das Reagenzglas abgemessen und 3 cm^3 Anilin aus der Bürette zufließen gelassen. Dann wird das Wasserbad angewärmt, bis vollständige Mischung eingetreten ist. Hierauf läßt man den Apparat abkühlen und beobachtet die Temperatur, bei der wieder Trübung eintritt. Diesen Versuch wiederholt man nach jedesmaligem Zufließenlassen von 0,5 cm^3 Anilin so oft, bis die Höchsttemperatur gefunden ist, bei der vollständige Mischung eintritt. Diese Temperatur wird kritische Lösungstemperatur (KLT.) genannt.

Die Entfernung der aromatischen Kohlenwasserstoffe erfolgt folgendermaßen:

50 cm^3 Benzin werden in einem mit Glasstopfen verschlossenen Scheidetrichter 15 Minuten hindurch mit 100 cm^3 98 ± 1%iger Schwefelsäure geschüttelt. Nach Trennung der beiden Flüssigkeitsschichten wird die untere, die sulfonierten Aromaten enthaltende, abgelassen. Hierauf schüttelt man das Benzin noch zweimal mit je 50 cm^3 Schwefelsäure 15 Minuten aus. Das so von den Aromaten befreite Benzin wird mit Eiswasser bis zur Entfernung der gelösten Säurespuren gewaschen und mindestens 6 Stunden über geschmolzenem Calciumchlorid trocknen gelassen.

Zur Untersuchung von Transformatorenölen (S. 199).

1. Schwedische Alterungsprüfung. The Sludge Test, Method Anderson-Asea.

Diese von B. Anderson, Allmänna Svenska Aktiebolaget (Asea) Vesterås, Sveden, ausgearbeitete Methode zur Prüfung der Alterungsneigung von Transformatorenölen berücksichtigt von allen bekannten Prüfungsmethoden am besten die im Transformatorenbetrieb im Sinne einer Ölverschlechterung wirkenden Faktoren: Sauerstoff, erhöhte Temperatur, Metallkatalysatoren und elektrische Hochspannung. Bezüglich der Einzelheiten dieser Prüfungsmethode muß auf die Originalbeschreibung[1] verwiesen werden. Das Prinzip besteht darin, daß das Öl in einem Glasbecher in Gegenwart von Kupfer und Eisen erhitzt wird, während ein Sauerstoffstrom durch eine silberplatierte Kupferröhre eingeleitet wird. Der Eisenkatalysator hat die Form eines in das Öl gehängten geerdeten Stahlzylinders, während ein konzentrischer Kupferzylinder von kleinerem Durchmesser durch die Sauerstoffeinleitungsröhre mit einer 10000 Voltspannungsleitung verbunden ist. Es gibt zwei Apparattypen, welche sich voneinander durch das Verhältnis der Eisen- zur Kupferoberfläche unter-

[1] Vesterås, Sveden, 1926. Vestmanlands Allehanda Printing Co.

scheiden. Dasselbe beträgt beim ersten Apparat 1:4, beim zweiten Apparat 3:1. Daher berücksichtigt der erste Apparat mehr den katalytischen Einfluß des Kupfers im Gegensatz zum zweiten, bei dem der katalysierende Einfluß des Eisens größer ist. Großes Gewicht wird auf stets gleichmäßigen Zustand der Metalloberflächen zu Beginn jedes Versuches gelegt, was durch eine genau vorgeschriebene Behandlung derselben erreicht werden soll. Das zu prüfende Öl wird gewöhnlich 100 Stunden lang in der beschriebenen Weise behandelt, wobei seine Temperatur auf genau 100° C zu halten und der Sauerstoff mit einer Geschwindigkeit von 1 Liter in der Stunde einzuleiten ist.

Nach der erwähnten Behandlung prüft man das Öl folgendermaßen auf Schlamm- und Säuregehalt. Die über Nacht abgekühlte Ölprobe wird mit Petroläther verdünnt und behufs Absitzenlassens des ausgefallenen Schlammes über Nacht stehengelassen. Hierauf wird abfiltriert, ein Teil der Lösung durch Eindampfen vom Petroläther befreit, getrocknet und der Säuregehalt durch Titration gegen Phenolphthalein bestimmt.

Der am Filter befindliche, sowie der an den Gefäßen haftende Schlamm wird mit Petroläther ölfrei gewaschen, in warmem Chloroform-Benzol gelöst, durch Eindampfen und Trocknen vom Lösungsmittel befreit und gewogen. Nach dem Wägen wird der Schlamm in Benzol-Alkohol gelöst und durch Titration gegen Alkaliblau 6 B sein Säuregehalt bestimmt.

2. Bestimmung der Alterungsneigung von Isolier- und Dampfturbinenölen nach Dr. Baader[1].

Bei der Ausarbeitung dieser Methode ist ihr Erfinder von der Absicht geleitet worden, die Empfindlichkeit der Öle gegen die einzelnen Alterungseinflüsse gesondert zu bestimmen, damit die Öle den verschiedenen Betriebsverhältnissen entsprechend ausgewählt werden könnten.

Diese Aufgabe wurde in der Weise gelöst, daß von vier Proben des zu prüfenden Öles jede einem anderen Alterungseinfluß unterworfen wird, während Temperatur und Luftzutritt bei allen Proben gleich sind. Alle Proben werden während der Versuchsdauer (48 Stunden) auf 95 ± 1° C gehalten.

Der Apparat[2] besteht aus einem durch siedendes Wasser er-

[1] Siehe Dr. Baader, Goldenberg-Werk, Knapsack bei Köln: Die Bestimmung der Alterungsneigung von Isolier- und Dampfturbinenölen. Zeitschr. Elektriz.-Wirtsch. **1928**, Nr 461 u. 463.

[2] Hersteller: Heinrich Faust, Köln, Neue Langgasse 4.

wärmten Ölbad, in dem sich die vier Probegläser befinden. Jedes derselben ist mit einem eingeschliffenen gläsernen Rückflußkühler versehen, durch dessen Rohr ein an seinem unteren Ende quadratisch erweiterter Glasrührer führt. Die quadratische Erweiterung des Rührers dient zur Aufnahme von Glas- oder Metallspiralen. Durch einen Motor angetrieben, werden die vier Rührstäbe gleichmäßig 25mal in der Minute gehoben und gesenkt, so daß die Spiralen in den vier Probegläsern ebenso oft aus dem Öl gehoben und in dasselbe gesenkt werden.

Nach Ablauf von 48 Stunden wird in den Ölproben nach gutem Durchschütteln (an der Rührvorrichtung usw. angesetzter Schlamm ist mit dem betreffenden Öl zu vereinigen) die Verseifungszahl, die Reaktion des wässerigen Auszuges und das Verhalten gegen Normalbenzin bestimmt. Man erhält durch Untersuchung der vier Proben auf diese Weise vier Verseifungszahlen. Bezeichnet man mit Dr. Baader die Verseifungszahl des unbehandelten Öles mit Vz_0, die Verseifungszahlen der vier behandelten Ölproben mit Vz_1 (Glasspirale) bzw. mit Vz_2 (Eisenspirale), Vz_3 (Kupferspirale) und Vz_4 (Bleispirale), so ist:

die Temperaturempfindlichkeit $T = Vz_1 - Vz_0$,
die Eisenempfindlichkeit $E = Vz_2 - Vz_1$,
die Kupferempfindlichkeit $K = Vz_3 - Vz_1$,
die Bleiempfindlichkeit $B = Vz_4 - Vz_1$.

Bis zur eventuellen Festsetzung von zulässigen Höchstwerten durch die hierzu berufenen Stellen schlägt Dr. Baader als Höchstwert für alle vier Empfindlichkeiten 0,20 vor.

Zur chemischen Analyse von Asphaltemulsionen (S. 275).

Neuere Methoden.

Der auf S.275 angeführten, aus den Vorschriften der „Zentralstelle" übernommenen Untersuchungsmethode haftet der Fehler lang andauernden Erhitzens der Emulsion auf 100° an, was die ursprünglichen Eigenschaften des Asphaltes bedeutend verändern kann. Ferner ist zu beachten, daß die Emulgatoren vollständig in dem ausgeschiedenen Asphalt bleiben, was bei der auf der Straßenoberfläche verbleibenden Asphalthaut nicht in dem Maße der Fall ist.

Lang andauerndes Erhitzen des Bitumens vermeidet die Methode von Marcusson[1], welche auch die Abtrennung des Emul-

[1] Marcusson, Die Analyse der Kaltasphalte. Mitt., **1929**, Sonderheft 6.

gators vom Bitumen gestattet. Ein Nachteil dieser Methode liegt darin, daß die Verarbeitung solcher Emulsionsmengen, welche die Darstellung eines zur genauen Charakterisierung nötigen Quantums Reinasphalt gestatten würden, auf praktische Schwierigkeiten stößt. Ausführung: 10 g Kaltasphalt werden allmählich mit 25 cm³ 96%igem Alkohol versetzt, wodurch das Bitumen ausgeflockt wird. Die alkoholische Lösung wird abgetrennt und das Bitumen mit 10 cm³ Alkohol nachgewaschen. In der alkoholischen Lösung befinden sich neben geringen Mengen aus dem Bitumen stammenden Öles die Emulgatoren. Die vereinigten alkoholischen Auszüge werden filtriert und mit 20 cm³ destilliertem Wasser versetzt. Der hierbei ausfallende Bitumenrest wird mit Benzol ausgeschüttelt und eventuell auftretende Emulsionen mit Alkohol geklärt. Die Benzollösung wird zum Bitumen hinzugefügt, etwa ungelöst bleibendes abfiltriert und der nach Verdampfen des Lösungsmittels verbleibende Asphalt getrocknet und gewogen. Die Emulgatoren (mit Ausnahme des unlöslichen Tones) werden nach Verdampfen des Alkohols gewonnen. Durch Ansäuern mit Mineralsäure werden aus den zur Emulgierung verwendeten Seifen die organischen Säuren abgeschieden und durch die Morawskireaktion als Harzsäuren bzw. mit Formaldehyd und Schwefelsäure als Formolit bildende Naphthensäuren (die auch mit Kupfer benzinlösliche, grüne Salze bilden) erkannt. Sulfitlauge geht beim Erwärmen von Asphaltemulsionen mit dem gleichen Volumen 70%igen Alkohols in Lösung und bleibt beim Verdampfen des Filtrates als feste, dunkelbraune Masse zurück, aus deren wässeriger Lösung durch Salzsäure Ligninsulfosäure gefällt wird. Bezüglich weiterer Reaktionen der Sulfitlauge und Erkennung von Teeren und Teerpechen im abgeschiedenen Bitumen vgl. die Originalarbeit.

In neuester Zeit hat H. Weber[1] ein Untersuchungsverfahren für Kaltasphalte ausgearbeitet, welches die Nachteile der bisher bekannten Methoden vermeiden will. Durch Zusatz eines indifferenten Elektrolyten wird die Emulsion gebrochen und hierauf das ausgeflockte Bitumen durch ein organisches Lösungsmittel ausgezogen. Die Abtrennung der Salz-Emulgatorlösung von der Bitumenlösung erfolgt durch Zentrifugieren. Beispielsweise werden 250 g Emulsion in einem Scheidetrichter mit 45 g Kochsalz und 5 g festem Bariumchlorid versetzt und dann mit 400—500 cm³ Benzol ausgeschüttelt. Hierauf zentrifugiert man das Gemisch. Näheres hierüber ist in der Originalarbeit nachzulesen.

---

[1] Asphalt u. Teer **1929**, S 843, 871.

Zu den Lieferungsvorschriften für Straßen-, Tief- und Hochbauasphalte (S. 276).

Vorschriften über die Eigenschaften von Bitumen für Straßenbau (Ausgabe Mai 1929)[1].

Herausgegeben vom „Deutschen Straßenbau-Verband".

	Eigenschaften		
	Für Oberflächenbehandlung	Für Innentränkung	Als Zusatz zum Straßenteer
1. Spez. Gew. bei 25° C, nicht unter	1,0	1,0	1,0
2. Gewichtsverlust bei 5stünd. Erhitzen auf 163° C, nicht höher als Gew.-%	2	2	2
3. Flammpunkt, höher als ... ° C	200	200	—
4. Erstarrungspunkt, unter ... ° C	— 15	— 5	— 5
5. Erweichungspunkt nach Krämer-Sarnow[2], innerh. ... ° C	27/32	—	45/50
6. Tropfpunkt, mindestens...	18° höher als der Erweichungspunkt		
7. Fadenlänge beim Tropfpunkt, nicht unter..... cm	18	18	18
8. Spanne zwischen Tropf- u. Erweichungspunkt, über ... ° C	18	18	18
9. Penetration bei 25° C, innerhalb	160/200	—	—
10. Asche, nicht höher als Gew.-%	0,3	0,3	0,3
11. Paraffingehalt, höchstens Gew.-%	1,5	1,5	1,5
	(analyt. Fehlergrenze 0,5%)		
12. Löslichkeit in Chloroform oder Schwefelkohlenstoff, mindestens Gew.-%	99,5	99,5	99,5
13. Duktilität bei 25° C, über .... cm	100	100	100

[1] Asphalt u. Teer **1929**, S. 587.
[2] S. Fußnote [4] auf S. 225.

Benutzte Literatur.

A. Werke.

American Society for Testing Materials: Report of Committee D-2 on Petroleum Products and Lubricants. Philadelphia, U. S. A., 1927.

Bureau of Mines (Technical Paper 323 B): United States Government Master Specifications for Lubricants and liquid Fuels. Washington 1927.

Bureau of Mines (Bulletin 207): The Analytical Distillation of Petroleum and its Products (by E. W. Dean, H. H. Hill, N. A. C. Smith and W. A. Jacobs). Washington 1922.

Cross, R.: A Handbook of Petroleum, Asphalt and Natural Gas, 1928 Revision, Kansa City U. S. A.

Day, D. T.: A Handbook of Petroleum Industry. New York: John Wiley 1922.

Ehlers, C.: Schmiermittel und ihre richtige Verwendung. Leipzig: Spamer 1928.

Engler-Höfer: Das Erdöl. Leipzig: S. Hirzel 1913—1919.

Formanek, J.: Benzin, Benzinersatzstoffe und Mineralschmiermittel. Berlin: Julius Springer 1918.

Gruse, W. A.: Petroleum and Its Products. New York: Mc Graw Hill Book Co.

Gurwitsch, L.: Wissenschaftliche Grundlagen der Erdölindustrie. Berlin: Julius Springer 1924.

Holde, D.: Kohlenwasserstoffe und Fette. Berlin: Julius Springer 1924.

Jentzsch, S. H.: Flüssige Brennstoffe. Berlin: V. D. J.-Verlag 1926.

Kissling, R.: Laboratoriumsbuch für die Erdölindustrie. Halle a. d. S.: Knapp 1923.

Kohlrausch, Fr.: Lehrbuch der praktischen Physik. Leipzig: Teubner 1914.

Marcusson, J.: Die natürlichen und künstlichen Asphalte. Leipzig: Engelmann 1921.

Richtlinien für den Einkauf und die Prüfung von Schmiermitteln. Düsseldorf: Verlag Stahleisen 1928.

Vorschriften für die Prüfung und Lieferung von Asphalt und Teer usw. Aufgestellt vom Hauptausschuß der Zentralstelle für Asphalt- und Teerforschung. Berlin: Beuth-Verlag 1929.

B. Zeitschriften.

Chemiker-Zeitung, Köthen.

Die Chemische Fabrik (Zeitschrift des Vereins Deutscher Chemiker, Teil B), Berlin.

Elektrotechnische Zeitschrift, Berlin.

Industrial and Engineering Chemistry (American Chemical Society), Washington.

Mitteilungen der deutschen Materialprüfungsanstalten, Berlin.

The National Petroleum News, Cleveland, USA.

The Oil and Gas Journal, Tulsa, Oklahoma, USA.

Przemysl chemiczny, Lwów (Warszawa).

Petroleum-Zeitschrift, Berlin-Wien.

The Refiner and Natural Gasoline Manufacturer, A Gulf Publishing Co., Houston, Texas.

Tägliche Berichte über die Petroleum-Industrie, Berlin-Wien.

Zeitschrift für angewandte Chemie, Berlin.

Zeitschrift des Vereins Deutscher Ingenieure, Berlin.

Namenverzeichnis.

Sachverzeichnis.

Buchdruckerei Otto Regel, G. m. b. H., Leipzig.

GPSR Compliance

The European Union's (EU) General Product Safety Regulation (GPSR) is a set of rules that requires consumer products to be safe and our obligations to ensure this.

If you have any concerns about our products, you can contact us on ProductSafety@springernature.com

In case Publisher is established outside the EU, the EU authorized representative is:

Springer Nature Customer Service Center GmbH
Europaplatz 3
69115 Heidelberg, Germany

Batch number: 10682439

Printed by Printforce, the Netherlands